IPA-IAO

Forschung und Praxis

Band T 20

Berichte aus dem
Fraunhofer-Institut für Produktionstechnik
und Automatisierung (IPA), Stuttgart,
Fraunhofer-Institut für Arbeitswirtschaft
und Organisation (IAO), Stuttgart, und
Institut für Industrielle Fertigung und
Fabrikbetrieb der Universität Stuttgart

Herausgeber: H. J. Warnecke und H.-J. Bullinger

Produktionsforum '91
Produktionsmanagement

Vorgehensweisen und Praxisbeispiele zum Chancenmanagement in den 90er Jahren

10. IAO-Arbeitstagung
19. – 20. Februar 1991

Herausgegeben von H.-J. Bullinger

Springer-Verlag
Berlin Heidelberg GmbH 1991

Dr.-Ing. Dr.h.c. Dr.-Ing. E.h. H.J. Warnecke
o. Professor an der Universität Stuttgart
Fraunhofer-Institut für Produktionstechnik und Automatisierung (IPA), Stuttgart

Dr.-Ing. habil. H.-J. Bullinger
o. Professor an der Universität Stuttgart
Fraunhofer-Institut für Arbeitswirtschaft und Organisation (IAO), Stuttgart

ISBN 978-3-540-53693-2 ISBN 978-3-662-09469-3 (eBook)
DOI 10.1007/978-3-662-09469-3

Ursprünglich erschienen bei Springer-Verlag Berlin Heidelberg New York 1991

Gesamtherstellung: Copydruck GmbH, Heimsheim

2362/3020–543210

Vorwort

Neue Technologien und Werkstoffe ermöglichen neue Produkte und eröffnen neue Märkte. Die neuen Produktions- und Informationstechnologien verwandeln signifikant und nachhaltig unsere industrielle Arbeitswelt. Politische und gesellschaftliche Veränderungen signalisieren und begleiten dabei einen Wertewandel, der auch in unseren Industriebetrieben deutlichen Niederschlag findet.

Die Aufgaben des Produktionsmanagements sind vielfältiger und anspruchsvoller geworden. Die Integration des europäischen Marktes, die Globalisierung vieler Industrien, die zunehmende Innovationsgeschwindigkeit, die Entwicklung zur Freizeitgesellschaft und die übergreifenden ökologischen und sozialen Probleme, zu deren Lösung die Wirtschaft ihren Beitrag leisten muß, erfordern von den Führungskräften erweiterte Perspektiven und Antworten, die über den Fokus traditionellen Produktionsmanagements deutlich hinausgehen.

Der vorliegende Band faßt die Beiträge des *Produktionsforums '91* zusammen, auf dem über den aktuellen Stand des Wissens in Forschung und Praxis zu zentralen Fragestellungen des Produktionsmanagements berichtet wurde. Der Erfahrungsaustausch und Dialog zwischen *Anwendern, Experten* und *Wissenschaftlern* stand dabei wieder im Vordergrund und spiegelt sich auch in den Beiträgen dieses Buches wieder. Die Expertenbeiträge machen deutlich, daß zur Sicherstellung des Unternehmenserfolgs von morgen das kompetente Management von F&E, Personal, Produktivität und Arbeitszeit unabdingbar ist. Neue Formen der Arbeitsorganisation im indirekten und direkten Bereich sind heute schon feste Bestandteile innovativer Unternehmen. Die Entkopplung der Arbeitszeit von der Betriebszeit, integrative Planungsansätze sowie der Aufbau dezentraler Strukturen sind nur einige der Konzepte, die die aktuellen Entwicklungsrichtungen kennzeichnen. Erfreulich ist der Trend, immer mehr den Menschen in den Mittelpunkt der Arbeitsgestaltung zu stellen - die traditionell eher technokratisch akzentuierten Ansätze weichen einer stärkeren Humanorientierung. Qualifizierungsprogramme, Training und andere Formen der Mitarbeiterentwicklung gewinnen als Differenzierungsmerkmal und als Zukunftsinvestition in *Human Recources* an strategischer Bedeutung.

An der Vorbereitung dieses Buches waren viele helfende Hände beteiligt, die leider nicht alle namentlich aufgezählt werden können, denen aber unser besonderer Dank gilt. Zunächst sind die Autoren zu nennen, die sich nicht nur der Mühe unterzogen haben, ein Referat vorzubereiten, sondern dieses auch unter den spezifischen Anforderungen eines Buchbeitrags auszuarbeiten. Dank gilt auch den Mitarbeitern des Fraunhofer-Instituts für Arbeitswirtschaft und Organisation (IAO) sowie dem Springer-Verlag und den Mitveranstaltern des Forums für die kooperative Zusammenarbeit. Die Planungs- und Koordinationsarbeiten für das *Produktionsforum '91* und den vorliegenden Tagungsband lagen am Institut bei Herrn Uwe A. Seidel, dem besonderer Dank für seinen vorbildlichen Einsatz gilt.

Stuttgart, Februar 1991 *Hans-Jörg Bullinger*

Inhalt

Produktionsmanagement I

F & E - Management

Personalmanagement

Produktionsmanagement II

Produktivitätsmanagement

Arbeitszeitmanagement

Produktionsmanagement I

Eröffnung der Tagung

Sitzungsleiter: *Hans Jürgen Warnecke*

Prof. Dr.-Ing. Dr. h.c. Dr.-Ing. E.h. H. J. Warnecke ist geschäftsführender Direktor des Instituts für Industrielle Fertigung und Fabrikbetrieb (IFF) der Universität Stuttgart und Leiter des Fraunhofer-Instituts für Produktionstechnik und Automatisierung (IPA), Stuttgart

Paradigmenwechsel im Produktionsmanagement - Unternehmen müssen jetzt die Weichen stellen

H.-J. Bullinger

Dieser Beitrag entstand unter Mitwirkung von
N. Rosenberger und R. Ruckaberle.

Univ.-Prof. Dr.-Ing. habil. H.-J. Bullinger ist Leiter des Instituts für Arbeitswissenschaft und Technologiemanagement (IAT) der Universität Stuttgart und des Fraunhofer-Instituts für Arbeitswirtschaft und Organisation (IAO), Stuttgart. Dipl.-Ing. N. Rosenberger und Dipl.-Ing. R. Ruckaberle sind wissenschaftliche Mitarbeiter am Fraunhofer-Institut für Arbeitswirtschaft und Organisation (IAO), Stuttgart.

Inhalt

1 Ausgangssituation

In unregelmäßigen, nicht vorher bestimmbaren Zeitintervallen zeigt es sich, daß die allgemein anerkannten, in der Praxis zur Problemlösung eingesetzten Modellvorstellungen und Denkweisen kein situationsgerechtes Problemverständnis mehr ermöglichen oder sich zumindest als Hindernisse für zukunftsweisende Neuorientierungen erweisen. Es gilt dann, mit neuartigen Lösungsansätzen neue zukunftsweisende Wege zu beschreiten, um die Existenz einer Unternehmung langfristig zu sichern.

Die Öffnung der Märkte im Osten und der nahende EG-Binnenmarkt eröffnen deutschen Unternehmen völlig neue Perspektiven bezüglich der Absatzmärkte. Mit der Internationalisierung der Märkte nimmt aber auch der Konkurrenzkampf national und international zu. Die Sicherung der Wettbewerbsfähigkeit wird daher zu einem der wichtigsten Unternehmensziele.

In jüngster Zeit ist in unserer Gesellschaft ein neues Bewußtsein für die Umwelt als die natürliche, existenziell notwendige Lebensgrundlage des Menschen gewachsen. Gesellschaftliche Forderungen nach mehr Umweltschutz gewinnen zunehmend an Bedeutung. Ozonloch, Treibhauseffekt, Müllberge - das sind Problemstellungen, mit denen wir nicht nur täglich konfrontiert werden, sondern die mittlerweile schon Ängste hervorrufen. Den aus diesen Ängsten resultierenden Forderungen nach sicheren Produkten, umweltfreundlichen Technologien und der Verwendung recyclingfähiger Materialien können sich die Unternehmen nicht mehr länger entziehen.

Zusätzlich zu diesen absehbaren Änderungen gibt es längerfristig wirksame Entwicklungen. Bedingt durch den Bevölkerungsrückgang in Deutschland bei gleichzeitig steigendem Bildungsniveau ist eine Neuorientierung in den Bereichen der betrieblichen Auftragsabwicklung und der Arbeitsorganisation unumgänglich.

Vor dem Hintergrund dieser drastischen Veränderungen der Rahmenbedingungen mit heute z.T. noch nicht absehbaren Folgen für die Unternehmen ist es an der Zeit, über neue Denk- und Handlungsweisen sowie über neue Leitsätze - Paradigmen - für das Produktionsmanagement nachzudenken.

Die Veränderungen bergen nicht nur Risiken in sich, sondern bieten, rechtzeitig erkannt und angemessen agiert, vielmehr Entwicklungschancen für die Unternehmen. Im Vorfeld dieser Neuorientierungen sind konkrete Vorstellungen und Zielsetzungen notwendig. Halbherzige Entscheidungen oder reine Lippenbekenntnisse reichen nicht aus; sie können zu einer sinkenden Akzeptanz des Unternehmens führen, sowohl im Umfeld des Unternehmens als auch bei den Mitarbeitern.

Die Herausforderungen der vor uns liegenden Jahre werden nur die Unternehmen erfolgreich meistern, die mit aktiven, progressiven, weitsichtigen und zukunftssichernden Innovationen im Produktionsmanagement neue Wege beschreiten.

2 Wertwandel

Eine Unternehmung im Sinne des SCP-Paradigma[1] strebt nach einer anhaltenden und umfassenden Maximierung von Wirtschaftlichkeit und Effizienz /1/. Dabei wird Wirtschaftlichkeit als Grundprinzip des ökonomischen Handelns durch die Gegenüberstellung von Output (d.h. der sich ergebenden Erträge) und Input (d.h. der einzusetzenden Mittel) definiert. Dieser grundlegende Begriff der Wirtschaftlichkeit ist unterschiedlich interpretierbar /2/. So betrachtet beispielsweise eine "neoklassische" Unternehmung die Gewinnmaximierung als ihr oberstes Ziel.

Neben diesen Werten monetärer Art werden im Unternehmen jedoch auch Werte nicht monetärer Art geschaffen. Unter einem solchen Wert versteht man - allgemein gesprochen - einen Orientierungsmaßstab für menschliches Tun und Lassen.

Die Werte sind zum einen in das individuelle Wertsystem, das auf die Zielfindungs- sowie Zielrealisierungsprozesse einer Einzelperson wirkt, eingebunden, zum anderen im gesellschaftlichen Wertsystem, das als ein historisch gewachsener und mehr oder weniger allgemein akzeptierter Ordnungs- und Orientierungsrahmen zu sehen ist, verankert /3/.

Beide Wertsysteme dürfen nicht isoliert von einander betrachtet werden, da der Mensch im Laufe seiner Entwicklung in die Gesellschaft hineinwächst und damit gesellschaftliche in individiuelle Wertsysteme transformiert werden /4/.

Die in den letzten drei Jahrzehnten für die Industriestaaten typischen gesellschaftlichen Entwicklungen haben zu einem Wert- und Bedürfniswandel geführt /5/. Lebensstandard wird nicht länger nur quantitativ am Sozialprodukt oder Jahreseinkommen gemessen, sondern auch am möglicherweise idea-

1 Structure-Conduct-Performance-Paradigma

listischen Ziel, menschliches Wohlbefinden mit einem optimalen Konsum- und Produktionsmodell zu erzielen /6, 7/.

Dieser Wertwandel wird im wesentlichen von zwei Wertgruppen getragen - von den Pflicht- und Akzeptanzwerten auf der einen sowie den Selbstentfaltungswerten auf der anderen Seite (Bild 1).

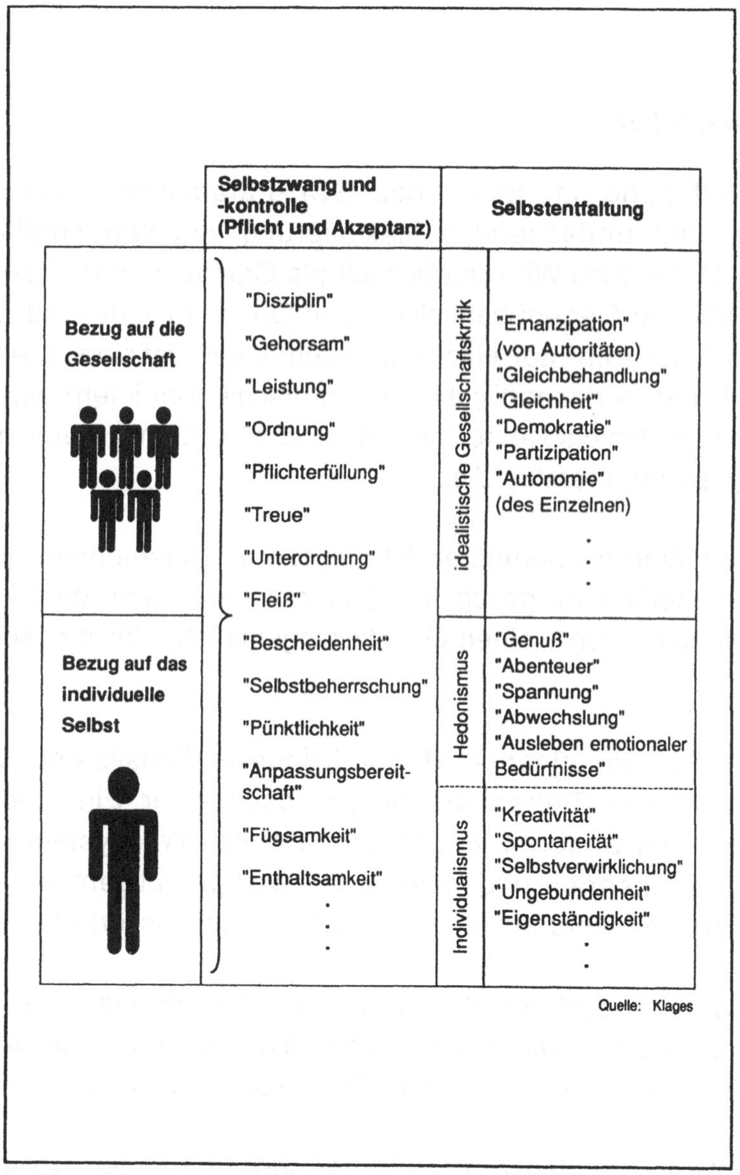

Bild 1: Am Wertwandel beteiligte Wertgruppen

Während die Pflicht- und Akzeptanzwerte zunehmend an Dominanz verlieren, gewinnen die Selbstentfaltungswerte immer mehr an Bedeutung. Von diesem Wertwandel werden die Strukturen in den Unternehmen massiv beeinflußt.

Die Unternehmen müssen sich diesem Wertwandel stellen und auch intern mit neuen Denk-, Verhaltens- und Arbeitsweisen eine Atmosphäre schaffen, die den humanen und ethischen Vorstellungen und Zielen der Arbeitswelt entspricht.

In dem Maße, in dem der Wertwandel vollzogen wird, müssen neben finanziellen, marktorientierten und produktorientierten Zielen auch mitarbeiterorientierte und ökologische Unternehmensziele in die Unternehmensgrundsätze mit aufgenommen werden (Bild 2). Mitarbeitermotivation und -zufriedenheit, sichere und umweltfreundliche Produkte und Produktionsstätten sowie recyclingfähige Produkte werden für die Wettbewerbsfähigkeit eines Unternehmens unabdingbar. Zukünftig werden nur noch von der Gesellschaft akzeptierte Technologien, Produkte und Dienstleistungen marktfähig sein.

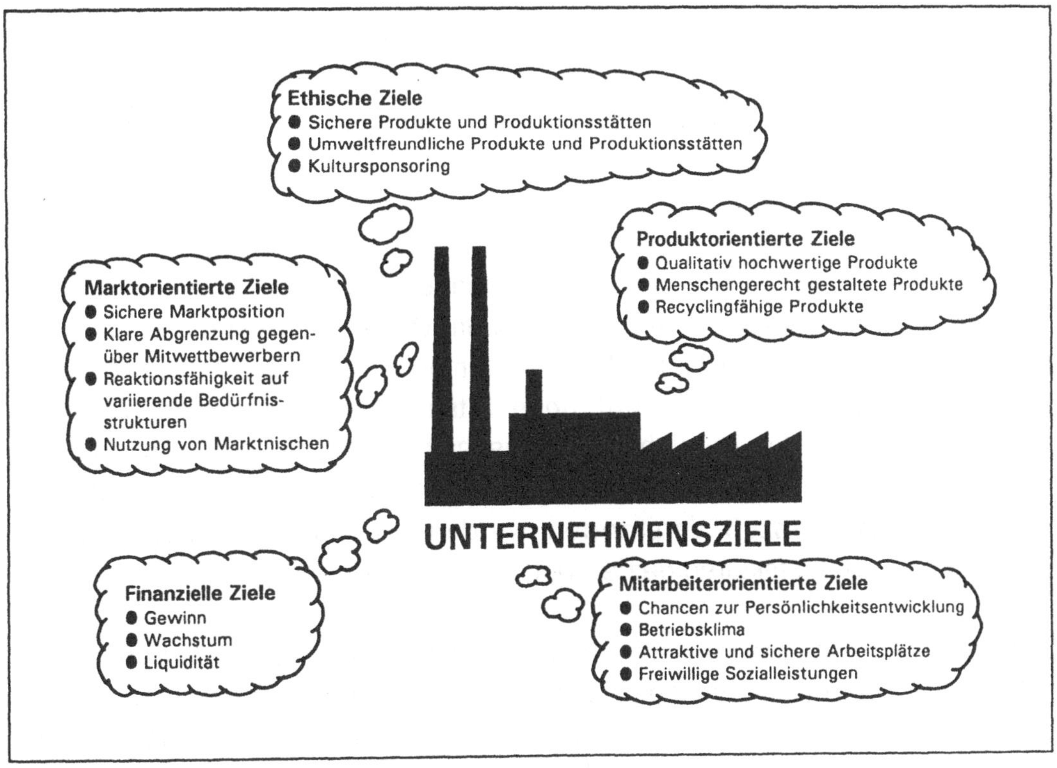

Bild 2: Unternehmensziele

Die Unternehmen können und dürfen sich ihrer Verantwortung für Mensch und Natur nicht entziehen. Daher ist es unumgänglich, daß sich die Unternehmen ihrer Vorbild- und Leitfunktion bewußt werden und im Rahmen ihrer unternehmerischen Aktivitäten verantwortungsbewußt handeln. Der

Forderung, bei allen Aktivitäten auch die Auswirkungen auf die Umwelt zu beachten, müssen die Unternehmen durch das Definieren entsprechender konkreter Zielvorstellungen und Unternehmensphilosophien Rechnung tragen.

Die prinzipielle Grundhaltung der Unternehmen in Form von Wertvorstellungen wird in einer Unternehmensphilosophie festgelegt. Diese beeinflußt maßgeblich die Grundwerte des Denkens und Handelns im Unternehmen. Gemäß der Vorstellung des ökonomisch verantwortlich handelnden Menschen müssen die Unternehmen ihre Zielsetzungen festlegen. Die Existenz schriftlicher Grundsätze, in denen Leitgedanken, Wertvorstellungen und Unternehmensziele festgelegt sind und die ethisch und moralisch verantwortliches Handeln verbindlich machen, erleichtert die Umsetzung in den Unternehmensalltag. Nur wenn diese Grundsätze von Mitarbeitern, Führungskräften und potentiellen Kunden akzeptiert und verinnerlicht werden, führen sie zur Identifikation mit dem Unternehmen. Daher muß bei der Entwicklung und Festschreibung dieser Unternehmensphilosophie darauf geachtet werden, daß diese nicht nur eine bloße Sammlung von Zielen, Vorstellungen und Forderungen darstellt, sondern daß sie auf einer ganzheitlichen, in sich geschlossenen Konzeption basiert.

Erfolgreiche Unternehmen haben sich nie und werden sich nie auf die Haltung "*weiter wie bisher*" festlegen lassen. Diese Unternehmen haben gelernt, Veränderungen der betrieblichen Rahmenbedingungen frühzeitig zu erkennen und sich rechtzeitig auf neue Situationen einzustellen. Strukturveränderungen in den Bereichen Gesellschaft, Markt, Produkt, Technologie und Mitarbeiter müssen von den Unternehmen frühzeitig erkannt und als kontinuierlicher Prozeß verstanden werden, um so die unternehmensspezifischen Erfolgsfaktoren gezielt optimieren zu können (Bild 3).

Ein Unternehmen lebt von seinen attraktiven Erzeugnissen (Produkte und Dienstleistungen), einem zielorientierten Marketing und einer effektiven Auftragsabwicklung sowie von motivierten und engagierten Mitarbeitern. Diese Größen stellen ein Potential dar, das den Erfolg eines Unternehmens wesentlich mitbestimmt und welches es daher in Zukunft intensiver zu nutzen gilt. Darüber hinaus darf ein Unternehmen die Entwicklung von Zukunftsperspektiven nicht vernachlässigen. Dementsprechend müssen alle aufgeführten Größen auch innovatorisch betrachtet werden, um bei akutem Bedarf nicht reagieren zu müssen, sondern gezielt agieren zu können.

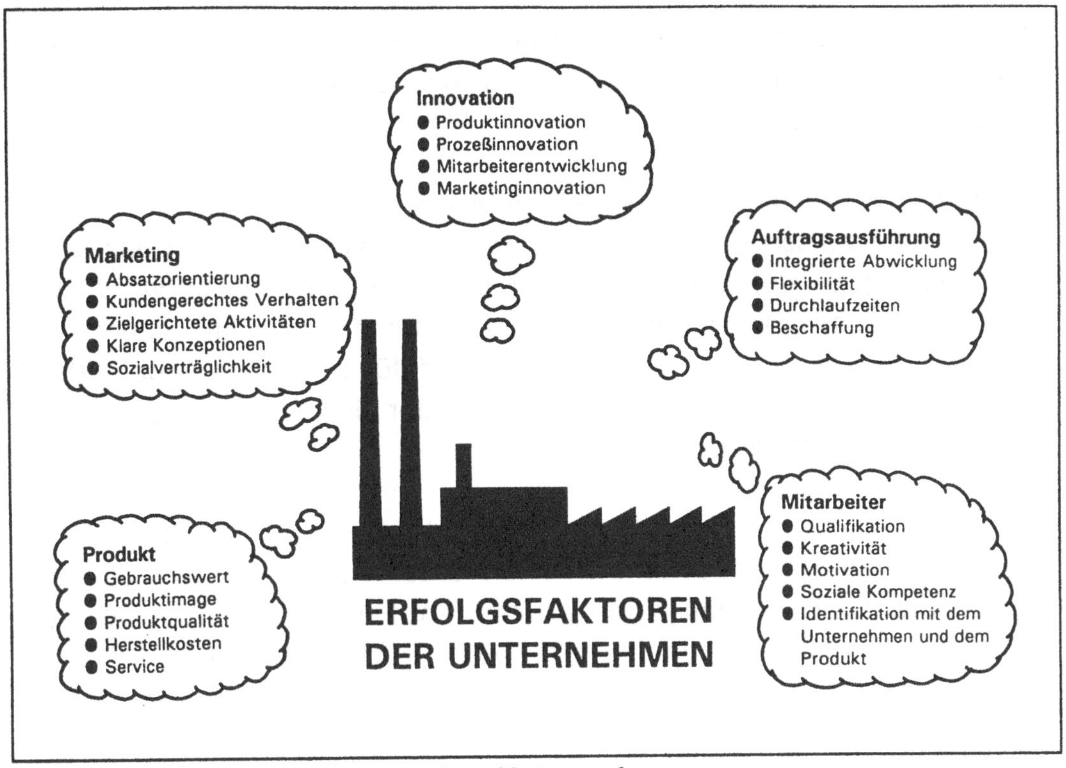

Bild 3: Erfolgsfaktoren der Unternehmen

3 Werte beeinflussen die Unternehmensziele

Die Unternehmung als offenes ökonomisches System steht in vielerlei Wechselbeziehungen zu seiner Umwelt.

Nach Bain /8/ läßt sich die Umwelt aufteilen in:

- die institutionale Umwelt (Gesetzgebung),
- die physische Umwelt (geographische, geologische, klimatische, demographische Faktoren u.a.) und
- die technologische Umwelt (technisches Grundlagenwissen, Basistechnologien u.a.).

Entsprechend der Vielfalt der Umweltbeziehungen sind die Unternehmen hinsichtlich ihrer Ziele und der zur Zielerreichung einsetzbaren Mittel von einer Vielzahl externer Einflußfaktoren und damit zwangsläufig auch von einer Vielzahl externer Wertvorstellungen abhängig.

Betrachtet man die Entwicklung der Wirtschaftsstruktur, so zeichnet sich heute eine Verlagerung in die Zukunftsschwerpunkte Informationstechnik, Gentechnik und vor allem in die für den Menschen existenziell notwendige Umwelttechnik ab /9/.

Das Verhalten der Unternehmen wird in bestimmten Teilbereichen verstärkt von den regulatorischen Eingriffen des Staates beeinflußt werden. Mit seiner Gesetzgebung, beispielsweise mit neuen Gesetzen zum Schutz der Umwelt, wurden die rechtlichen Rahmenbedingungen für die Aktivitäten der Unternehmen vorgegeben. Ein aktuelles Beispiel dafür ist die im neuen Abfallbeseitigungsgesetz enthaltene Verordnung über die Vermeidung von Verpackungsabfällen (Verpackungsverordnung).

Die Problematik nationaler Produkthaftung führt Verantwortlichkeiten in neuen Dimensionen herbei. Die Unternehmen unterliegen einer wachsenden Produktverantwortung mit einer erweiterten Produkthaftung. Die Auswirkungen, die einzelne Produkte und Produktionsverfahren auf die Umwelt haben, werden von vielen Menschen vermehrt als negativ empfunden.

Die Folge davon ist, daß Renner von heute zum Ladenhüter von morgen werden könnten. Die Unternehmen, die solche Entwicklungen ignorieren, werden zumeist völlig unvorbereitet getroffen. Sie stehen dann plötzlich vor dem Problem, völlig veränderte, sichere und umweltfreundliche Produkte produzieren zu müssen, vielfach ohne sich das entsprechende Know-how erarbeitet zu haben.

Diese Produktkonversion, die zu einem völlig veränderten Produkt und damit auch zu einem veränderten Produktionsspektrum führen kann, muß von den Unternehmen rechtzeitig unter der Ausnutzung aller verfügbaren Ressourcen bewältigt werden.

Im Rahmen der bereits angesprochenen gesellschaftlichen Verantwortung der Unternehmen gehört es zu deren Aufgaben, daß sie verstärkt Vorkehrungen für die Entsorgung ausgedienter oder nicht mehr einsatzfähiger Produkte treffen. Die Unternehmen werden verstärkt in die Pflicht genommen, bereits bei der Produktentwicklung in Kooperation mit den Zulieferern und Entsorgern antizipativ die Fragestellungen von Beschaffung, Recycling und Entsorgung der Produkte und Materialien zu klären.

Durch den europäischen Binnenmarkt und die Öffnung des osteuropäischen Raumes stehen insbesondere kleine und mittelständische Unternehmen vor einer vollkommen neuen Marktsituation. Sie werden mit anderen, für die Unternehmen neuen Kulturen und Mentalitäten konfrontiert.

Um damit umgehen zu können, gilt es, die lokalen Denkweisen und Eigenarten zu kennen, zu tolerieren und vor allem diese zu respektieren. Als Basis für die Wettbewerbsfähigkeit sind Mitarbeiter mit umfangreichen Sprachkenntnissen notwendig, die sowohl die Spielregeln der internationalen Märkte kennen als auch länderspezifische Kenntnisse besitzen.

Zur Sicherstellung der Absatzmenge (Quantität) und der vom Markt geforderten Produktbeschaffenheit (Qualität) wird zukünftig vermehrt qualifiziertes Personal benötigt.

In den kommenden Jahren wird die Bevölkerung in Deutschland kontinuierlich abnehmen. Langfristig ist dieser Bevölkerungsrückgang mit einer Verringerung des Arbeitskräftepotentials verbunden. Bei der Fortsetzung der heutigen Dynamik wird die Bevölkerung in Deutschland bis zum Jahr 2010 im Vergleich zum Jahr 1990 um ca. 2,6 Millionen Menschen abnehmen. Aus dieser Entwicklung resultiert ein Rückgang des Arbeitskräftepotentials um ca. 1,5 Millionen Erwerbstätige /10/.

Parallel zum Bevölkerungsrückgang findet eine drastische Änderung im Bildungsniveau der Bevölkerung statt. Diese Veränderung vollzieht sich sowohl bei der Schulausbildung als auch beim beruflichen Bildungsabschluß (Bild 4).

Das Verhältnis zwischen der Gruppe mit Haupt- oder Realschulabschluß sowie der Gruppe mit Fachhochschul- oder Hochschulreife bei der Altersstufe der 50 bis 60-jährigen beträgt heute ungefähr 11:1. Bei den heute 25 bis 35-jährigen liegt dieses Verhältnis ungefähr bei 3:1. Hinsichtlich des beruflichen Bildungsabschlusses ist festzustellen, daß die Gruppe der Menschen ohne Bildungsabschluß sehr stark zurückgeht /10/.

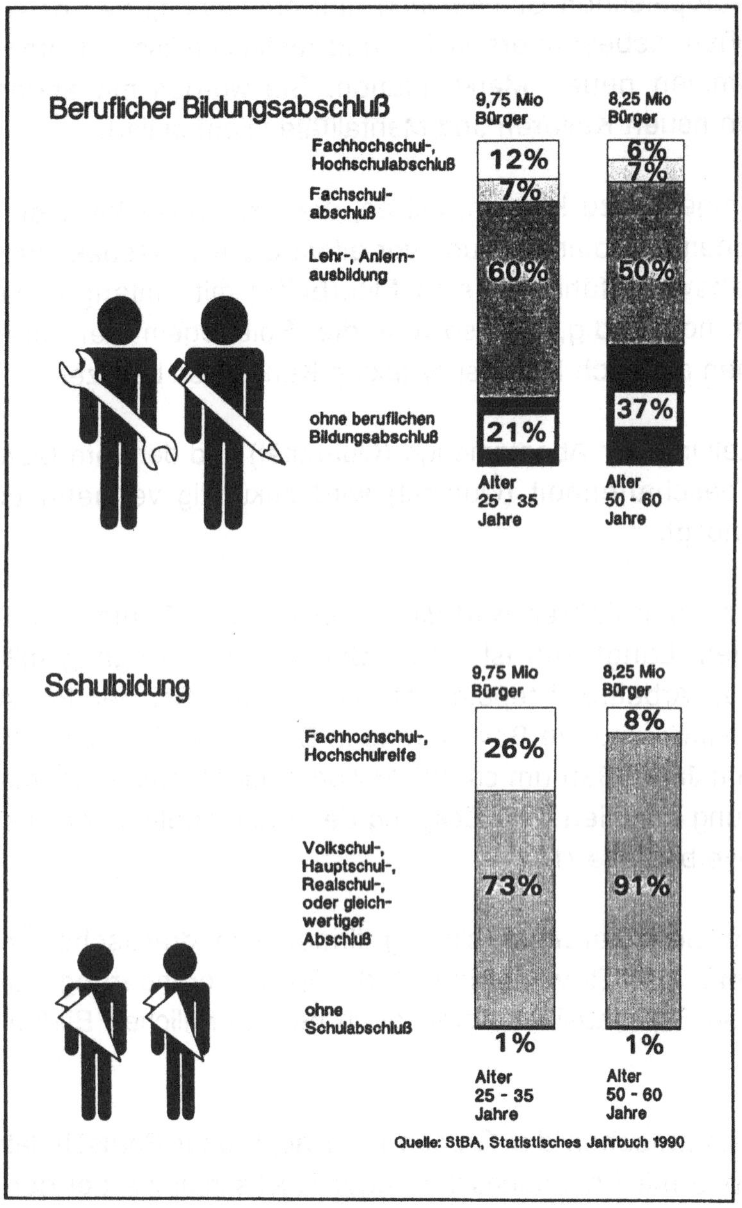

Bild 4: Bildungsniveau

Aufgrund dieser Entwicklung zeichnet sich ab, daß in Zukunft immer mehr hochqualifizierte Menschen auf dem Arbeitsmarkt als Erwerbstätige zur Verfügung stehen werden. Diese höher qualifizierten Arbeitskräfte gilt es, entsprechend ihrem höheren Ausbildungsniveau sinnvoll zu beschäftigen.

Die zunehmende Marktsättigung sowie der verstärkte internationale Konkurrenzdruck werden die Tendenzen zu weiteren Produktdifferenzierungen, zur Fertigung noch kleinerer Losgrößen bei noch größerer Typenvielfalt verstärken. Konsequenzen dieser Entwicklung sind zum einen kürzere Produktlebenszyklen, zum anderen müssen sich Investitionen in immer kürzeren Zeiträumen amortisieren. Den Unternehmen verbleibt immer weniger Zeit, um ihre Produkte mit Gewinn abzusetzen. Der Innovationsprozeß wird immer schneller vonstatten gehen müssen und kostenintensiver pro Zeiteinheit sein.

In den meisten Fällen reicht es nicht aus, nur durch ein geändertes Verhalten, in Form einer neuen Strategie oder Taktik, auf die externe Strukturveränderung des Marktes zu reagieren. Zumeist ist auch eine Veränderung der internen Organisation der Unternehmen erforderlich. Neue organisatorische Ansätze, wie beispielsweise das Simultaneous Engineering, die die gleichzeitige Entwicklung von Produkt und Produktionssystemen zum Ziel haben, fanden daher in jüngster Zeit große Beachtung.

Durch den stärker werdenden Wettbewerb werden die Unternehmen auch gezwungen, ihre betrieblichen Kostenstrukturen zu überdenken. Differenzierende Kostenrechnungssysteme werden notwendig, die auf der Basis einer verursachungsgerechten Kostenverteilung die Transparenz aller betrieblichen Kosten gewährleisten. Es reicht nicht mehr aus, nur gegenüber der Konkurrenz marktwirtschaftlich zu denken. Zukünftig wird ein marktwirtschaftliches Denken im gesamten Prozeß der Auftragsabwicklung gefordert. Dieser Forderung kann mit einer verursachungsgerechten Kostenverteilung Vorschub geleistet werden.

Die zu erwartenden Veränderungen der externen Einflußfaktoren sind für die Unternehmen von wesentlicher Bedeutung, da sie die Strukturen der Märkte entscheidend verändern werden. Sie erfordern daher eine angemessene rechtzeitige Berücksichtigung bei der strategischen Ausrichtung des unternehmerischen Aktionsraumes.

Den Unternehmen, die die neuen Ausgangsbedingungen rechtzeitig erkennen, bieten sich schon heute vielfältige Möglichkeiten, sich auf künftige Entwicklungen einzustellen. Den richtigen Zeitpunkt zu erkennen oder zu verpassen ist im wesentlichen gleichzusetzen mit einer positiven oder negativen Unternehmensentwicklung.

Die externen Einflußfaktoren haben unterschiedliche Auswirkungen auf die einzelnen Bereiche im Unternehmen und die am Produktionsprozeß beteiligten Produktionsfaktoren. Die effiziente Nutzung der vorhandenen Potentiale Mensch, Technik, Information und Material und deren Zusammenspiel in einer angepaßten Arbeitsorganisation mit neuen wettbewerbsfähigen Arbeitsstrukturen muß daher bei einer Neuorientierung der Auftragsabwicklung in der Produktion im Vordergrund stehen /11/. Dies ist Ziel und Zweck des Produktionsmanagements.

Das Produktionsmanagement umfaßt die Planung, Gestaltung, Führung und Kontrolle aller in der Produktion am Wertschöpfungsprozeß beteiligten Bereiche.

Dabei ist es die Aufgabe des Produktionsmanagements, die teilweise konkurrierenden Ziele in der Produktion - kurze Durchlaufzeiten, hohe Flexibilität, niedere Bestände sowie hohe Kapazitätsauslastung - auf der einen Seite mit den Erwartungen der Mitarbeiter nach höheren Arbeitsinhalten, attraktiven Arbeitsplätzen und größeren Entscheidungsspielräumen auf der anderen Seite in Einklang zu bringen /12/.

4 Wettbewerbsfaktoren, die bei der Zielausrichtung eines Unternehmens berücksichtigt werden müssen

Die Neuorientierung der Unternehmen ist ein zeit- und kostenintensiver Prozeß. Die zu erwartenden Veränderungen vor Augen, ist es unbedingt notwendig, sich rechtzeitig auf die Entwicklungen einzustellen, um nicht von ihnen überrollt zu werden.

Es ist wesentlich einfacher, in einer Zeit des wirtschaftlichen Erfolgs und des Wachstums, Zeit- und Kostenmehraufwände für notwendige Neuausrichtungen aufzubringen, als in einer Zeit der Unsicherheit und des Überlebenskampfes.

Anfang des Jahres 1991 befindet sich Deutschland in einer wirtschaftlich sehr stabilen Phase. Der Vergleich der gesamtwirtschaftlichen Eckdaten des Jahres 1989 mit denen des Jahres 1980 belegt diese Aussage (Bild 5).

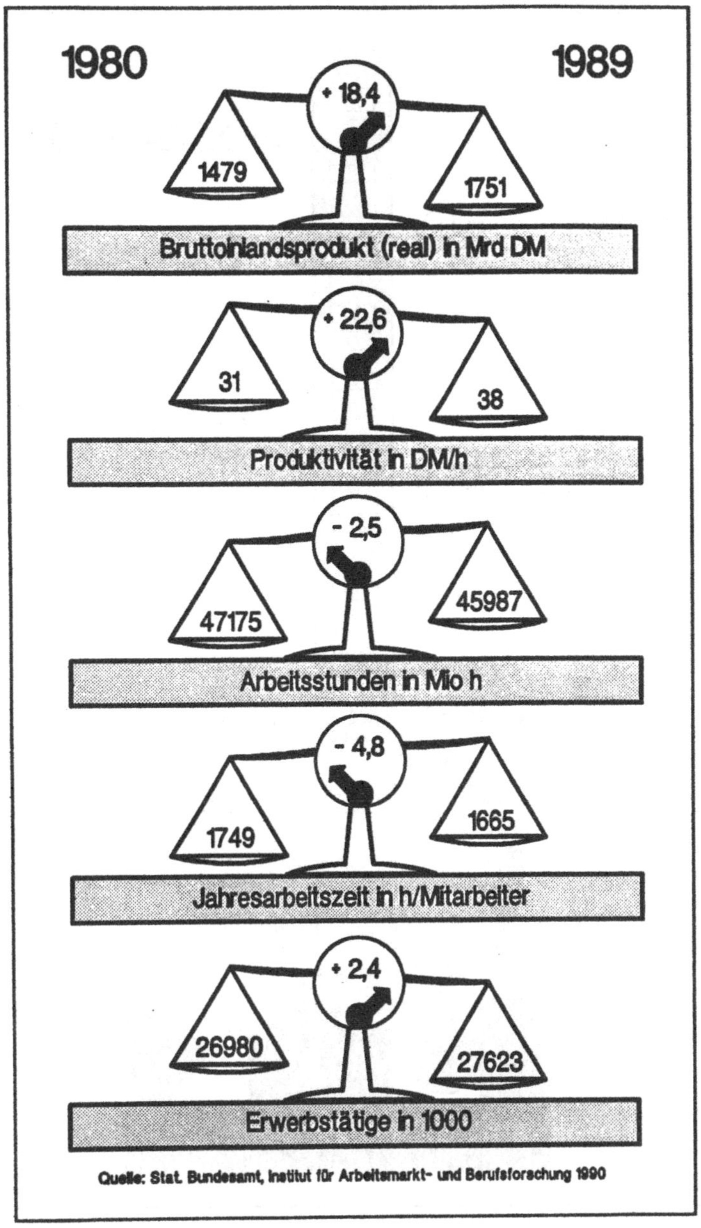

Bild 5: Gesamtwirtschaftliche Eckdaten im Vergleich

Die export- und konsumgestützte Wachstumsbeschleunigung in der zweiten Hälfte der achtziger Jahre hat sich positiv auf das Wachstum der Produktivität und damit des Bruttoinlandsproduktes ausgewirkt. Dieses Wachstum ermöglichte Beschäftigungsgewinne in Form eines Zuwachses der Anzahl der Erwerbstätigen gegenüber dem Niveau von 1980. Weder die Reduzierung der geleisteten Arbeitsstunden noch die Verkürzung der Jahresarbeitszeit konnte diesen Aufschwung bremsen.

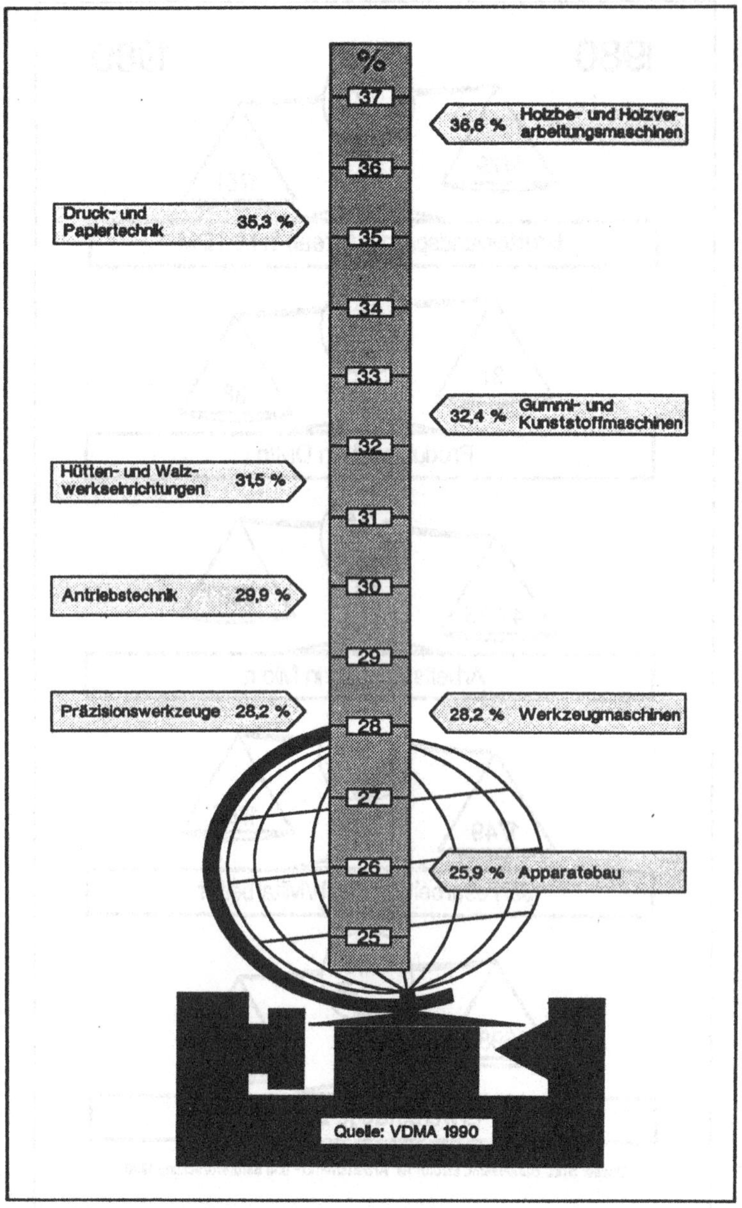

Bild 6: Weltmarktanteile des deutschen Maschinenbaus nach ausgewählten Fachbereichen

Auch im internationalen Vergleich sieht es gegenwärtig recht positiv aus. Ein Blick auf die Weltmarktanteile des deutschen Maschinenbaus spiegelt diesen erfreulichen Sachverhalt wider. Der deutsche Maschinenbau hat in vielen Branchen einen Weltmarktanteil von fast 30% (Bild 6).

Die Erfolge des Maschinenbaus verdeutlichen, daß Deutschland auch im internationalen Vergleich Standortvorteile besitzt.

Bei der Betrachtung der wichtigsten Wettbewerbsfaktoren eines Unternehmens lassen sich drei verschiedenartige Wirkebenen (prinzipielle Freiräume, Realisierungsfreiräume und kurzfristige Wirksamkeit) unterscheiden, die sich zu einer Gesamtaussage ergänzen (Bild 7).

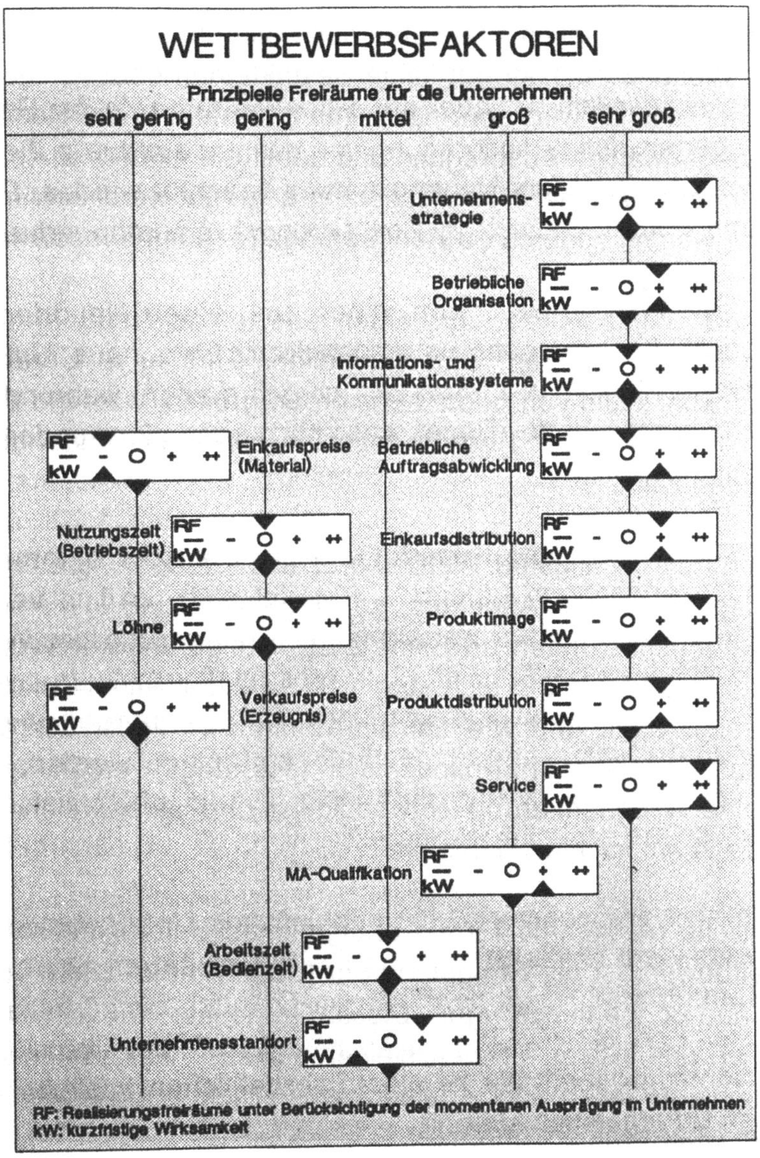

Bild 7: Wettbewerbsfaktoren

Unterscheidet man die Wettbewerbsfaktoren, ohne Berücksichtigung der momentanen Ausprägung im Unternehmen, hinsichtlich ihrer Eignung sich entscheidend vom Mitbewerber abzusetzen, so ergeben sich unterschiedliche prinzipielle Freiräume für die Unternehmen. Während beispielsweise die Verkaufspreise der Erzeugnisse im wesentlichen vom Markt bestimmt werden und damit prinzipielle Freiräume der Unternehmen bezüglich diesem Wettbewerbsfaktor sehr gering sind, sind die prinzipiellen Freiräume z.B. im Bereich der Unternehmensstrategie sehr groß, da diese firmenspezifisch, d.h. auf die Belange des Unternehmens zugeschnitten und festgeschrieben werden können.

Die Nutzung der prinzipiellen Freiräume setzt allerdings voraus, daß bei der Nutzung der Wettbewerbsfaktoren keine Restriktionen berücksichtigt werden müssen. Dieser Idealfall wird aber nur selten auftreten. In der Regel muß zumindest die gegenwärtige Ausprägung und damit die aktuelle Zielorientierung des Unternehmens bei einer Neuorientierung beachtet werden. Die prinzipiellen Freiräume werden dadurch zu Realisierungsfreiräumen reduziert.

Zudem ist die Wirksamkeit von einer aus einer Neuorientierung resultierenden Maßnahme sehr unterschiedlich. Eine neue Unternehmensstrategie wird wohl kaum von heute auf morgen greifen, während der Service eines Unternehmens in der Regel wesentlich schneller kundenfreundlicher gestaltet werden kann.

Betrachtet man die wichtigsten Wettbewerbsfaktoren der Unternehmen unter den drei oben genannten Aspekten, so zeigt sich, daß in verschiedenen Bereichen Neuorientierungen im Sinne einer Steigerung der Wettbewerbsfähigkeit möglich sind. Es läßt sich aber nicht verallgemeinern und darstellen, welcher Bereich wann und wie am sinnvollsten verändert werden sollte. Vielmehr muß fallweise firmenspezifisch festgelegt werden, in welchen Bereichen eine Neuorientierung notwendig ist und unter welchen Voraussetzungen diese am nachhaltigsten greift.

Eine wesentliche Maßnahme für ein erfolgreiches Unternehmen im internationalen Wettbewerb ist die Steigerung der Effektivität im Sinne von "do the right things and do the things right". Dieser Grundsatz muß immer mehr von einer partiellen und lokalen Effizienzsteigerung (z.B. der Optimierung einzelner Produktionsfunktionen) hin zu einer ganzheitlichen Implementierung von Effektivität im Unternehmen führen.

Im Zusammenhang mit dieser Effektivitätssteigerung ist auch der CIM-Gedanke ein nach wie vor wichtiger strategischer Wettbewerbsfaktor. CIM hat in der Vergangenheit einerseits Euphorie, andererseits aber auch Aversionen hervorgerufen /13/. Dies liegt darin begründet, daß zum einen durch CIM in der Vergangenheit oftmals nur die Fehler überkommener Strukturen verstärkt und informationstechnisch zementiert wurden, zum anderen die CIM-Konzeptionen nur als rein technische Herausforderung mit dem Ziel einer rechnerintegrierten Fabrik angesehen wurden. Dabei kann CIM, als Organisationskonzept verstanden, durchaus ein wichtiger Faktor für die Wettbewerbsfähigkeit eines Unternehmens sein. Die Einführung von CIM zwingt die Unternehmen zum Formalisieren und Präzisieren sowohl der Aufbau- und Ablauforganisation als auch der Arbeitsaufgaben.

Ein weiterer wichtiger Faktor für die Wettbewerbsfähigkeit eines Unternehmens sind seine Mitarbeiter, die sogenannten Human Ressources. In diesem Bereich können sich die Unternehmen vor der gesellschaftlichen Entwicklung nicht verschließen. Der Zielkonflikt zwischen dem Unternehmensinteresse an mehr Arbeitszeitflexibilität zur besseren Auslastung der betrieblichen Kapazitäten und der Forderung der Mitarbeiter nach flexibleren Arbeitszeiten muß für beide Seiten zufriedenstellend gelöst werden.

Ein möglicher Ansatz zur Lösung dieses Zielkonflikts ist eine erhöhte Firmenflexibilität. In den letzten Jahren war der Trend zu kleineren, flexibleren und damit "schlagkräftigeren" Produktionseinheiten unübersehbar. Diese Einheiten innerhalb dezentraler Produktionsstrukturen können relativ unabhängig voneinander agieren und ermöglichen daher eine flexiblere Reaktion auf Veränderungen der Rahmenbedingungen als zentralisierte Systeme.

Die organisatorischen Veränderungen bei der Umstrukturierung funktionsorientierter Produktionsstrukturen hin zu dezentralen Produktionsstrukturen ermöglichen zudem die Freisetzung von Ratio-Potentialen sowohl im gesamten Prozeß der Auftragsabwicklung als auch in einzelnen Funktionsbereichen (Bild 8).

Ratio-Potentiale dezentraler Produktionsstrukturen		
Fachbereich	Ratio-Effekte	Ratio-Potential
 Gesamte Betriebsabläufe	Reduzierung der Auftragsdurchlaufzeiten und der Markteinführungszeiten	20 - 60 %
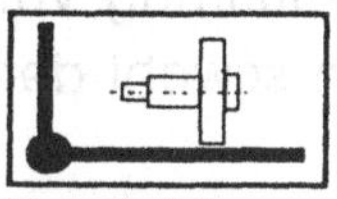 Konstruktion, Einkauf, AV	Erhöhung der Produktivität	20 - 50 %
 Läger	Reduzierung der Bestände	30 - 60 %
 Produktion	Reduzierung der Werkstattbestände Erhöhung der Produktivität	30 - 60 % 5 - 30 %
 Qualitätswesen	Senkung der Qualitätssicherungskosten	10 - 30 %
 Vertrieb	Kürzere Lieferzeiten, Termintreue	30 - 60 %

Quelle: GEBRA

Bild 8: Ratio-Potentiale dezentraler Organisationsstrukturen

5 Vielfalt anstelle von Einheitsdenken

Für viele Unternehmen steht die Strategie für die nächsten Jahre bereits fest: Ihr Unternehmen muß auf die vielschichtigen internationalen, insbesondere europäischen Herausforderungen der Zukunft neu ausgerichtet werden.

Während das Ziel klar umrissen ist, wird in den Fachbereichen heftig über die Frage diskutiert, welche Wege zu diesem Ziel führen werden und welches der richtige Weg ist. In Anbetracht der existentiellen Wichtigkeit dieser Fragestellungen ist für die Unternehmen die Kenntnis der eigenen Stärke sowie die bewußte Berücksichtigung der strategisch relevanten eigenen Geschäftsfelder, der eigenen Wettbewerbsposition und der wettbewerbsbestimmenden Erfolgsfaktoren von großer Wichtigkeit. Sind diese Größen bekannt, so können das Ziel und der Weg zum Ziel bezüglich einer Neuorientierung des Unternehmens oder einzelner Bereiche festgelegt werden.

Das Gesamtziel eines Unternehmens muß mit Hilfe von differenzierten Produktionsmanagementstrategien sichergestellt werden. Ein schlichtes *Entweder-oder-Denken* ist in diesem Zusammenhang nicht mehr adäquat. Der richtige Weg liegt wohl eher in einem ausgewogenen *Sowohl-als-auch-Denken* im Sinne einer Realisierung von "gemischten" Ansätzen.

So war in der Vergangenheit häufig zu beobachten, daß zu stark generalisierte, bivalente Entscheidungen letztendlich durch fehlende Perspektiven bei raschen Veränderungen, Störungen u.ä. nicht erfolgreich sein konnten. Beispiele hierfür sind *Entweder-oder-Fragestellungen* wie: entweder computergestützt oder manuell, entweder automatisiert oder manuell, entweder verrichtungsorientiert oder objektorientiert.

Es gilt, Produktionsmanagementstrategien zu entwickeln, die zum einen effektiv sind, zum anderen aber auch flexibel auf interne und externe Veränderungen reagieren können, um so den Erfolg des Unternehmens langfristig sicherstellen zu können.

Dabei muß sowohl die Betrachtung und Optimierung einzelner Aspekte als auch die ganzheitliche und integrative Betrachtung der Prozesse im Unternehmen vom Produktionsmanagement parallel verfolgt werden. Nur die Beachtung von auf einem *Sowohl-als-auch-Denken* basierenden Denk- und Vorgehensweisen führt zu einer Effektivitätssteigerung im gesamten Unternehmen.

6 Paradigmenwechsel im Produktionsmanagement

Die Neuorientierung der Unternehmen unter Berücksichtigung neuer zukunftsorientierter Perspektiven und damit neue Aufgaben und Möglichkeiten im Prozeß der Auftragsabwicklung müssen zwangsläufig zu einem Paradigmenwechsel im Produktionsmanagement führen (Bild 9).

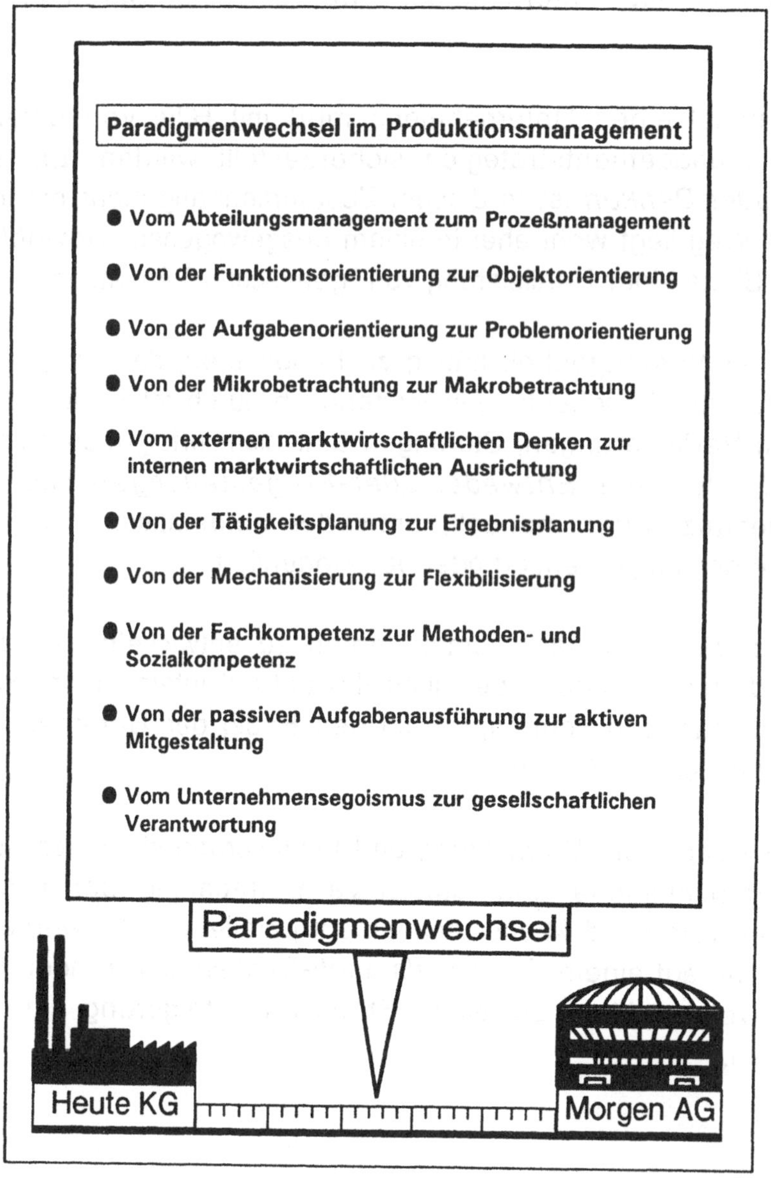

Bild 9: Paradigmenwechsel im Produktionsmanagement

Ein solcher Paradigmenwechsel im Produktionsmanagement sollte nicht als ein statischer Vorgang verstanden werden, sondern muß als ein dynamischer

Prozeß begriffen werden. Dabei sind all die Größen in die Überlegungen mit einzubeziehen, die von den Veränderungen betroffen sein könnten. Bei der Neuorientierung der Erfolgsfaktoren ist darauf zu achten, daß diese in Einklang mit den Unternehmenszielen erfolgt.

Die hinter einzelnen Paradigmen stehenden Vorstellungen konnten teilweise bereits erfolgreich in der Praxis realisiert werden, z.T. müssen sie aber noch als visionär angesehen werden. Es wird an dieser Stelle der von Manchen möglicherweise als provokativ empfundene Versuch unternommen, etwas weiter nach vorne zu blicken als allgemein üblich. Wenn der Blick in die Zukunft ungewiß erscheint, sind Unschärfen erlaubt und im Sinne von C.F. v. Weizsäcker zu verstehen, der einmal sagte: *Über der Veränderung liegt stets ein Hauch von Unbegreiflichkeit.*

6.1 Vom Abteilungsmanagement zum Prozeßmanagement

Konventionelle Arbeitsstrukturen gründen auf der Theorie der wissenschaftlichen Betriebsführung Taylor's. Die funktionale Gliederung birgt wegen der erzeugten hohen Arbeitsteiligkeit und der Gliederung in spezielle Teilbereiche und Abteilungen erhebliche Nachteile. So wurde beispielsweise vom Abteilungsmanagement in der Vergangenheit vor allem die Optimierung der einzelnen Arbeitsaufgaben in den Teilbereichen und Abteilungen verfolgt und dabei die Optimierung des Gesamtprozesses vernachlässigt. Dies hat im Prozeß der Auftragsabwicklung zu Defiziten, z.B. zu hohen Reibungsverlusten und hohen Durchlaufzeiten geführt.

Die heute bevorzugt angewandte Transaktionskostenökonomie stellt deshalb nicht mehr die Technologie oder die Preisbildung in den Mittelpunkt, sondern die notwendigen Transaktionen. Jeder Regelmechanismus verursacht Transaktionskosten. Die Wahl des besten Regelmechanismusses richtet sich dabei nach der simultanen Optimierung von Transaktions- und Produktionskosten. Bilanzseitig steht dadurch weniger das Anlagen- als vielmehr das Umlaufvermögen im Vordergrund.

Wenn die Unternehmen schnell auf einen Marktbedarf reagieren wollen, ist es wichtig, daß alle Abteilungen das Problem mit der gleichen Zielsetzung angehen. Sie brauchen ein Unternehmensleitbild, in dem die Vorgehensweise festgeschrieben ist und Prioritäten geregelt werden. Durch angewandtes Prozeßmanagement findet eine bereichsübergreifende Integration statt, die zu einem Erfolgsfaktor für das Unternehmen werden kann.

Dieser Ansatz ist mit verschiedenen Konsequenzen für die Unternehmensstruktur verbunden. Es findet eine Fachbereichsverschmelzung statt, die das bisherige Abteilungsdenken ablöst. Traditionelle Trennungen, wie z.B. in den klassischen "Weißkittel-" und "Blaukittelbereich" werden abgebaut. Dadurch entwickelt sich ein neues Rollenverständnis im Unternehmen. Die Arbeitsprozeßinnovation wird von der Strukturinnovation überlagert.

Mögliche Konsequenzen dieser Entwicklung sind das fachübergreifende, ablauforganisatoriche Zusammenwirken von Marketing- und Produktionsmanagement oder die aufbauorganisatorische Integration von Vertrieb, Konstruktion und Produktion.

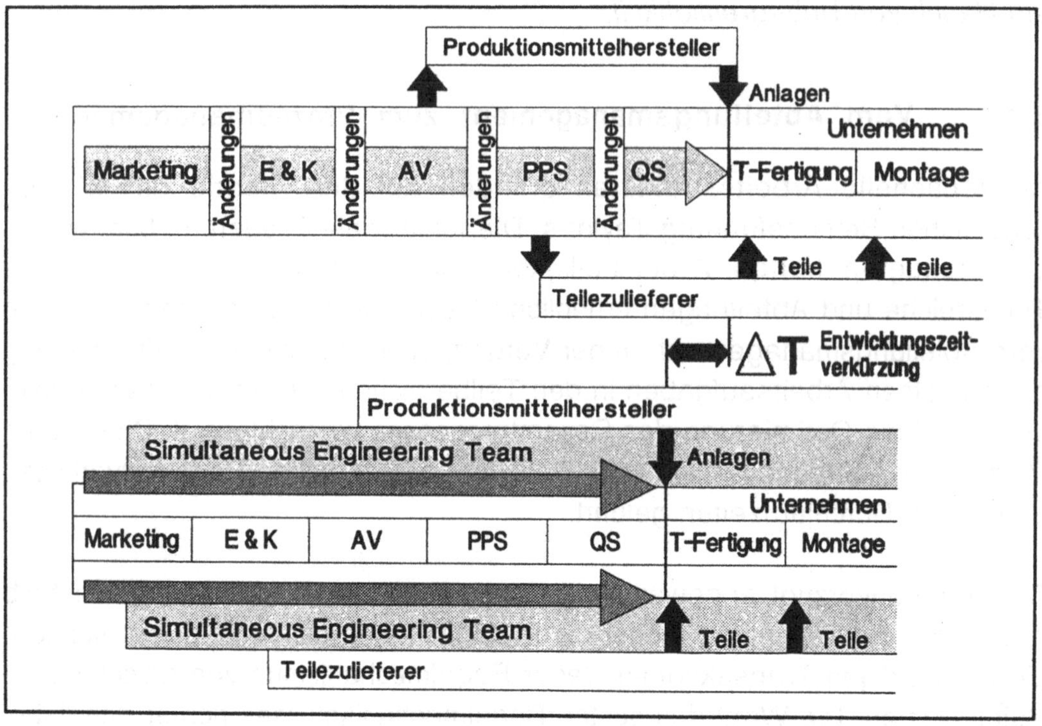

Bild 10: Verkürzung der Entwicklungszeit durch Simultaneous Engineering

Ein Beispiel für ein erfolgreiches Prozeßmanagement ist das Simultaneous Engineering. Die diesem Konzept zugrunde liegende Strategie hat, neben der ablauforientierten Straffung des Entwicklungsprozesses, eine verbesserte Integration der Zulieferer und der Produktionsmittelhersteller in den frühen Phasen der Produktentwicklung zum Ziel. Die weitgehende Parallelisierung und Synchronisierung der Produkt- und Produktionsmittelentwicklung ermöglicht es, zeit- und kostenintensive Änderungen im fortgeschrittenen Projektstadium weitgehend zu vermeiden. Durch die optimierte Abstimmung zwischen Produkt und Produktionsanlage können Kostenvorteile ausgeschöpft werden (Bild 10) /14/.

Der Erfolg dieses Konzepts der integrierten Produktentwicklung läßt sich eindrucksvoll am Änderungsaufwand ablesen. Bei Unternehmen, die bereits begonnen haben Simultaneous Engineering umzusetzen, liegt der vermeidbare Änderungsaufwand bis zu 30% niedriger als bei Firmen, die noch in einem starren Abteilungsdenken verhaftet sind /14/.

Ein weiteres Beispiel für ein wirkungsvolles Prozeßmanagement ist die "Integrierte Auftragsabwicklung". Das Ziel dieses Ansatzes ist die Realisierung von Inselstrukturen im indirekten Bereich, die in ihrer Aufbau- und Ablauforganisation konsequent auf die integrierte Abwicklung eines Kundenauftrags ausgerichtet sind. Durch die Zusammenfassung der auftragsbezogenen Tätigkeiten lassen sich organisatorische Schnittstellen reduzieren und die Auftragsdurchlaufzeiten erheblich verkürzen. Die Erhaltung des fachspezifischen Know-hows wird dabei durch ablauforganisatorische Lösungsansätze wie z.B. Projektmanagement oder aber durch die Integration der auftragsneutralen (kundenanonymen) Funktionen in ein fachübergreifendes Kompetenzzentrum gewährleistet (Bild 11).

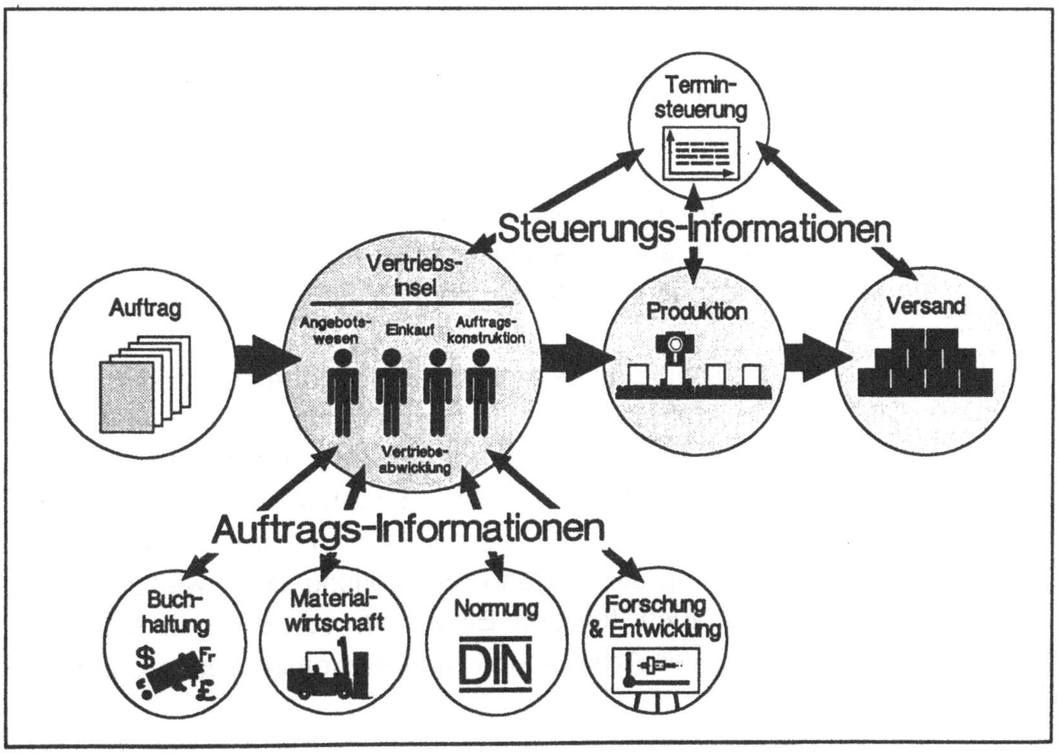

Bild 11: Integrierte Auftragsabwicklung

Der Einsatz dieser Strategie wurde vom IAO sowohl in Unternehmen der Konsumgüterbranche ("Logistikinseln") als auch in Unternehmen der Investitionsgüterbranche erprobt, in denen der Schnittstellenabbau im Informationsfluß ("Informationsinseln") das dominierende Strukturierungskriterium war.

6.2 Von der Funktionsorientierung zur Objektorientierrung

Die funktionsorientierte Gliederung der Unternehmen führt zum einen zu einer Trennung der direkten und indirekten Bereiche, zum anderen wird innerhalb dieser Bereiche wiederum eine starke Funktionsteilung durchgeführt. Unternehmensstrukturen mit funktionsorientierten Abteilungen (z.B. Fertigungssteuerung, Arbeitsplanung, Qualitätssicherung und Instandhaltung) und verrichtungsorientierten Werkstattbereichen (z.B. Dreherei, Fräserei) sind Resultate dieses tayloristischen Ansatzes.

Durch die Bildung neuer produktorientierter Organisationseinheiten nach dem Objektprinzip findet eine Umstrukturierung im Sinne einer zunehmenden Funktionsintegration statt. Es entstehen kleine, überschaubare und flexible Einheiten ("Fabriken in der Fabrik"), die je nach Komplexität der Produktionsaufgaben und der Produkte mit unterschiedlichen Funktionsumfängen ausgestattet sein können. Mit den Produktmerkmalen und den aus Marketingsicht relevanten Parametern als entscheidende Strukturierungskriterien können sich unterschiedliche Arten von Funktionsbereichen (Bild 12) ergeben /11/.

Beispiele für objektorientierte Organisationsstrukturen sind die bereits erwähnten Informationsinseln sowie Teambildungen in der Konstruktion, Fertigungsinseln und Boxenlösungen in der Montage.

Eine Fertigungsinsel resultiert aus einer produktorientierten Organisation der Fertigung. Diese Umstrukturierung der Fertigung erfolgt in Verbindung mit einer neuen Funktionsteilung zwischen direkt und indirekt produktiven Bereichen einerseits und Maschinen und Technik andererseits. Das Tätigkeitsfeld der in der Fertigungsinsel beschäftigten Mitarbeiter ist gekennzeichnet durch die Aufhebung der starren Arbeitsteilung, die Erweiterung des Dispositionsspielraumes auch für den Einzelnen sowie durch die weitgehende Selbststeuerung der Arbeits- und Kooperationsprozesse durch die Gruppe /14/.

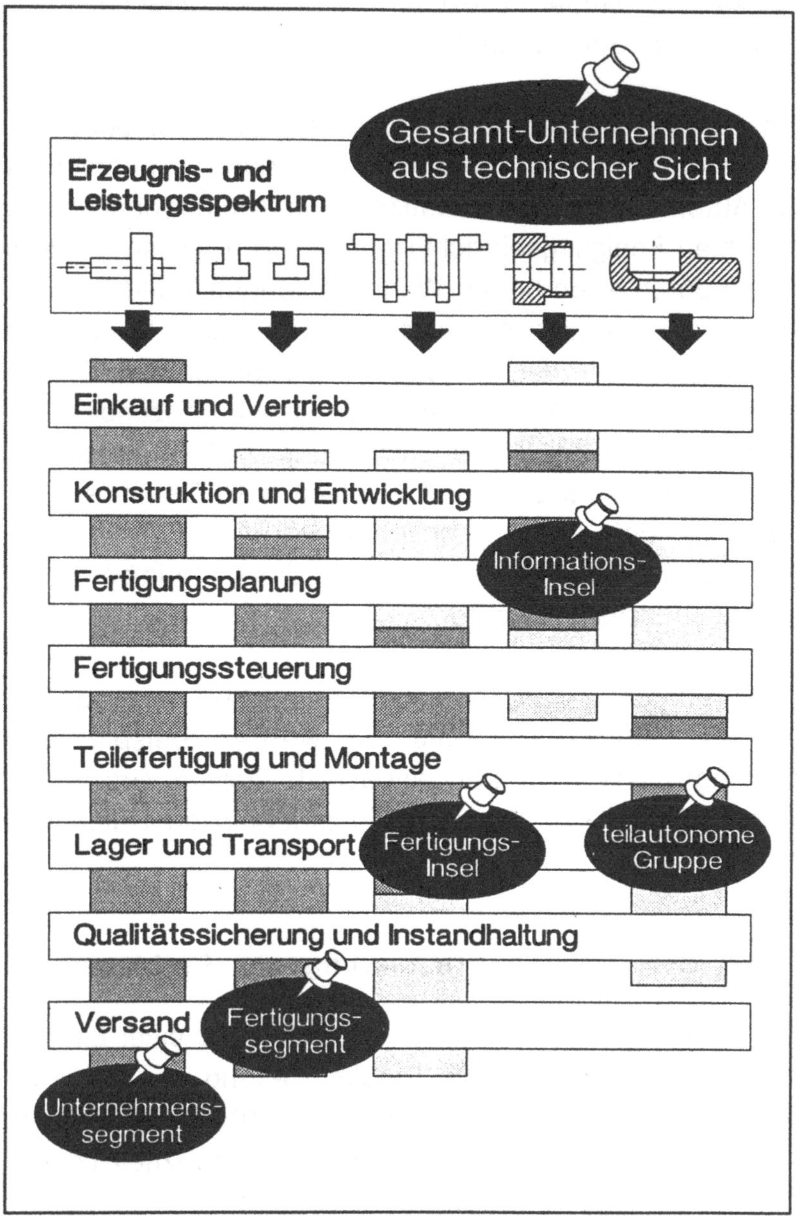

Bild 12: Ausprägungen dezentraler Organisationsformen

Eine weitere Konsequenz der Objektorientierung ist die Akzentuierung der Systemflexibilität anstelle einer Arbeitsplatzflexibilität. Hierzu gehören redundante Systeme (z.B. Inseln mit gleichem Bearbeitungsprofil) und eine variable Produktzuordnung. Weitere wichtige Erfolgsfaktoren für die Systemflexibilität sind überlappende Arbeitsinhalte für die Mitarbeiter innerhalb der Inseln, motivierende Arbeitszeitmodelle und die Abkopplung der Arbeitszeiten von den Betriebszeiten /16/. Dies führt in letzter Konsequenz dazu, daß in den objektorientierten Einheiten weder reine Generalisten, noch reine Spezialisten eingesetzt werden. Die Qualifikation der Mitarbeiter entspricht der von "generalisierten Spezialisten".

Durch den Einsatz flexibler Produktionsmittel in Verbindung mit modernen Organisationsformen in der Fertigung wird auch zunehmend die objektorientierte Automatisierung der Einzel- und Kleinserienfertigung mit verketteten flexiblen Fertigungseinrichtungen möglich. Diese Fertigungssysteme zeichnen sich durch einen hohen Wertschöpfungsteil und einen einheitlichen Qualitätsstandard innerhalb einzelner Einheiten aus. Dabei steht nicht die Automatisierung sondern die Flexibilisierung von Bearbeitungsfunktionen, im Sinne von sich ersetzenden, anstelle von sich ergänzenden Bearbeitungseinheiten im Vordergrund. Diese Entwicklung muß in Verbindung mit dem Einsatz von integrierten Maschinenkonzepten (z.B. Drehmaschinen mit einer integrierten Fräs-Bohr-Einheit) gesehen werden. Zudem wird die Automatisierung der peripheren Aufgaben (z.B. die Materialbereitstellung durch fahrerlose Transportsysteme) betont.

Beispiele für ein objektorientiertes Vorgehen existieren auch in einigen Bereichen der Datenverarbeitung. So werden beispielsweise objektorientierte Programmiertechniken eingesetzt. Zudem wird verstärkt an der Entwicklung und Realisierung von objektorientierten Datenbankstrukturen gearbeitet.

6.3 Von der Aufgabenorientierung zur Problemorientierung

Die Funktionsorientierung hat in vielen Bereichen zu einer Einzelbetrachtung von Problemen geführt, wobei die Problemstellung nur selten ganzheitlich, d.h. im Gesamtzusammenhang gesehen wird. Mit diesem Vorgehen können zwar Einzeloptimierungen erreicht werden, eine ganzheitliche Optimierung eines Auftragsdurchlaufs ist jedoch nicht erreichbar.

Die integrierte Betrachtung sowohl der Einzelaspekte als auch des entsprechenden Umfeldes ermöglicht eine Informationsintegration zwischen unterschiedlichen Fachbereichen mit ihren differenzierten Problemfeldern. Sie wirkt somit unterstützend bei der Problemlösung. Die Informationsintegration geht einher mit einer integrierten Informationsbereitstellung, wodurch alle relevanten Informationen am Arbeitsplatz problemspezifisch verfügbar werden.

Diese Vorgehensweise ermöglicht, daß das Problem der Produktqualität bereits bei der Produktentwicklung und nicht erst bei der Qualitätsprüfung angegangen werden kann: Qualität wird dementsprechend erzeugt und nicht mehr nur "erprüft".

Ein Beispiel hierfür ist das "Werkstatt-CIM", das Leitstands-, NC-Programmierungs- und Qualitätssicherungsfunktionen in der Fertigung handhabbar macht. Dieses Konzept hat gerade bei Fertigungsinseln eine hohe Relevanz.

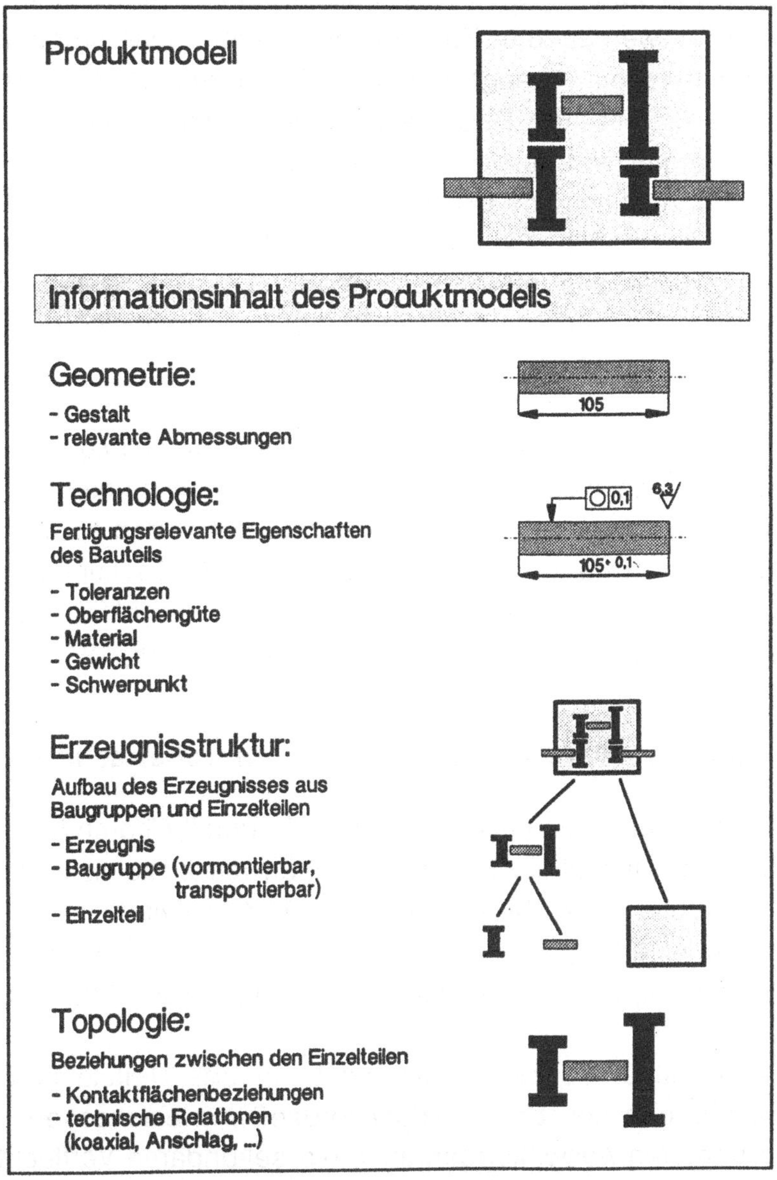

Bild 13: Montageorientiertes Produktmodell

Die problemorientierte Betrachtungsweise greift zunehmend auch im Bereich der Konstruktion. Während konventionelle CAD-Systeme nur über linien-, geometrie- und technologieorientierte Formelemente verfügen, gehen neuere Entwicklungen in Richtung einer "Feature-orientierten Konstruktion". Dabei werden zur Beschreibung von Problemstellungen Konstruktionselemente ("Gewindebohrung M8 in einem Steilkegel") verwendet. Zusätzliche Unterstützung erhält der Konstrukteur zunehmend durch Datenbankapplikationen und Expertensysteme (z.B. Werkstoff-Informationssysteme).

Beispielhaft wird in diesem Zusammenhang auf einen montagegerechten Erzeugnisentwurf auf der Basis einer objektorientierten Produktmodellierung verwiesen. Hier werden die Produktmodelldaten über problemorientierte Benutzerschnittstellen erzeugt und in objektorientierten Datenstrukturen verwaltet. Die umfassende Beschreibung der montagerelevanten Produktdaten erfolgt, ergänzend zu den üblichen geometrieorientierten CAD-Daten, über die Beschreibung von Erzeugnisstrukturen, Technologien und technischen Relationen (Bild 13). Diese Informationen können von Expertensystemen verarbeitet und interpretiert werden /17/. Das System ersetzt nicht den Konstrukteur, sondern erschließt diesem zusätzliche Gestaltungsdimensionen.

Ein weiteres Hilfsmittel, das eine ganzheitliche Betrachtung von Problemen erlaubt, ist das Technologie-Portfolio. Über eine Bewertung technologischer Kapazitäten können neue Technologiestrategien für die Unternehmensplanung gefunden werden. Aus der Einordnung der Technologieattraktivität und der Bewertung der Ressourcenstärke der einzelnen Technologien können Investitionsentscheidungen abgeleitet werden /18, 19/.

6.4 Von der Mikrobetrachtung zur Makrobetrachtung

In bestimmten Fällen ist es notwendig, über die unmittelbaren Systemgrenzen hinaus, auch das Umfeld in die Betrachtungen mit einzubeziehen. Beispiele für eine sinnvolle Makrobetrachtung sind Kreativitätszirkel, die interdisziplinäre Projektarbeit, aber auch die Erweiterung von Systemgrenzen z.B. bei der Absicherung von Investitionsentscheidungen (Bild 14).

Wird bei einer Investitionsentscheidung auch das Umfeld in Form einer Makrobetrachtung in den Entscheidungsprozeß mit einbezogen, so können neben den primären Auswirkungen auch die sekundären Verflechtungen mit dem Umfeld berücksichtigt werden.

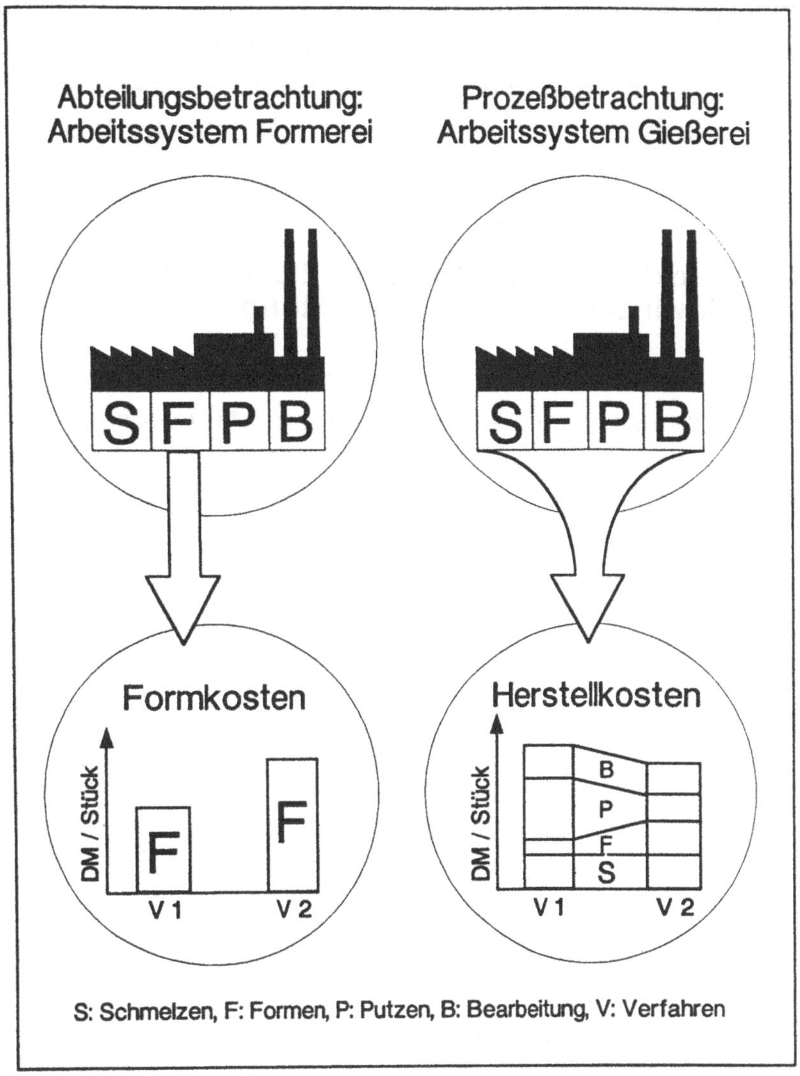

Bild 14: Erweiterte Kostenbetrachtung

Die Weiterführung dieses Gedankens führt zu der Notwendigkeit einer realistischen Einschätzung von Technologieentwicklungen. Eine entscheidende Aufgabe besteht darin, sich weder einer technologischen und organisatorischen Entwicklung zu verschließen, noch in eine unreflektierte Euphorie zu verfallen. Vielmehr muß im Spannungsfeld zwischen Realität und Euphorie durch eine realistische Einschätzung des Entwicklungspotentials die unternehmensspezifische Position gefunden werden. Daß dies zur Zeit nur selten umgesetzt wird, zeigen die Beispiele Robotereinsatz, CAX und CIM. Die Wunschvorstellungen "menschenleere Fabriken" oder eine total "computerisierte" Fabrik sind durch die Realität sehr schnell korrigiert worden.

Der Technologiefolgenabschätzung kommt dadurch eine immer größere Bedeutung zu. Die Unternehmen müssen sich die Frage stellen, was ihnen neue Technologien bringen und in welchen Bereichen diese sich effektivitätssteigernd auswirken können. Dies gelingt z.B. mit der Bildung von interdisziplinären Projektteams.

6.5 Vom externen marktwirtschaftlichen Denken zur internen marktwirtschaftlichen Ausrichtung

Wichtige Ratio-Potentiale im Unternehmen können nur erkannt und genutzt werden, wenn man sich nicht ausschließlich am Mitbewerber orientiert. Es gilt die eigenen Stärken und Schwächen zu quantifizieren und zu bewerten. Dies setzt eine Transparenz der betrieblichen Abläufe im gesamten Unternehmen voraus.

Ein besonders hoher Stellenwert kommt dabei der Kostentransparenz zu. Konventionelle Kostenrechnungssysteme und Kostenstrukturen versagen hier, da sie keine verursachungsgerechte Zuordnung der Kosten zu den Produkten und damit zu den spezifischen Erträgen ermöglichen. Hohe Gemeinkostenanteile, auslastungsorientiertes Kostendenken sowie Akzentuierung von Primärkosten stehen für diese Einstellung.

Durch die Betrachtung von Strukturkosten, die eine differenzierte verursachungsgerechte Zuordnung von den Kostenarten zu den unterschiedlichen Stufen der Auftragsabwicklung ermöglichen, kann eine Kostentransparenz erzielt werden (Bild 15). Dies entspricht einer Rückrechnung des Produktertrags auf Produktkomponenten, wie beispielsweise auf Baugruppen oder Einzelteile.

In Verbindung mit produktorientierten Inselstrukturen können auf diesem Weg Erträge für die verschiedenen Verantwortungsbereiche definiert werden. Über die Bildung von Cost-Centern soll damit das Profit-Center-Denken in den eigenverantwortlichen Bereichen geschaffen werden. Der Vollständigkeit halber sei angeführt, daß damit auch die Voraussetzung zu einer leistungsgerechten Entlohnung und damit zu inselgerechten Entlohnungssystemen gegeben sind.

Ein weiterer wichtiger Bestandteil der internen marktwirtschaftlichen Ausrichtung ist die Reorganisation der Einkaufs- und Verkaufslogistik. Neben der oben diskutierten Zuordnung der verursachungsgerechten und durch den Bereich beeinflußbaren Kosten (z.B. Bestandsverantwortung des Vertriebs für

Fertigprodukte und Bestandsverantwortung des Einkaufs für Rohmaterialien und Handelswaren) müssen hier neue Distributionsstrategien erarbeitet und organisatorisch umgesetzt werden.

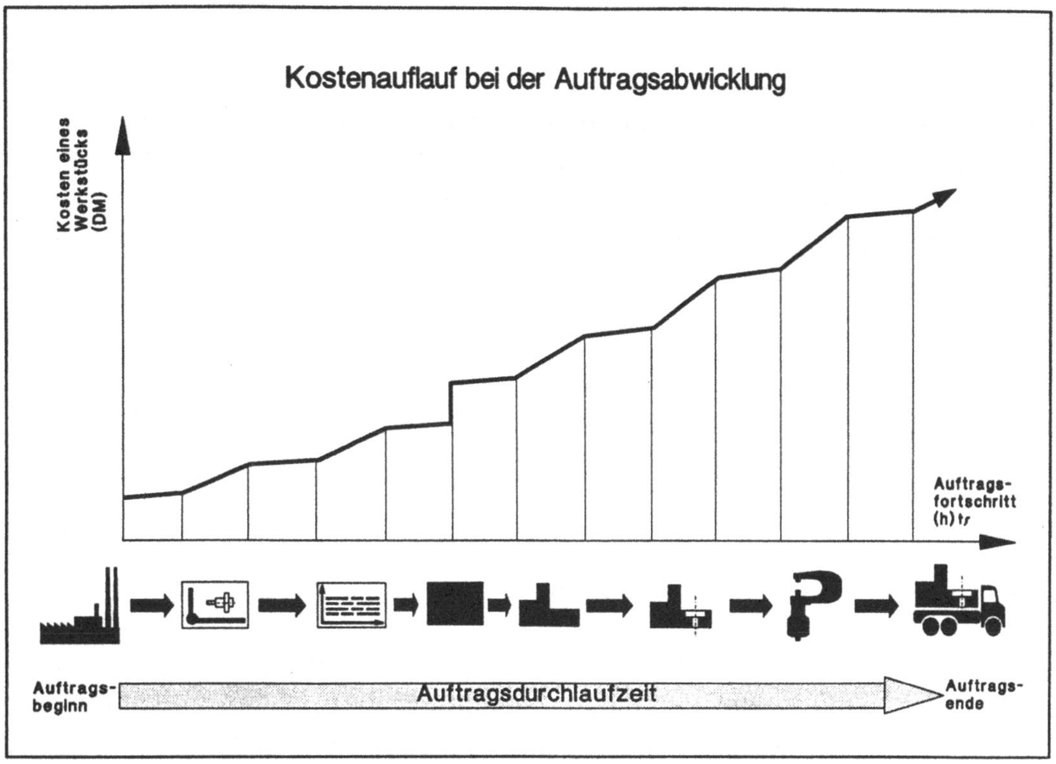

Bild 15: Kostenauflaufkurve

Beispielhaft wird hier die Beschaffungsseite angeführt. Hier dominiert die Verbesserung der Einkaufslogistik gegenüber der Einzeloptimierung der Einkaufspreise. Schlagworte sind das "Single Sourcing" und das "Global Sourcing". Beim Single Sourcing steht die Bevorzugung von einzelnen Zulieferern für die Belieferung mehrerer Werke eines Unternehmens im Vordergrund. Durch eine Vertrauensbasis soll eine hohe Lieferbereitschaft und Verfügbarkeit erreicht werden, wobei der Preis eine untergeordnete Rolle spielt. Eine enge Anbindung der Zulieferer an die Endabnehmer wird angestrebt. Dabei wird die Zulieferung einbaufähiger Einzelteile bevorzugt /12/. Dies gilt insbesondere für Produkte ohne Schlüsseltechnologien. Zur Unterstützung dieser Philosophie bieten schon heute einzelne Firmen ihren Zulieferern Betriebsgelände in unmittelbarer Nähe ihrer Fabrik an. Eine andere Strategie wird beim Global Sourcing verfolgt. Hier steht durch einen weltweit konkurrierenden Wettbewerb der preisgünstige Einkauf und die Verfügbarkeit wegen der Verteilung auf mehrere Zulieferer im Vordergrund.

Eine andere Maßnahme zur Verbesserung der Beschaffungssituation ist die Bildung von Einkaufskooperationen zwischen kleinen Unternehmen. Ziel ist das Erzielen von Einkaufsrabatten. Zudem kann ein vergrößertes Einkaufspotential erzielt werden, so daß auch, infolge der geringen Menge schwer beschaffbare Produkte in adäquater Lieferzeit und zu akzeptablen Preisen bezogen werden können.

Neben den Einkaufskooperationen sind auch Entwicklungskooperationen ein Mittel zur Kostensenkung. Viele Unternehmen sehen sich zukünftig mit der Notwendigkeit konfrontiert, die eigenen Forschungs- und Entwicklungskapazitäten auf unternehmensrelevante Technologien zu konzentrieren. Potentiale zur Effektivitätssteigerung ergeben sich nicht nur durch eine konsequente Integration der hauseigenen Entwicklung, sondern auch durch die Entwicklung von Technologiepotentialen, Know-how und Kapazitäten außerhalb des eigenen Unternehmens in Entwicklungskooperationen. Hierbei kommt es auch zu einer zunehmenden Internationalisierung der F&E-Tätigkeiten (Beispiel: Computerchip-Entwicklung) /20/.

6.6 Von der Tätigkeitsplanung zur Ergebnisplanung

Bei der Fertigungsplanung findet heute in vielen Bereichen eine minutengenaue Einplanung von einzelnen Arbeitsaufgaben in den Gesamtprozeß statt. Durch dieses Vorgehen werden Einzeltätigkeiten geplant, gesteuert und überwacht, ohne jedoch den ganzen Auftragsablauf zu optimieren. Infolge der zahlreichen Schnittstellenübergänge entstehen vor allem in den verrichtungsorientierten Fertigungsstrukturen hohe Durchlaufzeiten.

Durch eine Orientierung am Ergebnis in Verbindung mit hierarischen Regelkreisstrukturen kann diesem negativen Effekt entgegengewirkt werden. Hierbei erfolgt die Planung und Überwachung des Auftragsdurchlaufs in den verschiedenen Produktebenen Produkt, Baugruppe und Einzelteil nur noch zu den Zeitpunkten, die wesentliche Meilensteine der Auftragsdurchlaufzeit darstellen. In diesen Strukturen können auch Strategien wie beispielsweise das Management-by-Objectives oder das Management-by-Exceptions angewandt werden.

Den neueren PPS-Systemen liegen zunehmend ebenfalls hierarchische Regelkreismodelle zugrunde. In ähnlicher Weise wird hier einerseits nach dem Zeitfaktor (Planungshorizont) andererseits nach unterschiedlichen Produktionsstufen differenziert. Die verstärkt zum Einsatz kommenden Leitstände, die als "Mini-PPS der Produktion" interpretiert werden können, und die im Zuge dieser Entwicklung notwendige Anpassung der bisherigen PPS-Systeme belegen diese These.

6.7 Von der Mechanisierung zur Flexibilisierung

Ein Hauptaspekt für Produktivitätssteigerungen waren in der Vergangenheit die technischen Weiterentwicklungen. Zunächst stand die Mechanisierung der Bearbeitungsmaschinen im Vordergrund, die in einem weitergehenden Schritt um die Automatisierung der Produktionssysteme erweitert wurden.

Als Folge der veränderten Anforderungen gewinnt die Flexibilität zunehmend an Bedeutung. Die "Economy of Scope" ersetzt die "Economy of Scale" /21/. Die Flexibilität resultiert aus dem Zusammenwirken zwischen Mensch und Technik, dementsprechend ist eine Neuausrichtung des Zusammenspiels von Funktionen und Funktionsträgern notwendig. Da das technische Potential bezüglich Flexibilität weitgehend ausgeschöpft ist - eine Ausnahme in diesem Zusammenhang stellen die bereits erwähnten integrierten Maschinenkonzepte dar - kommt dem Mitarbeiter und der Organisation der Arbeit besondere Bedeutung zu.

Die technikorientierte Systemgestaltung wird durch eine anthropozentrische Systemgestaltung ersetzt, die die individuellen Bedürfnisse und Entwicklungspotentiale in Verbindung mit einer sozialverträglichen Gruppenstruktur setzt. Die Integration von vorbereitenden, durchführenden und nachbearbeitenden Funktionen in unterschiedlichen Funktionskombinationen für verschiedene Gruppen von Mitarbeitern innerhalb des Verantwortungsbereiches steht für diese Entwicklung.

Dies bedeutet eine Abkehr von der bisherigen ausschließlichen Betrachtung von homogenen Gruppenzusammensetzungen. Wie arbeitswissenschaftliche Analysen belegen, ergeben sich in Abhängigkeit von der Komplexität der Aufgabenstellung (z.B. hochautomatisiertes System mit integrierter Instandhaltung) verschiedene Formen von Subteams mit überlappenden Arbeitsinhalten. Hier besteht ein Zusammenhang zu den "generalisierten Spezialisten".

6.8 Von der Fachkompetenz zur Methoden- und Sozialkompetenz

In anthropozentrischen objektorientierten Inselstrukturen müssen die Mitarbeiter neben der beruflichen Fachkompetenz allgemeine übergreifende

Kompetenzen besitzen. Wichtige Qualifikationsanforderungen sind, bedingt durch zunehmend verlangtes Wissen über Arbeitsplanung oder Fertigungssteuerung, Methodenkompetenz (organisatorische Kompetenz) sowie Sozialkompetenz, wenn es um die Kooperation und Führung der Mitarbeiter geht (Bild 16).

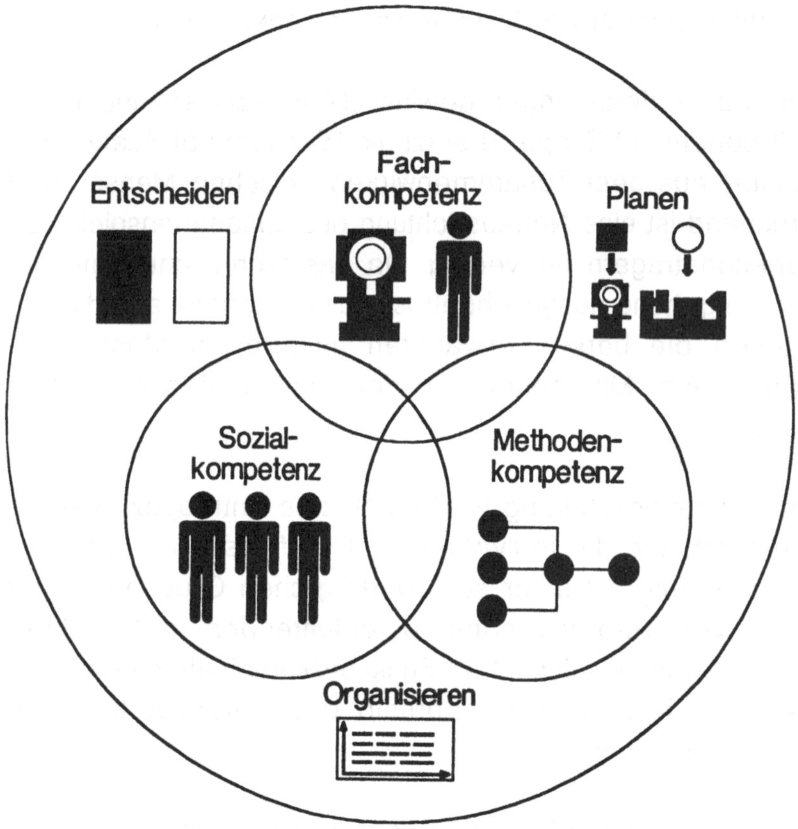

Bild 16: Entwicklung von Kompetenzen

Hierzu sind neue Weiterbildungskonzepte notwendig, die weniger eine rein fachorientierte Detailkompetenz schulen, als vielmehr eine produktorientierte Problemkompetenz vermitteln. Erste Ansätze in dieser Richtung sind neue Studiengänge wie beispielsweise das "Product Engineering".

Innerhalb der Betriebe muß über neue Karrierepfade nachgedacht werden. Interessant, insbesondere im Hinblick auf Produktionsstrukturen mit dezentralen Verantwortungsbereichen, sind nicht nur vertikale, sondern auch horizontale Personalentwicklungen. Auf diese Weise erhalten die Mitarbeiter ein produkt- und fachbereichsübergreifendes Know-how.

6.9 Von der passiven Aufgabenausführung zur aktiven Mitgestaltung

Alle Entwicklungen innerhalb der Unternehmen geschehen letztendlich durch die Mitarbeiter, so daß ein Unternehmen sehr stark von deren Fähigkeiten und Potentialen abhängt. Die Mitarbeiter müssen motiviert werden, sich aktiv an der Mitgestaltung ihres Arbeitsprozesses und Arbeitsumfeldes zu beteiligen, wobei insbesondere die partizipative Planung eine Rolle spielt.

Hier bedarf es grundsätzlich eines Umdenkungsprozesses in den Betrieben. Dem Mitarbeiter muß das Gefühl vermittelt werden: Das Unternehmen braucht mich, und ich leiste einen wichtigen Beitrag für den Erfolg des Unternehmens. Der Umgang mit den Mitarbeitern ist täglich zu üben, Worte des Lobes werden dabei bisher viel zu selten gebraucht.

Mündige Mitarbeiter erhält man nur durch eine strategische Weiterbildung. Diese Mitarbeiterentwicklung darf nicht nach dem Gießkannenprinzip erfolgen, vielmehr muß eine, an den individuellen Aufgaben orientierte, differenzierte Qualifikation durchgeführt werden. Die Qualifizierung sollte teilweise auch durch Selbstorganisierung erfolgen können, wobei unternehmensinternes Lernen die externe Aus- und Weiterbildung praxisgerecht ergänzt.

Weitere Motivationspotentiale liegen in flexiblen Lohnstrukturen, in denen sich die Entlohnung nicht nur am durch Zeugnisse verbrieften Wissen und Können orientiert, sondern vorwiegend an den erbrachten Leistungen und den durchgeführten Tätigkeiten. Hier wirkt sich die Kostentransparenz positiv aus.

6.10 Vom Unternehmensegoismus zur gesellschaftlichen Verantwortung

Die Unternehmen müssen mit ihrer Unternehmenskultur sowohl den externen Vorstellungen der Gesellschaft als auch den unternehmensinternen Vorstellungen ihrer Mitarbeiter gerecht werden (Bild 17) /22/. Gesellschaftliche Werte und moralische Normen sind die Merkmale verantwortlich handelnder Menschen, die es bei dem unternehmerischen Handeln zu berücksichtigen gilt /23/.

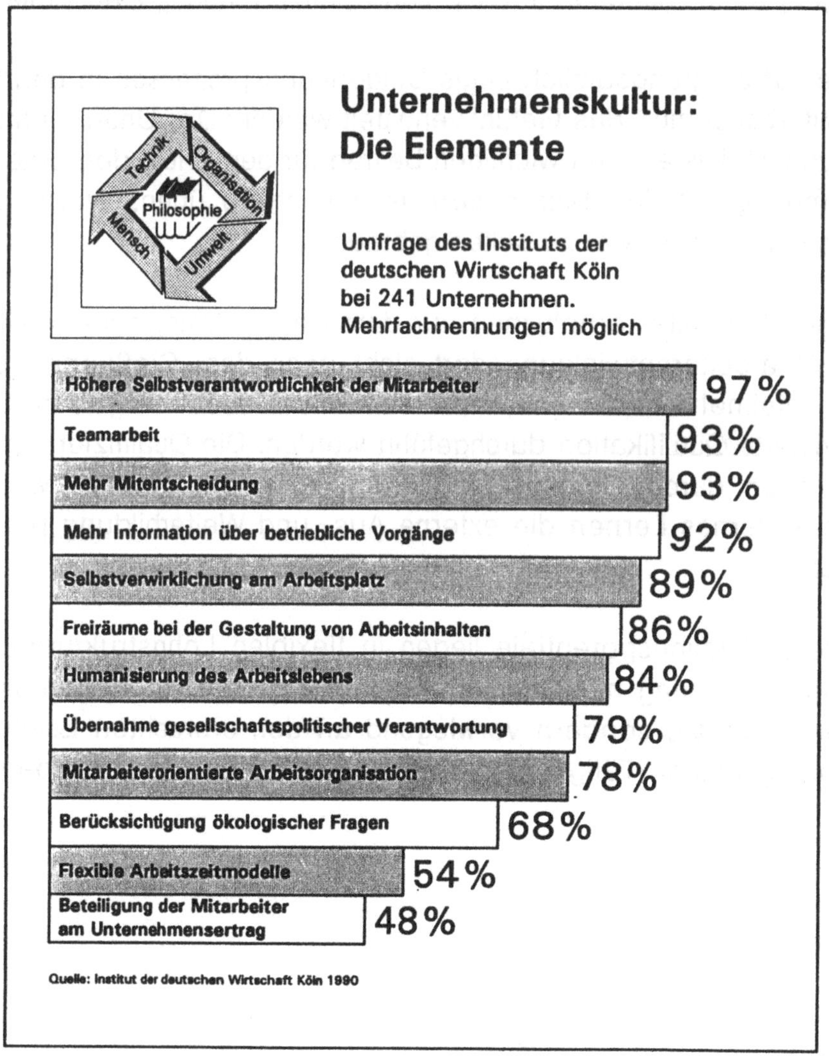

Bild 17: Die Elemente der Unternehmenskultur

Den externen Vorstellungen entsprechend müssen die Unternehmen bei ihren Aktivitäten verantwortlich gegenüber Mensch und Natur handeln. Hierzu gehört insbesondere eine ökonomische Ressourcenauslastung sowie ein ökologisches Bewußtsein. Die Unternehmen müssen bestrebt sein, die Umweltbelastung so gering wie möglich zu halten. Ihre Produkte sollten ein gesellschaftlichen Wertvorstellungen entsprechendes Image besitzen. Interessante Ansätze sind hier in letzter Zeit z.B. in der Verpackungsindustrie zu beobachten, wo biologisch abbaubare Materialien, teilweise durch Verwendung von biologischen Grundstoffen, verstärkt entwickelt und eingesetzt werden. Als Beispiele für neuartige Verpackungsmaterialien, die versuchsweise eingesetzt werden, können Popcorn und die Biomasse aus Schilfgras angeführt werden.

Die Unternehmen müssen den Mitarbeitern ein Umfeld schaffen, welches deren Wertvorstellungen entspricht. Einstellungen und Grundhaltungen der Mitarbeiter sollten in die Unternehmensphilosophie mit einbezogen werden. Die Mitarbeiter müssen von der moralischen Berechtigung der Aktivitäten, mit denen sie ihren Lebensunterhalt verdienen, überzeugt sein /24/.

Das Betriebsklima sollte sich durch ein kooperatives Miteinander zwischen Arbeitgebern und Arbeitnehmern auszeichnen. Die angesprochenen partizipativen Gestaltungsprozesse steigern das Vertrauen in das Handeln des Unternehmens.

Die Unternehmen müssen ethisch verantwortlich handeln. Dies wird in der Regel nicht in Frage gestellt. Das Problem liegt vielmehr in der Definition der ethischen Werte. Welche Normen und Faktoren sollen berücksichtigt werden - welche nicht? Manche Forschungsaktivitäten, etwa im Bereich der Gentechnologie, stellen Weichen für möglicherweise nur schwer oder gar nicht revidierbare Zukunftsentwicklungen. Hier ist die Miteinbeziehung der Lebensinteressen zukünftiger Generationen in den Verantwortungs- und Entscheidungsprozeß erforderlich.

7 Zusammenfassung

Um den Unternehmenserfolg von *morgen* sicherstellen zu können, müssen schon *heute* die Weichen in den Unternehmen in Richtung Zukunft gestellt werden. Ein Neuorientierung im Produktionsmanagement eröffnet den Unternehmen vielfältige Möglichkeiten, mit denen die Herausforderungen der Zukunft sicher gemeistert werden können.

Die Vielzahl der Paradigmen weist auf die Vielschichtigkeit des Produktionsmanagements und seiner Aufgaben hin. Dementsprechend darf es in den Unternehmen nicht nur das Produktionsmanagement mit der Produktionsmanagementstrategie geben, vielmehr müssen vielfältige Produktionsmanagementstrategien existieren, die alternativ zueinander aber auch parallel, in einem "gesunden" Nebeneinander angewandt werden können. Ein Patentrezept für ein effektives Produktionsmanagement gibt es dabei nicht. Im Sinne des Sowohl-als-auch-Denkens darf es keinen "diktatorischen" Einheitsguß für das gesamte Unternehmen geben. In Abhängigkeit von den jeweiligen Rahmen- und Randbedingungen müssen spezifische, flexible Produktionsmanagementstrategien entwickelt, eingesetzt und in einem dynamischen Prozeß kontinuierlich den Veränderungen angepaßt werden.

Die einzelnen Paradigmen sind somit nicht als Entweder-oder-Vorgaben aufzufassen. In Abhängigkeit von den jeweiligen Rahmen- und Randbedingungen muß fallweise die für das Unternehmen günstigste Ausprägung gefunden und eingesetzt werden.

Die zu erwartenden Veränderungen bieten, frühzeitig erkannt und richtig reagiert, mehr Chancen als Risiken. In Kenntnis der mit dem Paradigmenwechsel verbundenen Konsequenzen ist es nun für die Unternehmen an der Zeit sich zu entscheiden ob, und wenn ja, welche der Weichen sie in Richtung Zukunft stellen wollen. Zweifeln und Zaudern sind in der gegenwärtigen Situation nicht angebracht. Sie bergen die Gefahr in sich, daß nach dem Erwachen der Zug in Richtung Zukunft schon längst abgefahren sein könnte.

Literatur

/1/ Hanker, J. :
Die strategische Bedeutung der Informatik für Organisatoren: industrieökonomische Grundlagen des strategischen Informatikmanagements. Stuttgart: Teubner, 1990.

/2/ Horváth, P. :
Grundprobleme der Wirtschaftlichkeitsanalyse beim Einsatz neuer Informations- und Produktionstechnologien. In: Wirtschaftlichkeit neuer Produktions- und Informationstechnologien, Tagungsband Stuttgarter Controller-Forum, 14.-15.9.1988, Stuttgart, 1988.

/3/ Klages, H. :
Wertorientierungen im Wandel: Rückblick, Gegenwartsanalyse, Prognosen. Frankfurt/Main: Campus Verlag, 1984.

/4/ Raffée, H. ; Wiedmann, K.-P. :
Strategisches Marketing. Stuttgart: C. E. Poeschel Verlag, 1985.

/5/ Karsten, G. :
Plädoyer für die segmentierte Fabrik: Die Fabrik der Zukunft aus ganzheitlicher Sicht - Innovation durch Integration. In: Logistik im Unternehmen, 3/1990, S. 8-11.

/6/ Struhk, H. :
Lebendige Bürohäuser - Auf dem Weg zur menschlichen Architektur. OFFICE DESIGN, 1/1989, S. 6-30.

/7/ o.V. :
Management-Enzyklopädie, Landsberg am Lech: Verlag Moderne Industrie, 1985.

/8/ Bain, J.S. :
Industrial Organization, New York, 1968.

/9/ Berth, R. :
Visionäres Management: Die Philosophie der Innovation. Düsseldorf, Wien, New York: ECON-Verlag, 1990.

/10/ o.V. :
Statistisches Jahrbuch 1990 für die Bundesrepublik Deutschland. Statistisches Bundesamt, Wiesbaden, 1990.

/11/ Schaal, H. :
Alternative Formen der Arbeitsorganisation am Beispiel der Fertigungsinsel. Vortrag beim Techno Congress am 6. / 7. 12.1990 in Sindelfingen.

/12/ Eidenmüller, B. :
Die Produktion als Wettbewerbsfaktor-Herausforderungen an das Produktionsmangement. Verlag Industrielle Organisation / Verlag TÜV Rheinland, 1989.

/13/ Conrad, G. :
Warum sich CIM doch rechnet. In: VDI-Z 132 (1990), Nr. 10, S. 22-24.

/14/ Bullinger, H.-J. :
F&E Management - Erfolgsgröße der 90er Jahre. In: Tagungsband zur F&E Management-Tagung, Stuttgart, 1990 .

/15/ Nespeta, H. :
Ein Beitrag zur Planung und Bewertung Neuer Arbeitsstrukturen in NE-Metallgießereien. Dargestellt am Beispiel der Fertigungsinsel. Berlin, Heidelberg, New York: Springer-Verlag, 1990.

/16/ Dollinger, M. :
Arbeitszeitmodelle - Grenzen, Gefahren und Chancen für Humanität und Effektivität. In: Zeitschrift für Organisation, 6 / 1990, S. 399-403.

/17/ Bullinger, H.-J. ; Richter, R. ; Warschat, J. :
Montagegerechter Erzeugnisentwurf auf der Basis objektorientierter Produktmodellierung. In: VDI-Z 131 (1989), Nr. 11, S. 67 - 70.

/18/ Servatius, H.-G. :
New Venture Management. Wiesbaden: Betriebswirtschaftlicher Verlag Gabler GmbH, 1988.

/19/ Pfeiffer, W. ; Metze, G. ; Schneider, W. ; Amler, R. :
Technologie-Portfolio zum Management strategischer Geschäftsfelder. Göttingen, 1982.

/20/ Gerpott, T. ; Meier, H. :
Forschung & Entwicklung: Der Sprung über nationale Grenzen. HARVARD-Manager, 2/1990, S. 59-66.

/21/ Bullinger, H.-J. :
Werkstattorientierte Produktionsunterstützung. In: Tagungsband IAO Forum: Werkstattorientierte Produktionsunterstützung, Berlin, Heidelberg, New York, Springer-Verlag, 1990.

/22/ Zäpfel, G. :
Strategisches Produktionsmanagement. Verlag Walter de Gruyter, Berlin, New York: Verlag Walter de Gruyter, 1989.

/23/ Lachmann, W. :
Wirtschaft und Ethik - Maßstäbe wirtschaftlichen Handels. Neuhausen - Stuttgart: Hänssler - Verlag, 1989.

/24/ Steinmann, H. ; Löhr, A. :
Unternehmensethik. Stuttgart: C. E. Poeschel Verlag GmbH, 1989.

Führung und Vision - Der Manager der Zukunft

H. Henzler

W. Rall

Dr. H. Henzler ist Chairman der Geschäftsführung der McKinsey & Company, Inc., Düsseldorf;
Dr. W. Rall ist Director der McKinsey & Company, Inc., Stuttgart

Die Verknüpfung von Führung, Vision und Manager der Zukunft im Titel dieses Vortrags scheint ein Widerspruch zu sein. Werden vom Manager nicht ein streng zahlen- und faktenorientiertes Vorgehen, vernünftige Entscheidungen und die optimale Nutzung hochentwickelter Managementinstrumente und -techniken, kurzum Ratio, erwartet, während Vision und Führung eher im Spekulativen, im Emotionalen angesiedelt sind? Es ist dieser - wie ich meine - Scheinwiderspruch, der Themen wie Vision und Führung ihre Attraktivität und Aktualität verleiht.

Diese Aktualität ist jedoch nicht kurzlebiger Natur, auch wenn die Leadership-Diskussion sicher an Intensität wieder verlieren und die Zahl entsprechender Veröffentlichungen zurückgehen wird. Bleibende Aktualität gewinnen diese Themen aus der Einsicht, daß ein zu technokratisches Management-Verständnis in die Irre führt und daß gerade wir im Westen angesichts des Vordringens japanischer Wettbewerber, die eher in langfristigen Kategorien denken, vielleicht etwas mehr Vision und eine umfassendere Sicht der Dinge brauchen.

Das Wissen darum, daß erfolgreiche Unternehmensführung (oder umfassender: erfolgreiche Führung von Organisationen) mehr beinhaltet als quantifiziertes Planen und Sozialtechnik, ist so alt wie das Phänomen der Organisation selbst. Ich möchte an dieser Stelle jedoch nicht in die Geschichte zurückgehen, sondern mich auf unternehmensbezogene Beispiele beschränken: Gerade unsere erfolgreichsten Unternehmen hatten und haben häufig herausragende Unternehmensführer mit klarer Vision. Unternehmen wie Bosch, Daimler-Benz, IBM - um im engeren Stuttgarter Raum zu bleiben - kommen einem sofort in den Sinn. Natürlich gibt es etwa mit Grundig und Nixdorf Belege dafür, daß Visionen sich überleben und ihre Tragfähigkeit verlieren können; gleichzeitig eröffnet sich im Zeitablauf aber auch der Raum für neue Visionen, den man ausfüllen muß. Wer hätte vor einigen Jahren gewagt, in so weltumspannenden Allianzen zu denken, wie es heute Edzard Reuter tut, oder so konsequent Osteuropa als Pfeiler des Geschäftes aufzubauen, wie Carl H. Hahn?

Offenbar bilden sich immer wieder - und gerade in Zeiten großer Umbrüche - Führungspersönlichkeiten mit ausgreifenden Visionen heraus. Was ist daran heute anders als in der Vergangenheit ? Nichts - außer, daß wir uns der Rolle des einzelnen und der Vision wieder verstärkt bewußt werden und sie fördern müssen.

Den beispielhaft genannten Unternehmen mit klarer Vision ist gemeinsam, daß sie - wenn auch in unterschiedlichem Umfang - beim Themenbereich Führung und Vision vier Komponenten zum Tragen bringen, die ich meinen weiteren Überlegungen zugrunde legen möchte:

1. Visionen müssen beunruhigen
2. Visionen und Führung sind komplementär
3. Der Bedarf an starker Unternehmensführung steigt
4. Führung muß gefördert werden.

Diese Thesen implizieren neue Anforderungen an die Unternehmensspitzen, ein erweitertes Verständnis von Management: Gefragt ist der Manager der Zukunft.

Visionen müssen beunruhigen

Der Begriff der Vision wird in den verschiedenen Lebensbereichen zwar immer als "Bild von der Zukunft", aber in sehr unterschiedlicher Konkretheit gebraucht. Unternehmensvisionen, die Basis der künftigen Entwicklung werden sollen, müssen konkret sein. Sie sind nicht Träume oder Utopien, sondern mutige Zukunftsentwürfe, die im Gegensatz zu Status-quo-Denken und einer "Politik der kleinen Schritte" stehen; oder um eine Formulierung von Peter Peterson zu gebrauchen: *"True vision requires the forging of a far-sighted and realistic connection between our present and our future. It means recognizing in today's choices the sacrifices all of us must make for prosperity."* [1] Nur weil Visionen Neues formulieren und die Weichen dafür stellen, daß mit frischen Ansätzen gearbeitet wird, schaffen sie Märkte und Wettbewerbsvorteile. Dies erfordert antizipatives Denken, Denken in Szenarien und Entwicklungen, die eventuell weit in der Zukunft liegen. Visionen sind aber nur lebensfähig, wenn sie vier Bedingungen erfüllen.

1. *Ein bisheriger oder erwarteter Zustand muß nachhaltig verändert werden.* Gefordert ist nicht eine Extrapolation des bisherigen Geschehens, sondern ein "großer Sprung". Das dafür erforderliche Denken muß sich nicht unbedingt im großen Entwurf für das Gesamtunternehmen ausdrücken, sondern kann sich auch in Einzelaspekten niederschlagen. Charakteristisches Beispiel hierfür ist die Verände-

1 Peterson, Peter G.: The morning after, in: The Atlantic Monthly, Oktober 1987, S. 43-58

rung eines der Pfeiler des Toyota-Fertigungssystems, des kurzen Werkzeugwechsels. Anfang der 70er Jahre lag Toyota bei den Wechselzeiten für Preßwerkzeuge noch deutlich hinter dem damals führenden deutschen Unternehmen. Als Resultat eines Konkurrenzvergleichs wurde nun aber nicht das Ziel formuliert, daß dieser Wettbewerber eingeholt werden sollte; vielmehr stellte Toyota die ganze bisherige Praxis in Frage. Das Ziel des Werkzeugwechsels in einer Minute war wahrhaft visionär im Vergleich zu den mehreren Stunden, die man damals noch benötigte. Ein vergleichbarer Sprung im Fertigungsbereich ist der Übergang von der bewährten Ausschußreduzierung auf das Null-Fehler-Konzept. Solche Visionen erfordern ein Verlassen konventioneller Denkbahnen und Handeln "against conventional wisdom".

2. *Die Vision muß ein Handlungsfeld klar beschreiben und die künftige Rolle und Position des Unternehmens konkretisieren.* Dabei genügt es, daß eine Wettbewerbsarena oder ein Markt mit hohem wirtschaftlichem Erfolgspotential und das eigene spezifische Nutzenangebot angesprochen werden. Die Vision muß allerdings die eingeschlagene Richtung und das Ziel sehr konkret, plastisch angeben; also z.B. "Führer bei der Dezentralisierung der EDV", nicht dagegen "Partner des Kunden" oder ähnlich vage Formulierungen, die wir in Unternehmensleitlinien häufig finden.

3. *Visionen müssen zwar weit gesteckt, aber prinzipiell erreichbar sein.* Dies bedeutet, daß sie vorhandene Elemente (z.B. technische Konzepte, Servicekonzepte) verwenden und gegebenenfalls bis ins Extrem ausreizen sollten, nicht im Widerspruch zu gesicherten Erkenntnissen etwa aus dem Bereich der Naturwissenschaft stehen dürfen und auf Maßnahmen abzielen müssen, die im Zugriff des Unternehmens liegen - mit anderen Worten, Visionen müssen Realitätsbezug haben. Henry Fords "Auto für jedermann" hatte einen solch klaren Realitätsbezug.

4. *Die Vision muß die persönliche Überzeugung eines Unternehmensführers widerspiegeln.* Nur wenn er - unbeirrt durch Rückschläge, scheinbare Unmöglichkeit des Vorhabens oder Zweifel - konsequent

auf seinem Weg voranschreitet, kann das hochgesteckte Ziel Wirklichkeit werden.

Unternehmensvisionen dieser Art müssen beunruhigen; sie beseitigen die Sicherheit, die eine eingefahrene Praxis verleiht, und zwingen Organisationen auf Neuland. Eine Vision ist nicht die rosige Zukunft, sondern eine Herausforderung für die Organisation, die von beharrenden Kräften gewöhnlich mit großer Skepsis und Reserve aufgenommen wird.

Vision und Führung sind komplementär

Eine Vision wird nur dann zur Realität, wenn eine starke Führungspersönlichkeit hinter ihr steht. Vision ohne Führung bleibt Traum. Führung ohne Vision geht ins Leere und wird auf Dauer nicht akzeptiert. Zwar sind Visionen keineswegs das Vorrecht bedeutender Unternehmensführer, doch deutet einiges darauf hin, daß in der Regel einzelne Führungspersönlichkeiten für die Entstehung des Kerngedankens, zumindest aber für dessen anschließende Formulierung und Ausgestaltung zur Vision entscheidend sind. Entstehen kann diese Vision sowohl durch einen Anstoß von der Unternehmensspitze als auch durch Impulse aus dem Unternehmen, welche die Führung aufgreift und in ein starkes Signal umwandelt. Die nachhaltige Aussendung eines Signals reicht jedoch nicht aus; es kann seine Wirkung als Leitidee nur entfalten, wenn es durch Führung umgesetzt und verstärkt wird.

Was ist Führung? Was unterscheidet den Führer vom Manager? Diese Fragen beschäftigen Wissenschaftler und Praktiker im angelsächsischen Sprachraum seit mehreren Jahrzehnten. Grundlegend sind nach wie vor die Arbeiten von Abraham Zallesnik[2], der zu dem Ergebnis kam: Führer formen Ideen, anstatt auf sie zu reagieren, schaffen Anregungen für die Geführten, gestalten ihre Beziehungen zu Personen in intuitiver und persönlich beispielsetzender Weise. Im letzten Teil dieser Charakterisierung spiegelt sich die umfassendere psychologische Deutung von Sigmund Freud wider, nach der Führer Personen sind, auf die andere ihre Macht- und Sicherheitsbedürfnisse projizieren und mit denen sie sich dann identifizieren können. Im Manager wird dagegen mehr der Funktionsträger und weniger die Identifikationsfigur gesehen, mehr der Technokrat als der Visionär. Identifikationsfiguren aber sind notwendig, wenn Visionen zur Realität werden sollen. Die Identifikationsfigur gibt der Organisation die Begeisterung und die Sicherheit, die sie braucht, um

2 Zallesnik, Abraham: Human dilemmas of leadership, New York, 1966

zu einem großen Sprung anzusetzen und sich auf ungesichertes Terrain vorzuwagen.

Ein solcher Unternehmensführer muß drei Rollen ausfüllen, die in einem natürlichen Spannungsverhältnis stehen und deren Beherrschung die ganze Person in Anspruch nimmt:

1. Er muß *Herausforderer* seiner Mitarbeiter und der gesamten Organisation sein. Er muß Ziele formulieren, die auf den ersten Blick kaum erreichbar sind und die Organisation zu überfordern scheinen, er muß ein neues Spiel definieren.
2. Er muß *Integrator* sein, der die Führungsmannschaft und die gesamte Organisation dazu bringt, zur Vision beizutragen und als ihre eigene zu akzeptieren.
3. Er muß *Motor* sein, der den Realisierungsprozeß der Vision über kritische Stellen hinwegzieht und der den einzelnen und die Gruppe motiviert, antreibt und auf die Vision ausrichtet.

Der Bedarf an starker Unternehmensführung steigt

Unsere Zeit braucht mehr Vision und Führung. Wir schauen gerade in Deutschland auf eine lange Phase sehr guter konjunktureller Entwicklung zurück. Das darf aber nicht den Blick dafür verstellen, daß unsere Wirtschaft vor großen Herausforderungen steht. Es ist nicht zu übersehen, daß wir trotz aller Erfolge im Welthandel in entscheidenden Technologien nicht Spitze sind und sogar Gefahr laufen, den Anschluß zu verpassen, daß unsere Kostenposition gegenüber den leistungsfähigsten Wettbewerbern immer kritischer wird, und daß auch der vielbeschworene Qualitätsvorsprung teilweise schon keinen Bestand mehr hat. Dazu kommen der Handlungsbedarf infolge der politischen Veränderungen in West- und Osteuropa und die riesigen Herausforderungen für alle Industrieländer, ja die gesamte Welt: die Bewältigung des Nord-Süd-Gefälles, die Lösung der selbstverursachten Umweltprobleme, der verantwortliche Umgang mit den begrenzten Ressourcen.

Diskontinuitäten in den Rahmenbedingungen des Wirtschaftens sind zum Regelfall geworden, die Komplexität ist angestiegen, die Unsicherheit in Entscheidungssituationen wird größer. Diese Situation erfordert den mutigen Zukunftsentwurf, das radikale Infragestellen bisheriger Praxis, die langfristige Orientierung, kurz gesagt: visionäre Führung. Lassen Sie mich dies an einem

Beispiel aus der Produktion verdeutlichen: Die deutsche Automobilindustrie hat heute gegenüber den führenden japanischen Anbietern einen Fertigungskostennachteil von ca. 40 % - wohlgemerkt nicht nur gegenüber deren japanischen, sondern auch gegenüber deren amerikanischen Werken. Sicher schlagen sich in dieser Kostendifferenz auch "Standortnachteile" deutscher Hersteller wie kürzere effektive Arbeitszeit oder höhere Lohnnebenkosten und nicht Produktivitätsunterschiede nieder, aber unter Wettbewerbsgesichtspunkten ist dies kein Trost. Solche Lücken lassen sich nicht durch inkrementale Verbesserungen schließen, sie verlangen nach umfassenden, visionären Konzepten und starker Führung, wie sie im übrigen auch Toyota und Honda entwickelten, bevor sie ihren Siegeszug antraten.

Die Versuchung ist groß, in einer Phase der Unsicherheit und des raschen Wandels kurzfristig zu handeln, opportunitätsgetrieben zu entscheiden. Erfolgreich bestehen werden aber nur solche Unternehmen und Institutionen, die nicht reagieren, sondern gestalten, die über den Tellerrand hinausblicken. Die Integration des europäischen Marktes, die Globalisierung vieler Industrien, die zunehmende Innovationsgeschwindigkeit und die übergreifenden ökonomischen und sozialen Probleme, zu deren Lösung die Wirtschaft ihren Beitrag leisten muß, erfordern eine weite Perspektive und Antworten, die über den traditionellen Management-Fokus hinausgehen.

In einer solchen Situation müssen Unternehmensvisionen ähnlich antizipativ und mutig geprägt werden wie politische Visionen: Zum Beispiel wie die von Ludwig Erhard, der in den Aufbaujahren nach dem 2. Weltkrieg trotz vielfältiger Warnungen die Wirtschaft der Bundesrepublik den marktwirtschaftlichen Mechanismen aussetzte. Er verfocht das Modell der Marktwirtschaft so wirkungsvoll gegen Widerstände innerhalb und außerhalb der eigenen Reihen, daß die Gedanken schon bald Allgemeingut wurden. Leider fehlt es in vielen Unternehmen heute an ähnlich gestalterischen Vorstellungen und vielleicht an Mut, unternehmensübergreifende Fragestellungen und politische Aspekte in die Unternehmensvision miteinzubeziehen.

Führung muß gefördert werden

Woher kommen die Führungspersönlichkeiten, die an die Bewältigung solcher Aufgaben heranführen können? Es wäre zu einfach, sich mit dem Spruch zu trösten, daß jede Zeit die Führer hervorbringe, die sie benötige. Ich stimme auch nicht der häufig vertretenen These zu, daß Führungsfähigkeit in unseren komplexen Organisationen mit ihren vielfältigen Abhängigkeiten für den einzelnen nicht mehr entwickelt werden könne. Ich tendiere vielmehr zu

John Gardner: *"We shall have to ask ourselves, why there appears to be a chronic shortage of leaders."* Mir scheint, daß umfassende Führungsfähigkeit in vielen Unternehmen nicht rechtzeitig und in zu geringem Maße gefordert und gefördert wird. Es gilt, die Weichen für die Entwicklung vom Manager zum Führer im Unternehmen bewußt und gezielt zu stellen. Dazu gehört ein Überdenken, gegebenenfalls auch eine Revision der Rekrutierung und Entwicklung von Führungskräften, ebenso jedoch der Rolle, die die Unternehmensspitze selbst in diesem Prozeß wahrzunehmen hat. Bei diesem Weichenstellen kommt folgenden Aspekten besondere Bedeutung zu:

- Die Führungskräfte müssen sich ihrer Funktion als Rollenmodell sehr bewußt werden; dies gilt insbesondere für die Spitze eines Unternehmens. Diskussionen gerade mit herausragenden Führungskräften zeigen immer wieder, daß sie in kritischen Phasen ihrer Karriere nicht von Trainingsveranstaltungen oder Führungssystemen, sondern von einzelnen Personen stark geprägt wurden. Rollenmodelle sind Vorbild und Herausforderung, starke Persönlichkeiten entwickeln an ihnen eigene Maßstäbe und Anspruchsniveaus.

- Visionen und Leitbilder müssen kommuniziert und öffentlich gelebt werden. Die Komplexität unserer Unternehmen macht die Methode der Dom-Bauhütten, nämlich die Weitergabe des Wissens von Person zu Person im engen Kreis, wenig effektiv. Neue Kommunikationswege müssen erschlossen und neue Techniken genutzt werden. Das kann bis zum Einsatz einer primär auf eigene Mitarbeiter zielenden Werbekampagne in externen Medien gehen.

- Die Auswahl und Förderung von Führungsnachwuchs muß sich auf Leute ausrichten, die Initiative ergreifen, Verantwortung übernehmen - und zwar über die ihnen zugewiesenen Kompetenzen hinaus -, mit dem Status quo latent unzufrieden, und ständig im Wandel sind. Das bedeutet, daß in erster Linie Persönlichkeiten gesucht werden, nicht Spezialwissen. Die enge Spezialisierung in manchen Funktionen kann dabei ein Hemmschuh sein. Notabene plädiere ich hier nicht für den Generalisten, der von allem nichts weiß; die Akkumulation von Fachwissen und die breitere Entwicklung der Persönlichkeit müssen jedoch im Gleichgewicht sein.

- Mitarbeiter, die Führungsqualitäten zeigen, müssen sehr viel früher, als heute in vielen Unternehmen üblich, ermuntert und gefördert werden. Sie sollten die Chance bekommen, frühzeitig Verantwortung zu übernehmen und mehr zu leisten, als ihre jeweilige Hierarchiestufe verlangt und erlaubt. Ein Weg dazu ist die Schaffung unternehmerischer Positionen mit hoher Eigenverantwortung, aber auch entsprechender Fehlertoleranz, schon auf niedrigen Ebenen und in frühen Jahren der Karriere. Ein anderer, komplementärer Weg ist die Betreuung mit Aufgaben und Projekten außerhalb der eigentlichen Position. Beide Wege öffnen bewußt anspruchsvolle Aktionsfelder, auf denen Führungstalente aufblühen und sich entwickeln können. Um solche Entwicklungsmöglichkeiten bieten zu können, ist zum einen ein wirkungsvolles System der Führungskräfteentwicklung notwendig, zum anderen eine Kultur, die frühzeitige Entfaltung zuläßt, Lernerfahrung begrüßt, Initiative belohnt und Fehlschläge toleriert.

- Eine breite geistige Perspektive muß gefordert und gefördert werden. Wer es nicht gewohnt ist, sich mit Fragestellungen und Problemen auch jenseits des eigenen Aufgabenbereichs zu befassen, wird selten zu unkonventionellem Vorgehen, zum Beitrag zur Lösung übergreifender Probleme, zur Vision fähig sein. Es ist kein Zufall, daß gerade einige unserer herausragendsten Unternehmensführer einen extrem weiten geistigen Horizont und breite wissenschaftliche, politische oder soziale Interessen haben. Ich rede hier nicht dem traditionellen Bildungsbürgertum das Wort - die Probleme, die das Auseinanderfallen von Ingenieurswelt und Welt der Geisteswissenschaften mit sich bringt, sind zu eklatant -, wohl aber permanenter intellektueller Neugier und der bewußten, aktiven Befassung mit Fragen außerhalb des eigenen Spezialisierungs- und Aufgabenbereichs. Die Entwicklung einer solchen Perspektive ist angesichts der enormen Arbeitsbelastung in Führungsetagen schwierig. Sie müßte deshalb nicht nur dem einzelnen als Ziel klargemacht, sondern auch vom Unternehmen ermutigt und, wo immer möglich, erleichtert werden. Dabei gilt in besonderem Maße: Was man nicht früh entwickelt, wird man später nicht mehr erwerben.

Die frühe Förderung umfassender Führungsfähigkeiten garantiert natürlich nicht die Herausbildung starker Unternehmensführer. Sie stellt aber sicher, daß Talente statt verschüttet optimal entwickelt werden, daß die Führungsbasis für die Zukunft geschaffen wird. Denn: überzeugende, langfristig orientierte Führungspersönlichkeiten werden nicht nur an der Spitze benötigt, sondern an vielen Stellen im Unternehmen.

Produktivität wird von Menschen entschieden - Personalführung und Arbeitszeitmodelle bei Hewlett-Packard

H. Scholz

H. Scholz ist Mitglied der Geschäftsführung und Arbeitsdirektor der Hewlett-Packard GmbH, Böblingen

1 Das Unternehmen

Hewlett-Packard ist ein weltweit tätiges Unternehmen mit Firmensitz in Palo Alto, Kalifornien. Das Unternehmen wurde 1939 von Bill Hewlett und David Packard gegründet. David Packard ist als Vorsitzender des Aufsichtsrats noch heute aktiv. Beide Gründer haben unsere Unternehmenskultur und damit auch unsere Personalführung maßgeblich geprägt.

Weltweit beschäftigt Hewlett-Packard über 90.000 Mitarbeiter. Das letzte Geschäftsjahr haben wir mit über 13 Mrd. $ Umsatz abgeschlossen. Die Geschäftsaktivitäten decken ein breites Feld von Produkten und Dienstleistungen auf dem Gebiet der Meß- und Datentechnik ab. Schwerpunkte sind allgemeine Meßtechnik, Medizinelektronik, chemisch-analytische Meßtechnik, elektronische Bauelemente und - mit weitem Abstand der größte Bereich - die Informationstechnologie, vom elektronischen Taschenrechner über PCs und Workstations bis hin zu Systemen im oberen Bereich der mittleren Datentechnik für kommerzielle und technische Anwendungen.

In Deutschland ist HP seit 1959 tätig; inzwischen mit ca. 6.000 Mitarbeitern in Entwicklung, Produktion, Marketing und Vertrieb. Firmensitz und Standort der Werke ist Böblingen. Das letzte Geschäftsjahr wurde mit einem Umsatz von 4 Mrd. DM abgeschlossen.

2 Die Unternehmenskultur

Der erste Teil meines Vortragstitels ist ein Statement: Produktivität wird von Menschen entschieden. Diese Aussage braucht heute im allgemeinen nicht mehr begründet zu werden. Es ist eher die Frage, ob und wie es einem Unternehmen gelingt, seine Realität im Sinne dieser Aussage zu gestalten. Mitarbeiter wollen sich einbringen und mitwirken, sie wollen Ihre Fähigkeiten entfalten, Motivation, Zufriedenheit und Anerkennung - materielle und immaterielle - aus ihrer Mitarbeit schöpfen. Der Erfolg, also die Produktivität in einem Unternehmen, hängt maßgeblich davon ab, in welchem Ausmaß es der Führung gelingt, diese persönlichen Ziele der Beschäftigten in Einklang zu bringen mit den Zielen des Unternehmens - den übergeordneten strategischen Zielen genauso wie den daraus abgeleiteten Zielen für Bereiche, Abteilungen, Gruppen.

Seit Beginn des Unternehmens haben unsere beiden Firmengründer einen Führungsstil gepflegt, der Mitarbeiterinteressen und Partnerschaftsgedanken gleichgewichtig neben Kapital- und Gewinninteressen gestellt hat. Aus einer Reihe von Grundwerten und Unternehmenszielen hat sich über die Jahre eine tiefwurzelnde Unternehmenskultur entwickelt, die wir kurzgefaßt als den HP-Way bezeichnen, als die Art und Weise, wie wir miteinander umgehen und wie wir unsere Geschäfte abwickeln, untereinander im Unternehmen, aber auch mit unseren Kunden, Lieferanten, Aktionären und den Vertretern des Gemeinwesens. Ich will mich im folgenden nur auf die mitarbeiterbezogenen Aspekte konzentrieren.

3 Die Grundwerte

Kern und wichtigstes Element der Grundwerte ist *Vertrauen und Respekt gegenüber jedem einzelnen Mitarbeiter.* Der Umgang miteinander soll geprägt sein von Toleranz und Partnerschaft.

Ein zweites Element richtet sich auf *Ergebnisse und Beiträge.* Wir gehen davon aus, daß unsere Kunden höchste Ansprüche an Produkte und Dienstleistungen stellen. Diese Ansprüche erfordern hohen Einsatz aller Mitarbeiter und Führungskräfte im Hinblick auf Resonanz gegenüber Kundenwünschen und Flexibilität für neue Wege und Verfahren, diese Leistungen zu erbringen.

Ein drittes Element ist *kompromißlose Integrität*, d.h. Offenheit, Ehrlichkeit und Loyalität im Umgang miteinander. Integrität kann offensichtlich nicht verordnet werden durch Regeln oder Vorschriften. Sie muß integraler Bestandteil der gesamten Organisation sein, getragen vom entsprechenden Anspruch jedes Einzelnen an sich selbst. Sie muß Tradition werden, weitergetragen von Mitarbeiter zu Mitarbeiter.

Teamwork ist ein weiteres Element. Fast schon Gemeinplatz, ist es doch von herausragender Bedeutung für unseren Erfolg. Dies ergibt sich aus den verschiedensten Märkten, in denen wir tätig sind, den unterschiedlichsten Technologien, mit denen wir arbeiten, der Arbeitsteilung, funktional und geographisch, und nicht zuletzt der schieren Größe.

Und schließlich ein fünfter Grundsatz: Wir fördern *Flexibilität und Innovation.* Hewlett-Packard ist in Märkten tätig, wo der technische Fortschritt rapide ist. Bereitschaft zum Umlernen, sich weiterzubilden, neue Aufgaben zu übernehmen, mitzuwachsen in dem Maße, wie das Unternehmen wächst - diese Bereitschaft ist offensichtlich nicht nur der Schlüssel zum Erfolg des Unternehmens, sondern auch für den ganz persönlichen Erfolg.

4 Die Firmenzielsetzungen

Aus den Grundwerten abgeleitet ergeben sich unsere sieben Unternehmensziele. Sie wurden schon früh in der Unternehmensgeschichte formuliert und sind auch zukünftig die Leitlinien unseres Handelns. Sie richten sich

- auf einen angemessenen Gewinn,
- auf zufriedene, loyale Kunden,
- auf ein klar definiertes Betätigungsfeld, was Produkte, Märkte, Dienstleistungen betrifft,
- auf ein definiertes Wachstum,
- auf Beteiligung der Mitarbeiter in vielerlei Form,
- auf einen kooperativen, zielorientierten Führungsstil und nicht zuletzt
- auf die Wahrnehmung von Verpflichtungen gegenüber dem jeweiligen Gemeinwesen, in dem wir tätig sind.

5 Besonderheiten der Personalführung

Aus Grundwerten und mitarbeiterbezogenen Zielsetzungen haben sich im Laufe der Zeit viele Instrumente der Personalführung entwickelt, von denen ich an dieser Stelle nur einige kurz nennen will:

Führung erfolgt durch Zielvereinbarung. Jährlich werden aus übergeordneten Zielsetzungen die Ziele für jeden Bereich, jede Abteilung, jeden Mitarbeiter abgestimmt, soweit wie möglich quantifiziert und dokumentiert. Jeder ist in seinem Rahmen am Prozeß beteiligt. Der Weg zu den Zielen ist in den Grenzen vorhandener Mittel weitestgehend frei. So werden Mitbestimmung, Identifikation, Engagement und Mitverantwortung gefördert. Fehler dürfen gemacht werden. Denn wo Freiräume sind, wird Neues probiert. Wo Neues probiert wird, kommen Fehler vor, aber es wird auch gelernt.

Führung ist *Informieren und Kommunizieren.* Wenn Sie zu uns in die Firma kommen, werden Sie Großraumbüros vorfinden, in denen Mitabeiter und Vorgesetzte ganzer Bereiche zusammensitzen. Hier gibt es keinen Unterschied bis hinauf zum Vorsitzenden der Geschäftsführung. Das erleichtert die Kommunikation, denn Berührungsängste und Hemmnisse werden abgebaut.

Einmal im Monat gibt es Ansprachen des Managements für alle Mitarbeiter des jeweiligen Geschäftsbereichs über besondere Ereignisse, die Ergebnisse des letzten Monats, die Herausforderungen der nächsten Zeit und vieles mehr.

Kaffee-Ecken für gemeinsame Pausen führen Mitabeiter verschiedener Abteilungen zusammen. Man lernt sich persönlich kennen und bald auch den anderen Bereich. Man blickt, im wahrsten Sinne des Wortes, viel schneller über den Zaun.

Täglich werden HP-Aktienkurs und $-Kurs über Lautsprecher mitgeteilt; einzelne Bereiche führen Schautafeln über den täglichen Auftragseingang, Produktionsziffern, Umsätze. Die Identifikation wächst mit dem Grad der Information und Kommunikation.

HP strebt nach *kleinen organisatorischen Einheiten*. Identifikation und Mitwirkung des einzelnen hängen auch ab von der Möglichkeit, seine eigene Organisation zu überschauen; damit also von der Größe der Einheit, in der er sich bewegt. HP ist gewachsen durch Zellteilung; nur wenige Divisions oder andere Organisationseinheiten, die größer als 1.000 Mitarbeiter sind. Die größte Einheit in Deutschland umfaßt 800 Leute. Zwischen 300 und 500, das ist die Regel. Hier kennt noch jeder viele, er fühlt sich zugehörig, als Teil des Ganzen, und kann noch am ehesten seinen eigenen Beitrag dem Erfolg seiner Division, seiner Operation oder seines Vertriebsbereichs zuordnen.

Warum berichte ich Ihnen über HP-Werte, Zielsetzungen, Kommunikation und auch Führungs- bzw. Organisationsgrundsätze? Weil aus meiner Sicht Arbeitszeitmodelle nur in Abhängigkeit und im Einklang damit entstehen können und ihre Bedeutung nur in Kenntnis dieser Bestandteile der Unternehmens- und Führungskultur korrekt eingeordnet werden kann.

6 Erste Schritte zur flexiblen Arbeitszeit

So haben denn auch die oben genannten Werte und Ziele in unserer deutschen Hewlett-Packard-Tochter neben vielen anderen Programmen die Entwicklung flexibler und die individuellen Interessen der Mitarbeiter berücksichtigender Arbeitszeitregelungen maßgeblich beeinflußt.

a) Entsprechend dem Grundsatz gegenseitigen Vertrauens verzichten wir auf spezielle Maßnahmen der Anwesenheitskontrolle. So gibt es bei uns, auch in der Fertigung, *keine Stechuhren*. Alle Mitarbeiter(innen) bzw. deren Sekretärinnen dokumentieren ihre Arbeitszeiten einschließlich geleisteter Überstunden selbst.

b) Wir haben seit Ende der 60er Jahre - damals sicher eine Pionierleistung - die *gleitende Arbeitszeit* derart, daß täglich zwischen 6.30 Uhr und 8.30 Uhr begonnen werden kann und entsprechend nach 8 Stunden der Arbeitstag endet (Ausnahmen gelten für Schichtarbeit und Job-sharing).

c) Noch früher, etwa zu Mitte der 60er Jahre, wurden die sog. *Bonusstunden* eingeführt: Für jeweils 5 geleistete Überstunden gibt es neben der üblichen Überzeitbezahlung mit Aufschlägen zusätzlich eine bezahlte Freistunde. Sie kann kurzfristig genommen, aber auch über die Zeit zu größeren Zeitblöcken angespart werden.

d) Mitte der 70er Jahre wurde eine *Swingtime-Regelung* eingeführt: Unsere Mitarbeiter, mit Ausnahme der Vertriebsbeauftragten und Mitarbeiter im Schichtbetrieb, können an einem oder mehreren Wochentagen die Arbeitszeit bis zu 3 Stunden pro Woche verkürzen und damit in Kombination mit Gleitzeitregeung bis zu einem Vormittag oder Nachmittag in der Woche freinehmen. Diese 3 Stunden müssen dann an den übrigen Tagen der gleichen Woche vor- bzw. nachgearbeitet werden.

7 Das HP-Arbeitszeitmodell

Wie bekannt begann zur Mitte der 80er Jahre der tarifliche Einstieg in die 35-Stunden-Woche. Hewlett-Packard ist nicht tarifgebunden. Allerdings lehnen wir uns an die Regelungen der Tarifverträge der Metallindustrie Nord-Württemberg/Nord-Baden an.

Schon in der Vorphase der Tarifverhandlungen hatten wir eine Projektgruppe aus Vertretern verschiedener Funktionsbereiche, des Betriebsrats und des Personalbereichs gegründet. Sie hatte den Auftrag, partnerschaftlich ein Modell zu entwickeln,

- das den Tarif wertmäßig erfüllt,
- die zunehmenden Mitarbeiterinteressen nach flexiblerer Arbeitszeitgestaltung unter Wahrung betrieblicher Belange abdeckt,
- einen Beitrag zur Wettbewerbsfähigkeit leistet,

- unseren Werten und Zielsetzungen entspricht,
- offen ist für zukünftige Arbeitszeitentwicklungen und
- die bisherigen Arbeitszeitregelungen weiterhin ermöglicht.

Das Ergebnis dieser Projektgruppe war ein Modell, das 1985 eingeführt wurde und folgende Grundzüge hat:

Die *individuelle, vertragliche* Arbeitszeit beträgt für jeden Mitarbeiter täglich 7,4, wöchentlich 37 Stunden. Sie entspricht also der tariflichen Arbeitszeit. Die *Betriebsnutzungsdauer* und damit auch die tatsächliche Arbeitszeit ist täglich 8, wöchentlich 40 Stunden. Hierdurch entsteht eine Mehrarbeitsdifferenz von täglich 36 Minuten und wöchentlich 3 Stunden. Diese Differenz ist *Vorarbeitszeit* und geht als Gutschrift auf ein Zeitkonto des jeweiligen Mitarbeiters. So ergeben sich ca. 12 Stunden Zeitgutschrift pro Monat und ca. 18 Tage pro Jahr.

Die Zeitgutschriften können unbegrenzt angespart werden (man kann sich ausrechnen, was hier über die Jahre zusammenkommen kann); sie können aber auch nach Absprache mit dem Vorgesetzten unter Berücksichtigung der betrieblichen Belange als einzelne freie Stunden, freie Tage, freie Wochen oder beliebig größere Blöcke genommen werden.

8 Bisherige Erfahrungen und Nutzung des HP-Arbeitszeitmodells

Ein erster Test über den *Zuspruch* des Modells ergab sich bereits zum Zeitpunkt der Einführung Anfang 1985. Mit Ausnahme von 5 Personen erklärten alle Mitarbeiter, daß sie sich an dem Modell beteiligen wollten. An diesem prinzipiellen Zuspruch hat sich bis heute nichts geändert.

Inzwischen liegen auch praktische Erfahrungen und Ergebnisse einer Mitarbeiterbefragung vor. Sie wurde im vergangenen Jahr durchgeführt. Auch konnten wir die Entwicklung von Zeitentnahmen und Zeitkonten verfolgen.

Ein erster, interessanter Aspekt ist vielleicht folgender: Sehr schnell hatte sich nach Einführung des Arbeitszeitmodells herausgestellt, daß Mitarbeiter das *HP-Arbeitszeitmodell als Teil unseres gesamten Sozialleistungspakets* sehen. Im Rahmen einer Umfrage wurde das Arbeitszeitmodell in die Spitzengruppe der 6 am höchsten bewerteten Sozialleistungen eingeordnet. Zur Auswahl standen 35 verschiedene Leistungen.

Im Rahmen der gleichen Umfrage von ca. 150 strukturierten Interviews wurde immer wieder die *Zeitflexibilität als überragendes Merkmal* bewertet. Die erforderliche Absprache mit dem Vorgesetzten und die Berücksichtigung betrieblicher Belange werden akzeptiert, weil letztendlich die Selbstbestimmung über Zeitpunkt und Umfang der Zeitentnahme gegeben ist.

Die Frage, *zu welchen Zwecken die Zeitkonten verwendet werden, wurde eindeutig altersspezifisch beantwortet.* Jüngere Mitarbeiter verwenden sie mehr in kleinen Zeiteinheiten, etwa für halbe oder ganze Tage Freizeit, Verlängerung von Wochenenden, Kurzurlaube. Mittlere Jahrgänge tendieren zur Verwendung für längere Urlaube, oft zusätzliche Urlaube, in Einzelfällen auch für große Urlaubsblöcke von 8, 12 oder mehr Wochen, aber auch für umfangreiche Weiterbildungsmaßnahmen. Ältere Mitarbeiter neigen zum Ansparen für den gleitenden bzw. vorzeitigen Ruhestand.

Zusätzlich zu den strukturierten Interviews wurde eine Kurzumfrage per Fragebogen durchgeführt. Auf die *Frage nach Verbesserungsvorschlägen* wurde häufig der Wunsch geäußert, die Zeit alternativ als Geld ausgezahlt zu bekommen, ein Aspekt, der in unsere Überlegungen für eine Erweiterung des Modells einfließt.

Wichtig ist den Mitarbeitern auch, Zu- und Abflüsse aus dem *Zeitkonto zeitnah nachvollziehen* zu können. Dies geschieht in speziellen Informationsfeldern der monatlichen Gehaltsabrechnung und wird ebenfalls als sehr positiv bewertet.

Auf die Frage, wie die befragten Mitarbeiter die *Möglichkeit sehen, Freizeiten zu nehmen*, gab es eine gemischte Resonanz: Mitarbeiter in Produktion und Verwaltung gaben dies überwiegend als problemlos an; aus Entwicklung, Marketing und Vertrieb kamen häufiger Antworten, es sei teilweise schwierig, zeitweise unmöglich - Antworten, die uns angesichts der Art der Tätigkeiten nicht so stark überrascht haben, da hier viel mehr in Projekten gearbeitet wird.

Insgesamt sah die *Entwicklung der Zeitentnahmen und der Zeitkonten* so aus: Einschließlich der Urlaube sind die Zeitentnahmen über die letzten Jahre um etwa 2 Tage pro Jahr im Schnitt aller Mitarbeiter gestiegen, der Anstieg der Zeitkonten zu jeweiligen Stichtagen lag deutlich darüber. Mitarbeiter sparen also im Durchschnitt Zeiten an.

Das war zu erwarten. Denn flexibel mit Zeit umgehen zu können setzt voraus, daß ein Puffer aufgebaut wird, ähnlich einem Sparkonto. Wir gehen davon aus, daß sich dies zunächst noch fortsetzen wird.

Ein *potentielles Problem* wird von den Vorgesetzten im Hinblick auf die Kapazitätsplanung gesehen. Sie befürchten, daß mit zunehmenden Freizeitkonten die Planung unsicherer und damit schwieriger wird. Wir versuchen, dem mit Spielregeln über Vorankündigungszeiten entgegenzuwirken. Bisher hat sich hier kein reales Problem ergeben. Ganz generell gehen wir allerdings davon aus, daß nicht nur aufgrund unseres Modells, sondern wegen des allgemein zunehmenden Wunsches nach größerer Arbeitszeitflexibilität die Anforderungen an flexible Kapazitätsplanung steigen werden.

9 Schlußbemerkungen

Zusammenfassend läßt sich sagen, daß unsere Arbeitszeitregelungen wegen ihrer Flexibilität von allen Beteiligten sehr hoch bewertet werden. Unser Modell ist auch attraktiv für neue Mitarbeiter und bietet damit auch Wettbewerbsvorteile am Arbeitsmarkt. Es wird altersspezifisch genutzt, wenn auch in unterschiedlichem Umfang, abhängig von Funktionsbereichen. Die Zeitkonten nehmen stärker zu als die Zeitentnahmen. Dies entspricht dem zunehmenden Wunsch der Mitarbeiter, Arbeits- und Urlaubszeiten in weiterreichenden Spannen als nur im Jahresrhythmus zu sehen ("Lebensarbeitszeit"). Zeitsparen bildet Konten und damit Puffer, die bei Bedarf beiden Seiten ein erhöhtes Maß an Flexibilität ermöglichen.

Konsequenzen internationaler Einkaufsstrategien für die Zuliefer-Industrie

W. Kunerth

Prof. Dr.-Ing. W. Kunerth ist Vorsitzender des Bereichsvorstands Automobiltechnik der Siemens AG, Regensburg

Meine sehr verehrten Damen und Herren,

wenn entgegen der ursprünglichen Ankündigung dieser Beitrag nicht von Herrn Jokisch, als für den Einkauf zuständiges Vorstandsmitglied der Ford Werke AG, Köln, kommt, sondern ich Ihnen das Thema vortragen darf, bedeutet das nicht nur einen Personenwechsel, sondern auch einen Wechsel des Blickwinkels.

Das, was bei Herrn Jokisch als Forderung an den Zulieferer postuliert würde, wird für uns - und ich spreche hier zu Ihnen als ein Vertreter der Zulieferer - zur Anforderung, die wir erfüllen müssen, um für den heutigen und noch in viel stärkerem Maße für den zukünftigen Wettbewerb gerüstet zu sein. In dieser Analyse gibt es wenig Diskrepanz zwischen den Automobilherstellern und ihren Zulieferern. Schon alleine deshalb, weil wir als Zulieferer schlecht beraten wären, wenn wir die Notwendigkeiten und Entwicklungen bei unseren Kunden nicht erkennen und unser Handeln nicht darauf einrichten würden.

Die Automobilindustrie ist im Wandel - stärker und folgenreicher als das in der Vergangenheit der Fall war. Fast täglich erfahren wir von neuen Kooperationen, Kapitalbeteiligungen und strategischen Allianzen. Maßnahmen, die die Wettbewerbsfähigkeit im internationalen Markt sichern sollen.

Das Szenario wird abgerundet durch die hohe Innovationsgeschwindigkeit in der Automobilindustrie. Sie wird angetrieben von den Schlüsselfaktoren: bessere Umweltverträglichkeit, verbesserte Energiebilanz, mehr Sicherheit und dem Wunsch nach fahrerentlastendem Komfort. Die technischen Lösungen dieser Forderungen verlangen ein enges Miteinander von Automobilherstellern und Zulieferern.

Die Zulieferungen haben heute in der deutschen Automobilindustrie einen Anteil von 50 % und mehr der Wertschöpfung erreicht. Dieser Wert schwankt bei den einzelnen Automobilherstellern um wenige Prozentpunkte, eindeutig und einhellig ist allerdings die Tendenz, daß der Zuliefereranteil bis Mitte der 90er Jahre weiter auf etwa 60 % anwachsen wird (s. Bild 1). Bei japanischen Herstellern liegt der Wert schon heute bei 70 % und mehr.

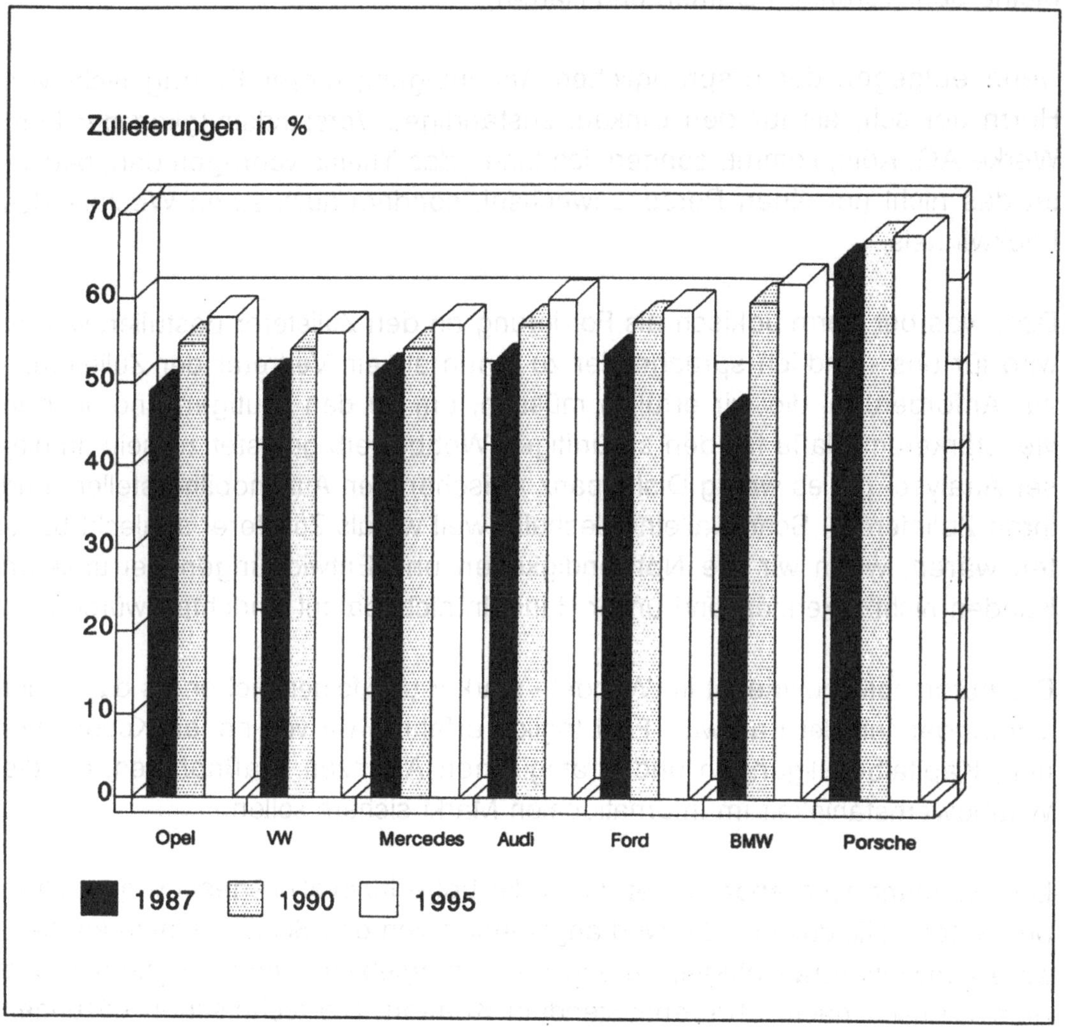

Bild 1: Entwicklung des Zulieferanteils /1/

Die europäischen Hersteller befinden sich mit ihrer Quote in einer mittleren Position zwischen den japanischen Herstellern und den amerikanischen Herstellern. Dies verdeutlicht auch diese Darstellung, in der die Rolle der Zulieferer bei der Systementwicklung quantifiziert wurde (Bild 2). Darin wird erkennbar, daß der Entwicklungsaufwand für japanische Fahrzeuge, der vom Zulieferer bzw. gemeinsam getragen wird, 70 % beträgt, in Europa 46 %, während er bei den US-Herstellern nur 19 % beträgt. An dieser Stelle sei darauf verwiesen, daß diese Werte für die US-Inlandsproduktion der sogenannten "Big Three" gelten, während das Outsourcing der japanischen Transplants in Nordamerika dem japanischem Verhaltensmuster entspricht und die in Europa operierenden Tochtergesellschaften der US-Automobilkonzerne sich entsprechend dem europäischen Muster verhalten.

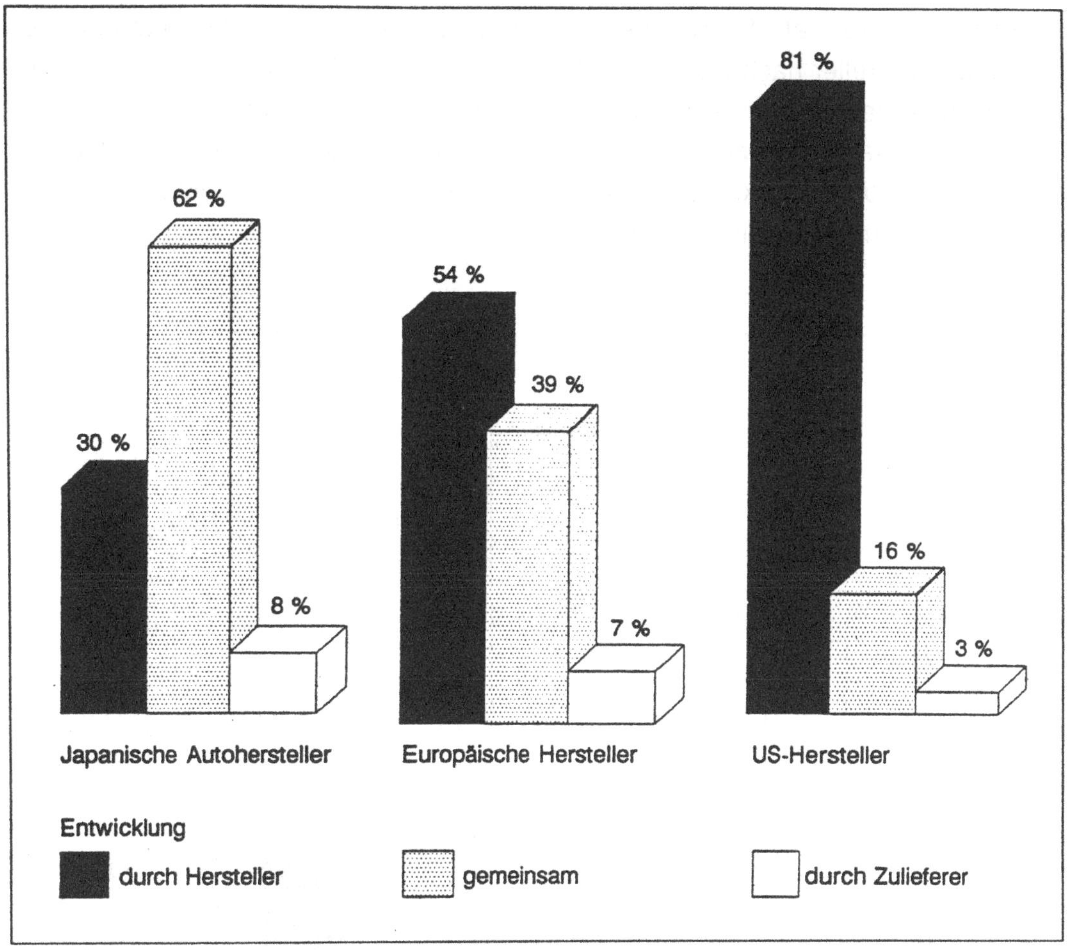

Bild 2: Rolle der Zulieferer in der Systementwicklung (Prozentanteil am Entwicklungsaufwand) /2/

Outsourcing ist heute für die Automobilindustrie ein wesentlicher Faktor für die Sicherung der Wettbewerbsfähigkeit. Nicht ohne Stolz reklamieren die Einkaufsleiter der Automobilhersteller einen wesentlichen Anteil an den erreichten Produktivitätssteigerungen der Automobilindustrie als Erfolge ihrer Arbeit bei den Verhandlungen mit den Zulieferern. Neben dem Outsourcing und damit einhergehend ist ein zweiter Trend maßgebend, der mit dem Schlagwort "Single Sourcing" charakterisiert wird. Er beinhaltet die Reduzierung der Lieferantenzahl, die bei einem Autotyp, einem Automobilhersteller in Zukunft zum Zuge kommen.

Der Grund dafür ist vor allem im Bestreben der Automobilindustrie zu sehen, statt einzelner Komponenten komplette Teilsysteme zu beziehen. Der leistungsstarke Systemanbieter löst als Partner des Automobilherstellers zunehmend die Vielzahl von Zulieferern von Einzelkomponenten ab. In diesem

Umschichtungsprozeß werden diese zu Sublieferanten und Partnern der Systemanbieter. Je mehr Produktverantwortung und je mehr Fertigungstiefe die Automobilhersteller nach außen geben, umso mehr müssen sie sich auf diese Zulieferer verlassen können. Der damit verbundene Selektionsprozeß steht hinter den Qualitätsauszeichnungen der Automobilindustrie, die damit auch die Qualifikation für zukünftige Kooperationen, und nicht nur eine Anerkennung für vergangene Leistungen, sind.

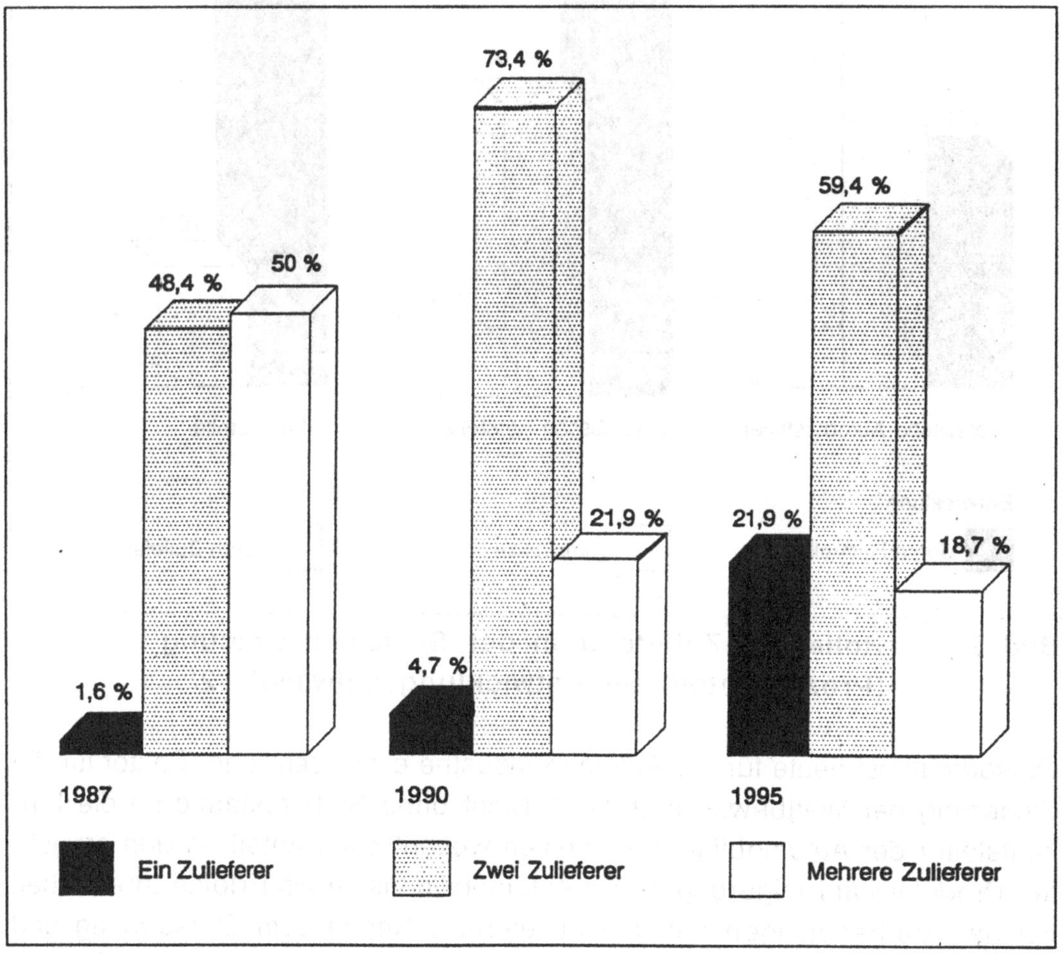

Bild 3: Anzahl der Zulieferer /1/

Die Tendenz zum Single Sourcing wird deutlich in der Grafik, die die Veränderung der Verteilung von Zulieferern je Teil beschreibt (Bild 3). Jedes Zulieferteil oder besser Zuliefersystem wird in Zukunft von einem Zulieferer, oder dort, wo es die Liefersicherheit notwendig macht, von zwei Zulieferern beigestellt werden.

Es ist im gemeinsamen Interesse von Automobilhersteller und Zulieferer, diese Kooperation durch längerfristige Lieferverträge abzusichern (Bild 4). Sind es auf der einen Seite - bei den Automobilherstellern - Gründe, die Zuverlässigkeit der Lieferungen abzusichern, so sind es auf der anderen Seite - bei den Zulieferern - Gründe, die Entwicklungsinvestitionen über längere Vertragslaufzeiten und höhere Stückzahlen zu amortisieren.

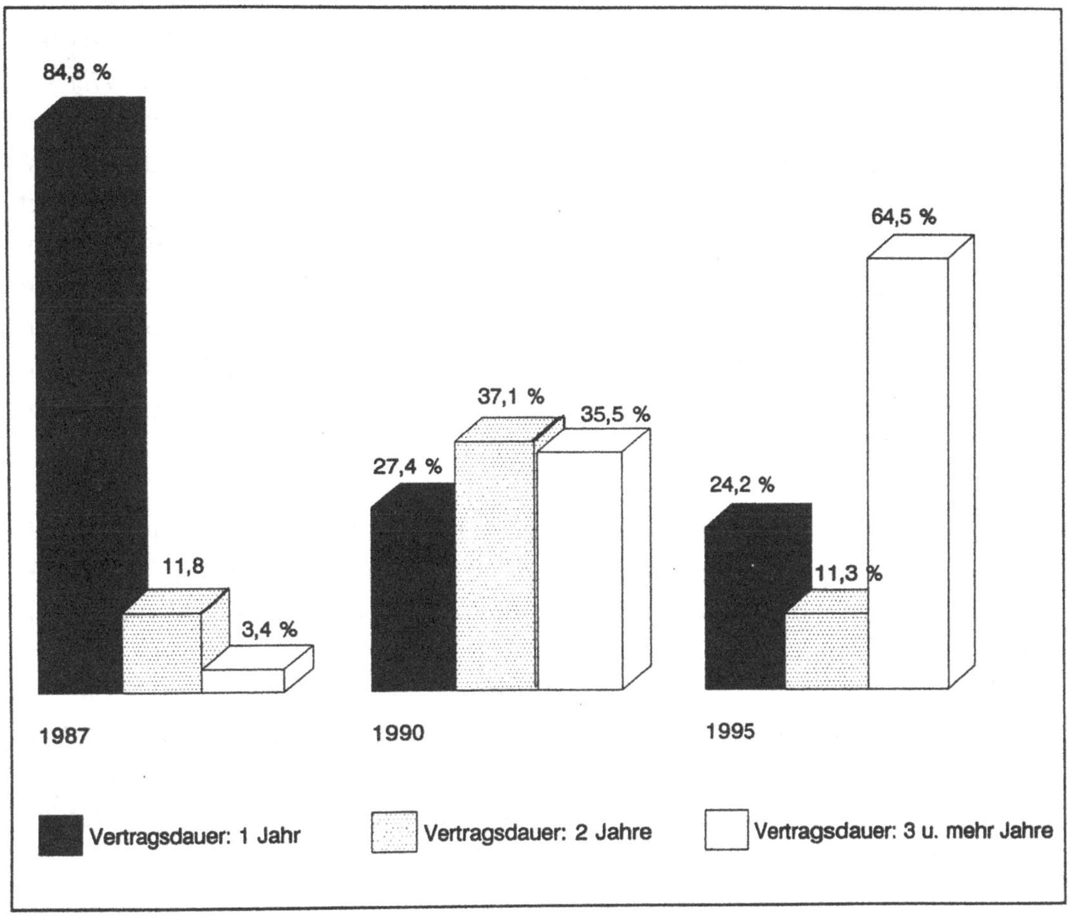

Bild 4: Vertragszeiten /1/

Aus dieser Beschreibung der Marktsituation ließen sich rosige Zeiten für z. B. die deutschen Systemzulieferer ableiten. Jedoch ist diese Situationsbeschreibung unvollständig, da sich die Automobilindustrie, selbst im internationalen Wettbewerb befindend, zunehmend des internationalen Anbietermarktes bedient. Und das, was für die deutsche Automobilindustrie gilt, gilt auch auf den internationalen Märkten. Es wäre ein Trugschluß gerade für die deutsche Automobilindustrie, mögliche Wettbewerbsvorteile für ausländische Konkurrenten nur auf dem Sektor der standortbedingten Billiglöhne zu sehen.

Der ausländische Wettbewerb präsentiert sich heute oft auch mit hohem Qualitätsniveau und hohem Innovationspotential.

Denn trotz aller globaler Ausrichtung zeigt sich, daß sowohl bestimmte Bedarfsimpulse als auch Basistechnologien zu unterschiedlichen Zeiten unterschiedlich ausgeprägte regionale Schwerpunkte haben und damit Entwicklungsimpulse an unterschiedlichen Standorten der weltweiten Automobilindustrie und ihrer Zulieferer gesetzt werden. Ein bekanntes Beispiel dafür ist die besondere Anforderungen stellende Abgasnorm in den Vereinigten Staaten und insbesondere die in Kalifornien gesetzten Standards. Will ein Zulieferer den daraus erwachsenden Anforderungen begegnen, muß er seinerseits für den weltweiten Markt gerüstet sein. Immer stärker werden Basisentwicklungen der Automobilindustrie internationalisiert werden - Stichwort "Weltauto" - und nur diejenigen Zulieferer werden Berücksichtigung finden, die weltweit unter den Gesichtspunkten von Just-in-time und Just-in-place produzieren und liefern können. Ein weiterer Aspekt darf nicht übersehen werden: Das Sicherstellen von nationaler Wertschöpfung - Local Content - die nicht nur in Schwellenländern sondern auch in den traditionell automobilproduzierenden Ländern heute, aber auch in Zukunft, eine Rolle spielt.

Für den Zulieferer wird ein weltweit funktionierendes Entwicklungsmanagement erforderlich mit Fachkompetenz in den Automobilzentren der Welt. Wesentlich früher als bisher werden die Systemzulieferer bei Neuentwicklungen einbezogen werden.

Nur mit dieser Vorgehensweise können die Entwicklungszeiten der Automobilindustrie reduziert und damit z. B. Wettbewerbsnachteile der deutschen und europäischen Automobilindustrie gegenüber den Japanern minimiert werden (vgl. Bild 5).

Ein Vergleich der Zeiten für die Typen- und Prozeßentwicklung in Japan und der Bundesrepublik macht deutlich, wo die Strukturziele der deutschen Automobilindustrie liegen werden.

Ein Schlüssel zur Verkürzung der Entwicklungszeiten liegt sicher auch in einem veränderten Rollenverständnis. Kein Automobilhersteller wird sich in Zukunft mehr erlauben können, jedes Fahrzeugdetail selbst zu entwickeln. Früher als bisher sind Zulieferer für die Kooperation gefordert.

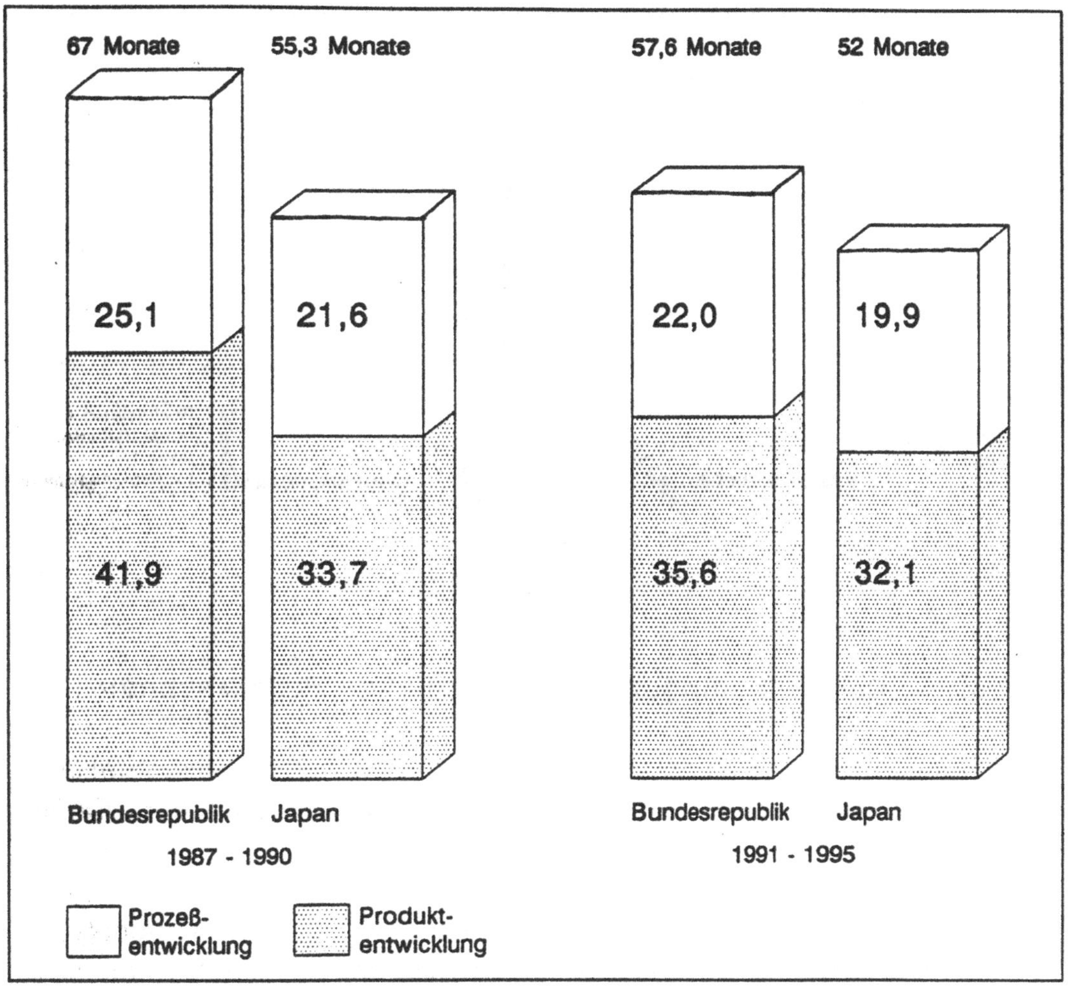

Bild 5: Entwicklungsdauern im Vergleich /1/

Simultaneous Engineering wird jedoch, wenn es darauf abzielt, Wettbewerbsvorteile zu generieren, Konventionen folgen müssen. Für die partnerschaftliche Ausgestaltung sollten drei Grundsätze maßgebend sein (Bild 6).

1. Jeder macht das, was er am besten kann.
2. Die Gesamtlösung muß zu einem Funktions- und Kostenoptimum führen.
3. Sowohl der Automobilhersteller als auch der Systemzulieferer müssen ihr eigenes Know-how strategisch absichern können. Sie müssen sich dabei auf (wenige) wichtige Kerngebiete konzentrieren.

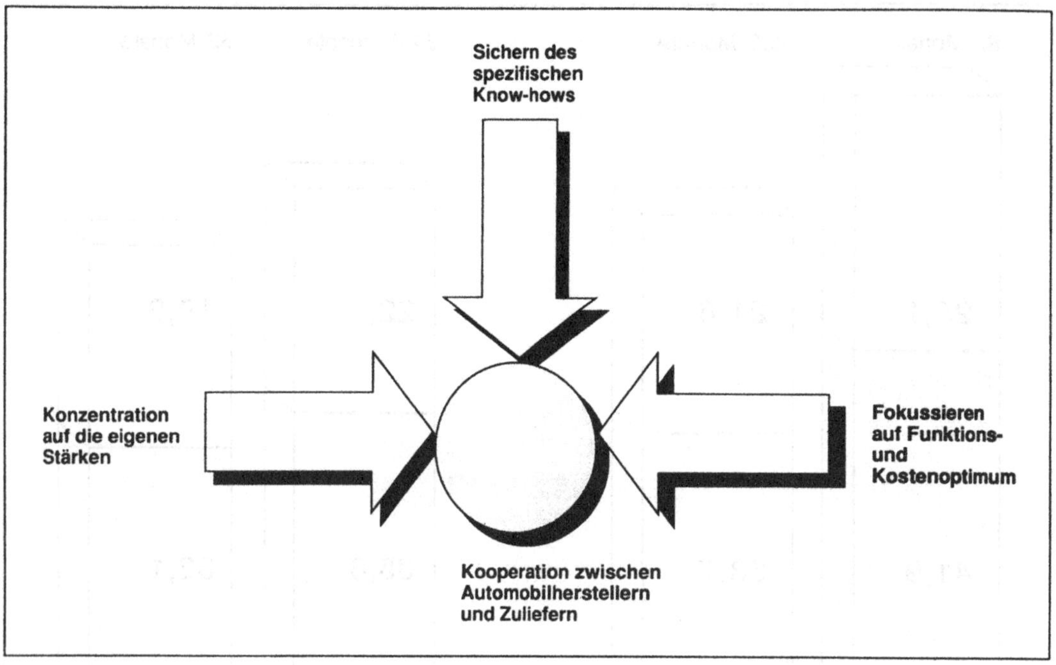

Bild 6: Rahmenbedingungen erfolgreicher Partnerschaft

Die Grundsätze gelten nicht nur für das Verhältnis Automobilhersteller und Zulieferer, sondern auch für die Zusammenarbeit von Zulieferant und Unterlieferant.

Die Automobilindustrie wird noch stärker als bisher die Synergiepotentiale der Zulieferer aus anderen Technikfeldern nutzen. Nur durch Technology Sourcing aus den Bereichen der Daten-, Kommunikations- und Automatisierungstechnik, aus Entwicklungen der Raum- und Luftfahrttechnik, aber vor allen Dingen durch konsequentes Einbeziehen modernster Elektronik können die Entwicklungsaufwendungen optimiert und die Entwicklungsziele für das Auto von morgen erreicht werden.

Diese Synergiequellen sprudeln mit unterschiedlicher Intensität in den unterschiedlichen Regionen. Die Automobilindustrie erschließt sich diese Quellen durch die Nutzung des internationalen Anbietermarktes, und der Zulieferer, der den breitesten Zugang - in technologischem und geographischem Sinne - hat, kann am ehesten diese Ressourcen für partnerschaftliche Lösungen einbringen.

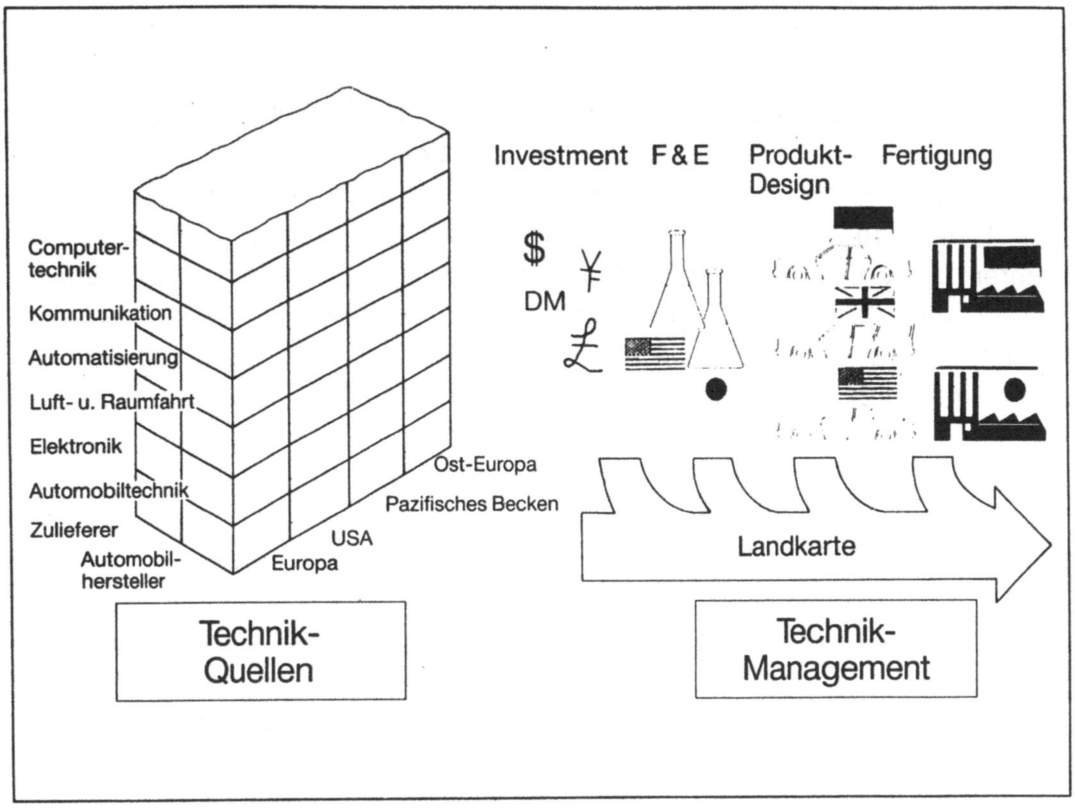

Bild 7: Globale Technik

Zugang zu internationalem Know-how ist daher auch einer der Hintergründe für internationale Kooperationen und Joint Ventures der Zulieferer in allen Teilen der Triade. In einer solcherart gestalteten Partnerschaft zwischen Automobilhersteller mit ihren internationalen Produktionsstätten und -märkten und den Zulieferern mit global verfügbarem Entwicklungs- und Fertigungspotential partizipiert der Automobilhersteller in viel stärkerem Maße und unter günstigeren Konditionen vom Spezialwissen des Zulieferers. In Zukunft wird die hier beschriebene Partnerschaft so früh wie möglich, fallweise schon in der Phase der Forschung, einsetzen müssen. Denn hier werden grundsätzliche Fragen gestellt und Weichenstellung für die Systemanforderung und -auslegung getroffen. Hier entstehen die Kernelemente für die Lastenhefte, die das technisch wirtschaftliche Optimum bestimmen. Nur in einer solchen Zusammenarbeit wird der Zulieferer seine FuE-Kosten zieloptimiert einsetzen können, und nur so wird die Automobilindustrie den Zulieferermarkt zu ihrem eigenen Nutzen mitgestalten können (vgl. Bild 7).

Auf Dauer wird sich der Zulieferer diesen Weg nur dann leisten können, wenn die in Serie befindlichen Produkte hierzu einen finanziellen Beitrag leisten.

Langfristige Verträge und der Zugang zum Weltmarkt sind für Automobilhersteller und Zulieferer der Weg zur Sicherung der gemeinsamen Zukunft.

Synchron zur Entwicklung des hohen Qualitätsstandards deutscher Automobile hat sich auch die deutsche Zuliefererindustrie entwickelt. Damit ist sie mit Know-how, Technik und Qualität gerüstet für den internationalen Wettbewerb. Eine Reihe von Beispielen der jüngsten Vergangenheit zeigt, daß unsere Zulieferer mit Fertigungsstätten im Ausland auch die logistischen Voraussetzungen für die Globalisierung geschaffen haben. Dies sind sicher die richtigen Schritte, um der Herausforderung zu begegnen, die dem Thema dieses Vortrages zugrundeliegt. Aber es sind nur Schritte, an deren Ende das Ziel der Internationalisierung stehen muß.

Internationalisierung richtig verstanden bedeutet aber mehr als global einsetzbare Technik und Entwicklung einer übernationalen Logistik.

Internationalisierung richtig verstanden bedeutet, integraler Bestandteil der regionalen Automobilindustrie zu sein, verankert in der Industrie- und Branchenkultur der Region mit allem, was dazugehört, wie Verbandsarbeit oder Mitarbeit in Standardisierungsausschüssen - alles das, was bei uns im nationalen Bereich oft neben der Tagesarbeit wie selbstverständlich mitläuft.

Nur unter solchen Voraussetzungen ist die vorhin beschriebene internationale und interdisziplinäre Ressourcennutzung möglich. Analysiert man unter diesem Gesichtspunkt die international operierenden deutschen und ausländischen Zulieferer, haben bisher nur wenige Firmen einen internationalen Status. Hier stellt sich eine strategische Aufgabe für eine zukunftsorientierte Gestaltung unserer Unternehmen. Die Automobilindustrie hat die Weichen eindeutig gestellt und wir müssen daran gehen, den damit verbundenen Umstrukturierungsprozeß einzuleiten und beschleunigt zu vollziehen.

Alte bewährte Partnerschaften mit den Automobilherstellern können das Sprungbrett für zukünftige Geschäftsbeziehungen sein. Aber Sprungbretter sind dazu da, um von ihnen abzuspringen. Sie sind jedoch gänzlich ungeeignet, um selbstgefällig und abwartend darauf auszuruhen.

Quellen

/1/ Arthur Andersen & Co., Unternehmensberatung GmbH

/2/ Kim B. Clark, Harvard Business School

Wettbewerbsvorteile durch Just-In-Time-Konzepte in Forschung & Entwicklung

M. Otala

Prof. Dr. Ing. M. Otala ist Mitglied der Geschäftsführung der Telenorma GmbH, Frankfurt/M.

Kurzfassung

Als Folge des sich verstärkenden internationalen Wettbewerbs haben sich die Produktlebenszyklen in fast allen Produktkategorien verkürzt. Dies führte zur Forderung nach schnelleren Produktentwicklungsverfahren, um mit dem Wettbewerb Schritt zu halten. Gleichzeitig verstärkte die Individualisierung von Basisprodukten aus Massenfertigung für die verschiedensten Marktbereiche und Kundenkategorien das Verlangen nach Flexibilität in der Schaffung von Design-Varianten.

Auf den ersten Blick scheinen diese sich widersprechenden Bedingungen nicht miteinander vereinbar zu sein, sofern nicht die traditionellen Methoden des Managements der Produktentwicklung radikal geändert werden. Versteht man jedoch das Wesen von Forschung und Entwicklung und strukturiert das Verfahren entsprechend um, wird dies zu einer einfachen Beilegung der Streitfrage führen.

Grundsätzliche Produktinnovationen brauchen immer Zeit, sich zu entwickeln. Trotzdem kann die Produktentwicklung schnell vor sich gehen, wenn die Ziele gut definiert und präzise sind. Dies führt zu einer Teilung der Produktentwicklung in zwei scharf voneinander getrennte Phasen: Die längere untersuchende Produktkonzeptionsphase, während der die Kreativität gefördert wird, und die schnelle Produktentwicklungsphase, während der sich Kreativität verbietet.

Die untersuchende *Produktkonzeptionsphase* kann bis zu 2 Jahre in Anspruch nehmen. Diese Phase wird von wenigen erfahrenen Elite-Forschern und Konstrukteuren begleitet, und ihr Zweck liegt darin, nach neuen Produktkonzepten Ausschau zu halten. Während dieser Phase wird jede Innovation begrüßt und nichts wird unversucht gelassen, um die Basisprinzipien des neuen Produktes auszuloten. Diese Phase ist fast ausschließlich konzeptionell, wobei, wenn überhaupt, nur wenige technische Experimente unternommen werden. Die Atmosphäre ist ungezwungen, und die Organisation ist lose. Die Endergebnisse dieser Phase sind die Produktspezifikation, das kosmetische Design, ein physisches Modell vorzugsweise in Originalgröße und das Benutzer-Handbuch zu diesem bislang noch nicht entwickelten Produkt.

Selbst die Presseveröffentlichungen sollten zu diesem Zeitpunkt abgefaßt werden, da sie, zusammen mit dem Benutzer-Handbuch, die herausragenden Verkaufsargumente beinhalten, die beim Marketing zu verwenden sind. Kurz gesagt, das imaginäre Produktkonzept wird wie eine Realität behandelt, um dadurch dessen kommerzielle Wirkung und kommerzielles Potential zu ergründen.

Das Produkt wird dann intern gegenüber einer Gruppe von visionären Managern und fortschrittlichen Kunden versuchsweise vermarktet. Abhängig von den erzielten Ergebnissen werden die kommerziellen Aussichten für das Produkt festgestellt. Möglicherweise wird das Produkt zurückgestellt, bis der richtige Zeitpunkt gekommen ist, um die Produktentwicklung in Angriff zu nehmen. Auch kann das Design aufgrund der versuchsweisen Vermarktung verfeinert werden. Die Entwicklungsfähigkeit eines jeden zurückgestellten Produktes wird von Zeit zu Zeit überprüft, um festzustellen, ob vom kommerziellen Standpunkt aus die Zeit hierfür reif ist.

Um den richtigen Zeitpunkt für die Markteinführung des neuen Produktkonzeptes festzulegen, wird die Unternehmens-Wirkungs-Analyse benutzt. Sie versucht, die potentiellen, innerhalb der Gesamt-Produkt-Gruppe erwirtschafteten Gewinne unter Berücksichtigung der Lebenszyklusanalyse dieses oder anderer Produkte der Produktfamilie zu maximieren. Dies ist sehr wichtig, da die vorzeitige Markteinführung eines Produktes beachtliche Gewinnverluste durch das Abtöten vorhandener entwicklungsfähiger Produkte verursachen kann. Wird andererseits ein Produkt zu spät eingeführt, nimmt sein Gewinnpotential üblicherweise so stark ab, daß seine Einführung in Frage gestellt sein kann.

Um auf mögliche technische Fallstricke des Produktkonzeptes aufmerksam zu machen, wird die technische Machbarkeitsstudie benutzt. Sie überprüft die technische Durchführbarkeit des Produktdesigns und die erforderlichen Produktionsverfahren und stellt möglichen Forschungsbedarf und/oder zusätzliche Schulung von Produktions-/Verkaufs-/Wartungspersonal fest.

Das eigentliche *Produktentwicklungsprojekt* beginnt typischerweise neun Monate vor der geplanten kommerziellen Markteinführung des Produktes. Die Produktentwicklung erfolgt sehr schnell in koordinierten, parallel ablaufenden, vernetzten Unterprojekten, wobei die Schnittstelle und die jeweiligen Terminpläne aufeinander abgestimmt sind. Es wird ein beachtliches Arbeitskräftepotential aus Forschung und Entwicklung eingesetzt, normalerweise 10 bis 100 Ingenieure. Die Organisation ist streng und Abweichungen vom Plan nicht erlaubt. Änderungen in der Designspezifikation sind untersagt, da sie das Produkt beträchtlich verzögern oder die Qualität des Produktes gefährden können. Das Ziel ist, das Produkt genau zum richtigen Zeitpunkt herauszubringen und in dieser Phase ohne Anfangsschwierigkeiten zu erhalten.

Üblicherweise muß das Produkt im Hinblick auf die neuen Produktionstechnologien entwickelt werden, da ansonsten ein Produktionskostenoptimum nicht erreicht werden kann. Werksinvestitionen und Änderungen im Maschinenpark sollten parallel mit dem Produktentwicklungsverfahren vorgenommen werden.

Die Gesamtkomplexität der Ideologie, die hinter dem neuen Produkt steht, kann auf Papier nicht dokumentiert werden. Daher muß für eine Kontinuität des Projektmanagements gesorgt werden, um das Phänomen des "hier-nicht-erfunden" zu minimieren. Es ist üblich, daß die Produktentwicklungsphase von einem der Projektleiter der Konzeptionsphase geleitet wird und Produktion und Marketing durch einen der Leiter der Produktentwicklungsphase. Dies ist äußerst bedeutungsvoll, da das kommerzielle Marketing des Produktes bereits während der Produktentwicklungsphase erfolgt.

ZUSAMMENFASSUNG

Diese Grundsätze maximieren die Freiheit des Konstrukteurs, mit den verschiedenen konzeptionellen Innovationen und Produktionstechnologien zu spielen, während sich das Produkt noch in seiner Konzeptionsphase befindet. Sie verlangen jedoch eine strikte Einhaltung der gewählten Grundsätze und Spezifikationen während der hektischen und kompromißlosen "just-in-time" "first-time-right"-Produktentwicklungsphase, da im Falle von etwaigen Änderungen ein Chaos die Folge wäre.

Das Endergebnis dieses Forschungs- und Entwicklungsverfahrens ist üblicherweise eine beachtliche Verbesserung der Gewinne, des Erscheinungsbildes, der Verkaufsfähigkeit und der Ergonomie des Produktes gepaart mit rückläufigen Produktionskosten. Der wichtigste Nutzen liegt in der Möglichkeit, die tatsächliche Produktentwicklungszeit auf weniger als ein Jahr zu verkürzen und dadurch ein kreatives Marketing zu ermöglichen, um kommerzielle Erfolge nach der Art eines "Blitzkrieges" aufzubauen.

Entdeckungsorientierte F&E Erfolgsverhältnis 0-1%

- ❑ absolut neue Merkmale
- ❑ neue Produkte
- ❑ neue Verfahren
- ❑ unbekannte Märkte oder Technologie

Auftragsorientierte F&E Erfolgsverhältnis 30-90%

- ❑ verbesserte Produkte
- ❑ bessere Methoden
- ❑ geringere Kosten
- ❑ bekannte Märkte und Technologie

Die klassische Forschungspolitik des Westens konzentriert sich auf die entdeckungsorientierte Kreativität, um "bahnbrechende Innovationen" zu erreichen. Die japanische Forschungs- und Innovationspolitik ist auf die auftragsorientierte Kreativität ausgerichtet, die sich als sehr erfolgreich bei der Verbesserung von Produkten erwiesen hat. Unter normalen Umständen wären 20% entdeckungsorientierte und 80% auftragsorientierte Forschung eine gute Mischung.

Bild 1: Entdeckungs- und auftragsorientierte F&E

Charakteristika einer guten und gewinnbringenden Erfindung

- ❑ taucht just-in-time auf
- ❑ ist eher eine Verbesserung als revolutionär
- ❑ reduziert die Kosten
- ❑ paßt in die Produktfamilie und zu den Verkaufswegen
- ❑ paßt in die Herstellungsstrategie

Bild 2: Charakteristika einer guten und gewinnbringenden Erfindung

Produkt-Entwicklung	
konzeptionelle	**körperliche**
- System	- kosmetisch
- Struktur	- mechanisch
- Merkmale	- Verfahren
- Schaltkreise	- Komponenten
- Software	- Herstellung
- Qualität	- Qualität

Der Basis-Grundsatz "Just-In-Time in Forschung und Entwicklung" ist die parallele Berücksichtigung ALLER Aspekte des Produktes, und NICHT - wie üblich - nacheinander.

Bild 3: Produkt-Entwicklung

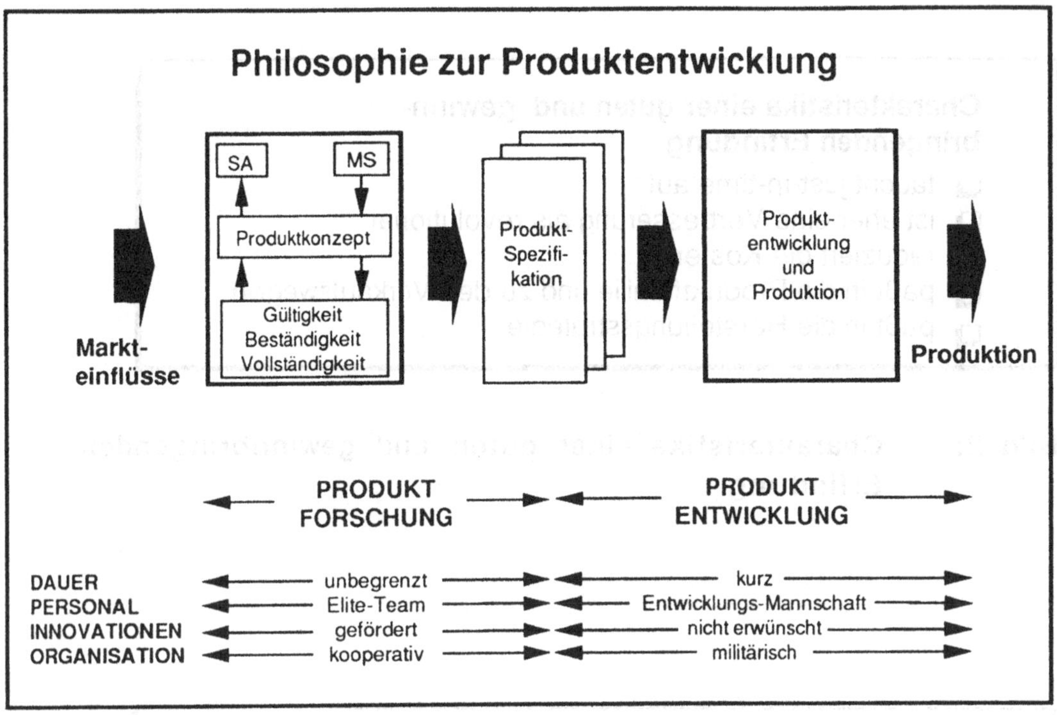

Die Produktforschung führt zu einer umfassenden Produkt-Spezifikation, die auf ihre Gültigkeit, Folgerichtigkeit und Vollständigkeit hin überprüft wird. Die wichtigsten Aspekte liegen in der Feststellung der Wirkung des neuen Produktes auf das Unternehmen und in der technischen Machbarkeit. Während dieser Phase findet keine eigentliche Produktentwicklung statt.

Die Produktentwicklung wird in mehreren parallelen Projekten durchgeführt mit enger Koordination und festen, unabänderlichen Zielen. Der Hauptzweck liegt darin, das Produkt so schnell als möglich, just-in-time, first-time-right, ohne jedwede Änderungen in die Produktion zu bringen.

Bild 4: Philosophie zur Produktentwicklung

Produkt-Definition

EINE VISION SCHAFFEN

- ❑ das Ziel festlegen
- ❑ die technische Realität vergessen
- ❑ wesentliche neue Merkmale herausfiltern
- ❑ das Design beginnen
- ❑ ein physisches Modell anfertigen
- ❑ die Bedienungsanweisung schreiben
- ❑ Presseveröffentlichungen und Verkaufsbroschüren erstellen

ÜBERPRÜFEN DER MACHBARKEIT

- ❑ Starten der Unternehmens-Wirkungsanalyse
- ❑ Durchführen der technischen Machbarkeitsstudie
- ❑ Vermarkten des imaginären Produktes
- ❑ Ableiten der Marketing- und Preisstrategie
- ❑ Entscheiden: Starten/Warten

ERSTELLUNG DES PRODUKTPLANS

- ❑ Entscheiden: Herstellen-oder-Kaufen-Politik für Forschung und Entwicklung
- ❑ Herausfinden kritischer Faktoren
- ❑ Erstellen des Forschungs- und Entwicklungsplans und des Budgets
- ❑ Erstellen des vorläufigen Marketingplans
- ❑ Auswählen von Leuten und deren Schulung

ERSTELLUNG DES FERTIGUNGSPLANS

- ❑ Auswählen der Technologien
- ❑ Entscheiden: Herstellen-oder-Kaufen-Politik für die Produktion
- ❑ Planen strategischer Investitionen
- ❑ Auswahl der Mannschaft und deren Schulung

ENTSCHEIDEN: STARTEN / WARTEN / STOPP

- ❑ Erneutes Prüfen der Unternehmens-Wirkungsanalyse
- ❑ Wenn Start, dann:
  - ○ Bereitstellen der finanziellen Mittel
  - ○ Beginn von Forschung und Entwicklung, Investitionen und Marketing
- ❑ Wenn Warten, dann:
  - ○ Pläne aufbewahren
  - ○ Beginn der periodischen Pflege der Produktspezifikation
  - ○ regelmäßiges Überprüfen der Marktlage

Entwicklung

ENTWICKLUNG VON PRODUKT UND PRODUKTION

- ❑ Just-In-Time
- ❑ schnell und kompromißlos
- ❑ ohne jedwede Änderung
- ❑ First-Time-Right
- ❑ Projekt abbrechen, wenn Probleme überhandnehmen

Bild 5: Elemente und Aufgaben des just-in-time Forschungs- und Entwicklungsverfahrens

F & E - Management

Forum 1

Sitzungsleiter: *Karl Grund*

Dr. K. Grund ist Mitglied der Geschäftsführung (Entwicklung) der Hewlett-Packard GmbH, Böblingen

Einbindung des Kunststoff-Recyclings in die Entwicklung von Mercedes-Benz-Fahrzeugen

G. Huber

H. Nonner

Prof. Dipl.-Ing. G. Huber ist Direktor und Leiter der Entwicklung Karosserie PKW, Mercedes-Benz AG; Dipl.-Ing. H. Nonner ist Leiter der Abteilung Verkleidungen in der Entwicklung Karosserie PKW, Mercedes-Benz AG

Inhalt

1 Einleitung

In der Kraftfahrzeugindustrie, wie auch in anderen Industriezweigen, haben Kunststoffe einen wichtigen, nicht mehr wegzudenkenden Stellenwert bekommen.

Die Vorteile der Kunststoffe, wie geringes Gewicht, Korrosionsbeständigkeit, Multifunktion und Freiheit im Design, haben in den letzten 10 Jahren zu den ständigen Zuwachsraten beigetragen.

Durch den vielfältigen Einsatz von Kunststoffen unter technischen und wirtschaftlichen Kriterien konnten wesentliche Produktverbesserungen erreicht werden. Bei einem Fahrzeug ohne Kunststoffbauteile müßten nicht akzeptable Abstriche an Sicherheit und Komfort in Kauf genommen werden.

Probleme ergeben sich bei ansteigenden Kunststoffanteilen, bei Mercedes-Benz Fahrzeugen sind dies 8 bis 10 %, mit der Verwertung und Entsorgung nach der Fahrzeuglaufzeit. Aber auch die anfallenden Produktionsabfälle sind ein ernst zu nehmendes Problem. Die deutsche Automobilindustrie verarbeitet ca. 600.000 t Kunststoffe pro Jahr, das sind 7 % des Gesamtverbrauchs.

Gemeinsame Anstrengungen von Rohstoffherstellern, Verarbeitern und der Automobilindustrie in Verbindung mit den Recycling-Betrieben sind erforderlich, um Verwertungskreisläufe zu schließen.

Was in vielen Haushalten heute schon Einzug gehalten hat, nämlich die Rückführung von Glas, gelesenen Zeitungen und Aluminiumfolie, wird auch in Zukunft für ausgediente Kraftfahrzeuge gelten und für Bauteile, die bei Reparaturen ausgetauscht werden.

Daher werden heute Entwicklungsentscheidungen nicht nur abhängig von der Funktion und den Kosten gefällt, sondern ebenso im Hinblick auf die Umweltverträglichkeit.

2 Recycling und Verwertungskreisläufe

Mit dem Verwerten können auch bei Kunststoffen ähnlich wie bei Metallen Stoffkreisläufe geschlossen werden. Durch Recycling wird Abfall vermieden, und durch Mehrfachverwendung von Werkstoffen werden Ressourcen geschont.

Innerhalb der Produktionskreisläufe, im Ersatzteilbereich und bei der Stillegung und Entsorgung der Altfahrzeuge entstehen Abfallmengen, die teilweise als Werkstoffe für Sekundärbauteile weiterverwendet werden können.

Nicht erst heute, als Reaktion auf die öffentliche Diskussion, sondern bereits seit mehr als 20 Jahren werden in Mercedes-Benz-Pkw Recycling-Kunststoffe eingesetzt. Bild 1 zeigt solche Beispiele für den Einsatz von Recycling-Kunststoffen.

Es werden unterschiedliche Verwertungslinien und Kreisläufe praktiziert:

1. Automobilfremde Werkstoffabfälle werden in Kfz-Bauteilen verwertet. Zum Beispiel werden Stand- und Beschnittabfälle aus der Textilindustrie zu Faservlies verarbeitet, welches dann zu einem Trägerteil verpreßt oder zur Geräuschdämpfung eingesetzt wird.

2. Kunststoffabfälle aus Kfz-Bauteilen und Produktionsabfälle dienen als Rohstoff für neue Bauteile im Pkw oder Nfz. Aus Folienabfällen entstehen Spritzgußteile und aus lackierten Außenverkleidungsteilen weniger belastete Bauteile, die im Fahrzeuginnenraum oder Kofferraum angeordnet werden.

3. Abfallstoffe aus dem Kfz-Bereich dienen als Rohstoff für Anwendungen im Bau- und Freizeitbereich.

Um weitere Einsatzbereiche für Recyclat-Werkstoffe in Mercedes-Benz-Fahrzeugen zu definieren, wurde das Potential für Sekundärbauteile beschrieben. Dieses soll als Leitfaden für die Substitution an Serienprodukten, für die Entwicklung neuer Bauteile und für die Zusammenarbeit mit Zulieferanten dienen (Bild 2).

In nächster Zukunft wird die Wiederverwendung von Thermoplast-Bauteilen dominieren. Entsprechende Aufbereitungsverfahren sind weitgehend erprobt und können je nach Verfügbarkeit von thermoplastischen Abfallteilen eingesetzt werden (Bild 3).

Auch Duroplaste gelten längst nicht mehr als ungeeignet für das Recycling. Neben der thermischen Verwertung wurden auch hierfür Verfahren entwickelt, die Material-Recycling oder Partikel-Recycling ermöglichen.

PUR galt bisher als nicht wiederverwertbar. In jüngster Zeit wurden jedoch auch hierfür vielversprechende Verfahren in Angriff genommen.

SMC, ein duroplastischer Werkstoff mit hohem Glasfaseranteil, kann durch spezielle Trennverfahren wieder in seine Bestandteile zerlegt und in den Kreislauf zurückgeführt werden.

3 Umweltgerechte Fahrzeuggestaltung

Voraussetzung für die Nutzung des Recycling-Potentials ist eine recyclinggerechte Konstruktion der Fahrzeuge. Wir haben daher einen Arbeitskreis gebildet, in dem Forschung und Entwicklung, Normenstelle und Kostenplanung zusammenarbeiten. Der Arbeitskreis hat die Aufgabe, eine Richtlinie für recyclinggerechtes Konstruieren zu entwerfen, die letztendlich zu einer Verringerung der Müllmenge führen wird, die bei der Altautoverwertung anfällt.

Diese Richtlinie soll Bestandteil des methodischen Konstruierens werden. Sie wird auch dem Konstrukteur, der nicht Kunststoff-Spezialist ist, qualitative Hinweise geben, wie gut oder wie schlecht bestimmte Werkstoffe den Anforderungen nach Sortenreinheit, Demontierbarkeit, Oberflächengüte oder Reparaturfreundlichkeit genügen.

Parallel dazu werden Mercedes-Benz-Liefervorschriften bzw. -Normen ausgearbeitet, die als Datenblätter für die Lieferanten dienen. Bild 4 zeigt die Aufstellung der Recyclat-Kunststoffe und die Bezeichnung der zugehörigen MB-Normen.

Die jeweilige Norm legt die Ausführungsarten für die entsprechenden Kunststoffe fest (Bild 5) und nennt neben möglichen Anwendungsbeispielen Richtwerte für die Werkstoffeigenschaften wie

- Dichte,
- Zug-Modul,
- Zugfestigkeit,
- Reißdehnung,
- Schlagzähigkeit oder
- das Fogging.

4 Stoßfänger-Recycling

Bei der mittleren Fahrzeugklasse von Mercedes-Benz wird für die Stoßfängerverkleidung ein Verbund aus PC/PBT (Polycarbonat und Polybutylenterephthalat) verwendet, während die Stoßfängerschutzleiste aus dem Thermoplast PP/EPDM (Polypropylen und Ethylen-Propylen-Kautschuk) besteht (Bild 6). Bei der Entwicklung der Stoßfänger wurde auf einfache Demontage und Wiederverwendbarkeit geachtet.

Was passiert aber mit den beschädigten Teilen aus einem Stoßfänger?

Die ausrangierten Stoßfänger werden über den Mercedes-Ersatzteil-Dienst gesammelt (Bild 7). Dabei können die vorhandenen Transportmittel, vor allem die Leerkapazitäten zu den zentralen Ersatzteillagern, genutzt werden.

Durch die Rücknahme aller beschädigten Stoßfänger- oder Altteile wird eine gewaltige Reduzierung des Abfallvolumens erreicht. So wurden zum Beispiel 1989 80.000 Stoßfänger-Schutzleisten der mittleren Baureihe als Ersatzteil weltweit benötigt. Das bedeutet eine Menge von rund 52 Tonnen des Kunststoffes PP/EPDM. Besonders drei Ziele sollen beim Projekt "Stoßfänger-Recycling" erreicht werden:

1. Einzelteile aus den beschädigten Stoßfängern sollten dann erhalten werden, wenn sie entweder unbeschädigt oder noch reparaturwürdig sind.
2. Durch einen möglichen Austausch der Teile von reparierten, unbeschädigt gebrauchten und neuen Einzelteilen wird ein voll funktionsfähiger Stoßfänger im Austausch aufgebaut. Vor der Auslieferung des Tausch-Stoßfängers erfolgt eine Qualitätskontrolle gemäß den Mercedes-Benz-Forderungen beim Hersteller.
3. Nicht mehr reparaturfähige Teile und Altteile werden nach Werkstoffarten getrennt und zu sortenreinem Mahlgut verarbeitet. Dieses Kunststoff-Mahlgut kann für Mercedes-Benz-Sekundärteile oder auch für Fremdteile verwendet werden.

Mehrere Recyclat-Versuchsteile aus den genannten Stoßfängerwerkstoffen sind bereits in der Fertigteilerprobung. Eine Erweiterung des Projekts auf andere Bauteile (Seitenverkleidung, Unterbodenverkleidung, Radkappen etc.) ist von uns geplant und kann in den gleichen Logistikkreisläufen erfolgen.

Nach Absprache mit Rohstoffherstellern, Verarbeitern und Recycling-Betrieben ist ein kontinuierlicher Materialfluß gesichert. Die anfallenden Materialmengen sind so groß, daß bestimmte Bauteilegruppen vollständig aus aufbereiteten Regenerat-Werkstoffen hergestellt werden können.

Besonderes Interesse und entsprechende Unterstützung an solchen Projekten zeigen die Mercedes-Benz Niederlassungen und Händler. Bisher war eine Entsorgung über die lokalen Hausmülldeponien üblich. Knapp werdende Deponieräume, stark ansteigende Kosten und das wachsende Umweltbewußtsein der Kunden fördern solche Verwertungskonzepte.

5 Beispiele für realisierte Recyclingbauteile

Anhand verschiedener Beispiele sollen Aufbereitungsverfahren für Abfallstoffe aufgezeigt werden. Dabei besteht die Hauptzielsetzung darin, diese Regenerat-Werkstoffe für Kfz-Bauteile einzusetzen. Die Qualitätsmaßstäbe entsprechen den jeweiligen funktionellen Anforderungen. Ein Aufbereitungsbeispiel zeigt Bild 8.

o **PVC-Folienabfälle**

In einer wichtigen Detailfrage geht Mercedes-Benz schon seit 10 Jahren einen erfolgreichen Weg: Jährlich fallen in den Werken Wörth, Mannheim und Sindelfingen bei Zulieferanten 1.200 Tonnen Zuschnittabfälle von Folien und Kunstleder für Innenausstattungen an. Ein Zulieferer nimmt sie zurück und fertigt daraus neue Bauteile für Mercedes-Benz-Fahrzeuge (Bild 9):

- Trittschutz aus Kunststoff am Fahrerboden in der Kompakt- und Mittelklasse
- Schutz und Abdeckungen am Einstieg bei Nutzfahrzeugen
- Kotflügel bei Nutzfahrzeugen
- Schmutzfänger an Lastkraftwagen
- Batterieabdeckung

Durch die Auslegung von Bauteilen für den Einsatz von Regenerat-Werkstoffen ist es gelungen, für PVC-Abfälle diese Kreisläufe in Gang zu bringen und über viele Jahre ohne Abstriche an Qualität und Funktion zu erhalten.

Dieses Projekt kann als Beispiel für weitere in Vorbereitung befindliche Anwendungen mit anderen Kunststoffgruppen herangezogen werden.

o **Faservlies-Regenerat**

Seit gut 120 Jahren werden Alttextilien gesammelt und die Abfälle der Konfektionsindustrie in den Produktionskreislauf wieder zurückgeführt. Auch bei Mercedes-Benz werden seit etwa einem Vierteljahrhundert die Textilreste zu einem wertvollen Vliesstoff verarbeitet.

Diese Vliesmatten werden zur Abdämpfung und Isolation eingesetzt, so zum Beispiel:

- Motorhaubenisolation,
- Verkleidung von Stirnwand oder Tunnel,
- Abdämpfung von Türverkleidung und Boden und
- selbstklebende Dachisolation.

Als gepreßtes und damit hoch verdichtetes Material kann es sogar tragende Funktionen übernehmen und ist vielseitig einsetzbar, etwa als Trägerteil für:

- Abdeckungen unter der Instrumententafel,
- Hutablage,
- Rückenlehnenverkleidung und
- Dachauskleidung.

Insgesamt werden in Mercedes-Benz-Pkw jährlich Bauteile aus rund 3.100 Tonnen dieses Regenerat-Faservlieses eingesetzt. Hauptsächlich wird es aus Baumwollgewebe hergestellt. Auch das in der Bekleidungsindustrie verwendete Polyester wird zu einem Anteil von 20 % beigemischt.

o **Regenerat-Pappenguß**

Schon immer wurde aus Altpapier Pappe hergestellt. Auch Mercedes-Benz hat früher Pappe im Automobilbau eingesetzt. Die häufigste Anwendung ist heute der aus "Pappguß" hergestellte Handschuhkasten. Rund 180 Tonnen pro Jahr werden in Mercedes-Benz-Personenwagen davon eingebaut (Bild 10).

Das Recycling-Verfahren der Karosseriepappe ist denkbar einfach. Altpapier, Zeitung und Kartonagen werden fein zerkleinert, mit diversen Zusätzen und auch Leim zu einem Brei verrührt. Nach etlichen Bütten-Gängen fließt der Altpapierbrei in Naßformen, ihm wird das Wasser entzogen und schließlich können die Rohteile unter Hitze und Druck in Formen gepreßt werden.

o **Thermoplastische Kunststoffe**

Die Aufbereitung thermoplastischer Kunststoffe ist zur Zeit das quantitativ und qualitativ dominierende Recycling-Verfahren für Bauteile aus Polymer-Werkstoffen.

Besonders bei sortenreiner Trennung stehen hochwertige Recycling-Werkstoffe für eine Weiterverarbeitung zur Verfügung. Bei bestimmten Kunststoffgruppen kann bis zu 25 % Regenerat dem Neumaterial zugegeben werden, ohne dabei wesentliche funktionelle Nachteile in Kauf nehmen zu müssen.

Für die Produktion von Sekundärbauteilen kann bis zu 100 % Regenerat-Werkstoff eingesetzt werden. Bei Mercedes-Benz wird zum Beispiel aus beschädigten TPU-Außenverkleidungsteilen, die lackiert und unlackiert anfallen, eine hochwertige Abdeckung im Bereich des Kofferraums gefertigt.

Dieses Beispiel steht auch für eine veränderte Denkweise des Konstrukteurs von weniger beanspruchten, im Fahrbetrieb nicht sichtbaren Bauteilen. Wo bisher schon aus wirtschaftlichen Gründen nur Werkstoffe wie PP, PE und ABS in Frage kamen, bezieht der Konstrukteur künftig Regenerat-Werkstoffe aus PA, PC/PBT, TPU, TPE usw. mit in seine Überlegungen ein. Wenn das hochwertige PC/PBT-Regenerat in der gleichen Preisklasse wie ABS angeboten wird, kann er sein Bauteil zum Beispiel mit geringeren Gewichten konstruieren, da ihm bei gleichem Querschnitt höhere Festigkeiten zur Verfügung stehen.

6 Beispiele für Aufbereitungskonzepte von Duroplasten

o PUR

Wegen der guten funktionellen Eigenschaften wird PUR bei Mercedes-Benz-Fahrzeugen seit ca. 10 Jahren für lackierte Außenverkleidungsteile erfolgreich eingesetzt. Durch das elastische Verhalten bei Stoßbeanspruchungen können Bagatellschäden an der Karosserieaußenhaut vermieden werden.

Für PUR-Recycling werden zwei unterschiedliche Wege beschritten:

Im Rahmen von Pilotversuchen an der Fachhochschule Aalen wird PUR mittels Alkoholyse, durch Zugabe von Glykol, in seine Ausgangsbestandteile zerlegt. Die gewonnenen Rohstoffe können dann wieder in den Produktions-Kreislauf zurückgeführt werden (Bild 11).

Wichtig für diese Aufbereitungsmethode ist das weitgehend sortenreine Sammeln von Produktionsabfällen und Altteilen.

Im Rahmen des erwähnten Pilotprojekts Stoßfänger-Recycling bei Mercedes-Benz wird diese Verwertungsmethode mit rückgeführten Stoßfängerverkleidungen erprobt.

Eine direkte Verarbeitung von PUR-Abfällen, ohne wesentliche chemische Veränderungen, ist ebenfalls in der Praxiserprobung. Dabei wird durch Einmahlen oder Granulieren von Altteilen ein Rohstoff erzeugt, der weiterverarbeitet werden kann, wie das Bild 12 zeigt.

Das Umformen mittels Fließpressen zeigt dabei bisher die besten Ergebnisse und wird zur Zeit an einem Sekundärbauteil im Bereich des Motorraums getestet.

o SMC (Sheet Moulding Compound)

Der Einsatz von SMC konzentriert sich bei Mercedes-Benz-Pkw im wesentlichen auf den Bereich Stoßfängerträger, wo durch diesen Werkstoff die hohen funktionellen Anforderungen erfüllt werden.

Wie für andere Duroplaste galt in der Vergangenheit auch für SMC- und BMC-Abfälle Energie-Recycling als einzig sinnvolle Verwertungsmöglichkeit (BMC: Bulk Moulding Compound).

Das neu entwickelte Material-Recycling basiert auf einer Zerkleinerungstechnik, bei der ein sinnvolles Aufbrechen der typischen Matrixstrukturen von SMC stattfindet. Die entscheidende Neuerung bei dieser Entwicklung ist, daß die verstärkenden Eigenschaften der Glasfasern beim Zerkleinern nahezu erhalten bleiben.

Das zerkleinerte Gut enthält pulvrige und faserige Anteile. Diese beiden Fraktionen werden getrennt und beim weiteren Aufbereiten unterschiedlich behandelt (Bild 13).

Im Rahmen eines Pilotprojektes wird zur Zeit die Wiederverwertung von Mahlgut aus Produktionsabfällen und Altteilen untersucht. Dabei erscheint eine Zuführung von 30 % Regenerat in neuen SMC-Halbzeugen möglich.

7 Ausblick

o Kennzeichnung von Kunststoffteilen

Recycling-Verfahren für Kunststoffe stehen - wie aufgeführt - in größerem Umfang zur Verfügung und werden weiterentwickelt. Dieses gilt in erster Linie für thermoplastische, aber auch teilweise für duroplastische Polymere. Die Herstellung von Kunststoffprodukten in reproduzierbarer Qualität erfordert Rohmaterial mit definierten Eigenschaften.

Die VDA-Richtlinie 260 "Kennzeichnung von Kunststoffbauteilen" besteht seit 1984. Sie wird zur Zeit erweitert und auf Mehrstoffsysteme u. a. ausgedehnt.

Bei Mercedes-Benz ist seit Januar 1989 die Werkstoffkennzeichnung für Kunststoffteile mit mehr als 100 g Bauteilgewicht eingeführt worden. An den laufenden Fahrzeugtypen wurde und wird die Kennzeichnung in die entsprechenden Produktionswerkzeuge eingearbeitet (Bild 14). Alle Kunststoffteile mit einheitlicher Stoffbasis werden künftig in allen neuen Modellen durchgängig diese Werkstoffkennzeichnung tragen.

Damit schafft Mercedes-Benz heute schon die grundsätzlichen Voraussetzungen für eine sortenreine Demontage von Kunststoffbauteilen, wenn diese Fahrzeuge einmal am Nutzungsende angelangt sind.

o **Thermisches Recycling**

Aufgrund der Vielfalt der verwendeten Kunststoffe im Automobil und der Vermischung mit anderen Werkstoffen sind stoffliche Recycling-Verfahren für den Shredder-Abfall wenig geeignet. Der Weg des thermischen Recycling wird als vielversprechende und qualitativ wichtige Alternative angesehen. Das betrifft immerhin 600.000 Tonnen Shreddermüll pro Jahr.

Ein erster Verbrennungsversuch unter Mitwirkung von neutralen Stellen im Juli 1988 hat gezeigt, daß eine thermische Verwertung von Shredder-Abfall umweltverträglich möglich ist. Durch den Einsatz geeigneter Verbrennungs-Technologien sowie mit angepaßten Anlagen zur Reinigung und zum Aufbereiten der Abluft und der Schlacke werden alle wichtigen Gesetzesbestimmungen sicher eingehalten.

Für die Anlagen bestimmter Hersteller weist eine Studie sowohl technische Effizienz und Zuverlässigkeit als auch die Umweltverträglichkeit nach. Die Entsorgungskosten für Shredder-Abfälle werden mit DM 240,-- bis DM 530,-- pro Tonne berechnet. Noch liegen die Deponiekosten darunter: Sie betragen zur Zeit ca. DM 40,-- bis DM 150,-- pro Tonne.

o **Total-Recycling von Altfahrzeugen**

Bei diesem von Mercedes-Benz zusammen mit Voest-Alpine Stahl AG gestarteten Projekt soll eine gesamtheitliche Verwertung von Altfahrzeugen sichergestellt werden (Bild 15).

In der ersten Stufe wird das Fahrzeug trockengelegt. Dabei werden sämtliche Betriebsstoffe wie Benzin, Öl, Bremsflüssigkeit, Kühlmittel und Kältemittel entnommen und einer gezielten Wiederverwertung zugeführt.

Auch Motor, Anlasser, Getriebe und andere noch brauchbare Bauteile wie Kühler, Batterie und Katalysator werden ausgebaut, so daß wertvolle Materialien wie Blei, Kupfer, Aluminium, Platin und Rhodium neu aufbereitet werden können. Dasselbe gilt für leicht entfernbare Kunststoffteile, die nach sortenreinem Zermahlen als Regranulat in die Fertigung neuer Bauteile miteinfließen. Der Rest des Fahrzeugs kommt in eine Paketierschere, in der stahlwerksgerechte Schrottpakete entstehen (Bild 16).

Der mit Kunststoff und organischen Bestandteilen verunreinigte Schrott wird in einem Schmelzreaktor verarbeitet. Dabei werden die Kunststoffanteile in ein energiereiches Gas übergeführt. Zink, Blei und andere Schwermetalle verdampfen, der Stahlschrott wird aufgeschmolzen (Bild 17). Erreicht wird dies durch eine Temperatur, die über 2.000 °C liegt. Von oben wird in den Schmelzreaktor über ein Förderband kontinuierlich Schrott eingebracht, und zwar mit genau der Geschwindigkeit, mit der er unten wegschmilzt. Dadurch haben die aus dem Müll gebildeten Gase nur ein relativ kleines Volumen, so daß im Falle einer Störung nur sehr kurzfristig und dabei nur eine sehr kleine Menge ungereinigtes Abgas freigesetzt wird.

In der zweiten Ebene wird dem Schmelzreaktor Sekundärluft zugeführt, die den Wärmeinhalt der Abgase nutzt, um im oberen Teil des Schmelzreaktors Temperaturen von über 1.000 °C zu erzeugen. Bei diesen Temperaturen werden auch Dioxine und Furane schon im oberen Bereich des Schmelzreaktors in unschädliche Bestandteile aufgespalten. Und dank des Wärmeinhalts des Mülls wird zum Schmelzen des Stahlschrotts nur noch etwa 70 % der sonst von außen zugeführten Energie benötigt.

Auch in der mehrstufigen Abgasreinigungsanlage des Schmelzreaktors ist die Energienutzung mit bisher kaum erreichten Wirkungsgraden ein wesentliches Merkmal des Verfahrens.

Dabei gelingt es, Dioxine und Kohlenwasserstoffe in ihre Bestandteile zu zerlegen.

8 Schlußbetrachtung

Durch geschickte Vernetzung aller Recycling-Bausteine, wie Material-Recycling, thermisches Recycling und Total-Recycling, steht Mercedes-Benz ein Gerüst zur Verfügung, um den notwendigen ökologischen Beitrag zur Bewältigung der Abfallprobleme zu leisten.

Die Vielfalt der Tagungen und Publikationen zu diesem Thema zeigt, daß alle Beteiligten an einer kurzfristigen Umsetzung der Projekte und Ideen interessiert sind.

Eine enge Zusammenarbeit zwischen Automobilfirma, Rohstoffherstellern, Verarbeitern und Recycling-Betrieben ist hierzu unbedingt erforderlich und zeigt bereits erste positive Ergebnisse.

Die Wettbewerbsfaktoren und die Motive für die Entwicklung, Auswahl und Verwendung von Werkstoffen haben sich im Laufe der Geschichte immer wieder verändert. Kunststoffe haben in Zeiten der Materialknappheit einen starken Schub als Ersatzstoffe erlebt. Von dem Makel dieser Lückenbüßerrolle sind sie auch heute noch nicht ganz befreit, obwohl es inzwischen unzählige Einsatzzwecke gibt, die von anderen Stoffen nicht oder nur unvollkommener erfüllt werden können. Denken Sie an energieaufnehmende Polster im Innenraum, flexible Stoßfängerschürzen, komplizierte Spritzgußteile oder dekorative Verkleidungen. Wir sparen durch Kunststoffe Gewicht und damit Energie. Mit dem Zwang zur Umweltverträglichkeit ist eine Herausforderung erwachsen, die in doch erstaunlichem und schnell wachsendem Umfang zu neuen Entwicklungen und, wie ich zeigen konnte, zu neuen Lösungen geführt hat.

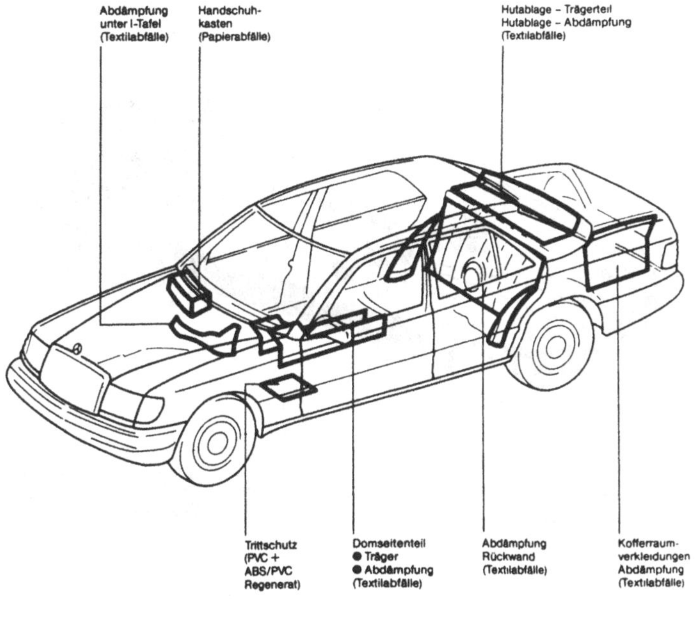

Bild 1: Einsatz von Recycling-Bauteilen in der Serie

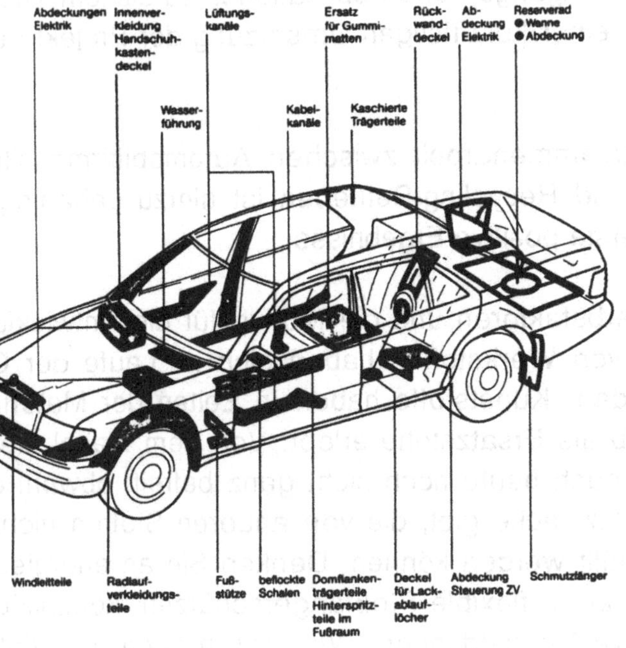

Bild 2: Geplanter Einsatz von Recyclingbauteilen

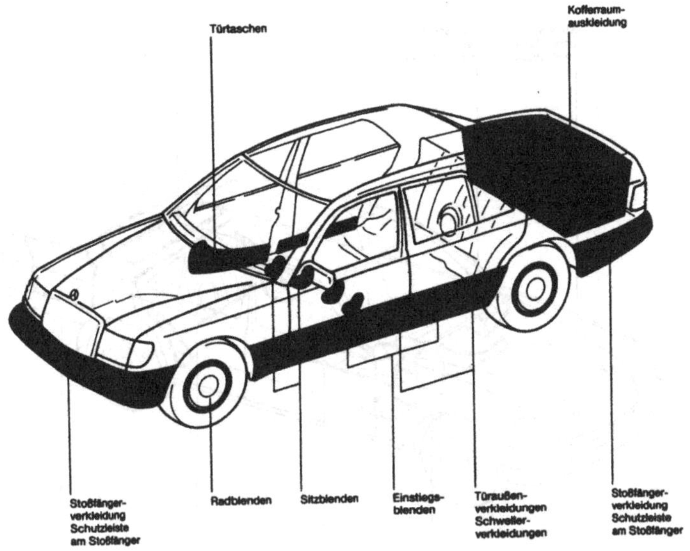

Bild 3: Beispiele für wiederverwertbare Bauteile

PC/PBT	**MBN**	**47010.00**
PPT 30	**MBN**	**47011.00**
PP	**MBN**	**47012.00**
PP/EPDM	**MBN**	**47013.00**
PP/EPDM	**MBN**	**47013.01**
PP/PE	**MBN**	**47014.00**
ABS/PC/PVC	**MBN**	**47015.00**
ABS/PVC	**MBN**	**47015.05**
ABS/PVC	**MBN**	**47015.06**
ABS/PVC	**MBN**	**47015.07**
PUR-RRIM	**MBN**	**47016.00**
PUR-RRIM GF 15	**MBN**	**47016.05**
TPU GF 15	**MBN**	**47017.00**

Bild 4: Mercedes-Benz-Normen für Recyclat-Kunststoffe

Mercedes-Benz AG Norm	Kunststoff-Formteile aus ABS/PC/PVC- bzw. ABS/PVC-Recyclaten	**MBN** 47015 Teil Ausgabe:

Weitere Mercedes-Benz Normen sind erforderlich: DBL 5416, DBL 5555, DBL 5306, VDA-Richtlinie 260

Ersatz für Ausgabe
Siehe unter Abschnitt Änderungen

ÜBERSICHT DER AUSFÜHRUNGSARTEN (AA)

AA	Werkstoff Kurzzeichen	Mögliche Anwendungsbeispiele
00	ABS/PC/PVC	Trägerteile, Abdeckungen im Innenraum
05	ABS/PVC	Kotflügelinnenauskleidung, Einstiegsleisten Lkw
06	ABS/PVC	flexible Abdeckungen, Trennwandteile
07	ABS/PVC	wie vorher, etwas steifere Ausführung

Bezeichnung für Zeichnung: z. B. ABS/PVC.05 MBN 47015

Bild 5: Auszug Mercedes-Benz-Norm für ABS-Recyclate

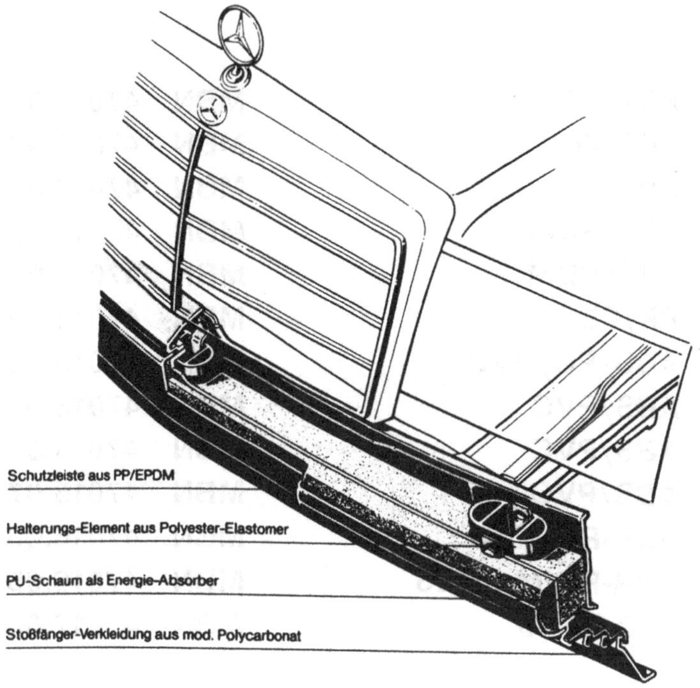

Bild 6: **Verbundkonstruktion eines Stoßfängers**

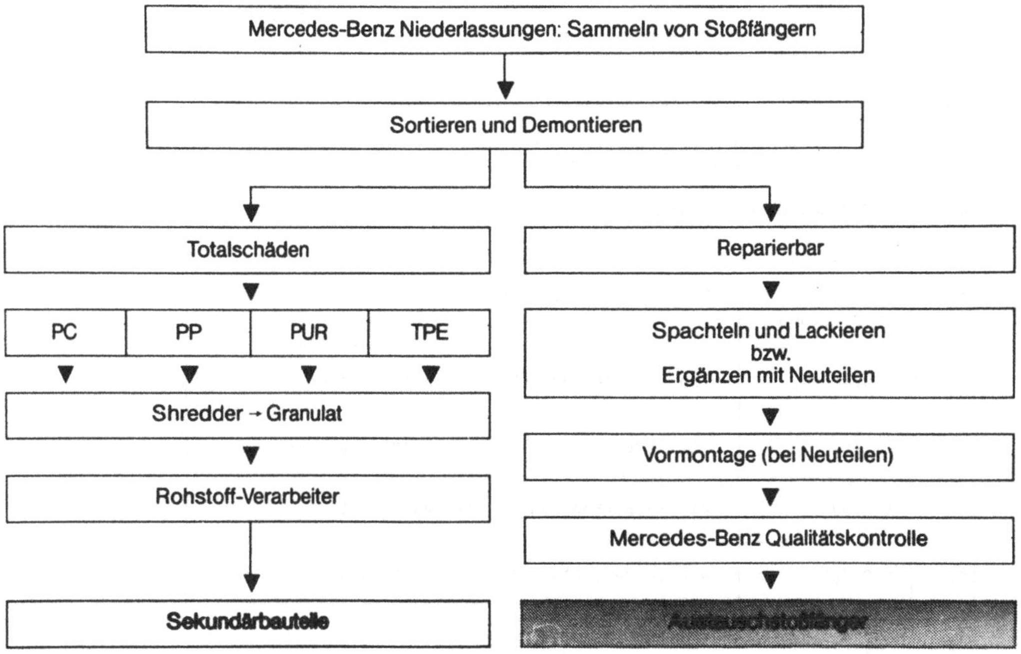

Bild 7: **Kunststoffrecycling am Beispiel des Stoßfängers und seiner Bauteile**

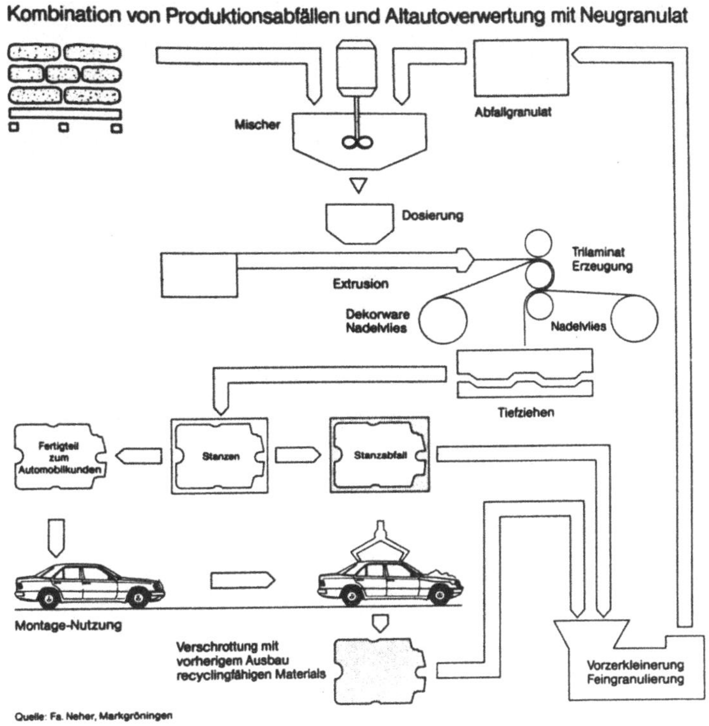

Bild 8: Aufbereitungsbeispiele von Recyclaten von Kofferraumverkleidungen

Bild 9: PVC-Folienabfälle werden zu Trittschutzbelägen aufbereitet

Bild 10: Handschuhkasten aus Regenerat-Pappenguß

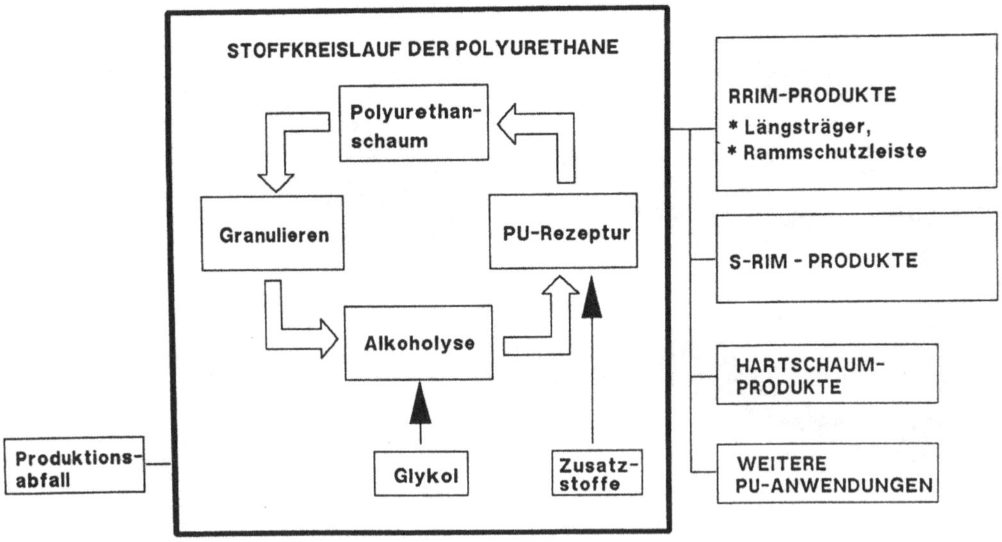

Bild 11: Aufbereitung von PUR-Abfällen über die Alkoholyse (Quelle: Fa. Pebra)

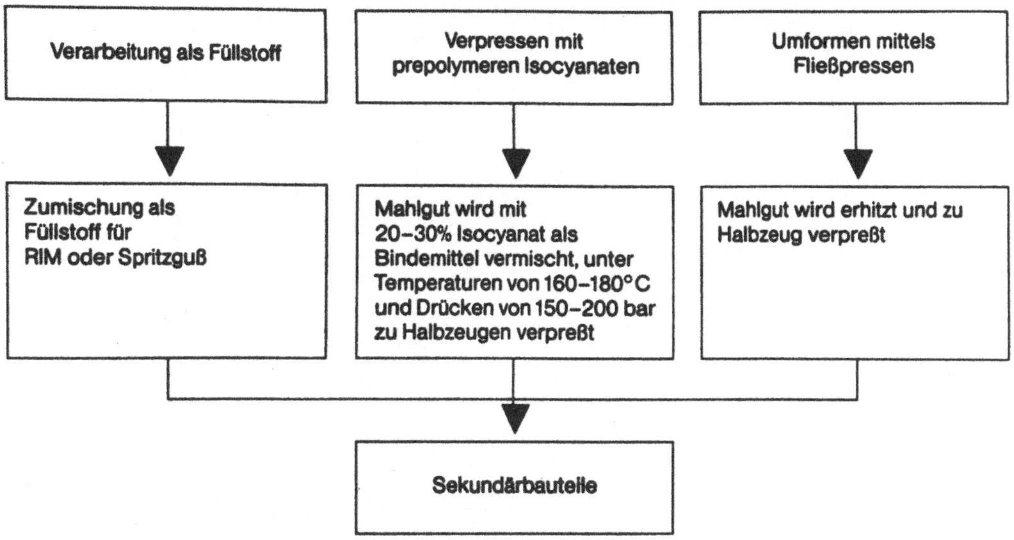

Bild 12: Material-Recycling von PUR (Quelle Fa. Pebra)

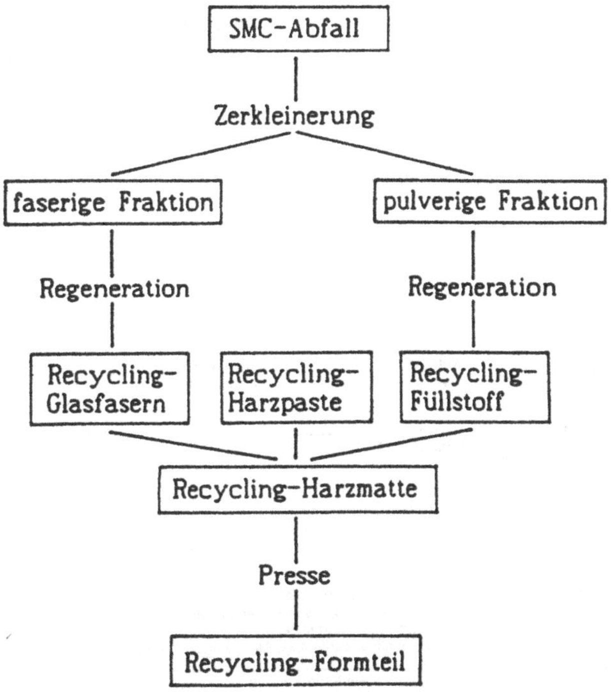

Bild 13: Material-Recycling von SMC (Quelle: Fa. Fibron)

Bild 14: Beispiel für Werkstoffkennzeichnung

Gesamtkonzept Total-Recycling (Mercedes-Benz/Voest-Alpine)

Total-Recycling concept (Mercedes-Benz/Voest-Alpine)

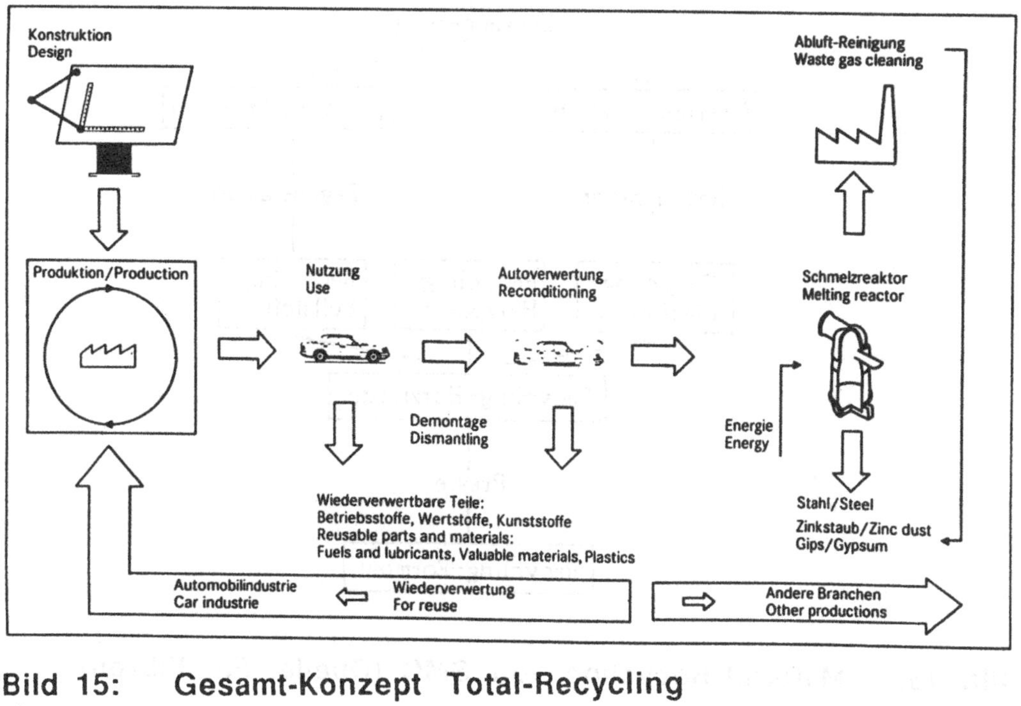

Bild 15: Gesamt-Konzept Total-Recycling

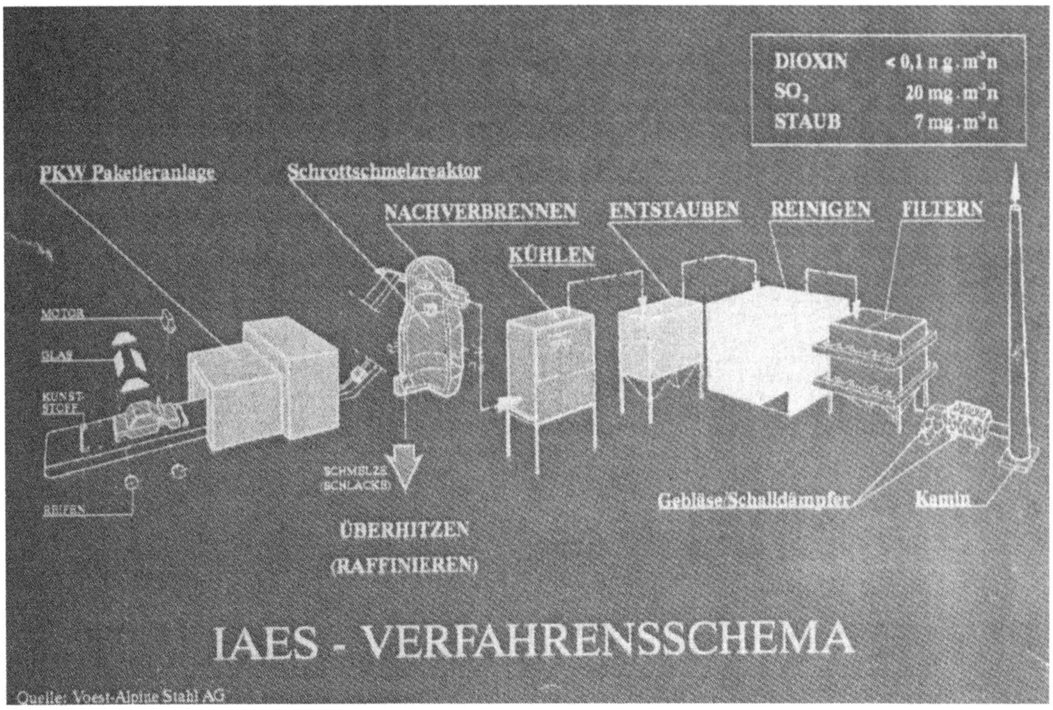

Bild 16: Verfahrensschema Total-Recycling

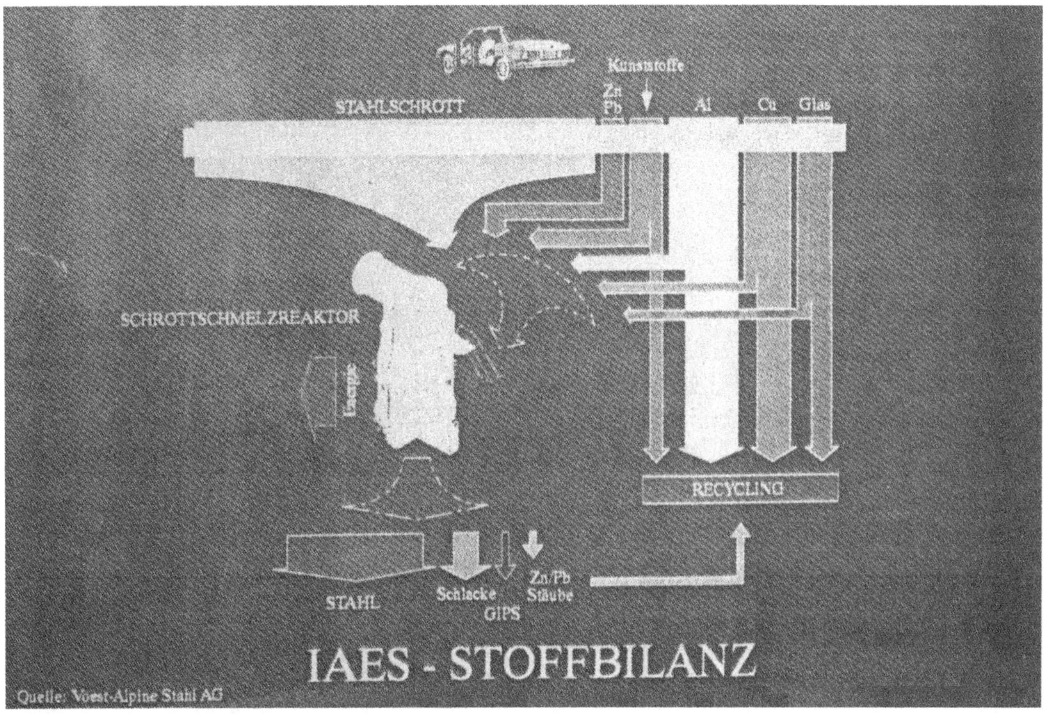

Bild 17: Stoffbilanz Total-Recycling

Einsatz von Projektmanagement bei Simultaneous Engineering

P. Schürle

Dipl.-Wirtsch.-Ing. P. Schürle ist Abteilungsleiter für Entwicklungskoordination im Geschäftsbereich Elektrowerkzeuge der Robert Bosch GmbH, Leinfelden-Echterdingen

Kurzfassung

Die Grundprinzipien von Simultaneous Engineering können über die Implementation von Projektmanagement operativ eingeführt werden. Dabei spielt die permanente Betrachtungsweise der strategischen Projektziele Herstellkosten, Anlauftermine sowie Herstell- und Kundenqualität eine herausragende Rolle.

Das phasenorientierte Projektmanagement sowie ein streng projektzielorientiertes Grundinstrumentarium bilden für Simultaneous Engineering die grundlegende Basis. Die verstärkte Akzentuierung des Faktors Zeit unter der Unternehmensstrategie "Zeit als Wettbewerbsfaktor" gewinnt dabei zunehmend an Bedeutung. Dies soll anhand von Fallbeispielen dargestellt werden.

Einleitung

Gute, kundenorientierte Ideen, dabei niedrige Kosten und hohe Qualität, sind die bestimmenden Zielgrößen für eine erfolgreiche Produktgestaltung. Der Zeitaspekt steht dabei jedoch in letzter Zeit immer mehr als entscheidender Wettbewerbsfaktor im Vordergrund.

Praktisch heißt das, gute Produktideen als erster Anbieter auf den Markt zu bringen, oder, wenn dies nicht gelingt, als der "Schnelle Zweite" zu fungieren.

Dabei gilt es, die teilweise miteinander konkurrierenden Zielgrößen

- Zeit (Markteinführung)
- Kunden- und Herstellqualität sowie
- Kosten

simultan zu planen und in den Produkten zu realisieren (siehe Bild 1).

Simultaneous Engineering (SE) und die Implementierung in der Ablauf- und Aufbauorganisation mit Projektmanagement ist dabei hilfreich. Die Entwicklung eines Produktes und seiner dazugehörigen Produktionsprozesse werden hierfür zeitlich parallel geplant und durchgeführt.

Ein wichtiges Ziel dabei ist die Konzentration aller am Produktentstehungsprozeß beteiligten Bereiche auf die gemeinsam abgestimmten Produktziele. Langwierige Produktänderungen in oft fortgeschrittenen Projektstadien müssen dabei vermieden werden. Im folgenden wird nun dargestellt, in welcher Art und Weise Bosch Elektrowerkzeuge die Philosophie von Simultaneous Engineering in die Tat umgesetzt hat.

Der Geschäftsbereich Elektrowerkzeuge von Bosch

Der Geschäftsbereich Elektrowerkzeuge der Bosch-Gruppe stellt handgeführte Elektrowerkzeuge für Industrie, Handwerker und Heimwerker für den gesamten Weltmarkt her.

Der Weltumsatz betrug 1989 rund 2 Mrd. DM bei ca. 5600 Mitarbeitern. Davon sind rund 300 Mitarbeiter in Forschung und Entwicklung beschäftigt, welche weltweit an ca. 60 neuen Erzeugnissen parallel arbeiten.

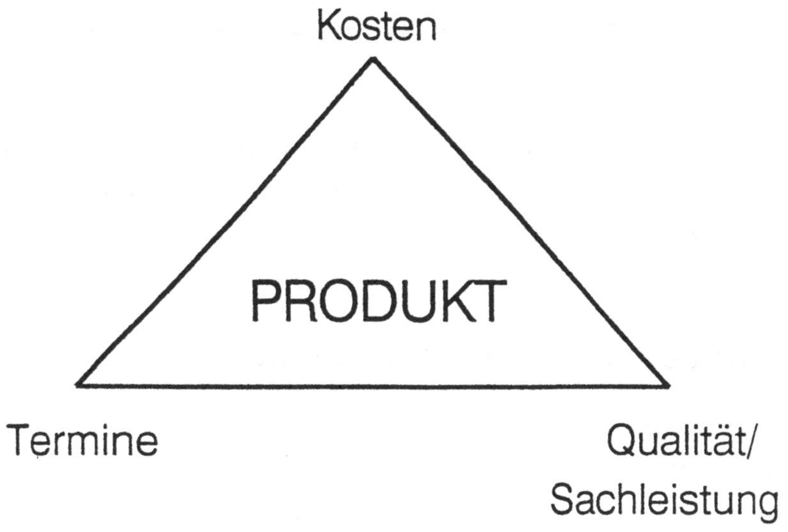

Spannungsfeld:

- Marktbedürfnisse
- Wettbewerbsumfeld
- Technologische Produkt- und Prozeß-Innovation

Bild 1: "Magisches Dreieck"

Dies erfolgt unter der Zielsetzung:

- neue Ideen für neue Anwendungen
- Komplettierung des Produktspektrums
- Pflege des laufenden Produktprogramms auf Basis der Lebenszyklusplanung.

Dies erfordert von allen Funktionsbereichen ein stark kundenorientiertes Handeln sowie eine deutliche, positive Produktdifferenzierung zum Wettbewerb hin.

Innovationsprozesse sind daher von zentraler Bedeutung, insbesondere in einem derart hart umkämpften Konsumgütermarkt mit nationalen und internationalen Wettbewerbern.

Phasenorientiertes Projektmanagement

Aufgrund der Vielzahl von parallel laufenden Entwicklungsprojekten und den damit verbundenen Problemen in der arbeitsteiligen, funktionsorientierten Organisation wird eine projektorientierte Betrachtungsweise notwendig.

Basis hierfür ist Projektmanagement und die Arbeit in bereichsübergreifenden Projektteams. Die Projektteams haben jeweils rund fünf Mitglieder, wobei temporär Experten von internen sowie externen Partnern wie z.B. Teilelieferanten oder Formenbauer zu bestimmten Problemstellungen hinzugezogen werden.

Damit soll bewußt das Thema "große Sitzungen" angeschnitten werden, an denen in der Vergangenheit bis zu 20 Personen an Projektbesprechungen teilnahmen. Durch eine straff geführte Teamarbeit haben wir dies geändert. Während dieser Erziehungsphase der Mitarbeiter wurden sogar Sitzungen mit großer Teilnehmerzahl abgebrochen.

Durch die institutionalisierte Zusammenarbeit verschiedener Bereiche in Projektteams erreichen wir, daß die Philosophie des Simultaneous Engineering bewußt auf die normale Tagesarbeit aller Projektmitarbeiter übertragen wird.

Darüber hinaus haben wir eine Einteilung in vier grobe Projektphasen, in denen verschiedene Instrumentarien zur Anwendung kommen:

1. Problemerkennungsphase, in der vor allem das Marketing gefordert ist, bisher ungelöste Probleme unserer Kunden festzustellen und als Produktvorschlag zu definieren.
2. Produktfindungsphase, in welcher Konstruktion und Versuch kosten- und qualitätsmäßig optimierte Problemlösungen definieren müssen. Diese Phase wird abgeschlossen durch das abgestimmte Pflichten-

und Lastenheft sowie durch die Konstruktionsfreigabe, bei der noch einmal alle Projekteckdaten im bereits erwähnten "magischen Dreieck" im Team überprüft werden.

3. Realisierungsphase Technik, in der die Technologiebereiche die Produktidee bei straff definierten Kosten- und Qualitätszielen realisieren müssen.

4. Realisierungsphase Marketing, in der Marketing und Vertriebsorganisation eine professionelle Einführung und rasche Erschließung breiter Käuferschichten sicherstellen müssen.

Je nach Herkunft der Ideen für innovative Produkte oder je nach Komplexität des zu lösenden Problems können diese vier Phasen völlig unterschiedlich ablaufen und den beteiligten Projektteams ganz unterschiedliche Entscheidungswege abverlangen.

Allerdings muß über festgeschriebene Meilensteine jedes Entwicklungsprojekt das Grundinstrumentarium durchlaufen. Damit soll sichergestellt werden, daß zu jedem Zeitpunkt im Projektfortschritt eine Transparenz hinsichtlich der Leistungserfüllung sowie der Kosten-, Qualitäts- und Terminsituation besteht (siehe Bild 2).

Grundinstrumentarium des Projektmanagements

Ich möchte auf das Grundinstrumentarium hinsichtlich der Planung und Kontrolle von Kosten- und Qualitätszielen nicht näher eingehen, sondern mich auf die Terminplanung und -kontrolle konzentrieren.

Diese realisieren wir durch die Meilensteinplanung, welche auf Basis einer bereichsübergreifend abgestimmten Terminplanung erfolgt. Hierbei werden systematisch Vorgänge verschiedener Funktionsbereiche parallelisiert.

Phase	Instrumentarien
1. Problemerkennung	• Pflichtenheft (Marktforschung , Feldtests , Konkurrenzanalysen) • Meilenstein - Terminplanung
2. Produktfindung	• Lastenheft • Funktionskostenanalyse (Wertanalyse) • FMEA 1 (Voranalysen von Produkt - , Prozeß - und Montagetechnologien)
3. Realisierung in der Technik	• Spezifikation / Design / Konstruktion / Prototypen • FMEA 2 , Kostenschätzung • Prozeßentwicklung (intern , bei Lieferanten) • FMEA 3 (Logistik)
4. Realisierung im Marketing	• zielgruppenorientierte Markteinführungs - strategien (" USP's ")

Bild 2: Phasenorientierter Projektablauf

Das Beispiel unseres Akku-Exzenterschleifers zeigt offensichtlich, wie Parallelisierungen von verschiedenen Vorgängen zu einer deutlichen Verkürzung der Projektdurchlaufzeiten führen, siehe Bild 3.

Es erfordert sehr viel Überzeugungsarbeit, um Parallelisierungen von Vorgängen und Tätigkeiten in der Praxis zu erreichen. Hierbei müssen innere

Widerstände der Bereiche und Mitarbeiter überwunden werden, um die Akzeptanz für eine wesentlich frühere Informationsweitergabe zu schaffen. Dies entspricht einer Abkehr von der rein seriellen Arbeitsweise, bedeutet aber auch ein höheres Änderungsrisiko. Gerade hierbei spielt eine gute Teamarbeit eine wichtige Rolle, vor allem im gemeinsamen Tragen von unvermeidlichen Projektrisiken.

So ist es umso wichtiger, die globale Projektverantwortung aller Beteiligten zu betonen, wobei der Verantwortungsgrad der einzelnen Funktionsbereiche je nach Projektfortschritt wechselt.

Klassische Informationsweitergaben wie z.B. die Übergabe des kompletten Zeichnungssatzes der Konstruktion an die Fertigungsvorbereitung bedeuten also nicht die automatische Übergabe der Projektverantwortung an den nachfolgenden Bereich.

Neben den Instrumentarien, welche eine permanente, projektspezifische Abstimmung aller beteiligten Bereichen schafft, ist es darüber hinaus sehr wichtig, eine makroskopische, projektübergreifende Abstimmung hinsichtlich der Kapazitätsplanung aller Bereiche zu fördern.

Wir haben dabei den Begriff des "Schnittstellenmanagements" geprägt (siehe Bild 4), wobei dies nachfolgend verdeutlicht werden soll.

Insbesondere bei der Kapazitätsplanung von internen und externen Bereichen, welche als Projektdienstleister wie z.B. Prototypenbau oder Formenbau fungieren, wird die Wichtigkeit deutlich. Sehr viele Wartezeiten entstehen durch nicht eingehaltene Übergabetermine, was zu einem hohen Aktualisierungsaufwand bei der Termin- und Kapazitätsplanung in allen Bereichen führt.

Hier muß die Zielsetzung sein, Hilfestellungen für die Bereiche sowie für Projektteams zur Verfügung zu stellen. Dies erfolgt in Form einer integrierten, projektübergreifenden Termin- und Kapazitätsplanung, welche somit zum wirklichen Hilfsmittel und nicht zur zusätzlichen Belastung für die Projektteams wird.

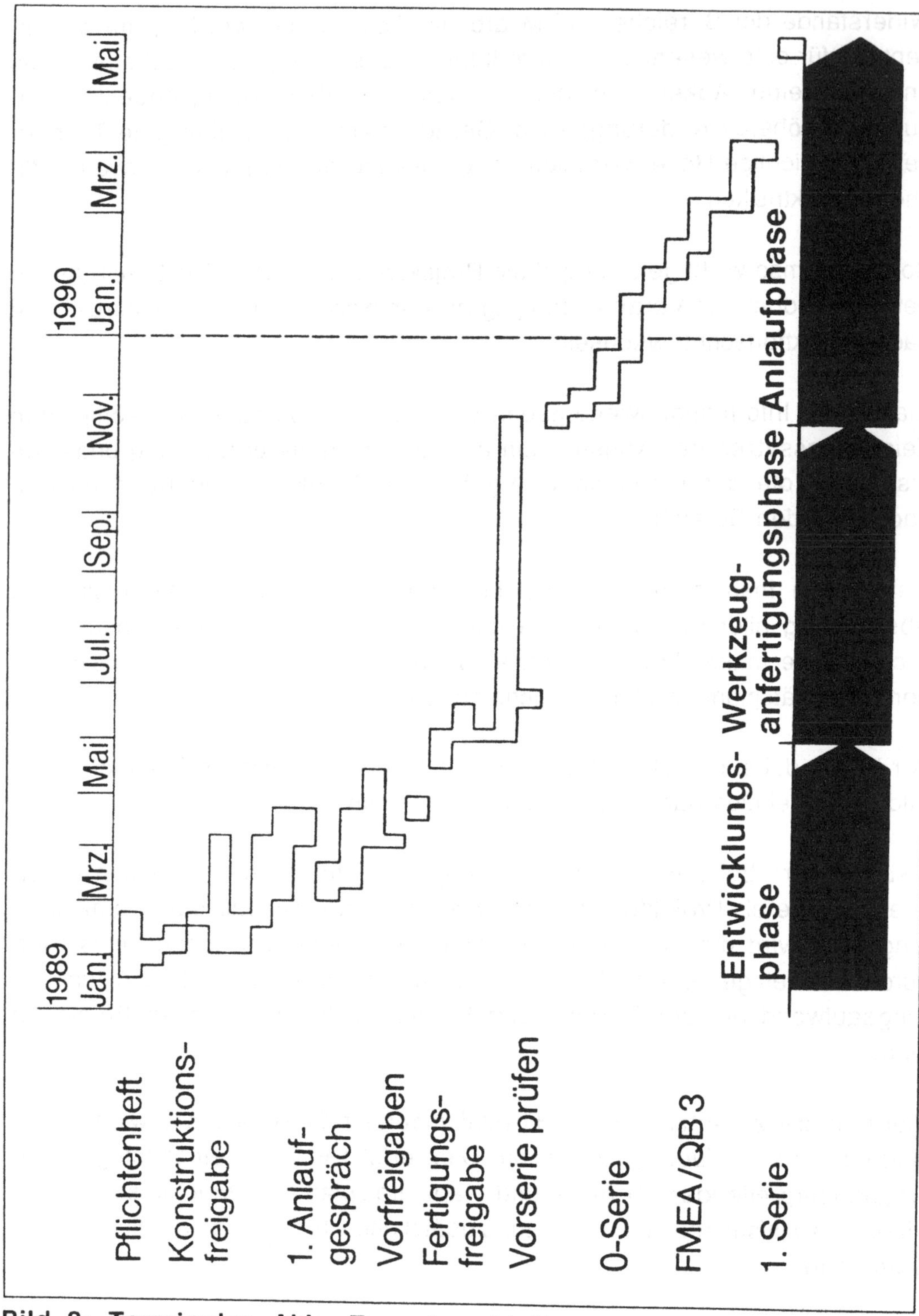

Bild 3: Terminplan Akku-Exzenterschleifer

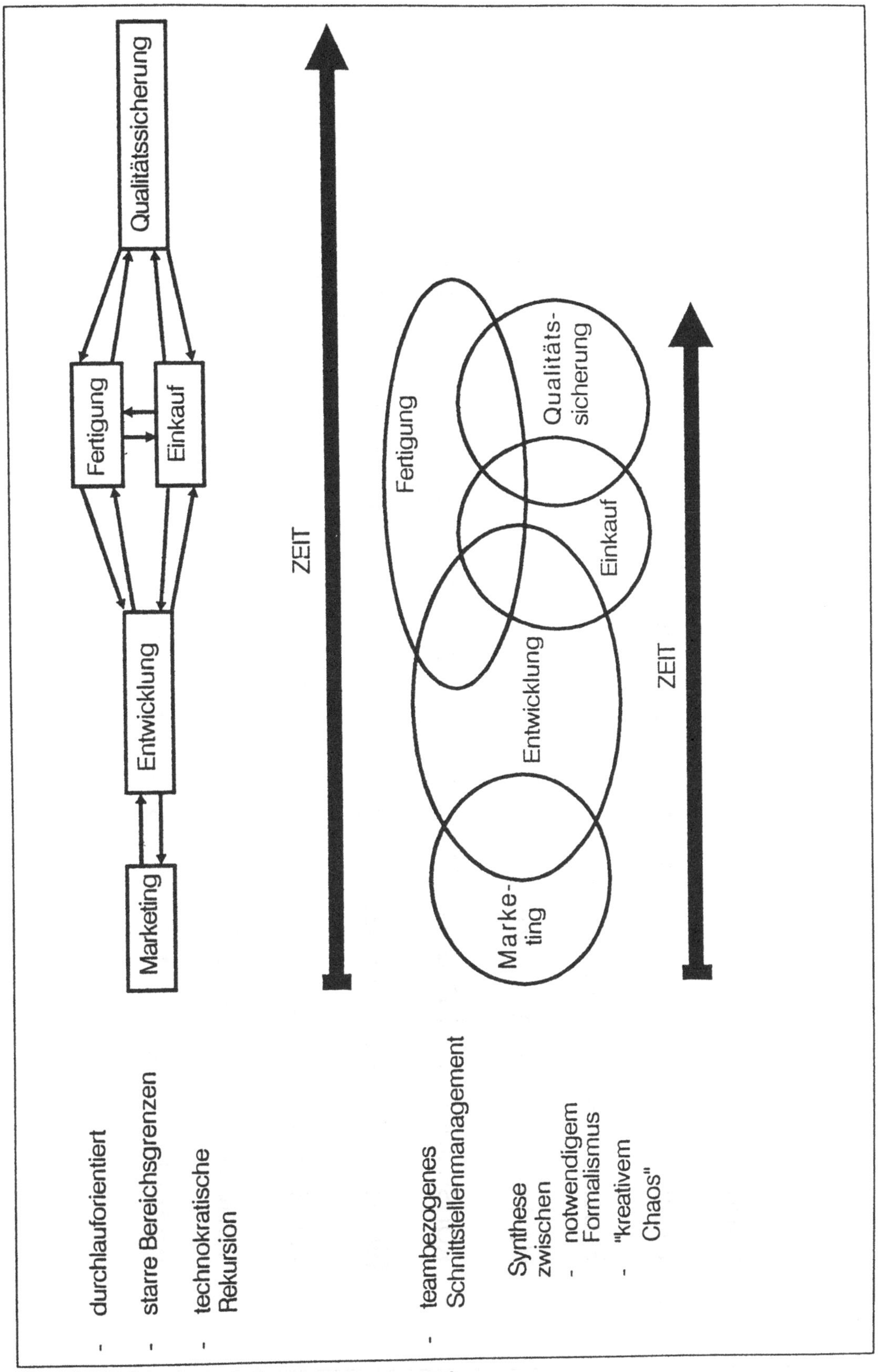

Bild 4: Schnittstellenmanagement

- hohe Konzentration auf Produktdefinition
- Meilensteinsitzungen (Steuerungskomitee)
- Parallelisierung von Tätigkeiten
- Verkürzung von Tätigkeiten
- konsequente Nutzung des Kosten- und Qualitätsinstrumentariums
- Nutzung / Kapazitätsbelegung von internem / externem KnowHow
- vorgezogene Fertigungsfreigaben der Entwicklung
- Verfolgung zeitkritischer Baugruppen / Teile
- schnelle Logistik / Informationsweitergabe

Bild 5: Simultaneous Engineering

Ein weiterer Effekt entsteht dadurch, daß sehr früh eine Terminehrlichkeit eintritt und mit den angesprochenen Hilfsmitteln eine Erfahrungsdatenbank für Terminplanung aufgebaut werden kann, mit Hilfe derer neue Verkürzungsziele und Beschleunigungsmaßnahmen definiert werden können.

Zusammenfassung

Zusammenfassend können die in Bild 5 zusammengestellten Charakteristika bei der Implementation von SE über Projektmanagement festgestellt werden. Generell muß bei allen Einzelmaßnahmen die Ausgewogenheit hinsichtlich des Zielkonfliktes Kosten, Qualität und Zeitziele beachtet werden.

Abschließend ist zu bemerken, daß SE mit sichtbarem Erfolg über unser Projektmanagement eingeführt wurde. Dennoch bleibt es eine permanente Aufgabe, die Akzeptanz aller Mitarbeiter durch teambezogene Schulungen zu fördern sowie durch die Präsentation von Projekterfolgen und die Betonung der Freude und Bereicherung jedes Teammitgliedes die funktionsübergreifende Teamarbeit zu unterstützen.

Chancen durch F&E-Kooperationen zwischen westdeutschen Unternehmen und Unternehmen in den neuen Bundesländern

B. Schönwald

Dr. rer. nat. B. Schönwald ist Mitglied der Geschäftsleitung der Fried. Krupp GmbH, Krupp Forschungsinstitut, Essen

1 Einleitung

Mit Beginn der Währungsunion im Juli 1990 und wahrscheinlich noch verstärkt mit Auslaufen der vorhandenen Kontrakte aus dem RGW-Bereich zu Ende 1990 werden Unternehmen der ehemaligen DDR mit den Besonderheiten der Marktwirtschaft konfrontiert. Man macht die ungewöhnliche Erfahrung, daß aus ehemals planwirtschaftlich bedingt vollen Produktionsstätten teilweise Geisterproduktionen werden. Hintergrund ist zum einen die Tatsache, daß Produkte fast überwiegend weder technisch noch kostenmäßig den Randbedingungen des freien Wettbewerbs genügten und zum anderen der scharfe Einbruch in der Nachfrage der UdSSR.

Der Krupp-Konzern hat über einen Zeitraum von mehreren Monaten zahlreiche ehemalige Kombinate und deren Tochterunternehmen analysiert. Diese Analyse bezog sich auf Produkt- und Produktions-Technologien, auf die Kostensituation sowie auf Kunden und Marktverhältnisse. Das Ergebnis war insgesamt ernüchternd und zeigte nur wenig Kooperationspotential auf.

2 Kundenbeziehung und Technologieauswirkung

Das Grundproblem fast aller Unternehmen in den neuen Bundesländern ist die ausgeprägte Beziehung zu den Ländern des RGW. Dabei überwog als Abnehmer mit 60 bis 80 % der Produkte die UdSSR. Da die Vereinbarungen des COMECON untereinander primär festgelegte Warenmengen betrafen und sowohl technische als auch preisliche Wettbewerbsfähigkeit zweitrangig war, wurde auf Produktqualität und Produkttechnologie und insbesondere den Einsatz neuerer Technologien kein Hauptaugenmerk gelegt.

Nur dort, wo Produkte auch in westliche Länder verkauft wurden, konnte zumindest in Teilbereichen ein Rückfluß auf technische Entwicklungen vollzogen werden.

Wesentliches Verkaufsmerkmal war hierbei jedoch häufig der Preis und nur bedingt die Technologie. Erst heute, wo man langsam lernt, die eigenen Kosten zu berechnen, merkt man, daß der Produkt-Verkaufspreis künstlich und ein Verkaufserfolg kein wirklicher Erfolg war, sondern Technologierückstände verschleiert hat. Es sollte jedoch positiv vermerkt werden, daß in einigen Fällen die Produkt-Technologie sehr wohl westlichen Ansprüchen genügen konnte.

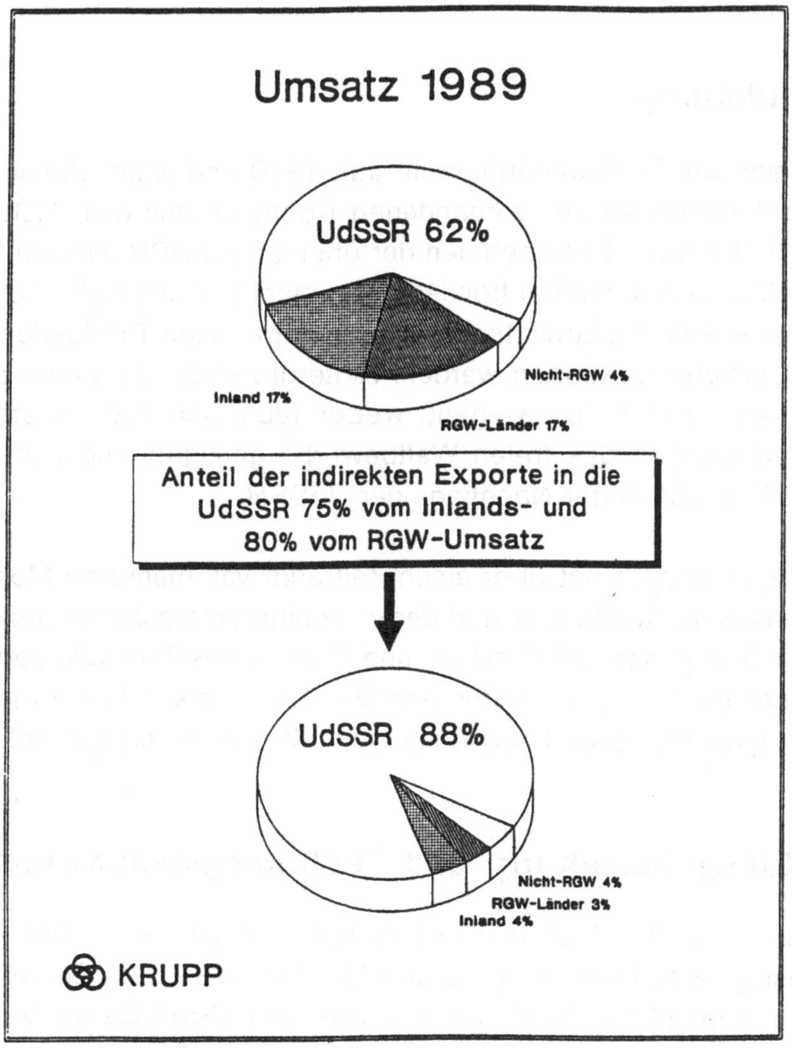

Bild 1: Die UdSSR als Hauptkunde eines maschinenbaulichen Produkts

Mit dem Übergang in die Marktwirtschaft müssen die Unternehmen der neuen Bundesländer auch den Übergang in die Wettbewerbsfähigkeit schaffen und das bei einem rapiden Rückgang der Nachfrage aus der UdSSR. Herausragend bei den Kostennachteilen ist u. a. die hohe Personalbesetzung in fast allen Bereichen der Unternehmen, ganz ausgeprägt in der Verwaltung. Unterbesetzt dagegen sind Einheiten wie der Vertrieb, da in der früheren Gesellschaftsform diese Funktion nicht notwendig war, sondern indirekt vom Staat übernommen wurde.

Bei dem Einsatz moderner Technologien waren Unternehmen der ehemaligen DDR auch von der COCOM-Liste betroffen, die vielfach neuere Entwicklungen in der Computer- oder Steuerungstechnologie ausgeschlossen hat. Dieser Einfluß war oder ist auch bei der Durchdringung von Produktionstechnologien nachvollziehbar. Mangelnde Produktivität ist somit ein weiterer Faktor für Preisnachteile in den Produkten.

Man kann sagen, daß die vorhandenen Produkte mit den bestehenden Technologien in westlichen Ländern überwiegend kaum verkaufbar sind. Sie sind es zum Teil selbst über Preisnachlässe nicht. Damit stellt sich für die Unternehmen die Frage, wie diese Differenz in Technologie schnellstmöglich nachvollzogen und aufgeholt werden kann.

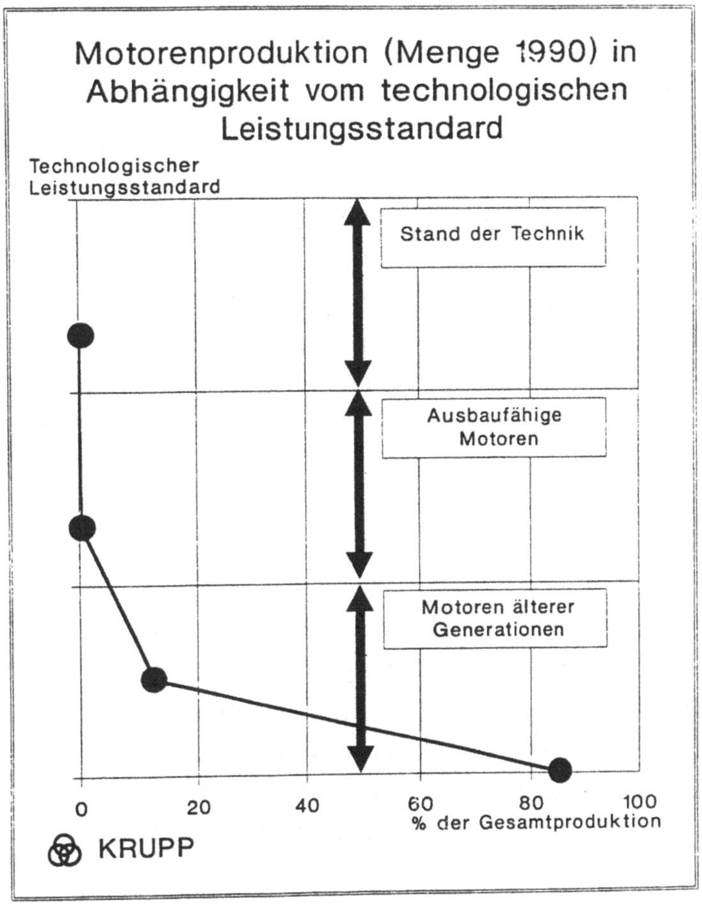

Bild 2: Mangel an Technologie als Ausschlußregel möglicher Kooperationen

3 Technologieverbesserung durch Kooperationen

Der Staat unternimmt zur Zeit verschiedene Ansätze, um hier Nachbesserung zu schaffen. Dazu gehören Subventionen im Forschungs- und Entwicklungsbereich, aber auch Anreize zu Investitionen. Es ist allerdings zu vermerken, daß diese Ansätze primär der Förderung der Forschung genügen, kurzfristig nicht jedoch dem industriellen Produkt weiterhelfen werden.

Hier ist es Aufgabe der westdeutschen Industrie, verstärkt über Kooperationen oder Produktentwicklungen den Unternehmen beizustehen. Ein ganz pragmatischer Grund dafür ist, u. a. nicht die Märkte aufzugeben, die durch die Unternehmen der ehemaligen DDR so hervorragend besetzt sind. Kurzfristig wird es sich nur dort vollziehen, wo bereits Produktsynergien oder Ansätze vorhanden sind und wo zumindest im weitesten Sinne Kooperationsnutzen zu erkennen ist.

Am Beispiel des Krupp-Konzerns läßt sich dieses pragmatische Tun an einem relativ einfachen Beispiel nachvollziehen. Der Krupp-Konzern hat seinen Pressenbau, der am Markt mit zwar guter Technik, jedoch relativ kleinem Volumen vertreten war, in ein Gemeinschaftsunternehmen mit Umformtechnik Erfurt übertragen. Umformtechnik Erfurt war, wenn man das Gesamtvolumen der Produkte betrachtet, wohl Europas größter Pressenbauer. Dieses muß jedoch immer wieder reflektiert werden am technischen Stand der Produkte und am Kundenkreis. Hauptabnehmer in der Vergangenheit war zu 60 % die UdSSR, die nicht unbedingt höchste Technologieansprüche gestellt hat. Umformtechnik Erfurt hat in der Vergangenheit Produkte über den Preis bereits in westliche Länder geliefert, u. a. auch in die Automobilindustrie, so daß Name und Technologieakzeptanz vorhanden sind.

Es war also naheliegend, Kruppsches Know-how in dieses Volumen zu integrieren und damit Technologiedefizite wettzumachen. Diese sind oder waren explizit bei der Umformtechnik Erfurt in Transferpressen, insbesondere größeren Transferpressen für die Automobilindustrie, vorhanden. Hintergrund für diese Entwicklung war zum einen das Fehlen der notwendigen komplexen Steuerungstechnik, aber auch der Zustand, daß die Produktionstechnik in der Automobilindustrie der RGW-Staaten aus ihrem derzeitigen Standard einen Einsatz derart komplexer Pressen unmöglich machte.

Dieses Beispiel bezog sich nur indirekt auf Forschung und Entwicklung, sondern nutzte den Technologievorsprung eines westlichen Partners, um die eigenen Produkte auf westlichen Standard zu bringen.

F&E-Kooperationen sind sicher anders zu sehen. Hier bedarf es der gleichen Interessen, möglichst am gleichen oder ähnlichen Produkt. Das setzt jedoch auch voraus, daß die Unternehmen in der ehemaligen DDR nicht nur den

Know-how-Stand, sondern auch die Mitarbeiterqualität haben, um Forschung und Entwicklung umzusetzen. Damit kommt man schon auf ein wesentliches Kernproblem, d. h. den Ausbildungsstand der Mitarbeiter, insbesondere im F&E-Umfeld. Bevor Kooperationen eingegangen werden können, muß dieses Know-how erst einmal erworben werden. Unternehmen müssen in die Lage versetzt werden, Mitarbeiter in Universitäten oder anderen Einrichtungen ausbilden zu lassen. Das wiederum bedingt, daß entweder diese Mitarbeiter, zumindest im überschaubaren Zeitraum, in westlichen Bundesländern ausgebildet oder aber Ausbilder in die östlichen Bundesländer gebracht werden. Das kostet Geld und setzt voraus, daß ein Finanzpartner gefunden wird. Hier ist es sicherlich eine wesentliche Aufgabe des Staates, Finanzierung und Organisation zu übernehmen.

Die ehemalige DDR als Forschungslandschaft
- statistische Eckwerte -

- F+E-Ausgaben für 1989 beliefen sich auf 9,6 Mrd. Ost-Mark, davon 77 % allein für den Wirtschaftssektor
- F+E-Personal in 1989 betrug 140.600 Mitarbeiter, von denen 94 % in den Natur-, Ingenieur- und Agrarwissenschaften sowie in der Medizin tätig waren
- Insgesamt über 2.000 Forschungs- und Entwicklungsstellen
- Dominierende Stellung der Ingenieurwissenschaften:
  - 75,8 % der F+E-Ausgaben
  - 60,8 % des F+E-Personals

KRUPP — Quelle: BMFT

Bild 3: F&E-Kenngrößen der ehemaligen DDR

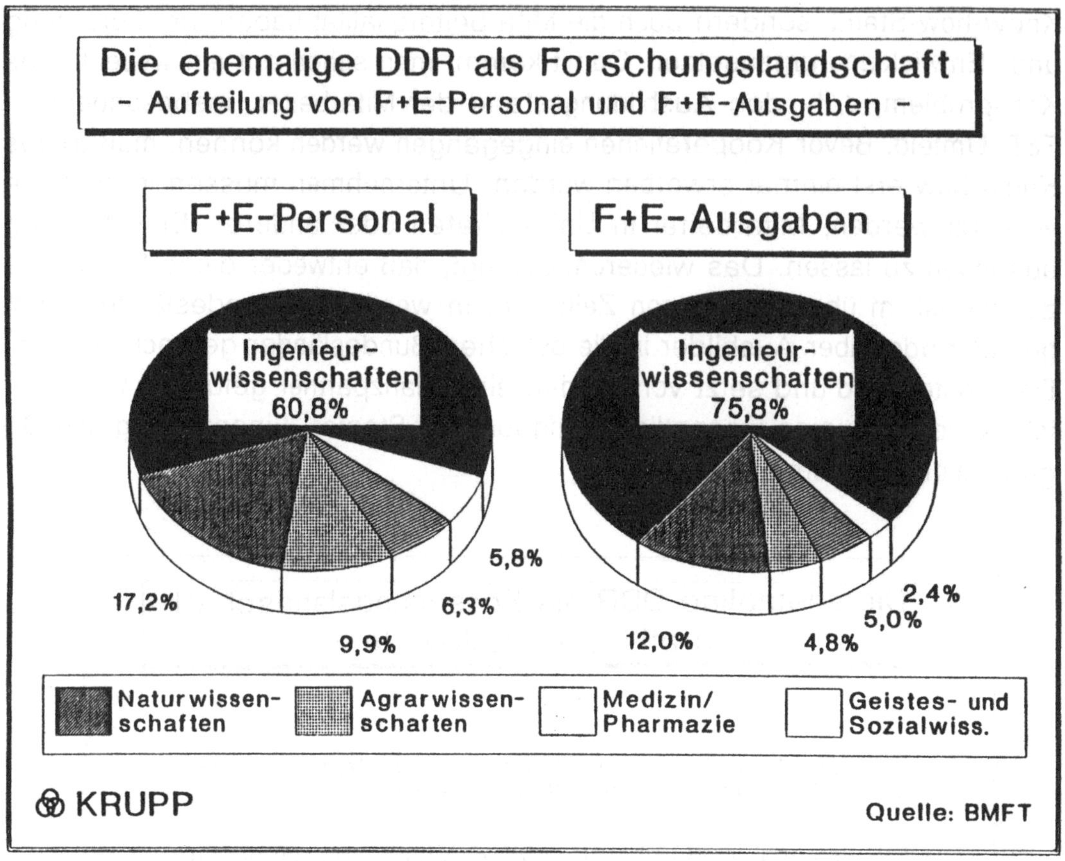

Bild 4: F&E-Personal sowie F&E-Ausgaben der DDR in verschiedenen Disziplinen

Die Durchsetzung mit neuen Instituten großer Forschungseinrichtungen aus Westdeutschland beginnt. So versucht die Fraunhofer-Gesellschaft die Forschungseinrichtungen ausfindig zu machen, die als Institute in die Fraunhofer-Gesellschaft eingebunden und genutzt werden können. Das setzt jedoch eine Qualität voraus, die zur Zeit nur an wenigen Stellen vorhanden ist. Andere Großforschungseinrichtungen integrieren auf Zeit wissenschaftliche Mitarbeiter von Hochschulen oder Instituten, um sie so - zumindest vorübergehend - auf westliche Basis zu bringen. Ausgeprägten Nachholbedarf gibt es bei den Ingenieurwissenschaften, insbesondere bei der Informatik und Kommunikationstechnik, da hier die notwendige Technologiedurchdringung in den letzten Jahren, zum Teil bedingt durch die COCOM-Liste, nicht stattfinden konnte. Hauptbetroffene dieses Technologiedefizites sind damit im wesentlichen die Industrien und weniger die Universitäten von der Grundlagenforschung her. Technologiekooperationen vollziehen sich zur Zeit recht mühsam. Daß die Aufholjagd bereits ein hohes Tempo erreicht hat, belegt der Tatbestand, daß allein in den letzten sechs Monaten des Jahres 1990 für 200

Mio. DM Mittel für Softwareentwicklung aus dem BMFT in die neuen Bundesländer geflossen sind.

4 Chancen durch Forschung und Entwicklung

Der ehemalige Markt für die Unternehmen aus den neuen Bundesländern existiert zwar, jedoch sind ehemalige Kunden z. Z. nicht zahlungsfähig. Da die vorhandenen Produkte im westlichen Bereich kaum absetzbar und westliche Unternehmen vermutlich vielfach in der Lage sind, die alten Märkte der ehemaligen DDR zusätzlich zu bedienen, entsteht ein kurzfristig nicht zu lösender Konflikt. F&E-Kooperationen werden wahrscheinlich nur dort vollzogen, wo durch die Integration westdeutscher Technologien in Produkte der ehemaligen DDR entweder der alte Kundenkreis in der UdSSR weiterhin erreicht oder neue Kunden in westlichen Märkten erschlossen werden können. Dieses ist jedoch zur Zeit kaum zu erkennen. Die Dezentralisierungstendenzen in der UdSSR bedingen, daß die Verkaufsmöglichkeiten über Moskauer Zentralen kaum noch gegeben sind und der Kunde direkt in den Republiken der UdSSR gesucht und angesprochen werden muß. Trotz der in der Vergangenheit horrenden Größenordnungen verkaufter Produkte in die UdSSR ist dieser Endkunde überwiegend nicht bekannt.

In einem großen Flächenland wie Rußland einen dezentralen Vertrieb aufzubauen, heißt hohe Kosten zu haben, ohne gleich den Nutzen zu kennen. Damit ist die Definition eines produktbezogenen Kundennutzens vorerst nicht möglich, da man den eigentlichen Kunden nicht kennt. Da es diesem Kunden jedoch zunehmend mehr gestattet wird, westliche Lieferanten direkt einzubinden, gehen zunehmend Geschäftsverbindungen an Unternehmen der ehemalige DDR vorbei. F&E-Kooperationen, die aus gemeinschaftlicher Bearbeitung eines Kunden vollzogen werden, können daher zur Zeit nur selten sein, obwohl sie im Grunde sinnvoll wären.

F&E-Kooperationen bringen somit zur Zeit noch relativ wenig Verbesserung. Dieses ist jedoch unter Vorbehalt zu sehen und sollte nicht davon abhalten, Verbindungen zum Thema Forschung und Entwicklung einzugehen. Zur Verbesserung der Startpositionen ist es jedoch unabdingbar, die gesamte F&E-Infrastruktur der neuen Bundesländer zu renovieren.

Es kann nur eine Frage der Zeit sein, daß russische Märkte wieder neu besetzt werden können und müssen, da Nachfrage grundsätzlich besteht. Die Chancen liegen insofern in einem präventiven Zusammengehen mit Unternehmen der ehemaligen DDR, um so rechtzeitig auch die Produkte anbieten zu können, die der spätere Markt UdSSR aufnehmen wird. Dabei darf jedoch nicht außer acht gelassen werden, daß die Marktpräsenz, wenn man einen solchen Begriff überhaupt verwenden kann, in Zukunft nicht mehr überwiegend oder fast ausschließlich durch die Unternehmen der ehemalige DDR vollzogen wird, sondern der russische Markt ein Markt sein wird, der sich weltweit allen Anbietern öffnen wird.

Da der Transfer-Rubel seine Bedeutung verloren hat und die Bezahlung in harten Währungen erfolgen wird, gibt es hier keine direkten Vorteile für die Unternehmen in den neuen Bundesländern. Vorteile sind jedoch die starke Durchdringung mit den Eigenprodukten und damit verbunden der Name des Unternehmens. Hier sollte man und kann man erneut ansetzen, wenn man das notwendige Durchhaltevermögen zeigt und mitbringt. Entwicklungskooperationen sind hier sicher eine gute Basis, wenn sie auf Sektoren treffen, die beiden Unternehmen Nutzen bringen. Die reine Substitution von Ostprodukt durch Westprodukt bringt dem östlichen Partner nichts, da die Produktionsstätten in Westdeutschland häufig in der Lage sind, größere Nachfragen zu bedienen.

Bei großen Volumen ist die gemeinschaftliche Entwicklung wahrscheinlich ein guter Start, da die Nachbesserung der eigenen Produkte aber auch die Neuaufnahme westlicher Produkte in die Produktionsstätten der Unternehmen der neuen Bundesländer diesen Know-how-Zuwachs bringen kann, der später zur Eigenständigkeit führt. Ein großer Nachteil ist jedoch häufig die Produktqualität und die Qualität der Produktionsstätten, die selten westlichen Ansprüchen genügen. Dieses bedingt wiederum Vorlaufinvestitionen, um den Technologie- und Qualitätsstandard zu erreichen, der heute ein Muß in der westlichen Welt ist.

Auch hier ist vor dem Hintergrund einer zurückgegangenen Nachfrage aus den Staaten des Ostblocks zu erkennen, daß westdeutsche Unternehmen sich schwertun, in die Finanzierung von Investitionen einzusteigen.

8-Punkte-Programm des BMFT zur Technologie- und Wissenschaftsoffensive in den neuen Ländern

1. Schaffung gleicher Förderchancen in ganz Deutschland - sofortige Einbeziehung der fünf neuen Länder in das volle Förderspektrum des BMFT
2. Aktive Begleitung des Entflechtungsprozesses der Akademie der Wissenschaften und Unterstützung der neuen Länder beim Aufbau einer gemeinsamen Forschungslandschaft nach Art. 91b GG
3. Öffnung zur europäischen und weltweiten Kooperation unter Nutzung der bisherigen DDR-Ostkooperation - neue Chancen im wissenschaftlichen Wettbewerb
   - Teilnahme an EG-Programmen, Mitarbeit in EUREKA-Projekten
   - Teilnahme am Internationalen Wissenschaftleraustausch
   - Zugang zu europäischen Institutionen (CERN, ESO, ESA)
4. Modernisierung der Volkswirtschaft in den 5 neuen Ländern durch gezielte Infrastrukturmaßnahmen, wie z.B:
   - Unterstützung beim Aufbau von Technologiezentren
   - Errichtung von Demonstrations- und Transferstellen
   - Modellversuch Innovationsberatung durch IHK's

KRUPP — Quelle: BMFT

Bild 5: Auszug aus dem 8-Punkte-Programm des BMFT (I)

8-Punkte-Programm des BMFT zur Technologie- und Wissenschaftsoffensive in den neuen Ländern

5. Wissenschaftlicher Aufschwung durch Technik mittels spezieller Programme und Projekte:
   - Forschungspersonalzuwachsförderung, Auftrags-F+E
   - Förderung technologieorientierter Unternehmensgründungen
   - Förderung wichtiger Querschnittstechnologien
6. Aufruf an die westdeutsche Wirtschaft zu einer Initiative, 5 % ihrer F+E-Budgets für Vorhaben in den neuen Ländern bereitzustellen
7. Gezielte Förderung im Bereich der Daseinsvorsorge, wie Umwelttechnik, Gesundheit, Klimaforschung zur Verbesserung der Lebensqualität z.B.:
   - Ökologische Forschung
   - Umwelttechnologien
   - Gesundheitsforschung
8. Sicherung der Zukunft für unser kulturelles Erbe

KRUPP — Quelle: BMFT

Bild 6: Auszug aus dem 8-Punkte-Programm des BMFT (II)

5 Ausblick

Es ist unbenommen so, daß im Umfeld von Forschung und Entwicklung neue Chancen für die Unternehmen der ehemalige DDR bestehen. Hier wird der Staat durch Unterstützung von gemeinschaftlichen Projekten, der Finanzierung von F&E-Personal oder sonstigen steuerlichen Begünstigungen Anreize für Gemeinsamkeiten schaffen, wie das neue 8-Punkte-Programm belegt.

Entwicklungen könnten, wie in der Mitte der 80er Jahre als Mikroelektronik und Sensorik projektgebunden gefördert wurde, ähnlich erfolgreich in relativ kurzfristigen Projekten durchgeführt werden. Die partielle Verbesserung bestehender Produkte, insbesondere im Rahmen von Querschnittstechnologien, wie der Elektronik, d. h. sowohl Steuerungs- und Informationstechnik als auch Software, könnte kurzfristig Startvorteile bringen und auch sicher in den Staaten der RGW Akzeptanz finden. Bei entsprechender Preiskonstellation wäre ein eventueller Technologieabstand zu westlichen Standardprodukten vertretbar und würde sicher auch vom russischen Kunden honoriert werden.

Es sollte jedoch nicht verschwiegen werden, daß Nachfragestimulanz der beste Auslöser für technologische Erneuerung sein wird. F&E allein wird die Nachfrage aus den UdSSR kaum reaktivieren. Dazu bedarf es eher sinnvoller Kreditlinien, um durch die Ingangsetzung von Finanzierungsmöglichkeiten z. B. die UdSSR wieder in die Lage zu versetzen, Produkte zu kaufen und Rohstoffe gegen Devisen zu verkaufen. Maßnahmen für einen Selbstheilungsprozeß der RGW-Staaten müssen somit wesentlich mehr umfassen als nur F&E-Förderung in den neuen Bundesländern.

Personalmanagement

Forum 2

Sitzungsleiter: *Peter Wagener*

Dipl.-Kfm. P. Wagener ist Mitglied der Geschäftsführung (Personal) der Fa. Andreas Stihl, Waiblingen

Neue Technologien - alte Mitarbeiter? Veränderte Altersstrukturen verlangen technische, organisatorische und personelle Maßnahmen: T.O.P.-Innovation

V. Volkholz

Dr. rer. pol. V. Volkholz ist Geschäftsführer der Gesellschaft für Arbeitsschutz- und Humanisierungsforschung mbH (GfAH), Dortmund

Kurzfassung des Vortrags

1. Die Entwicklung von Geburten- und Sterbehäufigkeit führt in der Europäischen Gemeinschaft zu einem Bevölkerungsrückgang. Ost- und Westdeutschland zusammen nimmt diesbezüglich eine Spitzenstellung ein.

2. Es handelt sich hierbei um einen seit Jahrzehnten dauernden Prozeß, dessen wichtigste Teilursache der dramatische Rückgang der kinderreichen Familien (Familie mit 3 und mehr Kindern) ist. Überzeugende, d.h. demokratische und erfolgreiche Bevölkerungspolitiken sind nicht bekannt.

3. Bedingt durch die Vereinigung von Ost- und Westdeutschland wird in den nächsten beiden Jahrzehnten der Bevölkerungsrückgang ein Thema von eher nachrangiger Bedeutung sein. Arbeitsplatzprobleme und -erneuerung in den 5 neuen Bundesländern stehen im Vordergrund.

4. Dramatische Bedeutung für die Betriebe aber wird der Alterungsprozeß haben. Er ist charakterisiert durch

   a) den Wechsel von den geburtenstarken zu den geburtenschwachen Jahrgängen,

   b) das Wandern der geburtenstarken Jahrgänge durch das Erwerbsleben,

   c) die Zunahme der Zahl älterer Bürger.

5. Deutliche Signale dieser Entwicklung sind einmal die drastische Zunahme des Mangels an Auszubildenden, zum anderen die Heraufsetzung des Renteneintrittsalters durch die Bundesregierung.

   Zukünftig werden die Betriebe mit weniger jüngeren und mit mehr älteren Menschen auskommen müssen. In den vergangenen Jahrzehnten lag der Anteil über 50jähriger Erwerbstätiger bei 20 - 25 %, im Jahre 2030 wird er zwischen 30 - 40 % liegen.

6. Diese demographische Entwicklung trifft die Branchen und Berufe (Tätigkeiten) nicht gleichzeitig, da in den jeweiligen Alterszusammensetzungen zum Teil sehr große Unterschiede bestehen. Entsprechend unterschiedlich ist die derzeitige, unmittelbare Betroffenheit der Betriebe.

7. Wichtig ist auch, sich zu vergegenwärtigen, daß mit zunehmendem Alter die Unterschiede zwischen den Individuen in bezug auf gesundheitliche Verfassung, Lernfähigkeit und Leistungsvermögen eher größer werden. "Allgemeine Sprüche" sind wenig hilfreich.

8. Risiken - aber auch Chancen - aus diesen sozio-demographischen Veränderungen ergeben sich erst, wenn diese in ihrem Zusammenwirken mit anderen gesellschaftlichen und vor allem technisch-wirtschaftlichen Entwicklungstendenzen begriffen werden.

9. Leider ist es so, daß Auswertungen über die sozio-demographischen Veränderungen *vor* und *nach* der Erwerbstätigkeit mehr bekannt sind als die Veränderungen *während* der Erwerbstätigkeit. Die Bundesregierung hat diese Sachlage erkannt und ist bereit, in Zusammenarbeit mit den Betrieben geeignete Vorhaben zu fördern.

10. Zu den gesicherten Erwartungen gehört die dramatische Verschiebung in der Qualifikationsstruktur der Erwerbstätigen. Derzeit haben 2/3 der Erwerbstätigen als höchsten Schulabschluß den Hauptschulabschluß; in 40 - 50 Jahren wird die Mehrheit der Erwerbstätigen das Abitur als höchsten Schulabschluß haben. Die Volksschule wird Restschule.

11. Die Kombination von sozio-demographischer Veränderung und verändertem Qualifizierungsverhalten ergibt in einer Übergangszeit von 20 - 30 Jahren drastisch unterschiedliche Qualifikationen zwischen älteren und jüngeren Arbeitnehmern.

12. Beispielsweise wird der allgemein erwartete Rückgang von Arbeitsplätzen, die mit an-/ungelernten Arbeitskräften besetzt sind, zunehmend vor allem über 40jährige Arbeitnehmer treffen - eine Gruppe also, die bislang durch zunehmende Immobilität, nachlassende gesundheitliche Verfassung und erhöhte Schwierigkeiten bei der Fort- und Weiterbildung charakterisiert ist. Die Zusammensetzung der Arbeitslosen wird sich also im Vergleich 80er Jahre und Zukunft deutlich ändern.

13. Das eigentliche Problem liegt aber in der Starrheit unserer Prestige- und Einkommensordnung. Jede sozialwissenschaftliche Untersuchung zeigt eine deutliche Schichtung von Berufen und Tätigkeiten. Dies war solange relativ rational, wie Akademiker knapp und Facharbeiter relativ reichlich vorhanden waren. Dies wird unproduktiv, wenn die Knappheitsverhältnisse sich umkehren.

14. Diese Prestige- und Einkommensordnung unterstützt die "Fort"-Mobilität junger Facharbeiter von der Produktionsarbeit. Dies um so mehr, als wegen der verbesserten Schul- und Ausbildung heute und morgen Lehre und Abitur um vieles näher als noch vor 30 Jahren beieinander liegen, d.h. Aufstiegsmobilität ist leichter geworden.

15. Gut qualifizierte Facharbeiter werden also zukünftig ihre Arbeitsbedingungen/-inhalte, ihren Verdienst und ihr gesellschaftliches Prestige eher mit den Attributen von Technikern und Ingenieuren als mit den ohnehin schrumpfenden an-/ungelernten Arbeitskräften vergleichen.

16. Ist die Aussage, daß eine wesentliche Stärke der deutschen Wirtschaft in ihrer Facharbeiterschaft liegt, auch weiterhin gültig, so ist eine Strategie der Aufwertung des Facharbeiters unvermeidlich. Dies gilt für die Industrie. Allgemein für das Handwerk und die mittelständische Industrie ist diese Frage von existentieller Bedeutung.

17. Die meisten öffentlichen Diskussionen und technischen Entwicklungen (CIM) unterstützen aber - unbewußt - die weitere Abwertung des Facharbeiters. Anders als noch vor 40 Jahren leben wir heute in einer viel informationsdurchlässigeren Medien- und Informationsgesellschaft.

18. Hieraus folgt: Personalpolitische Maßnahmen der erhöhten Ressourcenmobilisierung (Jugendliche, Ausländer, Frauen, ältere Arbeitnehmer), die in den 90er Jahren verstärkt zum Zuge kommen werden, sind notwendig, aber nicht hinreichend.

19. Erforderlich sind zentral auch technische Entwicklungen, die eine Aufwertung der Produktionsarbeit unterstützen. Quantitativ wird sie abnehmen, qualitativ muß sie aber deutlich aufgewertet werden. Eine erfolgreiche betriebliche Personalpolitik ist auf veränderte Arbeitsplatzstrukturen angewiesen.

20. Technisch-ökonomische Ansätze bestehen beispielsweise

    - in der Entwicklung schadstoffarmer Produktionsprozesse,
    - in der Beschränkung von Nachtarbeit (Geisterschichten),
    - in der technisch gestützten Reintegration von Lernen und Fertigen.

    Diese und andere Ansätze müssen forciert werden.

21. Mit Blick auf die alternden Belegschaften sind weitere technisch-organisatorisch-personelle Maßnahmen unabdingbar:

- Angesichts der Alterszusammensetzung, beispielsweise von Maschinenbau- und Elektro-Ingenieuren (stark expandierende Berufe mit sehr hohen Anteilen jüngerer Arbeitnehmer), wird es unwahrscheinlich sein, zukünftig die bisherigen Karriereerwartungen zu realisieren.
- Angesichts der weiter zunehmenden Bedeutung von informationsverarbeitenden Tätigkeiten wird es zwingend erforderlich werden, diese an Arbeitsgewohnheiten älterer Arbeitnehmer anzupassen.

  Der Bedarf an lern- und gesundheitsförderlichen Arbeitsplätzen wird drastisch steigen.

Gelingt die Reintegration älterer Arbeitnehmer in den Produktionsprozeß nicht, so wird die Rentenversicherung (bzw. deren Beitragssätze) zu einer enormen wirtschaftlichen Belastung.

22. Zwecks Sicherung des Produktivitätswachstums und zwecks Vermeidung sozialer Spannungen brauchen wir die Integration von technischen, organisatorischen und personellen Maßnahmen, also *T.O.P.*-Maßnahmen.

Neben allem Kummer und Ärger, die die erkennbaren betrieblichen Auswirkungen sozio-demographischer Veränderungen schaffen, bereitet diese Herausforderung auch Spaß und Freude: eröffnet sie doch die Chance zu bedenken und zu erproben, wie wir und unsere Kinder arbeiten werden.

Das Thema ist nicht "ob die Arbeit eine Zukunft hat"; das Thema lautet: "Gestaltung der Erwerbsarbeit der Zukunft"!

Gruppenarbeitskonzepte in der Automobilindustrie

A. Paul

A. Paul ist Leiter der Organisationsentwicklung der Werke Bochum der Adam Opel AG, Bochum

Inhalt

1 Einleitung

Alle großen Industrieunternehmen stehen immer wieder vor der Frage, wie man denn eine Struktur aufbauen bzw. verändern kann, um ein Höchstmaß an Effizienz zu erreichen. Dabei steht heute sehr stark die Diskussion um Fragen der Menschenführung im Vordergrund. Es ist daher auch kein Zufall, daß das Arbeitsfeld für Berater, Soziologen und Psychologen in den Betrieben einen größeren Raum einnimmt.

Es ist daher auch kein Zufall, daß in den Unternehmen Teams aus verschiedenen Qualifikationen gebildet wurden, denen man den Namen Organisationsentwicklung gegeben hat. Organisationsentwicklung umfaßt viele verschiedene Führungsaufgaben, die sowohl Stäbe als auch die Fertigung und das Personalwesen im weitesten Sinne berühren.

2 Aktuelle Wirtschaftssituation

Weltweit wird auch in den neunziger Jahren mit insgesamt steigenden PKW-Zulassungen gerechnet. Dies bedeutet aber nicht, daß zwangsläufig alle Automobilhersteller gleich gute Absatzchancen haben.

Zum einen sind die potentiellen Märkte keine Verkäufer- sondern Käufermärkte. Das heißt in erster Linie, daß dem Kunden qualitativ erstklassige Produkte geboten werden müssen. Zum anderen ist erkennbar, daß derjenige Produzent relativ gute Chancen hat, der international organisiert ist und das sog. 'Global Sourcing' - also den internationalen Einkauf und Vertrieb - betreibt.

Die derzeitige Situation auf dem deutschen Automobilsektor hat neben dem weltweiten Autoboom ein weiteres Zwischenhoch hinzu erhalten, nämlich die Öffnung der Ostmärkte. Zwischenhoch deshalb, darf doch die wachsende Konkurrenz in einem Markt mit heftigem Wettbewerb nicht übersehen werden (siehe Bilder 1, 2, 3).

Vor diesem Hintergrund sei ergänzt, daß in den Bochumer Werken derzeit dreischichtig täglich ca. 1.400 Kadett auf die Räder gestellt sowie Komponenten und Teile für weitere ca. 1.700 Kadett in die europäischen Werke geliefert werden. Z.Zt. arbeiten 19.600 Mitarbeiter in Bochum an diesen Aufgaben.

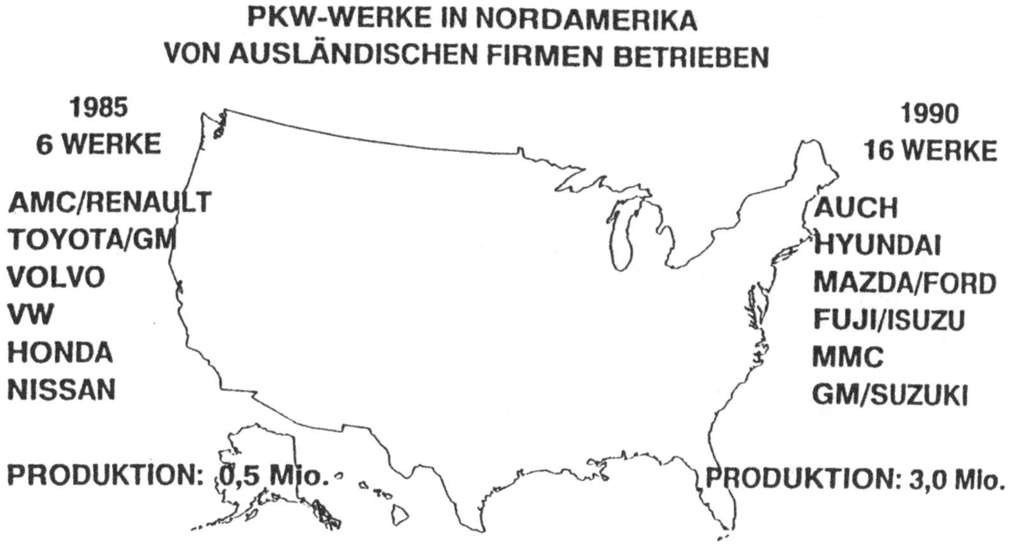

Bild 1: Ausländische PKW-Werke in Nordamerika

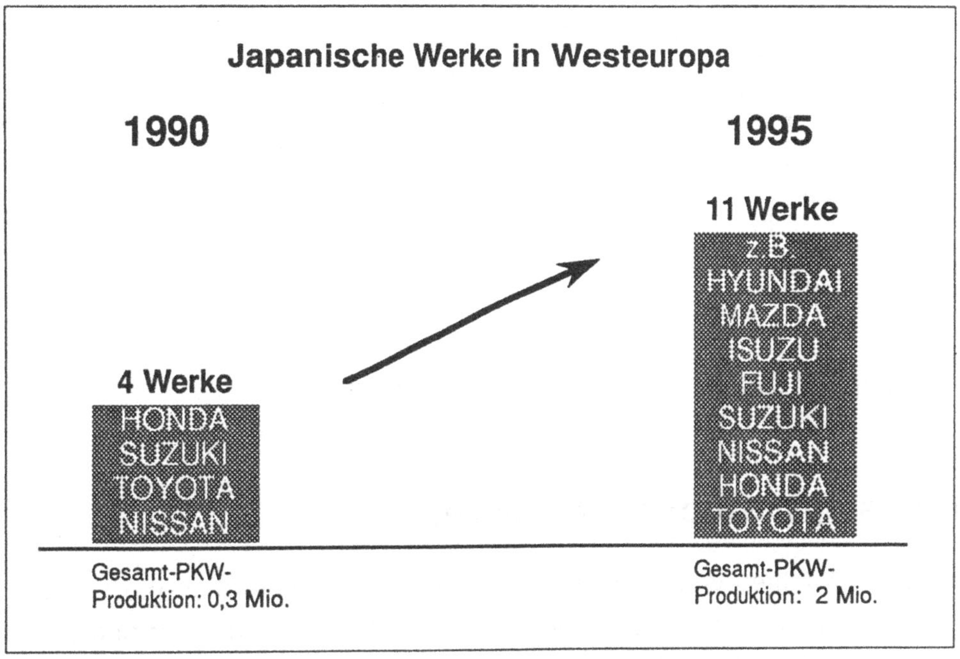

Bild 2: Japanische Werke in Westeuropa

Es darf auch nicht verkannt werden, daß zusätzlich zu den Anforderungen des Wettbewerbs die Zykluszeit unserer Fahrzeugtypen zurückgeht (z.T. weniger als 5 - 6 Jahre) und die Diskussion um die Umwelt eine schnelle Technikinnovation erfordert. So hat z.B. der Bundesverkehrsminister jüngst geäußert, der Kraftstoffverbrauch pro Fahrzeug müsse nochmals um 20 - 40 % gesenkt werden. Es versteht sich insofern, die klassischen Führungsmethoden bei solchen Herausforderungen zu ergänzen.

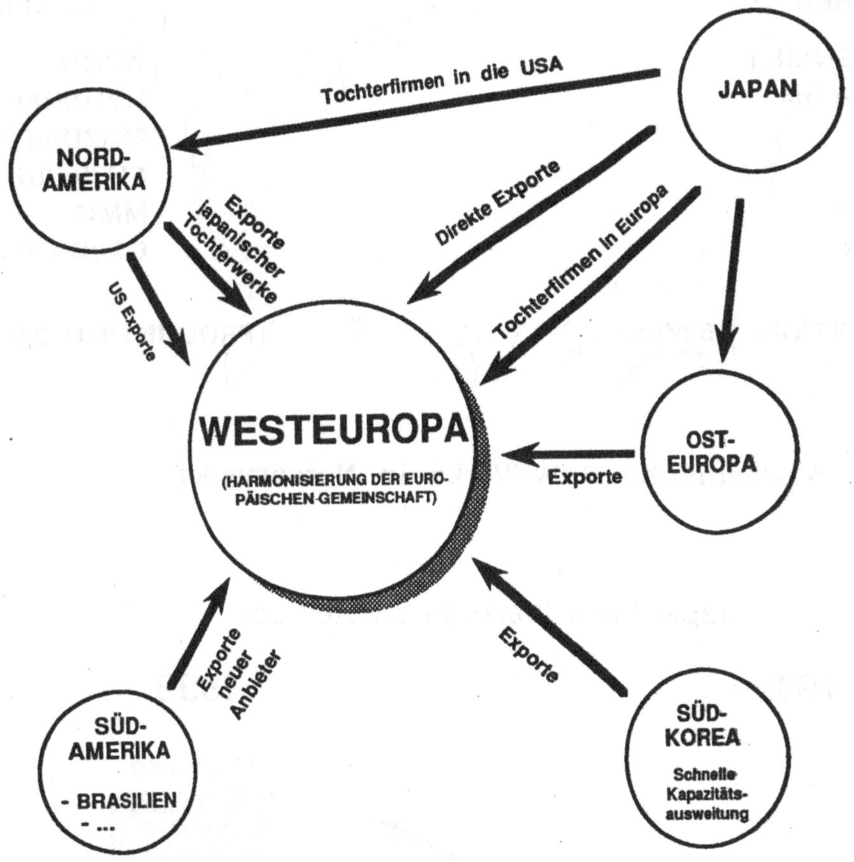

Bild 3: Europa - das Schlachtfeld der 90er Jahre

3 Arbeitsorganisatorische Konzepte

In den letzten 20 Jahren wurde weltweit über neue Konzepte diskutiert, wobei oft eine Vermengung von Organisation, Systemen und Neuen Technologien vorherrschte. Inzwischen ist die Diskussion etwas ruhiger und zielorientierter geworden. Allen politischen und gewerkschaftlichen Diskussionen der 70er und 80er Jahre zum Trotz haben sich auf breiter Front neue Formen der Arbeitsorganisation im Automobilbau nicht flächig durchgesetzt. Damit soll nicht gesagt werden, daß die Versuche zu Qualitätszirkeln (z.B. VW), Werkstattgruppen (z.B. Audi), Lernstätten und Aktionsgruppen (z.B. BMW) sowie Fertigungsgruppen (Mercedes u.a.) vergebens waren, aber es wurden aus diesen

Versuchen heraus nicht ganze Produktionsbereiche in der Bundesrepublik umgestellt.

Dies geschah möglicherweise auch deshalb nicht, weil wir doch insgesamt 'Renner' wie den 'Kadett' und den 'Vectra' herstellen und nicht 'Exoten' wie einen Bugatti-Nachbau. D.h., unsere Werke bauen täglich weit über 1000 Fahrzeuge vom gleichen Typ; dies ist sicher beispielsweise ein Hauptunterschied zu Saab und Volvo, beides Hersteller, die in den 70er Jahren zum 'Mekka' der Gruppenarbeit wurden.

Eine solche Umstellung auf Gruppenarbeit geschah eben auch deshalb nicht, weil (Wirtschafts-) Experten, wie z.B. Prof. Dr.-Ing. Warnecke (Stuttgart), vor einer Verteuerung durch dieses Konzept warnten. Saab hatte allerdings gravierende Gründe, sich stärker mit solchen Arbeitsformen auseinanderzusetzen. Die sozialpolitischen Diskussionen in Schweden sowie die Einstellung vieler Arbeitnehmer zu ihrer Arbeit führten zu hoher Abwesenheit und Fluktuation. Dies konnte durch Fertigungsinseln verbessert werden, jedoch bei hohen Kosten.

Für unsere Situation in der Bundesrepublik dürften drei Strategien von Bedeutung sein, im Wettbewerb zu bestehen (Bild 4). Daß drei Strategien genannt werden, signalisiert auch, daß nicht eine Strategie alle Fragen befriedigend beantwortet. Darauf werden wir weiter unten noch eingehen.

STRATEGIEN DER 90er DEKADE

1. **TECHNIKSTRATEGIE**
2. **JAPANSTRATEGIE**
3. **PERSONALSTRATEGIE**

Bild 4: Strategien der 90er Dekade

Unter *Technikstrategie* ist zu verstehen, daß durch computergestützte und -gesteuerte flexible Technologien die Fertigung anpassungs- und leistungsfähiger wird. Dazu gehören Roboter (Rohbau), NC-Werkzeugmaschinen, Automateninseln u.a.m.

Zugleich wird durch Vernetzung die Kommunikation innerhalb der Werke sowie zu Zulieferern verbessert und das JIT-Konzept gefördert. Weniger Umlauf und Lagerbestand sind Kennzeichen solcher Entwicklungen.

Die *Japanstrategie* ist gekennzeichnet durch möglichst geringe Fertigungstiefe, JIT, Nullpuffer- und Nullfehlerprinzip sowie das Holprinzip. Die Organisation ist danach gestaltet, die Bezahlung z.T. direkt von der Arbeitsqualität abhängig. D.h. auch, daß über Gruppen bzw. Qualitätszirkel das Know-how aller abgefragt wird und nach Möglichkeit Ideen schnell umgesetzt werden. Dazu ein Zitat:

"Wir werden gewinnen und der industrielle Westen wird verlieren. Für Sie liegt der Kern des Managements darin, die Ideen aus den Köpfen der Chefs in die Hände der Arbeitskräfte zu übertragen. Für uns besteht der Kern des Managements aus der Kunst, die intellektuellen Ressourcen aller Mitarbeiter im Dienste der Firma zu mobilisieren und zu vereinen. Nur mit Hilfe der kombinierten Verstandeskräfte aller Mitarbeiter kann eine Firma den Turbulenzen und Zwängen der heutigen Zeit die Stirn bieten. Das ist der Grund, warum unsere großen Unternehmen ihren Mitarbeitern drei bis viermal mehr Training vermitteln als Ihre Unternehmen. Das ist der Grund, warum wir innerhalb des Unternehmens einen intensiven Austausch und intensive Kommunikation fördern. Das ist der Grund, warum wir konstant nach Vorschlägen eines Jeden fragen."

Matsushita

Bild 5

Die *Personalstrategie* ist gekennzeichnet durch Gruppenarbeit als umfassendes Arbeitsprinzip; dahinter verbirgt sich ein Zuwachs an Autonomie, die Übernahme von neuen Aufgaben, ein Mehr an Selbststeuerung und nicht zuletzt eine Förderung der Qualifikation.

Das Gruppengespräch kennzeichnet die Bedeutung der Kommunikation, dieses Gespräch ist Forum und Arbeitsplattform zugleich.

4 Ziele und Absprachen der Adam Opel AG

Die Absprache 18/1988 der Adam Opel AG, Werke Bochum vom 22.12.88 regelt folgendes (siehe Bild 6):

MERKMALE DER GRUPPENARBEIT

- GRUPPENDEFINITION
- GEMEINSAME AUFGABE
- GRUPPENVERTRETUNG
- GRUPPENGESPRÄCH
- KOMPETENZEN DER GRUPPE
- MEISTERFUNKTION
- INFORMATION/KOMMUNIKATION
- MITHILFE BEI REPARATUREN
- LOHN
- FREIWILLIGKEIT
- ÜBERGEORDNETER ARBEITSKREIS

Bild 6: Merkmale der Gruppenarbeit

Wie schon erwähnt, kann eine Strategie allein nicht allen Fragestellungen gerecht werden (Bilder 7, 8).

ZIELE DER GRUPPENARBEIT

- VERBESSERUNG DER QUALITÄT UND DAMIT EINHERGEHEND REDUZIERUNG VON AUSSCHUß UND NACHARBEIT
- ERHÖHUNG DER MASCHINENNUTZUNG
- VERBESSERUNG DER PRODUKTIVITÄT
- VERBESSERUNG VON ARBEITSABLAUF UND ORGANISATION
- STETIGE VERBESSERUNG VON FERTIGUNGS-ABLÄUFEN
- FACHLICHE UND SOZIALE WEITERQUALIFIZIERUNG UND WECHSEL VON TÄTIGKEITEN
- VERBESSERUNGSMÖGLICHKEITEN HINSICHTLICH LOHN DURCH QUALIFIZIERUNG UND TÄTIGKEITSWECHSEL

Bild 7: Ziele der Gruppenarbeit (I)

ZIELE DER GRUPPENARBEIT

- ENTWICKLUNG EINES KLIMAS GEGENSEITIGER UNTERSTÜTZUNG
- ANPASSUNG ORGANISATORISCHER STRUKTUREN AN DAS FERTIGUNGSGRUPPENKONZEPT
- ERHÖHUNG DER ANWESENHEIT
- ERHÖHUNG DER FLEXIBILITÄT
- ERHÖHUNG DER ARBEITSZUFRIEDENHEIT DER MITARBEITER

Bild 8: Ziele der Gruppenarbeit (II)

Sie werden erkennen, daß bei den Zielen in unserem Hause eine ganze Reihe von Gesichtspunkten beachtet sind, die allen drei genannten Strategien entsprechen (siehe Bilder 9, 10).

Für uns bedeutet dies aber zwingend, daß zukünftig das Führen der Mitarbeiter in Gruppen eine neue Qualität erhält. Transparenz und gegenseitige Unterstützung sind die Voraussetzungen für eine auf die Sachfragen gerichtete und nach der Lösung suchenden Haltung. Die Frage der Umsetzung steht im Vordergrund.

Dies wird sicher nicht nur dadurch erreicht, daß Management und Arbeitnehmervertretung eine Absprache treffen; hierzu gehört ein auf Langfristigkeit ausgelegtes Konzept, das prozeßorientiert alle Mitarbeiter anspricht.

GRUPPENARBEIT IST:

- **RÄUMLICH UND INHALTLICH ABGEGRENZT**
- **MIT FESTER MITARBEITERZAHL**
- **MIT VERSCHIEDENER QUALIFIKATION**

mit der MÖGLICHKEIT

- **ZUR MITGESTALTUNG VON OPTIMIERUNGEN**
- **ZUR HÖHERQUALIFIZIERUNG**
- **ZU MEHR MITVERANTWORTUNG**
- **ZU MEHR SELBSTSTEUERUNG**
- **ZUR ÜBERNAHME NEUER AUFGABEN**
- **ZUR BETEILIGUNG AN ENTSCHEIDUNGEN**

Bild 9: Möglichkeiten der Gruppenarbeit

Bei uns im Hause ist dies das Quality Network; jeder und wirklich jeder wird damit vertraut gemacht. Die Steuerung dieses Gesamtprozesses obliegt einem Team in den Werken, Gruppenarbeit ist der zentrale Gedanke, der nicht auf die Fertigung allein beschränkt bleibt. Für die Umsetzung wurden Förderteams und Koordinatoren eingesetzt, eine direkte Kommunikation betroffener Ebenen und Bereiche findet statt. Auch hier ist das Gruppengespräch von zentraler Bedeutung.

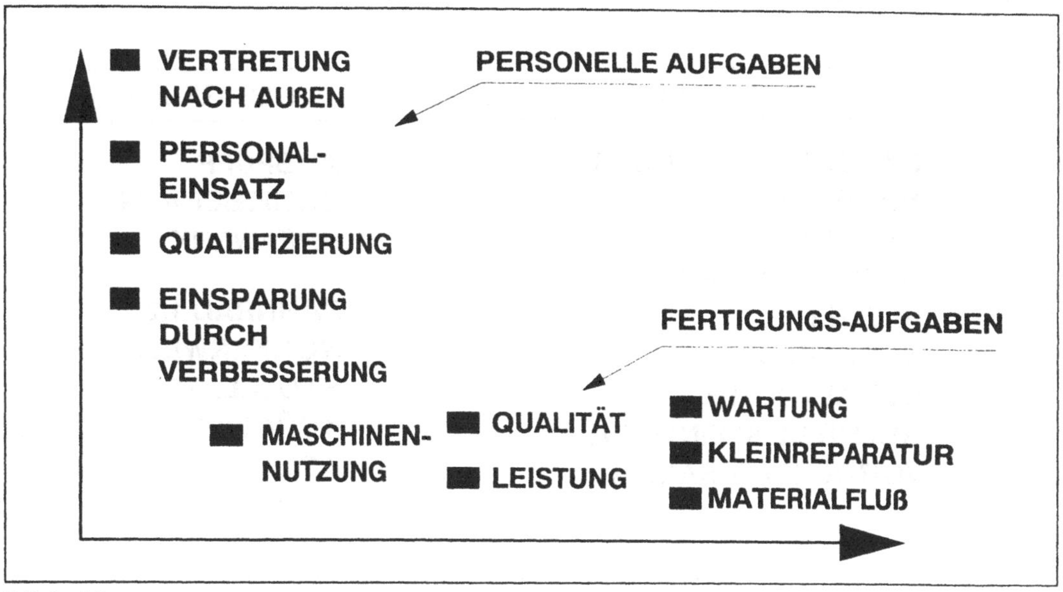

Bild 10

5 Praktische Erfahrungen

Was wir in Bochum nicht bestätigen können, sind wirtschaftliche Verbesserungen, die z.T. öffentlich diskutiert werden und z.B. von Vertretern der IGM auf 15 - 20% bezeichnet werden (siehe Bilder 11, 12 und 13).

Da die bestehenden Werke aus planerischer Sicht schon recht ausgetüftelt sind, dürfte der Erfolg von Gruppenarbeit nicht der Quantensprung sein, sondern die vielen kleinen 0,5 bis 2%-Schritte sind das, was kontinuierlich 'herauskommt'. Aber daneben eben eine unzweifelhaft verbesserte Kommunikation und Motivation.

Wichtig ist dabei in Abgrenzung zu anderen Ländern - wie z.B. Japan - auch die Erfahrung, daß in unserer Arbeitnehmerschaft ein starkes Bewußtsein vorhanden ist, durch eigenes Handeln nicht Arbeitsplätze zu gefährden. Dies hat zwei Seiten: Zum einen bedeutet dies - plakativ gesagt -, daß die Arbeit von Planern nicht ersetzt wird durch Ideen der direkt Produzierenden; zum anderen sind Änderungen nur soweit durchführbar, wie sie nicht als sozial unverträglich empfunden werden. Hier muß die Waage aus Individual- und Unternehmensinteressen tariert werden (siehe Bild 14).

BISLANG: 27 GRUPPEN	NUNMEHR: + 32 GRUPPEN
SYNCHRONISIERRING	AUSPUFF
HAUPTWELLE	SCHIEBEDACH
KRÜMMER	PREßWERK
RITZEL LENKUNG	
PLEUEL	ZAHNRAD 1,2
KEGELRÄDER	NOCKENWELLE
SCHALTMUFFE	STÖßEL, ROTOR
GETRIEBE KLEINTEILE	KRÜMMER-MONTAGE
VORDERRADTRÄGER	ACHSSCHENKEL
	NABE

Bild 11: Installierte Gruppen

ERGEBNISSE

- **VOLLE KOMPENSATION FG-GESPRÄCH UND SPRECHERTÄTIGKEITEN**
- **TRAINING ON THE JOB OHNE TEILEVERLUST**
- **ERHÖHUNG DER ANWESENHEIT**
- **VERRINGERUNG AUSSCHUß/NACHARBEIT**
- **POSITIVE EINSTELLUNG DER MA**
- **VERBESSERTE MASCHINENNUTZUNG**
- **VIELE VERBESSERUNGSVORSCHLÄGE**
- **FORDERUNG NACH AUS- UND WEITERBILDUNG**
- **GUTE KOMMUNIKATION/INFORMATION**

Bild 12: Ergebnisse

Auch muß berücksichtigt werden, daß die Angst vor Positionsverlust - z.B. anfänglich bei Meistern - sehr unproduktiv ist; jeder muß gewinnen können, und dies äußert sich am besten in einer aufgewerteten Funktion.

Ebenfalls war wichtig, das Sprecherprinzip gegen die Kolonnenführer-Tätigkeit abzugrenzen. Die Erfahrung zeigt, daß die Gruppen sehr wohl zwischen informeller und formaler Vorgesetztenrolle zu unterscheiden wissen.

KRITISCHE ASPEKTE

- KLÄRUNG DER MGT-ROLLEN
- BERATUNG VOR ORT
- INTEGRATION VON BEREICHEN
- UMSETZUNG VON VVs
- AUFKLÄRUNG DES UMFELDES
- KLÄRUNG DER POSITIONEN DES BR

Bild 13: Kritische Aspekte

WAS KANN GRUPPENARBEIT NICHT ??

- IE (ZEITWIRTSCHAFT) ERSETZEN !!
- ME (PLANUNG) ERSETZEN !!
- IHREN GESCHÄFTSSINN ERSETZEN !!

WAS GEHT NICHT ?

- ZURÜCKLEHNEN, 'NUR' AKTIV ZUHÖREN !!
- MITTLERES MGT VERNACHLÄSSIGEN !!
- UNKLARHEIT ÜBER ZIELSETZUNGEN !!
  (in allen Levels)

Bild 14: Gruppenarbeit: Was geht? - Was geht nicht?

6 Ausblick

Die Erfahrungen sind ermutigend, Opel wird dieses Konzept weitertragen und mit dem Ziel, in allen Bereichen das Gruppenkonzept einzuführen. Dafür wird mit einer Einführungsphase von ca. 4 Jahren gerechnet, die dauerhafte Konsolidierung wird Aufgabe von Management (MGT) und Beratern von innen heraus bleiben.

Erfahrungen bei der Einführung von Teamarbeit in der Fertigung

A. Netzer

Dipl.-Ing. (FH) A. Netzer ist Leiter der Abteilung Vorfertigung im Werk Ulm der Telefunken Systemtechnik GmbH

Inhalt

1 Zum Betrieb

Aus dem ehemaligen Geschäftsbereich Hochfrequenztechnik und anderen Geschäftsfeldern der AEG wurde 1989 die Telefunken Systemtechnik GmbH gegründet. Sie gehört seither zur Deutschen Aerospace, die ein Unternehmensbereich des Daimler-Benz Konzerns ist.

Am Standort Ulm sind zur Zeit etwa 5000 Mitarbeiter beschäftigt, davon 1100 Mitarbeiter in der Produktion.

Unser Hauptgeschäft ist der Anlagenbau, wie zum Beispiel Radaranlagen (Bodenradar, Bordradar) und Kommunikations- und Überwachungssysteme, die in Kleinserien und Einzelanlagen hergestellt werden.

Die mechanischen Einzelteile und Baugruppen werden größtenteils in der eigenen Vorfertigung angefertigt.

Ein Bestandteil des Projektes - Neuordnung der Produktion - ist die Segmentierung der Vorfertigung.

Ziel dieses Beitrages ist es, einige wesentliche Erfahrungen bei der Einführung von Segmenten und somit auch von neuen Teams weiterzugeben.

2 Organisationsstruktur

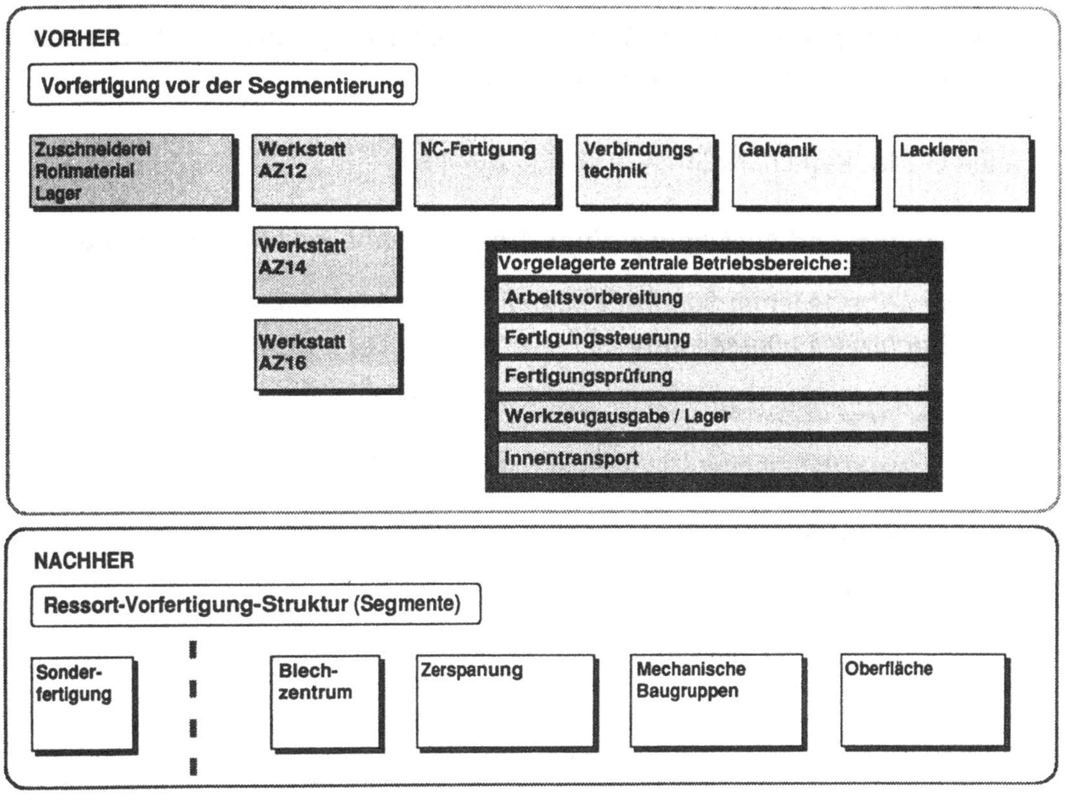

Bild 1: Organisationsstruktur (vorher - nachher)

3 Das Team

Aus allen zentralen Betriebsbereichen, die bisher am Herstellungsprozeß für Blechteile beteiligt waren, wurden Mitarbeiter zu einem Team zusammengefaßt (Bild 2).

Das Team (Segment Blechzentrum) besteht aus :

1 Segmentleiter

1 Arbeitsplaner

1 Fertigungssteuerer

2 Programmierer

14 Facharbeiter

2 Prüfer

2 Hilfskräfte

Es ist räumlich zusammengefaßt und mit allen Fertigungsmitteln, die zur Komplettbearbeitung benötigt werden, ausgestattet.

Folgende Gedanken charakterisieren das Segment:

- *Planung und Ausführung einer Arbeitsaufgabe gehören zusammen!*
- *Die Mitarbeiter im Segment sollen Verantwortung für "ihr" Produkt (Blechteile) übernehmen.*
  - *in planerischer,*
  - *kalkulatorischer,*
  - *fertigender,*
  - *wirtschaftlicher und*
  - *qualitativer Hinsicht.*

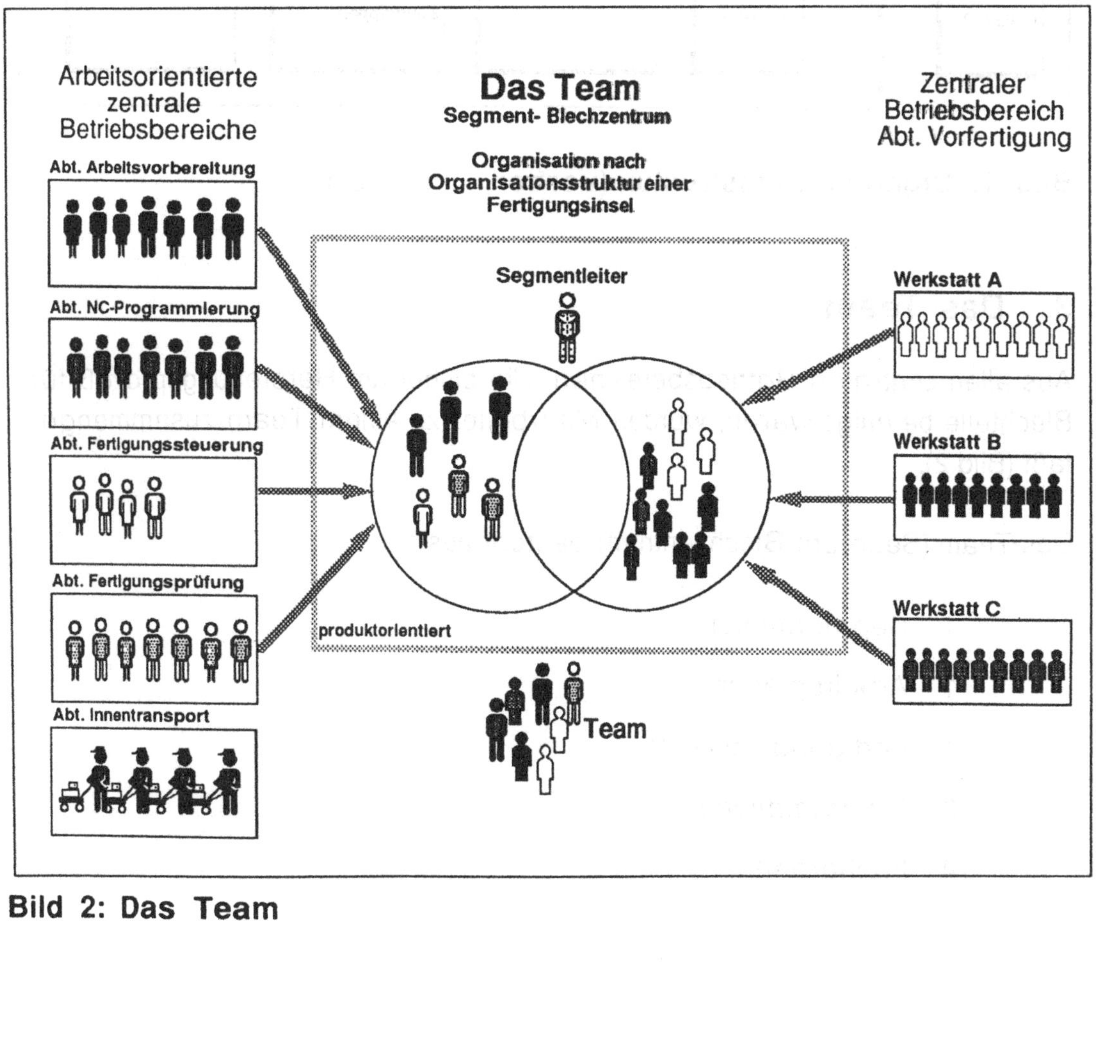

Bild 2: Das Team

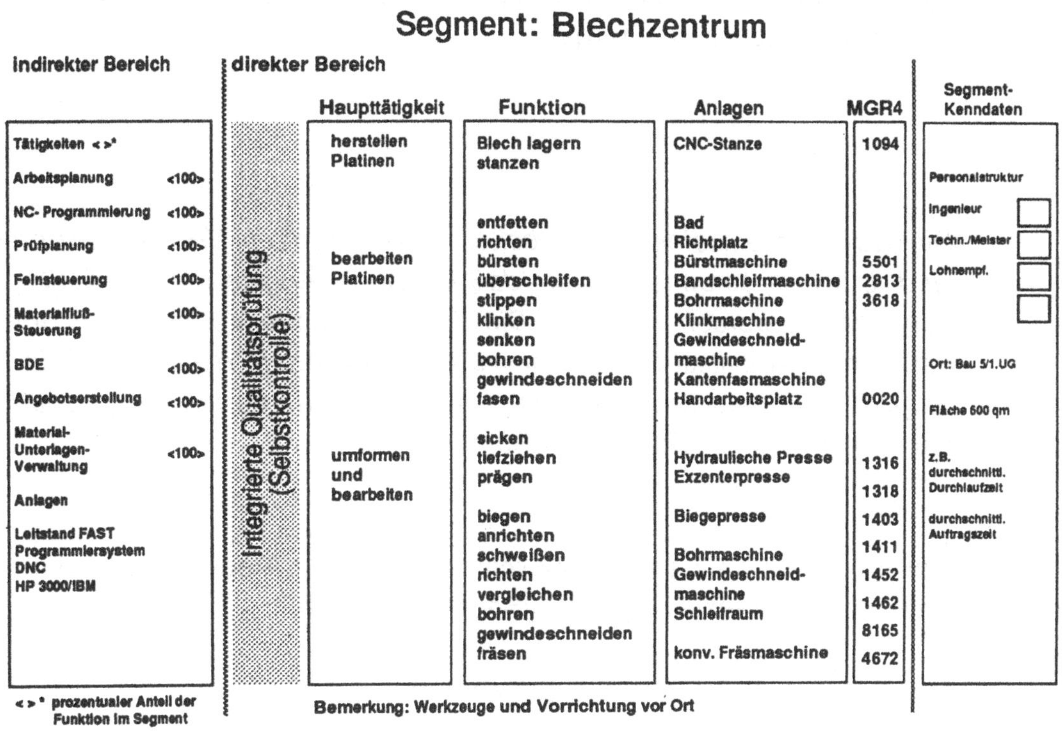

Bild 3: Das Segment Blechzentrum

4 Auswahl der Teammitglieder

Gemeinsam mit dem Betriebsrat wurde beschlossen, das Segmentpersonal über eine interne Stellenausschreibung zu ermitteln, um Freiwilligkeit zu gewährleisten.

Obwohl nach unserer Meinung umfassende Informationen über Ziele, Gründe und Vorgehensweisen zur Segmentierung vorausgingen, war die Resonanz unerwartet gering. Es konnten lediglich die "indirekten Stellen" besetzt werden. Bei einer späteren im Segment durchgeführten Befragung wurden für die Zurückhaltung folgende Gründe genannt:

- "Ich habe erfahren, daß sich der Kollege A bewirbt, deshalb habe ich mich nicht beworben."
- "Das ganzheitliche Arbeiten gefällt mir nicht. Ich würde am liebsten nur eine Arbeit ausführen (Schweißen)."

- "Im Pilotsegment ist die Arbeitsatmosphäre unruhiger, meine bisherige Arbeit war interessanter (nicht nur Blech). Es ist ungewiß, wie es nach der Pilotphase weitergeht."

Erkenntnis:

Die auf den einzelnen Mitarbeiter zukommenden Veränderungen sind teilweise so umfangreich, daß frühzeitig Ängste der Mitarbeiter ausgeräumt werden müssen. Die durchgreifende Veränderung der gewohnten Arbeitsstruktur führt zu Befürchtungen, diesen Anforderungen nicht gerecht zu werden. Hierdurch kann es frühzeitig zu einer Ablehnung der Teamarbeit kommen.

Ein Beispiel dafür soll die Situationsbeschreibung eines Arbeitsplaners sein, der aus einer zentralen Abteilung in ein Segment wechselt:

- neuer Vorgesetzter (ehemaliger Meister)
- neue Kollegen (Facharbeiter)
- neue Aufgabenstellung (zusätzlich indirekte Funktionen übernehmen)
- veränderte Anforderungen (Arbeitsplangestaltung)
- Arbeitsplatzwechsel (räumlich)
- Statusänderung
- neues Verständnis zur Beziehung Facharbeiter - "Stopper"
- permanente Konfrontation mit der Praxis vor Ort.

Chancen:

+ Realisierung persönlicher Vorstellungen, Neigungen und Ziele
+ Selbstständigkeit
+ Kreativität
+ Handlungsspielraum
+ Entfaltungsmöglichkeit
+ Eigenverantwortlichkeit

Risiken:

- aus der Anonymität der AV-Gruppe herausgelöst
- Transparenz der eigenen Arbeit (Effektivität, Qualität)
- persönliche Ziele sind nicht deckungsgleich mit den Segmentzielen.

Nach weiteren Informationsveranstaltungen konnte aus einem größeren Bewerberkreis die Segmentmannschaft ausgewählt werden.

Die Auswahl der Segmentmitarbeiter erfolgte nach zwei Hauptqualifikationen:

- technische Kompetenz (Blechbearbeitung)
- organisatorische Kompetenz (Kenntnisse betrieblicher Abläufe usw.)

Die soziale Kompetenz wurde nach heutigen Erkenntnissen zu wenig berücksichtigt. Sie ist jedoch die entscheidende Qualifikation für das Zustandekommen eines Teams.

Erkenntnis:

Für die Teamarbeit sind die Prioritäten in den Auswahlkriterien folgendermaßen zu setzen:

1. *soziale Kompetenz*
   (Kooperationsfähigkeit und Kooperationsbereitschaft)
2. *organisatorische Kompetenz*
   (ganzheitliche Betrachtung der Abläufe)
3. *technische Kompetenz*

Diese Vorgehensweise ist bei einer "Rosinenlösung" denkbar (Mitarbeiterauswahl möglich), bei einer Komplettlösung (Segmentierung eines ganzen Bereiches) jedoch kaum durchführbar.

5 Weitere menschliche und betriebliche Faktoren, die einen Einfluß auf die Teambildung haben

- Den Segmentmitarbeitern, insbesondere den qualifizierten Facharbeitern, muß deutlich werden, daß ihre traditionellen Aufstiegspfade, z. B. in die Arbeitsvorbereitung, durch die Rückverlagerung von zentralen Funktionen in das Segment genommen werden. Ihnen müssen Alternativen hierfür gegeben werden. Umgekehrt darf der Programmierer oder der Arbeitsplaner, der aus der Werkstatt in die AV kam und nun wieder in die Werkstatt versetzt wird, dies nicht als Abstieg empfinden.

- Der Segmentleiter als Integrationsfigur bei der Teambildung ist ohne eine gewisse natürliche Begabung dafür überfordert.Deshalb braucht er zur Unterstützung eine pädagogisch-psychologisch ausgebildete Begleitperson oder eine entsprechende Zusatzausbildung.

- Die Auflösung zentraler Betriebsbereiche (Teams) kann bei den betroffenen Mitarbeitern:

  - Zukunftsängste,
  - Statusverlust,
  - Mißtrauen,
  - Neid und
  - Frustration

  bewirken. Eine Komplettlösung ist deshalb so schnell wie möglich zu realisieren, um kontraproduktive Tendenzen zu vermeiden (jedoch kein hektischer Aktionismus).

- Die Entlohnungsfrage muß geklärt sein! Eine erfolgreiche Zusammenführung ehemaliger Akkordlöhner, Zeitlöhner und Gehaltsempfänger zu einem Team ist ohne ein praktikables Entlohnungssystem kaum denkbar.

- Die in Veröffentlichungen zur Fertigungsinselkonzeption publizierten Thesen wie zum Beispiel:

  - "Vom Spezialisten zum Universalisten"
  - "Entkopplung von Mensch und Maschine"

müssen mit der Realität in Einklang gebracht werden. Die Praxis hat gezeigt, daß Spezialisten sehr wohl in ein Team passen, teilweise sogar die Teamarbeit im Ergebnis positiv beeinflussen (Termin, Qualität, Kosten).

6 Lösungsansätze

- Umfassende Information über Ziele, Gründe und Vorgehensweise zur Segmentierung und Teambildung
- Zügiger Übergang von der Pilotphase zur Komplettlösung
- Teambildungstraining mit:
  - Segmentarbeitskreisen
  - Lernstatt

usw.

7 Segmentarbeitskreise (SAK)

Thema eines SAK's (Bild 4) war die Ermittlung des Qualifikationsbedarfs im Blechzentrum.

Um dem Ziel einer gleichermaßen an den betrieblichen Erfordernissen und individuellen Bedürfnissen der Mitarbeiter im Segment orientierten Qualifikationsanalyse zu entsprechen, wurde ein Raster entwickelt, das sämtliche im Segment auftretende Tätigkeiten aufzeigt (Bild 5).

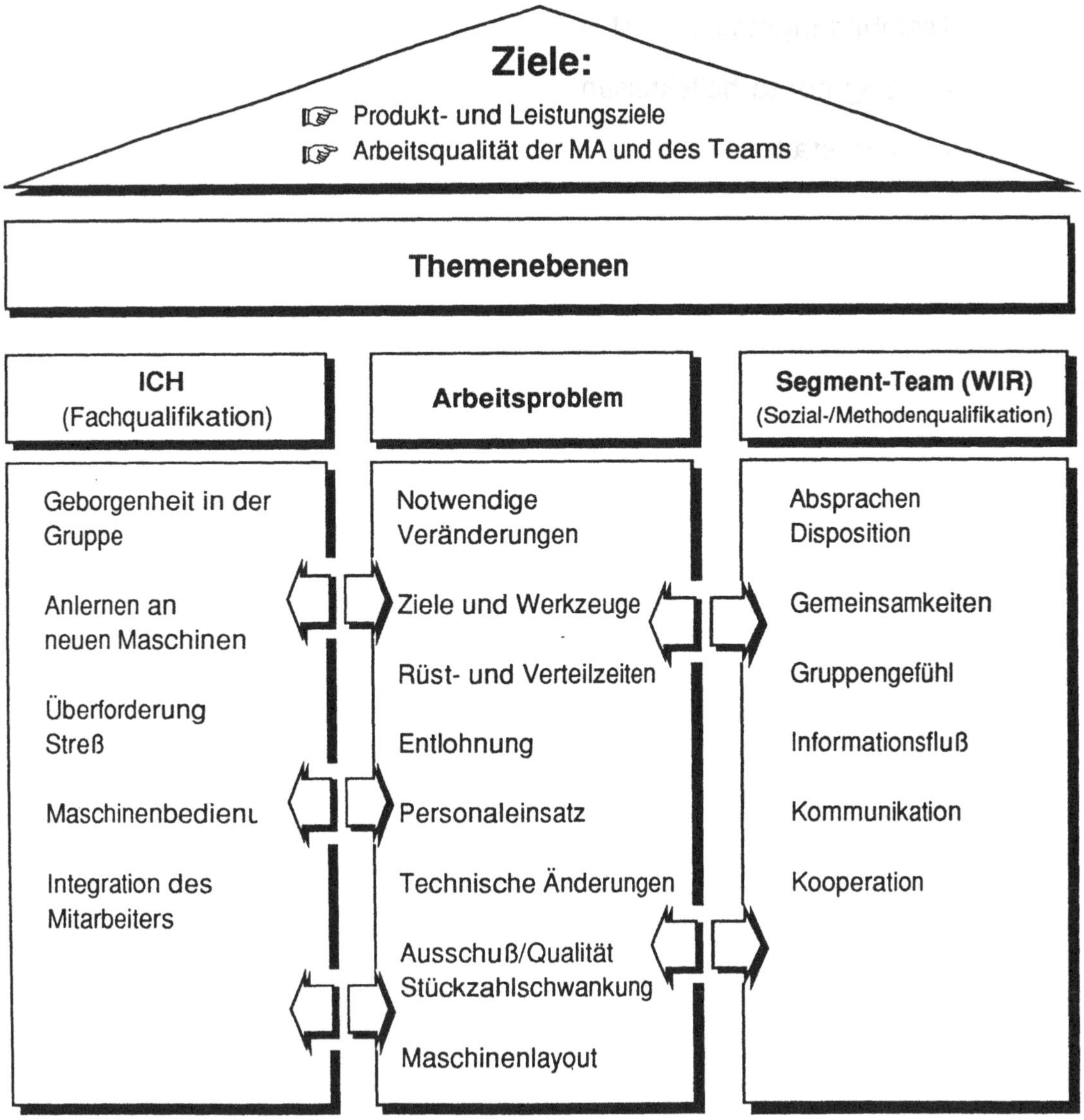

Bild 4: Themenschwerpunkte in den Segmentarbeitskreisen (SAK)

■ erfülle ich
▨ erfülle ich teilweise
□ erfülle ich nicht

Qualifikationsraster
Wie gut erfüllen Sie unten aufgeführte Verrichtungen?
(zutreffendes bitte ankreuzen)

A 1 P341 / K 252
Blechzentrum
Seite 1

Name:	■	▨	□		■	▨	□
Zuschneiden an Tafelschere				Abkantma. einrichten, bedienen			
Blech bereitstellen und abbuchen				Abkantma. warten und Instandhaltung veranlassen			
Trumatic programmieren und bedienen				Betriebsmittel Biegepressen verwalten, disp.			
Trumatic warten				Anlassofen bedienen			
Stanzwerkzeuge (Trumatic) instandhalten				Wärmebehandlung Biegeteile			
Stanzwerkzeuge (Trumatic) verwalten, disponieren				WIG-Schweißen AL 1 und AL 2			
Platine für Biegeteile berechnen				WIG-Schweißen Stahl unleg. und CroNi			
Musterbleche verwalten (Trumatic)				Betriebsmittel WIG-Schweißen disp. und instandh.			
Bürstmaschine und Grindingmaster bedienen				Punktschweißen incl. Einrichten			
Bürstmaschine und Grindingmaster pflegen und warten				Läppstrahlen selbständig			
Richten an Richtmaschine							
Richtmaschine pflegen und warten				Handhabung PM 3000			
Bohren incl. Einrichten und Warten				PC - Kenntnisse			
Betriebsmittel Bohrerei disp. und instandh.				Lagerwirtschaft (LAWI)			
Fräsen incl. Einrichten und Warten				Arbeitsplanung (ARPAD)			
Betriebsmittel Fräsma. disp. und instandh.				TC-APT Programme auf Micro-VAX erstellen			
Exzenterpresse einrichten, bedienen, warten				Kenntnisse NC-Programmierung			
Betriebsmittel Exzenterpresse disp. und instandh.				Handhabung FAST-Leitstand			
Handspindel- u. Kniehebelpresse einr., bed., wart.				Kompl. Arbeitslauf für Blechteile festlegen			
Betriebsmittel Handspindel/Kniehebelpr. disp. u. instandh.							

Bild 5: Qualifikationsraster Blechzentrum

Dieses Raster resultiert aus Gesprächen mit Fachexperten (Meistern, Segmentleitern, Ingenieuren). Innerhalb des Rasters ergab sich eine Vierteilung der Qualifikationsanforderungen in:

A den fachlichen / betriebsmittelorientierten Teil

B den dispositiven / planerischen Teil

C den Teil zur Werker-Selbstprüfung und Qualitätssicherung

D den Teil zur individuellen Beschreibung vorhandener, aber zur Zeit nicht angewandter Kenntnisse.

Auswertung der Qualifikationsraster

Die Auswertung der Qualifikationsraster ist geeignet, das Qualifikationsprofil des Segments darzustellen. Es treten markante und übergreifende Defizite zutage, z.B. in den Bereichen Verwalten, Warten, Disponieren, Qualitätssicherung, Datenverarbeitung, Arbeitsvorbereitung, Fertigungssteuerung. Es ist eine wichtige Aufgabe der Segmentleiter, unter Berücksichtigung der mittel- und langfristigen Aufgaben der Segmente Schwerpunkte festzulegen, in denen eine gezielte Anhebung des Qualifikationslevels in den Segmenten erfolgen soll (Bilder 6 und 7).

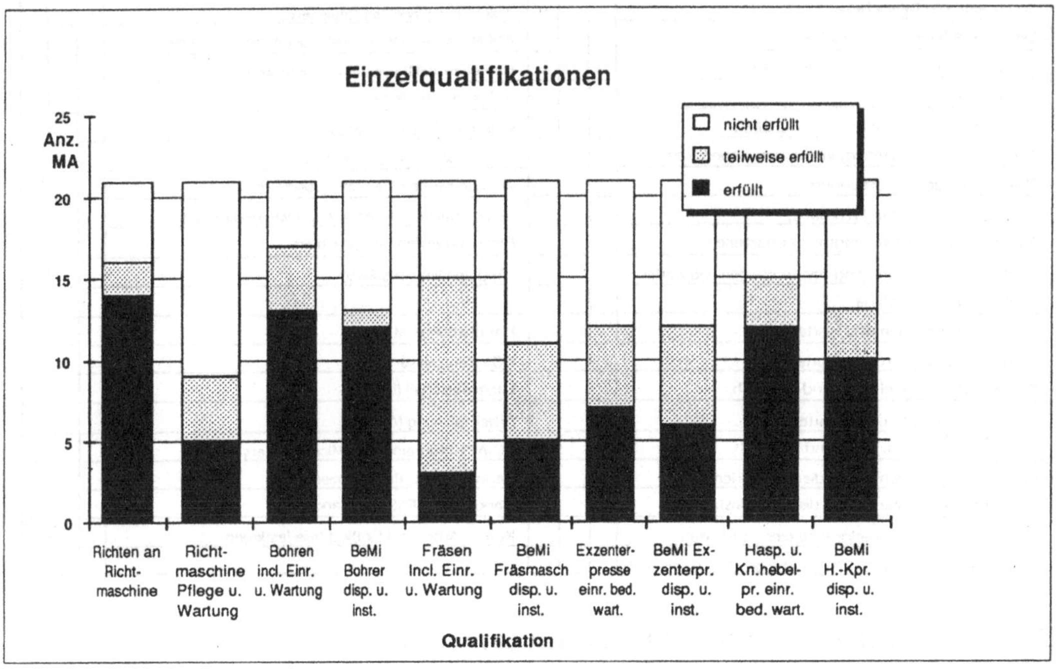

Bild 6: Qualifikationsprofil Blechzentrum (I)

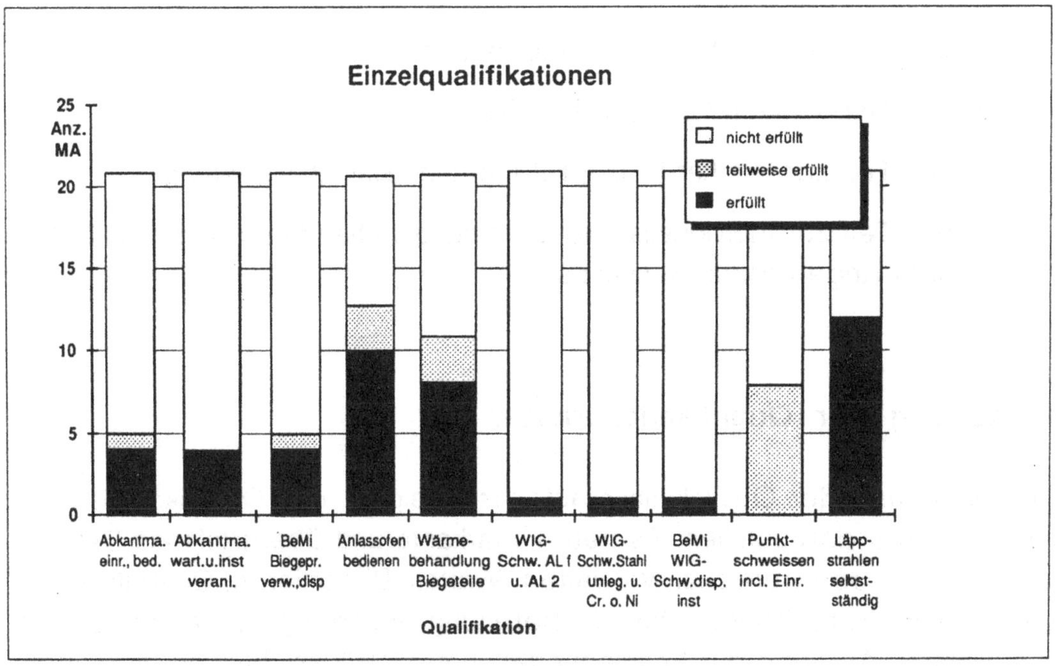

Bild 7: Qualifikationsprofil Blechzentrum (II)

8 Evaluierung der Qualifikationsanalysen

Um die Qualifikationsanalysen (Qualifikationsraster) auf ihre inhaltliche Gültigkeit zu überprüfen, wurden im Anschluß an die schriftliche Befragungsaktion mit den Mitarbeitern anhand eines themenzentrierten, teilstrukturierten Leitfadens Interviews durchgeführt. Diese Interviews orientierten sich an folgendem Fragenkatalog (Bild 8).

Fragenkatalog

1 Ausgehend vom Q-Raster fragen, ob Interesse an fachlicher Weiterbildung besteht (maschinenbezogen, Selbstprüfung und Umgang mit Meß- und Prüfmitteln, Handhabung der DV-Einrichtungen).

2 Was wird mit der Einführung der Segmente verbunden? (Befürchtungen, Erwartungen, persönliche/betriebliche Ziele)

3 Zur Einführung der Segmente: War/ist die Einführung zeitlich richtig, zu kurzfristig, zu langfristig?

4 Waren die vorab gegebenen Informationen/Veranstaltungen zur Segmentierung hinreichend, zu viel, zu wenig?

5 Wie stehen die MA generell zur Segmentierungsidee? (positiv, negativ, warum?)

6 Welche Erwartungen und Wünsche haben die einzelnen MA an die Kollegen und den Segmentleiter (beschreiben lassen)? Wie ist das Verhalten untereinander?

7 Persönliche Ansicht zur Gruppenentwicklung: Kann sich eine Gruppe durch die Segmentierung herausbilden?

8 Welche neue Erfahrungen wurden durch das Arbeiten im Segment gemacht?

9 Wie wirkt die Begleitung und Betreuung durch den Segmentleiter und das Projektteam auf die MA?

10 Welche Erfahrungen machen die MA, wenn über die Segmentierung im Außenraum geredet wird (Kollegen, angrenzende Abteilungen, Verwandte, Freunde)?

11 Auf welche Weise sind die MA in das Segment gekommen (freiwillig oder gezwungenermaßen)? Würden Sie sich noch einmal für das Segment entscheiden?

12 Einstellung der verbliebenen MA zu den Vorgesetzten. Wie sehen Sie Ihre eigene berufliche Zukunft?

Bild 8: Fragenkatalog

Kann sich eine Gruppe durch Segmentierung entwickeln? Unter anderem wurden folgende persönliche Ansichten zur Gruppenentwicklung zum Ausdruck gebracht:

- "Zur Gruppenentwicklung kann ich noch nichts sagen, wir müssen das abwarten. Bis jetzt gibt es nichts Nachteiliges zu sagen." (Diese Antwort kam zweimal).
- Drei MA sehen die Gruppenentwicklung positiv, weil man mit allen Kollegen gut auskomme.
- "Grundsätzlich positiv, aber wir müssen abwarten, wie's läuft."
- "Wenn wir genug Arbeit und Aufträge haben, läuft das Segment. Auch um die Arbeitsgruppe mach' ich mir dann keine Gedanken. Es fehlen uns wirklich gute Facharbeiter."
- "Die Gruppe wird sich kaum weiterentwickeln. Das Hauptthema ist halt das Geld."
- "Es gefällt mir zur Zeit sehr gut."
- "Die Gruppenentwicklung sehe ich skeptisch: Es schafft trotzdem jeder für sich."
- "Die Gruppenbildung funktioniert bedingt. Es gibt immer noch die Aufteilung: Hier die Einrichter, dort die Arbeiter."
- "Die Gruppenbildung ist problematisch, wegen der jahrelangen Arbeitsteilung. Heute soll wieder enger zusammengearbeitet werden und der eine für den anderen einstehen - ob das gut geht?"

Weiterbildung als kritischer Erfolgsfaktor in High-Tech-Unternehmen

A. Willi

Dipl.-Volksw. A. Willi ist Direktor der Mitarbeiterbildung der IBM Deutschland GmbH, Herrenberg

Inhalt

1 Einführung

Weiterbildung ist nicht irgendeine unternehmerische Aufgabe. Weiterbildung in einem High-Tech-Unternehmen ist Chefsache. Es ist mir ein Bedürfnis und ein echtes Anliegen, darüber zu sprechen.

Ein Bedürfnis, weil ich gerade in diesem Bereich einen Erfahrungsaustausch für unabdingbar halte und ein echtes Anliegen, weil in unserem Hause dem Thema "Mehr Wissen und Können" ein besonderer Fokus gilt.

Meine Gedanken werden natürlich stark von meiner Branche und von Beispielen und Erfahrungen aus der IBM Deutschland beeinflußt. Die Anforderungen der Informationstechnik mögen nicht für alle Unternehmen typisch sein, aber sie zeigen sicherlich generelle Tendenzen.

Unser Unternehmen lebt, wie alle anderen in unserem Lande, von der Leistungsbereitschaft und den Höchstleistungen seiner Mitarbeiter und Führungskräfte. Die deutsche Wirtschaft könnte nicht so langfristige Erfolge vorweisen, wenn wir, wenn unsere Menschen sich nicht immer wieder neues Wissen und Können erarbeitet hätten. Die Qualität unseres Bildungssystems trägt damit wesentlich zu unserer internationalen Konkurrenzfähigkeit bei - und entsprechend die Qualität der betrieblichen Weiterbildung zur Wettbewerbsfähigkeit der Unternehmen.

2 Es geht ums Überleben

Daß High-Tech-Unternehmen ein steifer Wind um die Nase weht, ist längst kein Geheimnis mehr. Kurze Innovationszyklen, Angleichung, Standardisierung und damit die Austauschbarkeit von Produkten sowie ein aggressiver Preiswettbewerb machen der immer noch florierenden IT-Branche seit einiger Zeit das Leben schwer.

Für alle nicht zum "Club der Japaner" gehörenden Elektronikhäuser geht es m.E. ums Überleben. In der Chipherstellung sind heute schon sieben der zehn größten Hersteller Japaner. Und was die Hardware betrifft, so geht das in die gleiche Richtung: 27 % der gesamten Inlandmarktversorgung der Hardware in Deutschland kommt heute schon aus Ostasien; und der Trend ist zunehmend.

Was ist das Gegenkonzept? Allerdings kann ich hier nur für die IBM reden.

3 Kundenorientierung als oberstes Ziel

Unser erster und wichtigster Schritt ist, uns zu einem wirklich marktorientierten Unternehmen zu wandeln. Wir wollen das kundenfreundlichste Unternehmen der Branche werden (Bild 1).

Zum zweiten müssen wir lernen, genau so kostengünstig zu arbeiten wie die Japaner. Das ist natürlich schwer, wenn z.B. die IBMer in Japan 16 Wochen im Jahr mehr arbeiten als die IBMer in Deutschland.

Zum dritten müssen wir unsere technologische Führung, die wir gegenüber den Japanern auch im Abstand gehalten haben, weiter ausbauen oder zumindest halten.

1987	1988	1989	1990
Kundenfreundlichstes Unternehmen der Branche werden	Kundenfreundlichstes Unternehmen der Branche werden.	Kundenfreundlichstes Unternehmen der Branche werden	Kundenfreundlichstes Unternehmen der Branche werden
Pläne erfüllen	Pläne erfüllen	Mit der Branche wachsen	Mit der Branche wachsen
Ziele im Personalausgleich erreichen	Wettbewerbsfähigkeit sichern	Wettbewerbsfähigkeit sichern	Wettbewerbsfähigkeit sichern
Qualitätsziele erreichen	Wachstum unserer Dienstleistungen beschleunigen	Mehr wissen und können	Mehr wissen und können
Offen und klar kommunizieren	Durch Perspektive überzeugen	Durch Perspektive überzeugen	Besser zuhören und erklären

Bild 1: Evolution: Prioritäten der IBM Deutschland

4 Marktgerechte Qualität

Ähnlich wie im Konsumgütermarkt, in dem sich die Produkte technisch nur unwesentlich voneinander unterscheiden, wird nun auch in der Informations- und Kommunikationstechnik die marktgerechte Qualität des Angebots zum wichtigsten Wettbewerbsfaktor. Was unter Qualität zu verstehen ist, definieren nicht mehr unsere internen Spezifikationen, sondern der Kunde. "Wollen wir auf Dauer erfolgreich sein", so Hans-Olaf Henkel, der Vorsitzende der Geschäftsführung der IBM Deutschland, "dann müssen wir die Anforderungen und Erwartungen unserer Kunden nicht nur erfüllen, sondern übertreffen, und zwar für jeden Kunden, für jedes unserer Produkte und für jede unserer Dienstleistungen. Spitzenqualität erreichen wir nur dann", so Henkel weiter, "wenn wir genau verstehen, was der Kunde will und was er benötigt. Dazu müssen wir lernen, intensiver zuzuhören, damit wir die Probleme des Kunden besser verstehen und in seiner Sprache mit ihm über Lösungsmöglichkeiten sprechen können."

Dieser Grundsatz gilt auch für jede Form der internen Zusammenarbeit.

5 "Mehr Wissen und Können" als Unternehmenspriorität

Diese, vielleicht nicht so grundlegend neuen, aber jetzt mit großer Konsequenz zu verfolgenden Ziele lassen sich nur mit Mitarbeitern schaffen, die eine entsprechende innere Einstellung haben, und die bereit sind, ihr Qualifikationsprofil immer neu anzupassen. Flexibilität ist das Gebot der Stunde (Bild 2).

"Fähigkeiten und Einsatzbereitschaft unserer Mitarbeiter werden immer wichtiger für den Erfolg des Unternehmens", schreibt der Präsident der VDMA im Oktober '90 an seine Mitgliedsfirmen, "denn Geld hat keine Ideen und Maschinen entwickeln kein Engagement."

Und das führt mich zu folgenden Thesen:

- Die Weiterbildung der Mitarbeiter und Führungskräfte wird zum entscheidenden Schlüsselfaktor für erfolgreiches Agieren in den 90er-Jahren; sie wird zum kritischen Erfolgsfaktor (Bild 3).
- Die Differenzierung zwischen den Unternehmen sind die Menschen. Die Position und die Bewertung eines Unternehmens wird in zuneh-

mendem Maße von seinen Mitarbeitern und seinem Management abhängen.

- Nur durch Weiterbildung kann der einzelne seinen Arbeitsplatz und das Unternehmen seine Wettbewerbsfähigkeit sichern.

Bild 2: Mitarbeiterqualifikation ist eine Unternehmens-Ressource

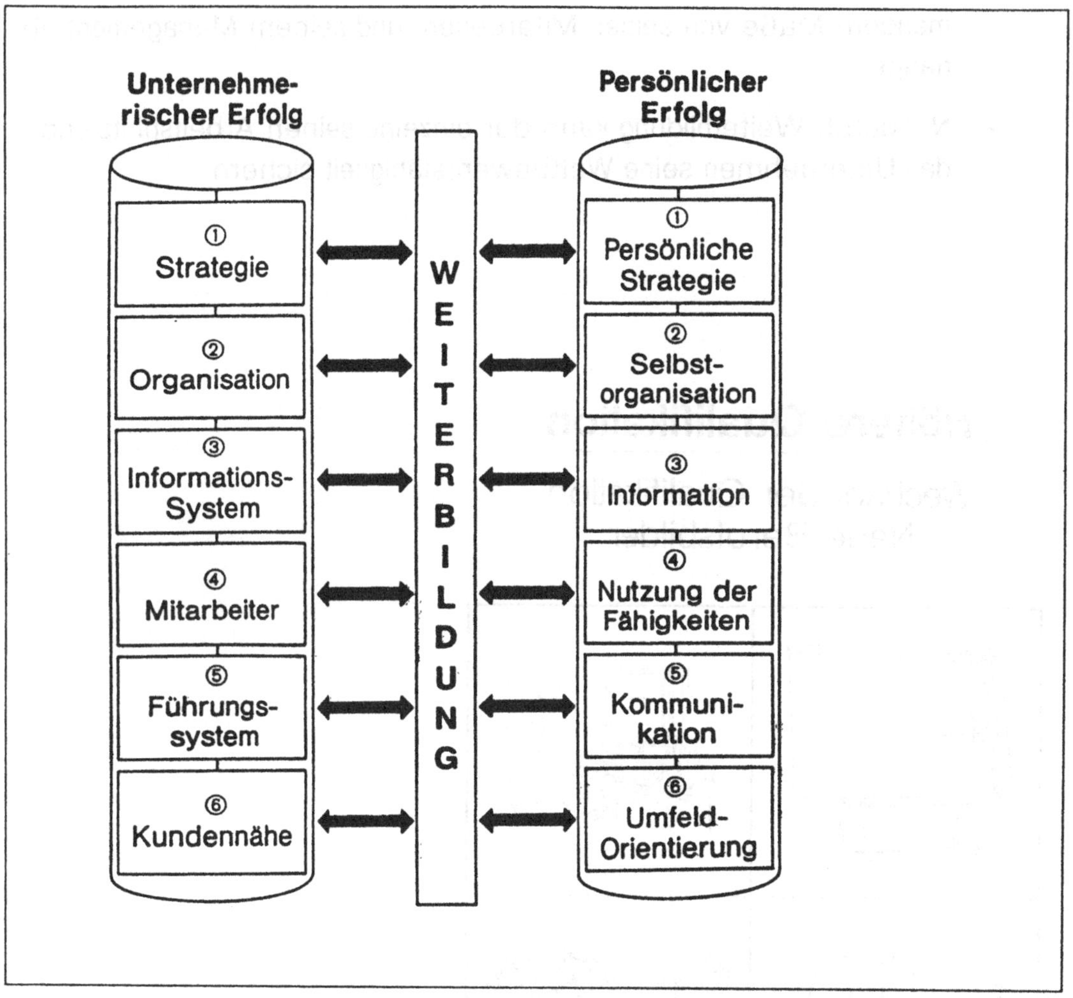

Bild 3: Einfluß der Weiterbildung auf unternehmerischen und persönlichen Erfolg

Lassen Sie mich zur Unterstützung dieser Behauptung vier Fakten darstellen:

- Die Entwicklung des Arbeitskräfteangebots
- Lebenslanges Lernen
- Dramatische Veränderungen am Markt
- Paradigmenwechsel in den Arbeitswerten

6 Die Entwicklung des Arbeitskräfteangebots

Diese Entwicklung wird natürlich gravierend von der demographischen Entwicklung bestimmt. So wird in Baden-Württemberg nach den Berechnungen des Statistischen Landesamts der Anteil der 15- bis 30jährigen in der Bevölkerung im Jahre 2000 von heute 24 % auf 16 % sinken und dafür der Anteil der 60- bis 75jährigen von heute 12 % auf 16 % steigen. Aber diese Statistiken kennen Sie.

Dieses Bild wird verschärft durch eine dramatische Verlängerung der Grundausbildungszeiten. Waren z.B. 1969 noch 28 % der 18jährigen auf der Schule, so sind es heute über 80 %.

Das bedeutet, die Unternehmen müssen mit weniger "frischem Blut" rechnen. Praktisch heißt das, die zukünftige Mitarbeiterschaft ist heute im wesentlichen schon "an Bord".

Was wird auf diese im Schnitt immer älter werdende Mitarbeiterschaft in den nächsten Jahren an Veränderungen in den Tätigkeitsstrukturen zukommen: Rationalisierung durch neue Technologien, Reorganisation durch grenzüberschreitende Arbeitsteilung, Anpassung der Produktpalette, neue Methoden und Verfahren etc. etc.

Parallel wird sich - wenn sich die Vorstellungen der Gewerkschaften realisieren - die Arbeitszeit weiter verkürzen.

Eine der Antworten auf die Herausforderungen heißt mit Sicherheit höhere Qualifikationen, heißt "mehr Wissen und Können" der an Bord befindlichen Mitarbeiter und Führungskräfte. Selbst wenn sich die demographischen Strukturen durch Zuwanderungen z.B. aus dem Osten verbessern sollten oder sich die Frauenerwerbsquote verändert (heute in Baden-Württemberg 56 %, in Dänemark 77 %), bedeutet das auch zuerst einmal Qualifikationsanpassung.

Zusammenfassend sind wir - glaube ich - gut beraten, wenn wir uns auf ein Faktum einstellen: Wir werden mit immer älteren Mitarbeiter immer mehr und immer komplexere Aufgaben zu bewältigen haben.

7 Lebenslanges Lernen

Wir stehen vor einer Wissensflut. Das Wissen der Welt verdoppelt sich alle vier Jahre. Täglich erscheinen 17.000 wissenschaftliche Publikationen. Über die Hälfte aller bisherigen wissenschaftlichen Erkenntnisse stammen aus der Zeit nach dem 2. Weltkrieg.

Dabei vollzieht sich der Erkenntniswandel so rasch, daß ein erworbenes Hochschulwissen nach 15 Jahren bereits zur Hälfte überholt ist. Die "Halbwertzeit" beruflichen Wissens liegt heute im Schnitt bei etwa 5 Jahren und wird künftig zwischen 3 und 4 Jahren liegen. Im Bereich der Informationstechnologie sind die Halbwertzeiten noch kürzer. Aktuelles Wissen wird damit wichtiger - und wertvoller (Bild 4).

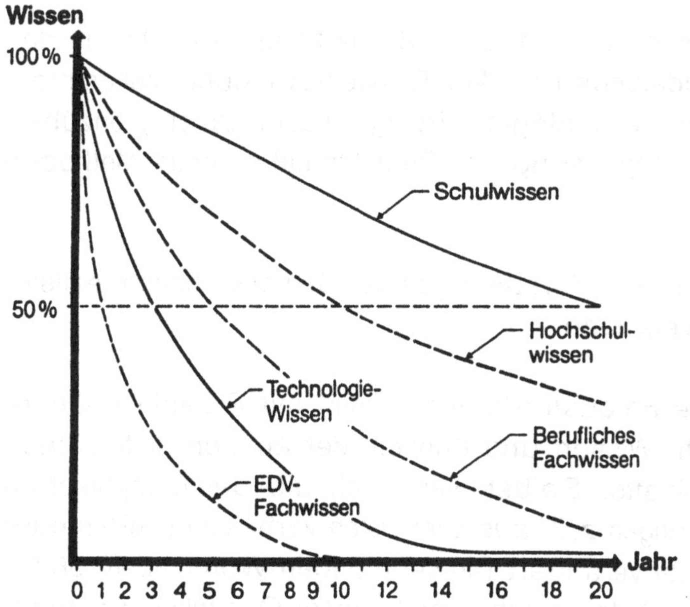

Halbwertzeiten:

Schulwissen	= 20 Jahre
Hochschulwissen	= 10 Jahre
Berufliches Fachwissen	= 5 Jahre
Technologie-Wissen	= 3 Jahre
EDV-Fachwissen	= 1 Jahr

Bild 4: Entwicklung des Wissens (Halbwertzeiten)

Nicht nur in den High-Tech-Unternehmen, sondern auch in anderen Branchen reicht die berufliche Erstausbildung der Mitarbeiter nicht mehr aus, um diesen Entwicklungen gerecht zu werden. Die Zeiten, in denen eine Lehre oder ein Studium als lebenslange Festlegung verstanden wurde, gehört der Vergangenheit an; berufliche Grundausbildung kann heute lediglich als Basis für eine komplexe, unaufhörliche berufliche Weiterqualifikation dienen.

Und dabei genügt es häufig nicht, Neues hinzuzulernen, also zu addieren. Oft muß völlig umgelernt werden. Unsere Mitarbeiter haben das häufig praktiziert und praktizieren es immer wieder (Bild 5). Denken Sie dabei an Entwicklungen wie:

- vom Röhren-Computer zur Silizium-Technologie
- von der optischen zur Elektronen-Mikroskopie
- von "simplen" Datenbanken zu Expertensystemen
- vom papierorientierten zum Bildschirm-Arbeitsplatz

Lebenslanges Lernen ist kein Schlagwort mehr. Immer mehr wird der Tatsache Rechnung getragen, daß die Mitarbeiter die bedeutendsten Ressourcen eines Unternehmens sind. Immer mehr wird betriebliche Weiterbildung als eine langfristige Investition in die Qualifikation der Mitarbeiter und somit als Voraussetzung für die technologische Führungsrolle und die betriebliche Zukunft gesehen.

8 Dramatische Veränderungen am Markt

Das Geschäftsumfeld der 90er Jahre wird sich gegenüber heute signifikant ändern, charakterisiert durch zwei Schlüsselworte: Globalisierung und Marktorientierung.

Wir erleben z.Z. gewaltige ökonomische Verschiebungen und die Schaffung großer neuer Wirtschaftblöcke, die USA, Europa und die "Pazifische Rinne". Die Unternehmen reagieren mit globalen Markt- und Standort-Strategien, internationaler Arbeitsteilung und Marktdifferenzierung.

Im technologischen Bereich verstärkt sich parallel der Einfluß der Mikroelektronik in Verbindung mit Werkstoff- und Materialtechnik, in Biotechnik und in Präzisionsmechanik; besonders stark bei Organisations- und Kommunikationstechnik sowie bei Automations- und Steuerungstechnik.

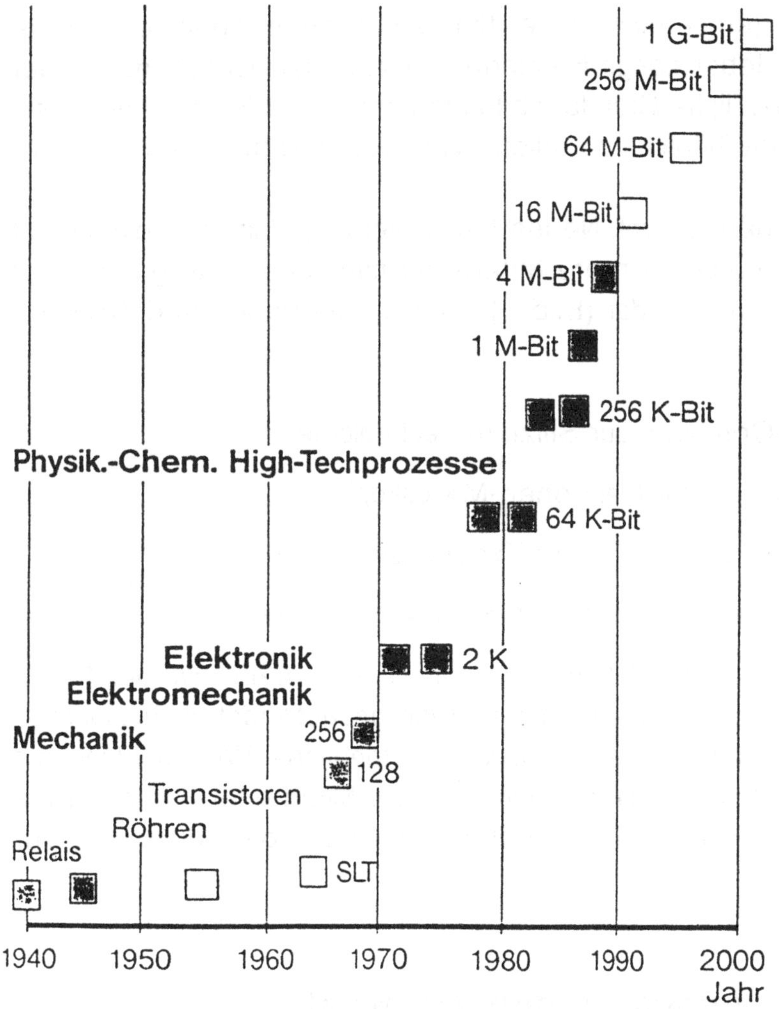

Bild 5: Entwicklung Speicher-Bauelemente

Innovationsvorsprünge halten nur noch kurze Zeit. Die Dynamik ist so stark, daß die Wettbewerbsvorteile durch Produkte nicht mehr in Jahren, sondern bestenfalls in Monaten gemessen werden können. Und die Entwicklungszeiten neuer Produkte werden länger als deren Lebenszeit (Bild 6). Sie werden meist auch immer komplexer; das gilt genauso für Produktionstechniken und besonders für Dienstleistungen.

Technisch wird immer mehr machbar, und die Kunden fordern es auch.

Vor diesem Hintergrund wird derjenige der Gewinner sein, der den Nutzen seiner Kunden, deren Ziele und Interessen am besten im Auge hat. Wer sich insbesondere im Vertrieb nicht hervorragend bei seinen Produkten und bei den Problemen seiner Kunden mit Systemen, Anwendungen und Konzepten auskennt, der hat heute weniger denn je eine Chance, dem Markt die beste Lösung anzubieten. Markt- und Kundenorientierung war schon immer von großer Bedeutung, aber noch nie war sie der wesentliche Erfolgsfaktor.

Die siegreichen Unternehmen im Wettbewerb von morgen werden diejenigen sein, deren Mitarbeiter und Führungskräfte mit dieser Dynamik und Komplexität umgehen können und die die Fähigkeit haben, ständig neue Innovationen für Produkte, Prozesse und Märkte zu schaffen.

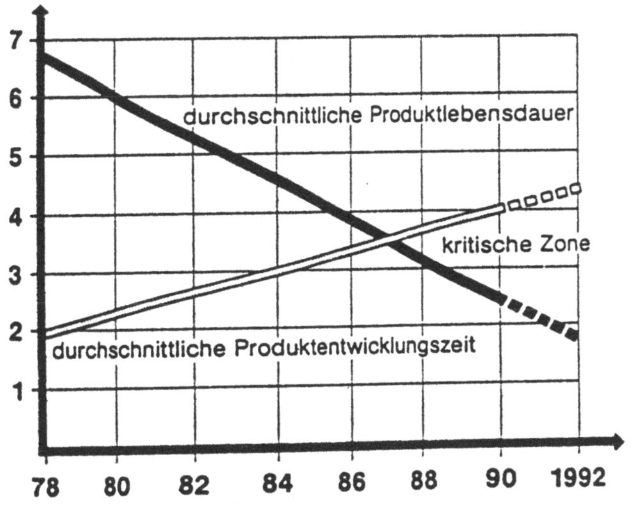

Komplexe Produkte befinden sich länger in der Entwicklung als im Markt
(Beispiel: Elektonikindustrie)

Bild 6: Produktlebensdauer und Produktentwicklungszeit

Verstärkt gefordert sind persönliche und methodische Qualifikationen wie Teamarbeit, Innovationskraft, Risikobereitschaft, visionäres Denken, Führereigenschaften, Management des Wechsels u.ä. Es geht dabei nicht nur um mehr Wissen und Können. Hier geht es vor allem um eine veränderte Einstellung, um eine neue Attitüde. Eine echte Herausforderung für die Weiterbildung.

In einer Zeit zunehmender Austauschbarkeit von Produkten werden die Qualität der Mitarbeiter und ihre Fähigkeit zu lernen, sich zu entwickeln und neue Antworten auf neue Probleme und Herausforderungen zu finden zu einem imitationsgeschützten Wettbewerbsfaktor.

9 Paradigmenwechsel in den Arbeitswerten

Jede Wirtschaftsform schafft sich ihren entsprechenden "Arbeitertypus". Die feudale Agrarwirtschaft den "Bauer", die Industriegesellschaft den "Arbeiter" und unsere Informationsgesellschaft den "Wissensarbeiter".

Die Informationsgesellschaft, hochtechnologie-orientiert, wissensintensiv und geprägt von der enormen Zunahme von Wertschöpfungsdiensten, stellt neue Anforderungen an ihre Menschen. Sie braucht den Mitarbeiter, der mitdenkt und sich mit seiner Aufgabe und dem Unternehmen voll identifiziert. Er ist hoch qualifiziert und selbstbewußt. Wie Befragungen zeigen, stehen auf seiner Präferenzliste ganz oben Werte wie Selbstbestimmung und Entscheidungsfreiheit, interessante Arbeit, Chancen zur Weiterbildung, positive zwischenmenschliche Beziehungen u.ä.

Traditionell kennen wir diesen Typus als Syndikus, Betriebsarzt oder Volkswirt. Nur finden wir ihn jetzt in allen Bereichen, von der Verfahrenstechnik über die Buchhaltung bis hin zur Datenverarbeitung. Er ist der Träger des Wissenskapitals und des technologischen Schlüsselwissens. Er ist Experte auf seinem Gebiet, versteht aber auch die Zusammenhänge. Traditionelle Werte wie Pünktlichkeit, Fleiß, Pflichterfüllung, Anpassung oder Disziplin verlieren an Wert und werden ergänzt durch Teamfähigkeit, eigene Meinung haben, Mitwirkung und Offenheit (Bild 7).

Die neue Arbeitswelt braucht Menschen

- mit einer Basis von Grundwissen,
- mit einem Verständnis der Grundzusammenhänge,
- mit der Fähigkeit zum sprachlichen Ausdruck und Verstehen, ggfs. in mehreren Sprachen,
- mit Persönlichkeit.

Gestern	Heute
Pünktlichkeit	Teamarbeit
Fleiß	Eigene Meinung haben
Tun was gefordert wird	Erfahrungen machen
Pflichterfüllung	Mitwirkung
Anpassung	Offenheit
	Zuhören

Bild 7: Prioritäten

Wir brauchen die Fähigkeit, erlerntes Wissen auf praktische Probleme und auf immer neue Aufgaben anzuwenden. Dazu gehören die Fähigkeit zur Zusammenarbeit und der Wille zur Kommunikation. Dazu gehören auch die Fähigkeiten, Entscheidungen zu treffen und Verantwortung in einem Umfeld zu übernehmen, in dem es immer weniger Routine und immer mehr Ausnahmen gibt.

Das öffentliche Bildungssystem trainiert diese Fähigkeiten nur unzulänglich. Hier ist die Weiterbildung aufgerufen, in die Bresche zu springen.

10 Forderungen an die Weiterbildung

Die Betrachtung dieser vier Fakten zeigt, daß die Weiterbildung der Mitarbeiter und Führungskräfte zum entscheidenden Faktor für erfolgreiches Agieren in den 90er Jahren geworden ist. Diese Betrachtungen zeigen aber auch, daß Weiterbildung nicht nach dem Prinzip von "go and stop" betrieben werden kann. Die erfolgreichen Unternehmen werden jene sein, die Weiterbildung als eine Investition in ihre wichtigste Ressource, die Mitarbeiter, verstehen und die Weiterbildung strategisch betrachten. Entsprechend sind die Fragen, die an die Weiterbildungsfunktion im Unternehmen zu stellen sind:

- Wie ist der Beitrag der Weiterbildung zum Unternehmenserfolg heute und in der Zukunft?
- Wie werden die Erfolgsfaktoren des Unternehmens durch die Weiterbildung unterstützt?
- Wie können potentielle Gefahren und Herausforderungen gemeistert werden?
- Wie lassen sich Wettbewerbsvorteile gegenüber den Mittbewerbern aufbauen?

11 Weiterbildung bei der IBM Deutschland

Auf dem Gebiet der Weiterbildung hat sich in den letzten Jahren fraglos viel getan - insbesondere bei Unternehmen der Hochtechnologie, die häufig auch als Pioniere für neue Ansätze stehen. Betrachten wir als Beispiel unser Haus:

Die Kernziele unseres Bildungswesens sind:

- Qualitatives Personalmanagement. Wir wollen alles tun, um zu jedem Zeitpunkt die Qualifikation und Kenntnisse bei unseren Mitarbeitern zu haben, die das Unternehmen benötigt.
- Beschäftigungssicherheit. Wir wollen unseren Mitarbeitern Beschäftigungssicherheit in einem Feld geben, das sich nach Arbeitsmenge und besonders nach Qualifikationsanforderungen ständig und rasch ändert.
- Kompetenz und Service für den Kunden. Wir streben höchste Kompetenz und Qualität im Service für unsere Kunden an. Das ist nicht nur eine wichtige Voraussetzung für den Unternehmenserfolg, es ist der wesentlichste Bestandteil.

Qualifikation kommt natürlich auch von außen. Wir stellen gezielt neue Mitarbeiter ein; durchschnittlich in den letzten Jahren über 900 p.a. Dazu bekommen wir indirekt neue Qualifikationen durch die vielen Mitarbeiter unserer Geschäftspartner, unserer Lieferanten und unserer Kooperationspartner. Den entscheidenden Qualifikationsbeitrag müssen aber die Mitarbeiter bringen, die wir bereits "an Bord" haben.

Die Verbesserung des Wissensstandes unserer Mitarbeiter und Führungskräfte lassen wir uns etwas kosten:

- 1990 haben wir für die 30.000 Mitarbeiter der IBM Deutschland allein für Weiterbildung (ohne die Gehaltskosten der Teilnehmer für die Zeit der Weiterbildung) über 230 Mill. DM ausgegeben. Das ist mehr als doppelt so viel (über 6 %), als die Wirtschaft im Schnitt aufwendet (ca.3 %), gemessen an der Bruttolohn-/Gehaltssumme.
- In 6 Bildungszentren über ganz Deutschland verteilt haben wir im Jahr 1990 etwa 390.000 Teilnehmertage für interne Weiterbildung geleistet (Dazu kommen noch etwa 250.000 TNT für Kundenweiterbildung.).
- Von unseren 30.000 Mitarbeitern sitzen jeden Tag im Schnitt etwa 1.700 auf der Schulbank. Das sind über 13 Schultage pro Mitarbeiter und Jahr.

Unser Bildungsangebot mit über 1700 Kurstypen und über 1000 Stunden Selbstlernprogrammen wird kontinuierlich überarbeitet. Weiterbildung wird bei uns als Geschäftsprozeß verstanden, d.h. unser Bildungsangebot unterstützt voll unsere Geschäftsziele und Produkte. Wir bieten keine Schulungsmaßnahme an, für die es nicht einen "Eigentümer" in der Organisation gibt. Weiterbildungsplanung wird systematisch betrieben. Mit Hilfe von "Skillboards" ermitteln wir den langfristigen Qualifikationsbedarf und mit operativen Skill-Planungsprozessen den kurzfristigen (Bild 8).

Wir haben ein qualifiziertes Schulungsteam. Von den nahezu 600 Mitarbeitern unseres zentralen Bildungswesens sind über 400 "hauptamtliche" Instruktoren. Sie werden durch etwa ebensoviele Kooperationspartner und externe und interne Gastreferenten unterstützt, darunter etwa 200 Hochschul- und Universitätsprofessoren.

Die Effizienz in der Durchführung der Bildungsmaßnahmen wird durch verstärkten Einsatz der Informationsverarbeitung erheblich gesteigert. Nahezu unser ganzer Fachschul- und Informatik-Unterricht ist heute schon computerunterstützt.

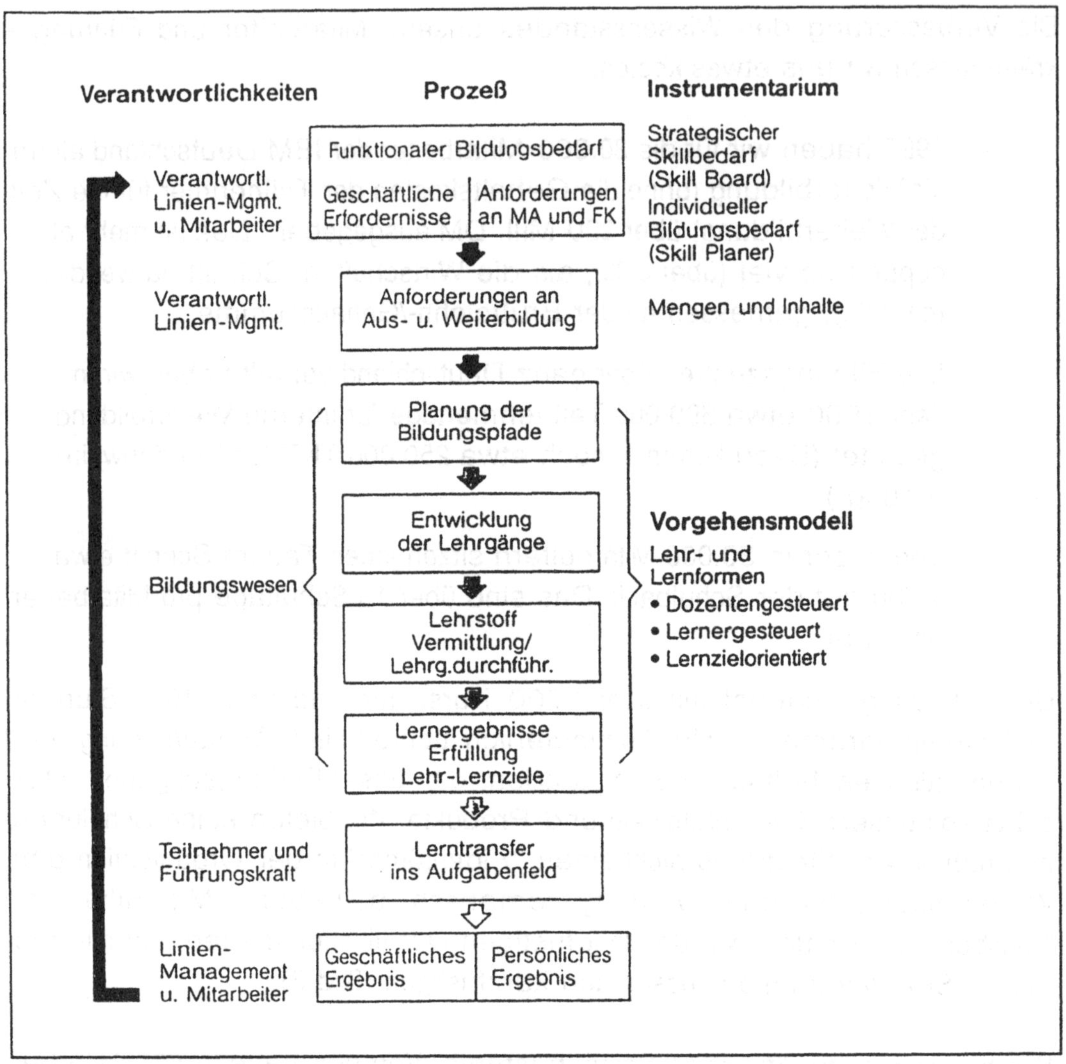

Bild 8: Geschäftsprozeß betrieblicher Weiterbildung

Wir benutzen modernste Schulungsmethoden und kümmern uns ständig um neue Wege. Dazu zwei Beispiele:

- "Distance Learning", oder, wie wir es nennen, Tele-Akademie. Was steckt dahinter? Ein Dozent oder Expertenteam hält in unserem Bildungszentrum in Herrenberg vor einer Klasse ganz 'normalen' Unterricht. Zusätzlich ist dieser Klassenraum mit Klassenräumen in unseren größten Niederlassungen über ein Pilot-Glasfaser-Breitband-Verteilernetz der Bundespost in Videokonferenzschaltung verbunden. Lehrer und Tele-Schüler haben so ständigen visuellen Kontakt und können alle Fragen direkt besprechen. Mitarbeiter unserer Niederlassungen nehmen so "life" an einer zentralen Schulung teil, ohne reisen zu müssen.

- Ein DV-gestütztes Lern- und Trainingsystem, das LTS/90. Es handelt sich hier um ein Multi-Media-System aus einem PS/2, Bildschirm, Drucker und Bildplattenleser für interaktives Selbststudium. Es ergänzt also Ihnen bekannte computerbasierte Trainingssysteme durch bewegte Bilder. Und da diese auf Bildplatte sind, können durch Vor- und Zurückspringen Kurse beliebig oft wiederholt werden. Der Lernende kann den Kurs in seiner persönlichen Lerngeschwindigkeit absolvieren, unabhängig von Unterrichtszeiten und nahe am Arbeitsplatz.

12 Was erwarten wir von unseren Mitarbeitern?

Weiterbildung kann nur dann erfolgreich durchgeführt werden, wenn sich nicht nur das Management, sondern auch die Mitarbeiter damit voll identifizieren und wenn die Bereitschaft da ist, die eigenen Lücken zu erkennen und schließen zu wollen.

Wir helfen hier durch ein breites und attraktives Bildungsangebot, durch einen etablierten und akzeptierten Skill-Planungsprozeß im Rahmen unseres Beratungs- und Förderungs-Gesprächs, das Führungskraft und Mitarbeiter jährlich einmal führen, und durch eine Unternehmenskultur, die Weiterbildung zur Selbstverständlichkeit macht.

Es muß aber auch klar sein, daß berufliche Weiterbildung nicht nur als Bringschuld des Unternehmens, sondern auch als Holschuld der mündigen Arbeitnehmer verstanden wird. Eine Einstellung "nun schult mich mal schön" paßt da nicht hin. Wir brauchen Verantwortungsbewußtsein, Selbstverpflichtung und Eigeninitiative.

Unsere Erfahrungen sind positiv. Wir haben unser Werk Hannover in einer sehr aufwendigen Umstrukturierung von einem Produktionswerk in ein Software- und Service-Zentrum umgewandelt. Wir haben die meisten unserer Produktionsprozesse von der klassischen linearen Fließfertigung zu flexiblen und voll verantwortlichen "Produktionszentren" umgestaltet. Wir haben unsere indirekten, verwaltenden und steuernden Funktionen drastisch reduziert und die frei werdenden Mitarbeiter direkten Aufgaben zugeführt. Und da wir auf Grund solcher Umstrukturierungen aus Prinzip keine Mitarbeiter entlassen, haben Tausende umgelernt.

Diese Umstrukturierungen zeigten, daß unsere Leute zum Umlernen bereit sind und daß sie es auch können. Man muß ihnen dazu nur die Werkzeuge geben und vor allem, man muß es ihnen zutrauen.

13 "Return on Investment"

Für die Weiterbildung wird viel Geld ausgegeben, in den alten Bundesländern weit über 30 Milliarden. Fragezeichen sind aber angebracht, ob diese Investitionen auch immer richtig genutzt werden:

- Viel zu häufig ist das für Weiterbildung ausgegebene Geld nur eine "Alibifunktion": "Wir tun ja etwas für unsere Zukunft". Der Stellenwert dieses Erfolgsfaktors ist nicht erkannt. Es fehlt die strategische Konzeption, die gesamtheitliche Sicht. Der Weiterbildungsbedarf wird nicht aus der Veränderung der Erfolgsposition des Unternehmens abgeleitet.
- Oder aber: Kompetenz und Professionalität wird nicht der nötige Stellenwert gegeben. Zu wenig Wert wird auf kreatives, innovatives und vernetztes Denken gelegt. Der Mitarbeiter wird im klassischen Umfeld der Stellenbeschreibung gesehen; von seiner Rolle als Subunternehmer ganz zu schweigen.
- Man klebt an klassischen Lehrmethoden, die häufig keinen optimalen Wissenstransfer erlauben. Oder es hapert bei der Umsetzung des Gelernten am Arbeitsplatz. Am Stand der wissenschaftlichen Erkenntnisse in der Weiterbildung liegt es nicht. Der ist recht gut. Aber wer setzt sich schon damit auseinander?

Das sind so einige Beobachtungen bei einer Reihe - vielleicht bei zu vielen - Organisationen. Wir in unserem Hause bemühen uns, diesen Erkenntnissen gerecht zu werden. Wir haben sicherlich vieles erreicht. Ich gebe aber gerne zu, auch bei uns gibt es noch viel zu tun.

14 Schlußbetrachtung

Für die hochentwickelten Industrienationen gehören Motivation und Qualifikation der erwerbstätigen Bevölkerung heute zweifellos zu den allerwichtigsten Wettbewerbs- und Erfolgsfaktoren. Ein Blick nach Osten zeigt das leider viel zu deutlich.

Qualifikation und Kompetenz der Mitarbeiter und des Managements haben die Wettbewerbsfähigkeit unserer Unternehmen nie so beeinflußt wie heute. Die kurzen Betrachtungen zur Entwicklung des Arbeitskräfteangebots, zum lebenslangen Lernen, zu den dramatischen Veränderungen am Markt und zu dem Wechsel in den Wertevorstellungen haben das deutlich gemacht.

Weiterbildung ist mit Sicherheit ein kritischer Erfolgsfaktor - aber nicht nur bei High-Tech-Unternehmen.

15 Literatur

Henkel, Hans-Olaf: Gegen die Japaner gehts ums Überleben, in: Hamburger Abendblatt, 15.11.1990

Nagel, Kurt: Weiterbildung als strategischer Erfolgsfaktor, Landsberg/Lech, 1990

o. V.: Personalpolitik und Personaldaten der IBM Deutschland GmbH, Stuttgart, 1990

o. V.: Planung und Steuerung der Weiterbildung im Maschinenbau, VDMA, Frankfurt/M., 1990

o. V.: Vorsprung durch Wissen, IBM Enzyklopädie der Informationsverarbeitung, Stuttgart, 1989

Scheuten, Wilhelm: 'Wissensarbeiter', ein neuer Typ Mitarbeiter? in: Personalführung 4/89, DGFP, April 1989

Schlappa, Günther: Weiterbildung - Investition in die Zukunft, in: IBM Nachrichten 39 (1989), Heft 297

Mitarbeiterentwicklung statt Personalverwaltung - Eine gemeinsame Aufgabe für Führungskräfte und Personalbereich

C. Schlichting

Dipl.-Psych. C. Schlichting ist Mitarbeiter der Zentralstelle Führungskräfte der Robert Bosch GmbH, Stuttgart

1 Ausgangslage

Jahrzehntelang sind die Mitarbeiter überwiegend als "Faktor Personal" neben anderen betriebswirtschaftlichen Faktoren gesehen worden. Sie standen in ausreichender Zahl und meist auch in befriedigender Qualität zur Verfügung, und wenn man sie anständig entlohnte und behandelte, so war von dieser Seite keine Gefahr zu befürchten.

In den vergangenen Jahren hat sich jedoch eine alarmierende Veränderung abgezeichnet. Zunächst war vom "Facharbeitermangel" die Rede, und für die Mitte der 90er Jahre ist aufgrund der vorliegenden demographischen Daten auf dem Markt der qualifizierten Fach- und Führungskräfte ein deutlicher Engpaß abzusehen. Hinzu kommt, daß die beschleunigten Veränderungen in den Unternehmen selbst, die die Organisationsstruktur, die Aufgabeninhalte und Arbeitsabläufe betreffen, eine ständige Anpassung und Weiterentwicklung des Qualifikationspotentials verlangen.

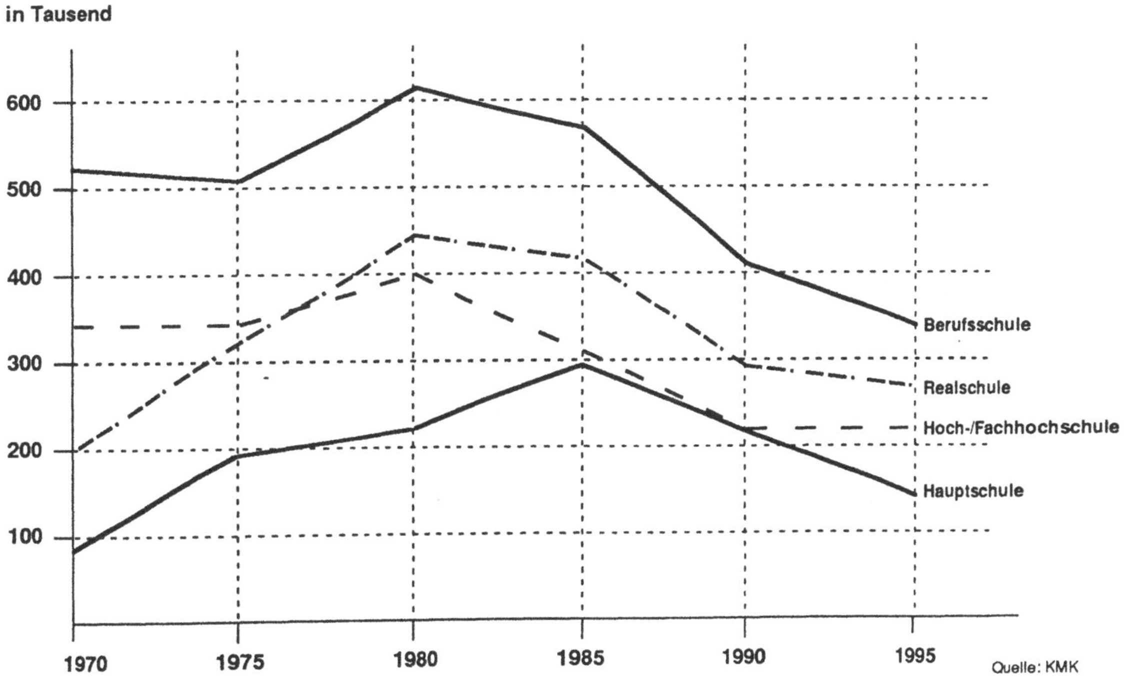

Bild 1: Entwicklung Schulabgänger 1970 - 1995

Mitarbeiterentwicklung wird so zu einem Schlüsselfaktor für den Unternehmenserfolg: Intern durch Ausschöpfung des eigenen Potentials und Senkung der Fluktuation durch Verstärkung der Unternehmensbindung, auf dem Arbeitsmarkt als Akquisitionsargument bei leistungs- und aufstiegsorientierten Nachwuchskräften. Diese Ausgangslage verlangt eine Anpassung und

Neuorientierung sowohl im Personalbereich als auch bei den Führungskräften in den Fachabteilungen.

2 Wandlungen der Mitarbeiterentwicklung (ME)

Bis Mitte der 80er Jahre wurde ME vorwiegend unter dem Gesichtspunkt der Weiterbildung betrachtet. Das Weiterbildungsangebot auch für Fach- und Führungskräfte war breit angelegt und hatte gelegentlich den Charakter einer betrieblichen Sozialleistung nach dem Muster der "Volkshochschule". Jeder sollte sich aussuchen können, was ihm gefiel; eine Evaluation des Angebotes fand kaum statt. Erst mit Aufkommen eines qualitativen und quantitativen Bildungscontrollings traten Zielorientierung und Ergebniskontrolle in den Vordergrund: bedarfsorientierte Weiterbildung wurde in den größeren Zusammenhang einer strategisch ausgerichteten ME gestellt.

ME (in vielen Unternehmen synonym als Personalentwicklung - PE - bezeichnet) umfaßt also mehr als Weiterbildung. Sie beginnt mit einer systematischen *Potentialerkennung*, durch die Stärken ebenso wie vorhandene Defizite der Mitarbeiter transparent gemacht werden. Die Ergebnisse werden verknüpft mit einer individuellen *Entwicklungsplanung,* in der inhaltliche und zeitliche Aspekte eine Rolle spielen.

Gezielte interne und externe *Weiterbildungsmaßnahmen* ergänzen das in erster Linie wichtige *Training on the Job,* dessen Variationsbreite von Projektaufgaben über "aktive Stellvertretung", Informationsdurchläufe und Auslandseinsätze bis hin zu einem über mehrere Stationen und Jahre geplanten Rotationsprogramm gehen kann. Es ist offensichtlich, daß die *Laufbahnplanung* für förderungswürdige Mitarbeiter an einer zumindest mittelfristigen quantitativen und qualitativen *Personalplanung* ausgerichtet sein muß, in deren qualitativem Teil auch Vorstellungen über die Anforderungen an die zukünftigen Fach- und Führungskräfte eingeschlossen sind, deren Operationalisierungen über modische Allgemeinplätze ("flexibel, dynamisch, kommunikationsstark") hinausgehen.

Denn letztlich bedeutet ME die Vorbereitung und Qualifizierung von Mitarbeitern für zukünftige Aufgaben, ausgehend von individuell unterschiedlichen Leistungs- und Persönlichkeitsprofilen. Sie ist also - das wird häufig vergessen - nicht nur "Karriereförderung für einen elitären Kreis", sondern gleichermaßen Anpassungsqualifizierung und betrifft damit alle Mitarbeiter eines Unternehmens.

3 Leitlinien der ME

Grundsätzliches Ziel ist also, das Potential eines jeden Mitarbeiters möglichst weitgehend zu entwickeln und auszuschöpfen. In diesem Punkt decken sich die Ziele des Unternehmens und des Individuums in den meisten Fällen. Es gilt jedoch, eine Übereinstimmung herzustellen hinsichtlich der inhaltlichen und zeitlichen Aspekte. Insofern ist ME immer auf den Dialog angewiesen. Der Mitarbeiter muß seine Erwartungen und Vorstellungen einbringen und mit den Einschätzungen und Vorhaben der Unternehmensseite vergleichen können. Einseitige Überlegungen sind von vornherein zum Scheitern verurteilt.

Die geplanten Entwicklungsmaßnahmen dürfen nicht den wechselnden Anforderungen des Tagesgeschäftes angepaßt oder gar geopfert werden. Planmäßige, kontinuierliche Durchführung, wobei Bereichsinteressen gelegentlich gegenüber den Interessen des Gesamtunternehmens zurücktreten müssen, ist ein wesentlicher Faktor für die Glaubwürdigkeit und Wirksamkeit des Konzepts.

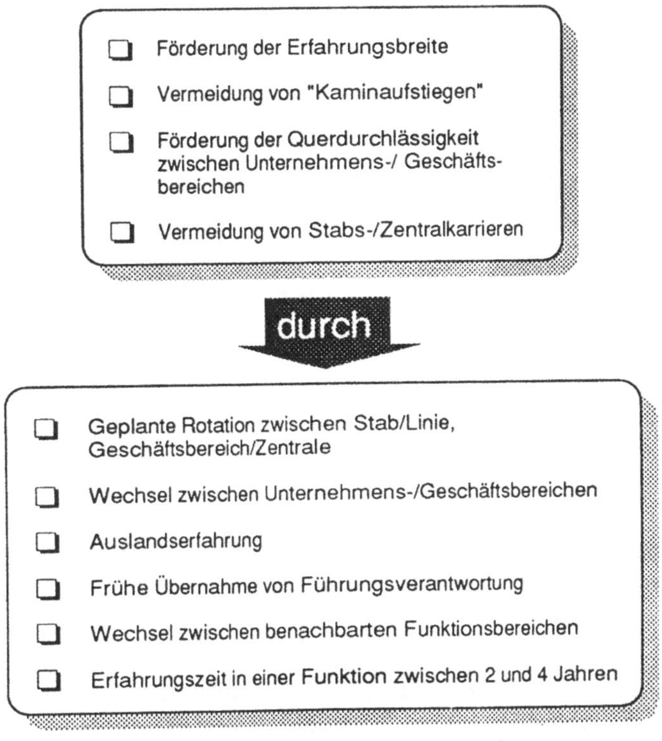

Bild 2: Leitlinien der Mitarbeiterentwicklung

Davon müssen vor allem die Führungskräfte überzeugt sein, ohne deren Mitwirkung ME nicht möglich ist. Schließlich muß die Unternehmenskultur "entwicklungsorientiert" sein; das bedeutet zum Beispiel, daß die Besetzung höherwertiger Positionen überwiegend aus den eigenen Reihen erfolgt. Mitarbeiterentwicklung und -förderung ist nur dann glaubwürdig, wenn ihre Auswirkungen transparent und nachvollziehbar sind.

Insgesamt orientiert sich die ME an dem Ziel, durch eine möglichst breite Ausbildung und Erfahrung der Mitarbeiter die Flexibilität und Querdurchlässigkeit zwischen Funktions- und Geschäftsbereichen zu erhöhen.

4 Geschichte der ME bei Bosch

In den vergangenen zwanzig Jahren sind bei Bosch in Übereinstimmung mit der Unternehmenskultur etwa 90 % aller Führungspositionen ab Abteilungsleiter aufwärts aus den eigenen Reihen besetzt worden. Durch das Wachstum des Unternehmens war eine Fortsetzung dieser erfolgreichen Personalpolitik nur durch den Einsatz und die Weiterentwicklung geeigneter Instrumente zu gewährleisten.

Seit 1971 besteht ein Personalentwicklungsprogramm (PEP), dessen Kernstücke eine jährlich durchgeführte Leistungsbeurteilung sowie ein damit verbundenes System der Mitarbeiterförderung waren, die in ihren Grundzügen bis heute gelten. Bezogen auf die Mitarbeiterentwicklung wurde jedoch zunehmend Handlungsbedarf in folgenden Bereichen erkennbar:

- Es wurden nicht alle Mitarbeiter mit Führungspotential im Förderkreis erfaßt, insbesondere im mittleren und oberen Tarifbereich.
- Die Fördermaßnahmen beschränkten sich oft auf eine Entsendung zu Seminaren; sie waren zu wenig zielgerichtet, spezifisch und individuell.
- Fördermaßnahmen wurden häufig den Kapazitätsüberlegungen und Anforderungen des Tagesgeschäftes angepaßt, wobei Abteilungs- und Bereichsinteressen im Vordergrund standen.

Aus dieser Situation heraus wurde 1987 die Mitarbeiterentwicklungsdurchsprache (MED) eingeführt, die den Zugang zum Förderkreis und die Festlegung von Fördermaßnahmen auf eine qualitativ neue Basis stellte.

1991 werden wir das Leistungsbeurteilungsverfahren durch das Mitarbeitergespräch ersetzen, das stärker auf Dialog und Abstimmung von Zielvorgabe und Zielerreichung zwischen Vorgesetztem und Mitarbeiter ausgerichtet ist.

5 Bausteine der ME

Im folgenden werden die wesentlichen Systembausteine der ME bei Bosch vorgestellt. Die Abfolge stellt keine Wertigkeit dar, sondern orientiert sich modellhaft am zeitlichen Ablauf.

5.1 Auswahlverfahren

Voraussetzung der ME ist eine systematische und zielgerichtete Mitarbeiterauswahl. Insbesondere bei knapper Personalausstattung ist es wichtig, daß Ersatz- oder Zusatzeinstellungen im Hinblick auf zukünftig zu erwartende Anforderungsprofile vorgenommen werden. Allein formal höher qualifizierte Kräfte - FH-Ingenieur statt Techniker, Diplom-Kaufmann statt Industriekaufmann - einzusetzen, erhöht zwar die Chance, daß eintretende Veränderungsprozesse bewältigt werden können, birgt aber auch das Risiko, die Mitarbeiter zunächst zu unterfordern und dadurch zu frustrieren.

Notwendig ist also eine möglichst präzise Bestimmung der derzeitigen und zukünftigen Aufgaben- und Anforderungsspektren sowie ein darauf abgestimmter Einsatz der Auswahlverfahren.

Im Bereich der Auswahl qualifizierter Fach- und Führungskräfte nimmt das Interview nach wie vor eine zentrale Stellung ein. Es wurde ausgebaut durch ein umfassendes Konzept "Interviewtechnik" (IT), mit dem die Personalleute und Vorgesetzten seit 1987 in dreitägigen Trainings vertraut gemacht werden. Durch eine strukturierte Informationsbeschaffung und -bewertung, die insbesondere Ereignisse und Verhalten des Kandidaten in der Vergangenheit zum Gegenstand hat, wird die Entscheidungsbasis nach einer Vorstellung deutlich verbessert und die Prognosesicherheit erhöht.

Bei Nachwuchskräften/Hochschulabsolventen, z.B. in der Auswahl für die Trainee-Programme, werden auch mehrtägige Assessment-Center (AC) eingesetzt, die gelegentlich auch in modifizierter Form als interne Förder-AC zur Stärken/Schwächen-Diagnose für Nachwuchskräfte angeboten werden.

Erste Erfahrungen liegen inzwischen mit spezifischen halbtägigen Einzel-AC-Versionen vor, die aus Aufwands- und Vertraulichkeitsgründen im mittleren/oberen Führungskreis extern und intern eingesetzt werden können.

5.2 Mitarbeitergespräch

Seit 1972 wird für alle Angestellten eine jährliche Leistungsbeurteilung durch den Vorgesetzten durchgeführt. In einigen Tarifgebieten wird auf diese Weise die Höhe der Leistungszulage ermittelt. Neben der merkmalsbezogenen Leistungsbeurteilung enthält das Verfahren Aussagen zur Erfüllung gestellter Aufgaben (Soll/Ist-Vergleich), Ziele für das kommende Jahr, eine allgemeine Beurteilung sowie Hinweise zu den Entwicklungsmöglichkeiten des Mitarbeiters. Die Beurteilung wird mit dem Mitarbeiter besprochen, und er hat die Möglichkeit, eigene Stellungnahmen abzugeben.

Zur Zeit wird ein neues System erprobt, in dem der Dialog zwischen Vorgesetztem und Mitarbeiter stärker betont wird. Das Mitarbeitergespräch in der Zukunft kann keine Einbahnstraße im Sinne der Verkündung von Beurteilungsergebnissen sein, sondern wird sich in Richtung auf ein partnerschaftliches Gespräch entwickeln. Wesentliche Bestandteile sind Bewertung der Ist-Situation, Abstimmung von Zielen für die Zukunft und Formulierung von Entwicklungszielen und -möglichkeiten für den Mitarbeiter.

Das Verfahren dient vor allem der Protokollierung des Gesprächs und als Informationsmedium im Rahmen der Mitarbeiterentwicklungsdurchsprache (siehe 5.3). Die Einführung ist für 1991/92 vorgesehen. Entscheidend ist allerdings niemals das Formular, sondern stets der "Geist der Anwendung". Aus diesem Grunde werden alle Führungskräfte vor der Einführung in mehrtägigen Workshops mit der Zielsetzung und Durchführung des neuen Systems vertraut gemacht.

5.3 Mitarbeiterentwicklungsdurchsprache (MED)

Seit Einführung der Mitarbeiterbeurteilung 1972 besteht innerhalb der Bosch-Gruppe der Förderkreis für besonders entwicklungsfähige Mitarbeiter. Über die Aufnahmen wurde im Rahmen der jährlichen Gehaltsdurchsprachen von Fach- und zuständiger Personalabteilung entschieden.

Seit Frühjahr 1987 wird eine separate jährliche MED durchgeführt, weil sich herausgestellt hat, daß dieses komplexe Thema nicht als Anhängsel der ebenfalls bedeutsamen jährlichen Gehaltsprüfung abgehandelt werden kann.

Zielsetzung war eine umfassendere Ausschöpfung des vorhandenen Mitarbeiterpotentials sowie eine intensive Beschäftigung mit Entwicklungszielen/ -möglichkeiten und individuellen Fördermaßnahmen.

Die Leiter der Fachbereiche und die zuständige Personalabteilung erörtern auf der Grundlage der geführten Mitarbeitergespräche die Entwicklungsperspektiven für *alle* Mitarbeiter. Auch der Kreis der Facharbeiter in den Werken ist im Hinblick auf die Werkstattführungslaufbahn in diese Überlegungen einbezogen. Die Vorgesetzten bringen ihre Erfahrungen aus der täglichen Arbeit, die Personalabteilungen zusätzlich den Quervergleich zu Mitarbeitern aus anderen Bereichen in die Entscheidungsfindung ein. Die im Mitarbeitergespräch erarbeiteten Weiterbildungsmaßnahmen - sowohl Anpassungs- als auch Aufstiegsqualifizierung - werden diskutiert und gegebenenfalls ergänzt. Aufnahmen in den Förderkreis werden vorgeschlagen und nach Abstimmung mit dem nächsthöheren Vorgesetzten und - bei AT-Mitarbeitern - der zuständigen zentralen Personalabteilung verabschiedet.

Im gleichen Rahmen werden die sich aus der Wirtschafts- und Personalbedarfsplanung ergebenden Auswirkungen auf Stellen im mittleren und oberen Führungskreis erörtert, und bei absehbarem Ersatz- und Zusatzbedarf werden Anforderungsprofile konkretisiert, die grundsätzlichen Möglichkeiten der internen oder externen Besetzung sowie mögliche Kandidaten diskutiert.

Durch diese Verbindung von quantitativer und qualitativer Personalplanung mit Mitarbeiterentwicklung ergeben sich wichtige Gesichtspunkte für eine unternehmensweite Personalpolitik.

5.4 Förderkreis, Fördergespräch

Die Aufnahme in den Förderkreis setzt neben fachlicher Kompetenz, die in den bisherigen Aufgaben bewiesen wurde, vor allem eine besondere Eignung im persönlichen Bereich voraus. Schlüsselqualifikationen im kognitiven (z. B. strategisches Denken, Kreativität, Zielorientierung), motivationalen (z. B. Leistungswille, Selbstvertrauen, Stabilität) und kommunikativen Bereich (z. B. Überzeugungskraft, Konfliktfähigkeit, Sensibilität) sollten überdurchschnittlich ausgeprägt sein. Darüber hinaus wird die Bereitschaft zum Standortwechsel innerhalb der Bosch-Gruppe erwartet. Im Durchschnitt umfaßt der AT-Förderkreis etwa 10 % der Mitarbeiter in jeder Vertragsgruppe.

Im Fördergespräch, an dem neben dem Mitarbeiter und dem direkten Vorgesetzten auch der nächsthöhere Vorgesetzte und (bei AT-Mitarbeitern) ein

Vertreter der zentralen Personalabteilung teilnehmen, werden Förderziele und -maßnahmen besprochen, wobei die Pläne und Ziele des Mitarbeiters eine besondere Rolle spielen. Es wird deutlich gemacht, daß die Förderkreismitgliedschaft keine Karrierezusage, sondern eine Herausforderung ist, und die Zielerreichung von Einsatz und Leistung des Mitarbeiters abhängt. Die Fördergespräche sind für die zentrale Personalabteilung durch den Kontakt zu Nachwuchskräften eine wichtige Informationsquelle; von den Mitarbeitern werden sie aus demselben Grund und als bedeutsame "symbolische Handlung" hoch bewertet.

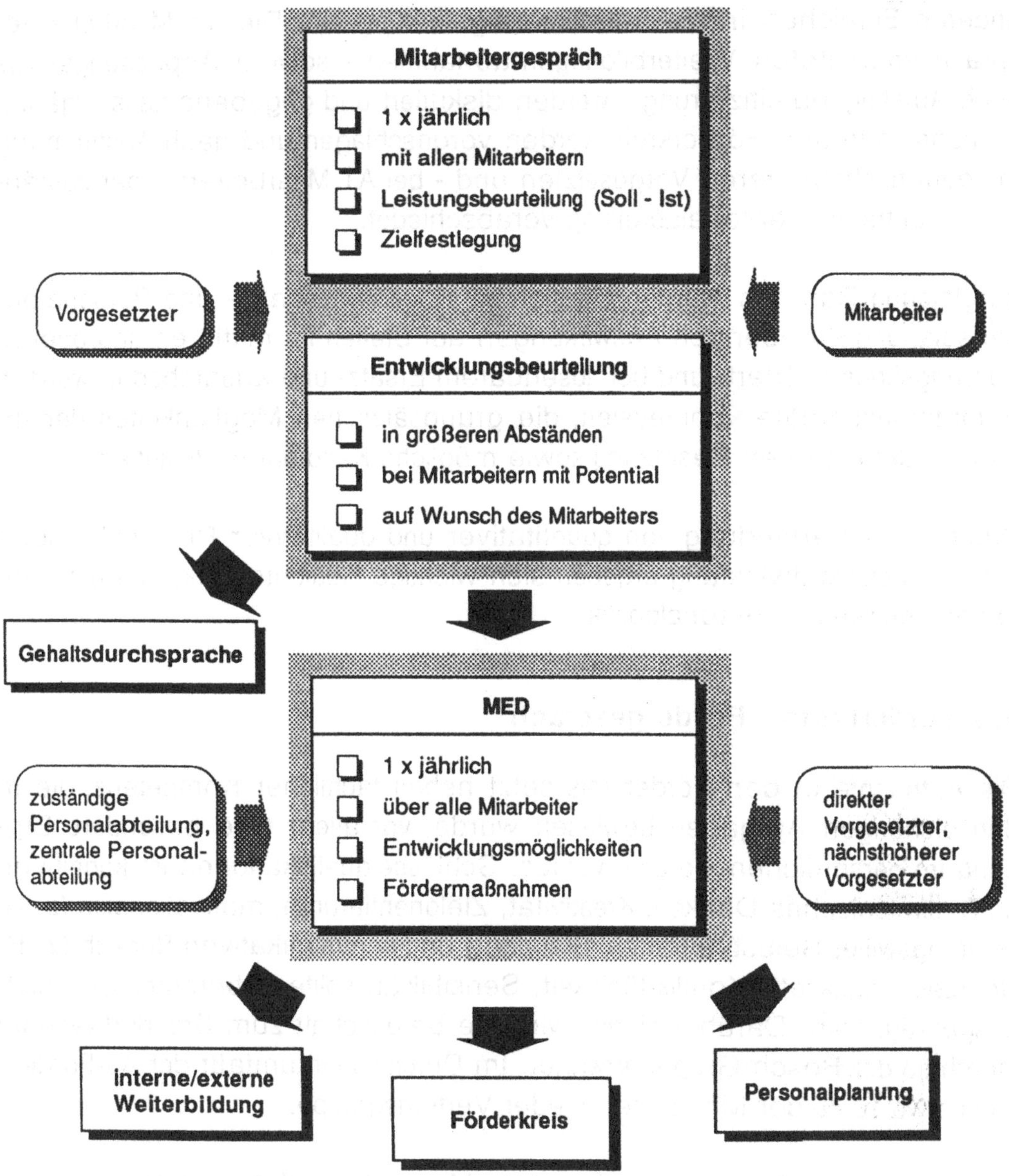

Bild 3: Instrumente der ME bei Bosch

5.5 Fördermaßnahmen

Sämtliche Mitglieder im Förderkreis nehmen an bestimmten, nur für diese Gruppe entwickelten Veranstaltungen teil.

Diese sind ebenenspezifisch (Tarifkreis, mittlerer bzw. oberer Führungskreis), standort- bzw. geschäftsbereichübergreifend und auf die drei Schwerpunkte *Unternehmensinformation, Erkennen von Zusammenhängen* in unternehmensspezifischen Planspielen sowie *Kommunikation, Kooperation und Führung* ausgerichtet. Neben der fachlichen Orientierung wird der wiederholte Kontakt unter den Förderkreis-Mitgliedern über Fach- und Standortgrenzen hinweg (Netzwerkgedanke, Wir-Gefühl) als nicht zu unterschätzende Fördermaßnahme angesehen.

Wichtiger jedoch als Schulungsveranstaltungen (off the job) sind Fördermaßnahmen on the job wie z.B. Projekte, Förderdurchläufe, Aufgabenwechsel oder aktive Stellvertretung. Sie werden ergänzt durch interne und externe, auf den individuellen Bedarf zugeschnittene Seminare.

Zusätzlich ist damit begonnen worden, Förderkreismitglieder, deren Entwicklung über den eigenen Funktions-/Geschäftsbereich hinausgehen wird (high potentials), durch hochrangige Mentoren aus anderen Bereichen betreuen zu lassen. Ziel dieser Kontakte ist verbreiterte und vertiefte Orientierung im Unternehmen und eine weitere Intensivierung der Beratungsfunktion für die Nachwuchsmitarbeiter.

Das Förderprogramm ist auf zwei bis vier Jahre ausgelegt und endet in der Regel mit der Erreichung des Förderziels. Der Förderkreis im AT-Bereich wird von der zentralen Personalabteilung betreut; es liegt nahe, daß diese Mitarbeiter ein erhebliches Reservoir im Hinblick auf Stellenbesetzungen innerhalb der Bosch-Gruppe darstellen.

5.6 Fach- und Führungslaufbahn

Nicht jeder Mitarbeiter ist für eine Führungsaufgabe geeignet. Es hat sich oft gezeigt, daß eine solche Beförderung einen doppelten Nachteil bedeuten kann: ein guter Spezialist geht verloren und eine mittelmäßige Führungskraft kommt hinzu. Bei Bosch wird seit fast 20 Jahren die Parallelhierarchie (Fach-/ Führungslaufbahn) erfolgreich praktiziert, die im AT-Kreis sämtliche Stufen einschließlich der Direktorenebene abdeckt.

Hinsichtlich der vertraglichen Regelungen, der Gehaltsbandbreiten und der Akzeptanz im Unternehmen gibt es zwischen Fach- und Führungslaufbahn keine Unterschiede. Dadurch wird auch die Rotation zwischen Linien- und Stabsfunktionen erheblich erleichtert und typische "Stabskarrieren" werden weitgehend vermieden.

Die Fachlaufbahn ist inzwischen in vielen Funktionsbereichen (z.B. F&E, Finanz- und Rechnungswesen/Controlling, Datenverarbeitung) eine gleichwertige Alternative, so daß die Personalabteilungen sogar gelegentlich für die in mancher Hinsicht belastendere Vorgesetztenaufgabe werben müssen. Zielsetzung bleibt natürlich, den Wechsel zwischen Fach- und Führungsaufgabe, Stabs- und Linienfunktion im Hinblick auf eine sinnvolle Laufbahnentwicklung zu fördern.

6 ME ist eine Führungsaufgabe

Die beispielhaft geschilderten Systeme und Instrumente können jedoch das Gespräch mit den Mitarbeitern nur ergänzen und fördern, nicht ersetzen. Die früher vielleicht zutreffende Einschätzung, daß der Mitarbeiter am liebsten keinen Kontakt zum "Chef" und der Personalabteilung haben wolle, gilt heute nicht mehr; beide müssen das Gespräch aktiv suchen und kontinuierlich führen. Alle eingesetzten Verfahren und Entwicklungsmaßnahmen sollen diesen Dialog zwischen Mitarbeitern, Vorgesetzten und Personalbereichen unterstützen und entwickeln mit dem Ziel, die spezifischen Interessen zu einer tragfähigen Lösung zu integrieren.

ME ist daher vor allem eine Führungsaufgabe, auf die auch die Vorgesetzten vorbereitet werden müssen. Schulung in partnerorientierter Gesprächsführung, Stärken/Schwächen-Diagnose, Informationen über spezifische Entwicklungsmöglichkeiten im Unternehmen sind dafür nur Beispiele. Wichtiger aber als das "Können" ist das "Wollen".

Manche Vorgesetzte glauben, gute Mitarbeiter durch Nicht-Förderung im bereichsbezogenen Eigeninteresse halten zu können. Das Gegenteil ist der Fall: letztlich gehen sie doch, verlassen unter Umständen sogar das Unternehmen, und Nachwuchs aus dem Hause ist für diesen Bereich kaum noch zu gewinnen. Eine vielfach bestätigte Regel lautet: wer bekannt dafür ist, seine Mitarbeiter zu entwickeln und zu fördern, wird auch keine Probleme haben, qualifizierten Ersatz zu beschaffen. Dies gilt ebenso für Vorgesetzte wie für ganze Unternehmen.

Schlüsselqualifikationen

Definition: *Merkmale des Leistungsverhaltens und der Persönlichkeitsstruktur, die bei Führungskräften und hochqualifizierten Spezialisten für die Bewältigung zukünftiger Aufgaben erforderlich sind.*

Kognitiver Bereich

- ❑ Erkennen von Zusammenhängen und Wechselwirkungen (Vernetzung); Fähigkeit zur Analyse und Strukturierung von komplexen Problemen; Überblick; **strategisches Denken**
- ❑ Geistige Flexibilität; Lernfähigkeit; Innovationskraft; **Kreativität**
- ❑ Planungsvermögen; Organisationstalent; **zielorientiertes Handeln** ; Entscheidungsfreude

Motivationaler Bereich

- ❑ **Leistungsstreben;** Initiative und Energie; Gestaltungswille; Aufstiegsmotivation
- ❑ **Selbstvertrauen,** emotionale Stabilität und Unabhängigkeit; Selbstbehauptung, Durchsetzung
- ❑ **Risikobereitschaft;** Ertragen von Unsicherheit

Sozial-interaktiver Bereich

- ❑ **Kommunikationsfähigkeit;** Aufgeschlossenheit und Offenheit; Sensibilität für Menschen, Einfühlungsvermögen
- ❑ **Überzeugungskraft;** Präsentation; Rhetorik; Begeisterungsfähigkeit
- ❑ **Konfliktfähigkeit;** Konfliktlösung; Ausgleich von Interessen, Kompromißbereitschaft

Bild 4: Schlüsselqualifikationen

Auf der Unternehmensseite ist es wichtig, daß öffentlich verkündete Prinzipien und Leitsätze auch in der Praxis gelebt und eingehalten werden. Mitarbeiter, die bereit sind, im Interesse des Unternehmens und ihrer eigenen Entwicklung neue, mit Ortswechsel verbundene Aufgaben zu übernehmen, sollten merken, daß sich diese Wege auch lohnen. Wenn Auslandseinsätze eine gewünschte Entwicklungsmaßnahme sind, dann müssen Entsendungsregelungen für die ganze Familie befriedigende Lösungen darstellen und Rückkehrer möglichst nahtlos wieder eine adäquate Stelle im Inland finden.

7 Ausblick

Mitarbeiterentwicklung heißt schließlich auch Förderung von Selbstregulation, Selbstbestimmung und Eigenverantwortung bei den Mitarbeitern. Sie ist eben nicht nur Training spezifischer Fähigkeiten, sondern bezieht sich auf den ganzen Menschen als selbstverantwortlich handelndes Subjekt.

ME bedeutet also letztlich, den Mitarbeiter aus der Rolle des betroffenen Objekts zu führen und ihn zu einem Beteiligten zu machen. Unter anderem ist dies eine Erkenntnis aus der Wertwandel-Diskussion. In diesem Zusammenhang sind Transparenz, Ehrlichkeit und Mitwirkung zentrale Kategorien, an denen alle ME-Systeme und Maßnahmen gemessen werden müssen.

Laufbahnpläne, Stellenbesetzungsentscheidungen, Mitarbeiterbeurteilungen und Weiterbildungsmaßnahmen sollten ebenso wie Entgeltfestlungen und aufbau- und ablauforganisatorische Regelungen für die Mitarbeiter nachvollziehbar und akzeptabel sein. Der Versuch, ein Unternehmen dirigistisch ohne Rücksicht auf Personen von oben zu lenken, ist zum Scheitern verurteilt. Eine Unternehmung - wie jede Organisation - wird in der Zukunft um so stärker sein, je besser es ihr gelingt, die Ziele, Interessen und Bedürfnisse ihrer Mitglieder mit ihren eigenen in Übereinstimmung zu bringen.

Dies wird nie vollends in einem stabilen Gleichgewicht gelingen, sondern stets ein neu zu bewältigendes Spannungsverhältnis bleiben.

Die Anpassungs- und Überlebensfähigkeit eines Unternehmens wird nicht zuletzt davon abhängen, inwieweit Führungskräfte und Personalbereiche diesen Prozeß in einem permanenten Dialog mit den Mitarbeitern zu gestalten bereit und in der Lage sind.

Produktionsmanagement II

Plenumsveranstaltung

Sitzungsleiter: *Hans-Jörg Bullinger*

Univ.-Prof. Dr.-Ing. habil. H.-J. Bullinger ist Leiter des Instituts für Arbeitswissenschaft und Technologiemanagement (IAT) der Universität Stuttgart und Leiter des Fraunhofer-Instituts für Arbeitswirtschaft und Organisation (IAO), Stuttgart

Die Produktion als Wettbewerbsfaktor - Herausforderungen an das Produktionsmanagement

B. Eidenmüller

Dr. B. Eidenmüller ist selbständiger Unternehmensberater in München

Inhalt

1 Einbindung der Produktionsstrategie in die Unternehmensziele

Der Strukturwandel in Technik, Markt und Gesellschaft wirkt in mehrfacher Hinsicht auf den Produktionsbereich der Elektroindustrie ein. Der technologische Wandel wird heute entscheidend geprägt durch den raschen Fortschritt auf dem Gebiet der Mikroelektronik. Sie bewirkt auf breiter Front den Übergang von der Elektromechanik zur Elektronik und führt nicht nur zum kostengünstigen Ersatz elektromechanischer Funktionseinheiten, sondern fordert zur Entwicklung zahlreicher neuer Produkte heraus. Parallel dazu vollzieht sich ein tiefgreifender Wandel bei den Prozeßtechnologien.

Charakteristisch für die derzeitige und - soweit absehbar - künftige Marktsituation ist der rasche Wandel in den Nachfragestrukturen aufgrund der kurzen Innovationszyklen bei den Produkten und der verstärkten Forderung nach kundenspezifischen Ausführungen bei kurzen Lieferzeiten.

Mit der Globalisierung der Märkte hat sich der Wettbewerb verschärft. Es gibt kaum noch einen Markt, auf dem nicht auch Auslandsfirmen konkurrieren. In diesem Wettbewerb sind die Unternehmen gezwungen, mit neuen Produkten schnell auf den Markt zu kommen und durch Leistungsdifferenzierung oder Kostenführerschaft Wettbewerbsvorteile zu erringen. "Time-to-market" und "Just-in-time" sind entscheidend für den Erfolg von innovativen Unternehmen.

Während die strategische Bedeutung von Forschung und Entwicklung (FuE) sowie des Marketings relativ klar und offensichtlich ist, wird der Stellenwert der Produktion oft unterschiedlich beurteilt; gerade für eine kapitalintensive Produktion ist es wesentlich, daß die Rolle und damit das Ziel der Produktion klar definiert wird.

Vielen Unternehmen ist in den letzten Jahren (wieder) bewußt geworden, wie bedeutend für den Markterfolg - neben dem "richtigen" Produkt - eine exzellente Produktion ist. In vielen Fällen fehlt es jedoch an einem umfassenden Verständnis dafür, wie die Produktion zu den strategischen Zielen eines Unternehmens beitragen kann.

Sollen Produktionssysteme nachhaltig effektiv und effizient arbeiten, so reichen punktuelle Leistungsverbesserungen nicht aus, so hilfreich jede dieser Maßnahmen im einzelnen auch sein mag. Die bisherigen Ansätze zur stärkeren Objektorientierung in der Produktion, wie flexible Fertigungssysteme und automatisierte Läger, haben zwar zu wichtigen Verbesserungen geführt, sind aber wegen ihrer unzureichenden Erfolgswirksamkeit auf dem Markt nicht immer effektiv. Oft fehlt bei diesen Ansätzen die Verknüpfung zur Wettbewerbsstrategie des Unternehmens. Nicht die Einzelmaßnahme, sondern die gesamte Produktion als komplexes System muß in den Mittelpunkt der Gestaltungsinteressen rücken. Benötigt werden daher strategische Produktionspläne, die Leistungsziele für Kosten, Qualität, Durchlaufzeiten und Flexibilität für die gesamte Wertschöpfungskette eines Produktes langfristig festlegen und deren Erfüllung über ein kurzfristiges Berichtssystem überwacht wird.

Entscheidend für die künftigen Wettbewerbserfolge ist die stärkere Einbindung der Produktion in die strategischen Gesamtziele eines Unternehmens. Der Leistungsumfang einer Produktion muß im Rahmen einer Strategieplanung aus der Geschäftsstrategie ermittelt werden. Konkret bedeutet dies die Festlegung, welche Ziele in welchem Maß mit welchen Strategien erreicht werden sollen.

Eine Geschäftspolitik ist in der Regel nur dann erfolgreich, wenn sie konsequent auf einen von zwei grundlegenden Wettbewerbsvorteilen abzielt: Kostenführerschaft, d.h. Wettbewerbsvorteile durch niedrigere Kosten, oder Leistungsdifferenzierung, d.h. Wettbewerbsvorteile durch bessere Leistung aus der Sicht des Käufers.

In Analysen und Konzepten "begnügen" sich viele Unternehmen bei Produktleistungsmerkmalen, Qualitätsanforderungen, Logistikleistung und anderen Zielgrößen mit einem in der Branche üblichen Gleichstand, anstatt klar herauszuarbeiten, auf welchen Leistungsgebieten eine Einzigartigkeit aufgebaut werden soll. Die Ziele müssen dann allerdings auch quantitativ formuliert werden. Qualitative Aussagen wie "besser" oder "höher" nützen in der Praxis bei der Definition einer Produktionsstrategie wenig.

Wichtig für den Erfolg einer Produktionsstrategie ist ein ganzheitlicher und geschäftsorientierter Planungsansatz. Die Zielgrößen für eine Fabrik ergeben sich aus einem Kranz von Rahmenbedingungen, aus denen die Produktionsstrategien abzuleiten sind. Umgekehrt können aber auch besondere Stärken in bestimmten Gestaltungsfeldern der Produktion dazu anregen, solche Potentiale in der Geschäftsstrategie als Wettbewerbsvorteile einzusetzen.

2 Probleme bei der CIM-Realisierung

In den vergangenen zehn Jahren gab es drei starke Impulse, die Struktur der Produktionsbereiche zu überdenken und neu zu gestalten:

- Die hohen Kapitalkosten rückten das Thema Bestände in den Mittelpunkt der Betrachtung. Man erkannte, daß durch eine prozeßorientierte Gestaltung der Produktion und eine entsprechende Dimensionierung der Kapazitäten Bestände reduziert bzw. vermieden werden können.
- Die zunehmende Bedeutung der Produktentwicklung und die Erschließung der Rationalisierungspotentiale durch computergestütztes Konstruieren, computergestützte Arbeitsplanung und Erstellung von Steuerungsprogrammen für Maschinen führte zu einer stark produktorientierten Betrachtung, die schließlich in der CIM-Idee ihren Niederschlag fand. Durch eine Integration aller computergestützten Verfahren incl. Produktionsplanung und -steuerung sollte ein Maximum an Leistungsfähigkeit erzielt werden.
- Der Impuls aus der Informationstechnologie wurde überlagert durch die zunehmend erforderliche Marktorientierung: Jede Maßnahme im Unternehmen muß an ihrem Beitrag zur Verbesserung der logistischen Leistungsfaktoren gemessen werden. Diese prozeßorientierte logistische Betrachtungsweise stellt den Kundenauftrag in den Mittelpunkt des Geschehens.

Trotz aller positiven Auswirkungen und Impulse, die von der Computer-Unterstützung der wichtigsten Aufgabenblöcke im Produktionsbereich ausgingen, steht der Gesamteffekt - in bezug auf die logistische Leistungsfähigkeit eines Unternehmens - vielfach noch in keinem sonderlich günstigen Verhältnis zum Aufwand.

Die anfängliche CIM-Begeisterung ist mittlerweile einer Ernüchterung gewichen. Als Probleme bei der CIM-Realisierung werden vor allem genannt: Hohe Investitionskosten, Schnittstellenprobleme bei der Anpassung der verschiedenen Anwendersoftware, hoher Anpassungsaufwand der betrieblichen Abläufe und Schnittstellenprobleme bei der Datenübertragung.

Einer der Hauptgründe dafür, daß CIM-Konzepte und Lösungen bisher nicht die Erwartungen hinsichtlich einer Leistungsverbesserung erfüllt haben, liegt in der nicht ausreichenden logistischen Orientierung. Darüber hinaus fehlt es oft an der ganzheitlichen Betrachtung, d.h. an der gleichzeitigen Betrachtung der technischen, organisatorischen und personellen Aspekte.

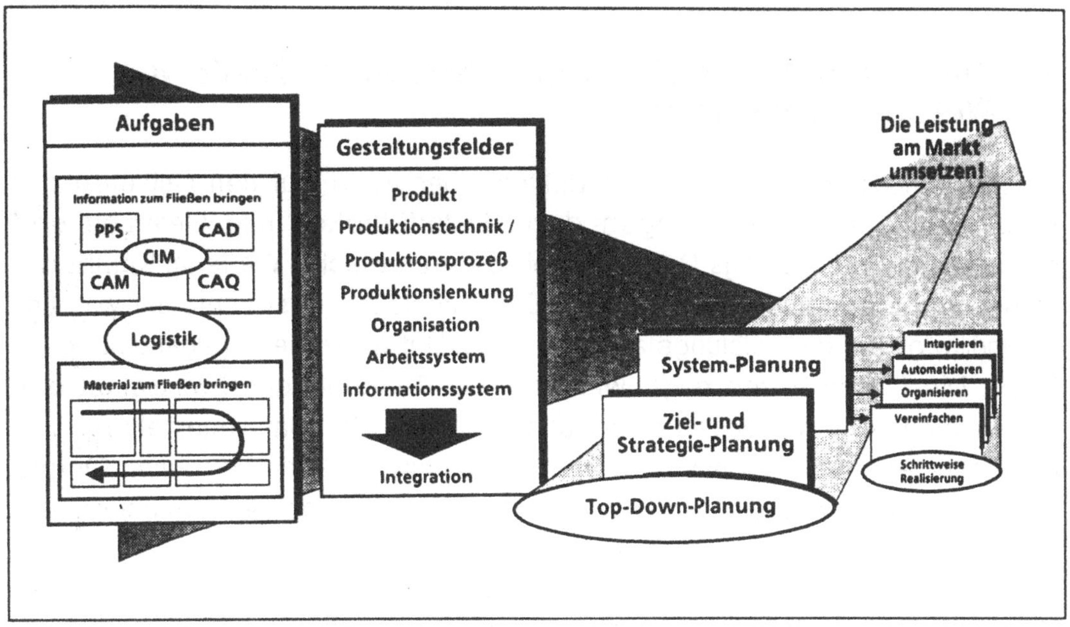

Bild 1: Ganzheitliche Top-Down-Planung und schrittweise Realisierung

Die in den letzten Jahren stark forcierte Automatisierung und Rechnerunterstützung in den Produktions- und produktionsnahen Bereichen zielten in erster Linie auf lokale Rationalisierung, Durchlaufzeitreduzierung und Qualitätsverbesserung. Die gegenwärtige Phase des Strukturwandels mit ihren verstärkten Forderungen nach Marktpräsenz, Lieferbereitschaft und Flexibilität verlangt jedoch nicht nur eine konsequente Fortsetzung des eingeschlagenen Weges einer weiteren Umschichtung von Umlauf- in Anlagevermögen, sondern auch eine Einbindung aller Aktivitäten in ein logistisches Gesamtkonzept. Nur dadurch wird sichergestellt, daß die technischen Möglichkeiten unmittelbar erfolgswirksam im Kampf um Märkte und Marktanteile genutzt werden. Insofern ist "Manufacturing" im Begriff CIM zur Beschreibung dessen, was alles integriert werden muß, ebenso unzureichend wie die Beschränkung auf eine reine "Computer Integration". Verschiedentlich wurde diesem Problem mit neuen Begriffen wie CAI ("Computer Aided Industry") oder CIB ("Computer Integrated Business") Rechnung getragen.

Inzwischen wurde auch erkannt, daß CIM nicht in einem Stück realisiert werden kann. Bewährt hat sich - nach der Erstellung eines Rahmenkonzeptes - die schrittweise Realisierung einzelner Bausteine. Damit diese nicht zu "Inseln" werden, muß durch die Integration die Verbindung von Fertigungsprozeß und Materialfluß und die Verknüpfung mit den vorgegebenen und anfallenden Daten erfolgen (Bild 1).

3 Die Zielgröße "Zeit" als entscheidende Quelle von Wettbewerbsvorteilen

Kürzere Innovationszeiten bei Produkten, aber auch auf den Gebieten der Produktionstechnologie, zwingen dazu, Lieferfähigkeit und Lieferzeit und damit letztlich die Auftrags-Durchlaufzeit als strategische Waffe im Kampf um Märkte und Marktanteile einzusetzen. Die Durchlaufzeit ist heute der wichtigste Indikator für die Leistungsfähigkeit eines Unternehmens gegenüber dem Markt. Die Durchlaufzeit zeigt, wie hoch die Reaktionsgeschwindigkeit des Unternehmens im Marktgeschehen ist, wie schnell also das Unternehmen Impulse aller Art aus der Umwelt aufnehmen und in ergebniswirksamen Output umsetzen kann. Aus diesem Grund haben produktorientierte Durchlaufzeitziele künftig eine zentrale Bedeutung.

Unter der Forderung "Just-in-time" (JIT) erfolgt derzeit in vielen Unternehmen eine Neuorganisation der betrieblichen Strukturen und Prozesse, die sich auf den Materialfluß und auf den Informationsfluß erstreckt. Die Zielgröße "Zeit" wird dabei als entscheidende Quelle für Wettbewerbsvorteile gesehen.

Kurze Durchlaufzeiten und die Beherrschung der Produktionsprozesse sind die Voraussetzung für eine "Just-in-time"-Produktion. Die Reduzierung der Durchlaufzeit setzt eine Harmonisierung der Prozesse über alle Funktionsbereiche voraus. Anstelle einer Suboptimierung bei den Einzelprozessen muß eine Flußoptimierung des Gesamtprozesses angestrebt werden.

Die Ausrichtung der Produktion an Durchlaufzeitzielen bedeutet, daß alle künftigen Maßnahmen und Planungen unter dem Gesichtspunkt des "kontinuierlichen Fließens" von Aufträgen erfolgen müssen. Somit sind alle Maßnahmen dahingehend zu prüfen, ob und inwieweit sie zur Reduzierung oder Vermeidung von Liegezeiten in der gesamten logistischen Kette beitragen.

Die Betrachtung der Produktion als logistische Kette beinhaltet die Forderung, daß alle Maßnahmen zur Verbesserung auf einen möglichst homogenen Fluß von Material und Information in allen Produktionsbereichen abzielen müssen. Jeder Produktionsabschnitt der logistischen Kette muß in das Maßnahmenpaket "Durchlaufzeitreduzierung und Flexibilitätserhöhung" einbezogen werden. Lokale Investitionen für eine lokale Verbesserung (z.B. Realisierung der Losgröße 1 in *einer* Werkstatt) tragen nur dann zur Beschleunigung bei, wenn der Fluß nicht durch Läger unterbrochen wird, bzw. wenn es sich um einen Teilschritt im Rahmen einer Gesamtplanung handelt.

Die Reduzierung der Durchlaufzeit setzt eine Harmonisierung der Prozesse über alle Funktionsbereiche voraus. Einem möglichst kontinuierlichen Materialfluß sind andere, teils divergierende Ziele unterzuordnen.

Der Flußgedanke wurde in Verbindung mit der Entwicklung fertigungsgerechter Produkte besonders von japanischen Wettbewerbern verfolgt (Bild 2).

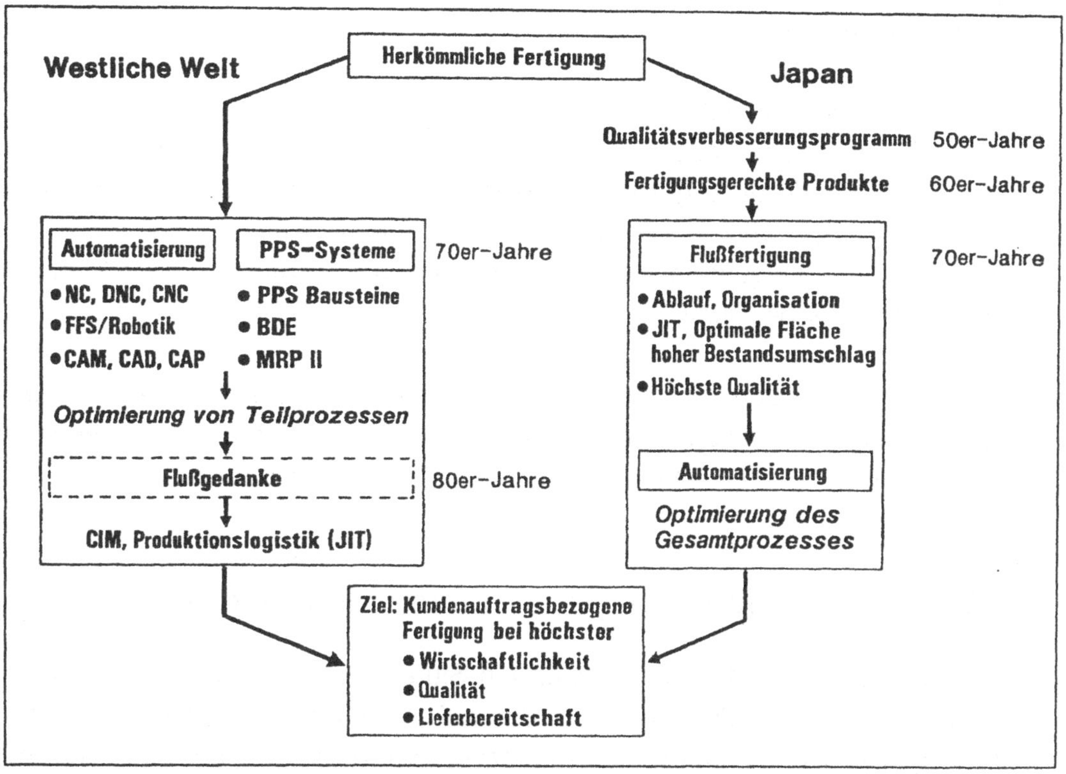

Bild 2: Strategien zur Verbesserung der Fertigung

Die Erfolge der japanischen Industrie in den letzten Jahren sind insbesondere darauf zurückzuführen, daß in vielen japanischen Großunternehmen die Produktionsleistungen kontinuierlich verbessert wurden. Die Japaner haben niemals geglaubt, das Produktionsproblem gelöst zu haben; sie haben niemals die Herausforderung unterschätzt, eine "Fabrik von heute" aufzubauen und weiterzuentwickeln.

Es gibt hierzu keine magischen Formeln - nur stetige Verbesserungen in kleinen Schritten unter besonderer Beachtung grundlegender Produktionsregeln im Rahmen einer strategischen Produktionsplanung. Die Produktionsregeln sind uns nicht unbekannt; auch die Erfolge der deutschen Industrie basierten und basieren auf ihrer Anwendung.

Aufbauend auf einer aus der Geschäftsstrategie abgeleiteten Produktionsstrategie müssen Produktstruktur, Produktionsprozesse, Produktionslenkung, Informationsversorgung und - nicht zuletzt - die Organisation zielgerichtet gestaltet werden. Ohne Weichenstellungen in Aufbau- und Ablauforganisation werden die vorgegebenen Ziele kaum erreicht werden. Die richtige Organisation ist Voraussetzung für die Durchführung einer Strategie. Danach sind technische Maßnahmen schrittweise zu realisieren. Ohne die Wechselwirkungen zwischen den Aufgabenfeldern zu verkennen, muß dies die Stoßrichtung des Handelns sein.

Beim Einsatz neuer Verfahren kann es nicht darum gehen, die Prozesse allein zu optimieren; der Mensch muß verstärkt in den Mittelpunkt des Interesses rücken. Die Förderung der Humanressourcen im Produktionsbereich kann und darf nicht vernachlässigt werden. Der Erfolg eines Unternehmens wird auch in der Fertigung immer mehr von der Qualifikation und der Motivation der Mitarbeiter bestimmt.

Aufgabe des Produktionsmanagements ist es, die Strategiefelder der Produktion zu analysieren und so zu gestalten, daß die Produktion als Wettbewerbsfaktor einen wesentlichen Beitrag zum Unternehmenserfolg leistet.

4 Die Gestaltung einer "Just-in-time"-Produktion

Bei der Realisierung von JIT hat sich ein Stufenkonzept der "Strategie des Fließens" als zweckmäßig erwiesen, das auf einer konkreten quantifizierten Festlegung der angestrebten Leistungsziele aufsetzt, und bei dem schrittweise alle Aspekte des Logistiksystems so gestaltet werden, daß ein maximaler Beitrag zur Zielerreichung geleistet wird. Im einzelnen sind diese Schritte die folgenden:

Prozeßgerechte Produkte

Der Weg zur kürzeren Durchlaufzeit beginnt in der Entwicklung. Die Struktur des Produktes bestimmt nicht nur die Fertigungstechnologie und damit den Produktionsprozeß und die Herstellkosten, sie prägt auch entscheidend das gesamte System der Produktionsplanung und -steuerung. Ein ungünstig gestaltetes Produkt begrenzt bei einem noch so leistungsfähigen Produktionsprozeß die erreichbare Durchlaufzeit ebenso wie die erreichbare Flexibilität.

So kann der größte Erfolg der Verkürzung der Durchlaufzeiten dann erreicht werden, wenn die konstruktive Gestaltung und Strukturierung der Produkte eine Reduzierung der Fertigungsstufen, der Arbeitsgänge und der Lagerstufen zulassen. Eine große Zahl von Fertigungsstufen führt zu langen Laufzeitketten und damit zu hoher Kapitalbindung. Ziel sollte es daher sein, bei der Produktgestaltung folgende Forderungen zu berücksichtigen:

- Konsequente Standardisierung von Produkten und Fertigungsmitteln
- Entfeinerung der Konstruktion
- Modularisierung mit möglichst vielen Gleichteilen und Reduzierung der Teilevielfalt
- Variantenbildung erst am Ende der Wertzuwachskurve
- Montage-, automatisierungs- und prüfgerechte Produktgestaltung.

Beherrschbare Prozesse

Von entscheidender Bedeutung für die Realisierung des Fließprinzips ist neben der Reduzierung der Durchlaufzeit vor allem die Beherrschung der Prozesse. Viele heutige Konzepte gehen davon aus, daß die geplanten Durchlaufzeiten - welche die Grundlage für jede Terminierung bilden - auch tatsächlich eingehalten werden, zumindest in definierten Toleranzgrenzen. Die Praxis zeigt jedoch, daß die Durchlaufzeitverteilung eine sehr breite Streuung aufweist, so daß auch noch so gute Methoden falsche Ergebnisse liefern müssen, was sich oft unmittelbar auf die Logistikleistung auswirkt. Daraus resultiert einerseits die Forderung nach Sicherstellung der "100 %igen" Verfügbarkeit aller Produktionseinsatzfaktoren sowie nach beherrschbaren Fertigungstechnologien und fertigungstechnisch ausgereiften Produkten, andererseits nach rasch wirkenden Entstörfunktionen, die sich nicht mit der Identifizierung und Klassifizierung einer Störung begnügen, sondern ihr Hauptgewicht auf die Beseitigung der Ursachen und die Vermeidung von Auswirkungen legen (Entstörmanagement).

Marktorientierte Lenkung

Aufgabe der Produktionslenkung ist es, alle für die Realisierung von Aufträgen erforderlichen Produktionseinsatzfaktoren (Material, Maschinen-/Anlagenkapazität, Personal, Werkzeuge, Unterlagen) zeitlich und mengenmäßig verfügbar zu machen und so zu koordinieren, daß möglichst wenig Warte- und Liegezeiten - im Sinne des "Just-in-time"-Ideals - und damit auch möglichst niedrige Pufferbestände in der logistischen Kette auftreten.

Aus dieser umfassenden Aufgabenstellung resultieren folgende Funktionen:

- Ermittlung des Bedarfs an Produktionseinsatzfaktoren
- Sicherstellung der kompletten Verfügbarkeit aller Produktionseinsatzfaktoren
- Synchronisation aller Prozeßabläufe durch Abgleich von Kapazitätsangebot und -nachfrage.

Je nach der zeitlichen Distanz der Durchführung dieser Funktionen zum entsprechenden realen Produktionsprozeß kommt ihnen planerischer oder steuernder Charakter zu.

Für die Planung spielen die Qualität der Erzeugnisse sowie die Beherrschung der Produktionsprozesse, der Versorgung und der Änderungen eine entscheidende Rolle. Von zentraler Bedeutung ist dabei die Dimensionierung der Puffer, die bei Entkopplung des Materialflusses erforderlich sind. Die Gründe für einen durch Puffer entkoppelten Materialfluß liegen überwiegend im technischen Bereich (Prozeßsicherheit) sowie in unsicheren Versorgungsprozessen. Ein wirtschaftliches Abwägen von Bestandskosten, Kapazitätskosten und Kosten für "100 %ige" Prozeßsicherheit muß je Fertigungsstufe erfolgen.

Die Steuerungsfunktionen müssen durch situationsbezogene Synchronisation der Prozesse in der Produktion (kleine Lose, keine unnötigen Lagerstufen) und durch kurzfristige Sicherstellung der Verfügbarkeit dafür sorgen, daß ein möglichst kontinuierlicher Auftragsfluß erreicht wird. Dies umfaßt auch und vor allem Maßnahmen zur Beseitigung von Störungen (Entstörmanagement).

Entsprechend den konkreten Verhältnissen bedient sich die Produktionslenkung unterschiedlicher Methoden und Verfahren. Dazu zählen: Layout-Planung, Simulation, Prognose- und Dispositionsmethoden, Synchronisations- und Koordinationsmethoden (Kanban, Auftragsfreigabe mit Belastungsschranke ABS, Fortschrittszahlenmethode usw.).

Flußgerechte Organisation

Die Erfüllung der logistischen Anforderungen verlangt auf der organisatorischen Seite

- entflochtene, prozeßorientierte Abläufe in der Fertigung,
- produkt- und auftragsorientierte Aufbauorganisation,
- starke Überlappung der Tätigkeiten im Vorlaufbereich,
- starke Überlappung zwischen Vorlauf und Fertigung,
- starke Reduzierung der Arbeitsteilung.

Jede quer zum Materialfluß verlaufende Organisationsgrenze behindert das Fließen. Produktorientierte Formen der Aufbauorganisation, die zu einer Dezentralisierung und zu einem Abbau von Hierarchiestufen führen, treten daher in den Vordergrund. Schon die Bildung von teilautonomen Gruppen im Werkstattbereich bringt erhebliche Vorteile. Weitergehende Konzepte zur flußorientierten Entflechtung ganzer Produktlinien führen in letzter Konsequenz zu kleinen, autonomen Einheiten, die ihre Schlagkraft aus der Bündelung aller produktspezifischen Funktionen und aus der Synchronisation der Prozesse schöpfen. Dienstleistungsbezüge aus der umgebenden Infrastruktur eines solchen "Werks im Werk" - beispielsweise aus Rechenzentrum oder zentralem Einkauf - helfen, Nachteile kleiner Einheiten zu entschärfen.

Durch die organisatorischen Maßnahmen wird gewissermaßen Ordnung geschaffen für den Einsatz der Datenverarbeitung im Rahmen von CIM, aber auch darüber hinaus. Es wird vermieden, daß unpassende Strukturen und überflüssige Schnittstellen durch hohen dv-technischen Aufwand integriert werden. Die organisatorische Integration ist somit nicht nur ein Gebot logistischer Zielerreichung, sondern auch der Wirtschaftlichkeit.

Human Engineering

Der technologische Wandel verändert die Beschäftigungsstruktur. In der Fertigung bedeutet die zunehmende Automatisierung eine Tätigkeitsverschiebung vom Ausführen und Bedienen zum Überwachen, Steuern und Optimieren. Gut ausgebildete qualifizierte Fachleute vor Ort können den Materialfluß durch Prozeßoptimierung und Erhöhung der Anlagennutzung entscheidend verbessern.

In einer CIM-Fabrik ist der Mensch die wichtigste Ressource eines Unternehmens. Für die Realisierung einer "Just-in-time"-Produktion werden künftig mehr Mitarbeiter benötigt, die mitdenken und die alles tun, um Produktionsunterbrechungen zu vermeiden. Sie sollten ihre Fertigungseinrichtungen nach Möglichkeit selbst warten, kleinere Reparaturen selbst ausführen und damit den Materialfluß verbessern.

Dies erfordert jedoch, daß die Mitarbeiter nicht mehr "beplant" werden und damit Interessenlosigkeit provoziert wird. Der Wunsch nach Verbesserung der Abläufe muß vielmehr aus der Unzufriedenheit über die eigene Leistungsentfaltung resultieren. Hierbei ist die Wendung von anstrengungsorientierten zu erfolgsorientierten Formen der Entlohnung allerdings zwingende Voraussetzung.

Um die mit der Installation von verketteten Automatisierungssystemen verbundenen Investitionen in Wettbewerbsvorteile umzumünzen, bedarf es einer Anpassung der Arbeitsbedingungen und Personalqualifikation an die technischen und organisatorischen Veränderungen.

Die Arbeitswirtschaft muß dafür sorgen, daß durch Planung und Gestaltung, Organisation, Vorgabe und Überwachung der Einzelarbeit, der Arbeit in Systemen und der Arbeitsumgebung das bestmögliche technische und wirtschaftliche Ergebnis erreicht wird, ohne einen der Produktionsfaktoren - insbesondere den Menschen - zu überfordern.

Neue Technologien können nur dann zu erfolgreichen Produkten oder Verfahren führen, wenn die Menschen diese neuen Produkte, Abläufe und Arbeitsmittel akzeptieren und anwenden.

Wesentliche Voraussetzungen für die Akzeptanz neuer Technologien sind die rechtzeitige Einbeziehung des Benutzers in die Planung, eine stärker an den Menschen angepaßte Gestaltung der Technik sowie eine Gestaltung der Arbeitsorganisation, die dem Mitarbeiter den Einfluß auf Entscheidungen verdeutlicht.

Eine Neustrukturierung der Fertigung steht und fällt mit der Verfügbarkeit der benötigten Qualifikationen zum Einführungszeitpunkt. Anforderungen, wie "sorgsamer Umgang mit Produktionsmitteln" und "Initiative", stehen hier im Mittelpunkt. Hier sind die Führungskräfte aufgerufen, durch langfristige Planung der Personalstruktur und durch gezielte Aus- und Weiterbildung rechtzeitig die Weichen zu stellen.

Ein weiteres Problem ist es, gut ausgebildete Facharbeiter auch langfristig in den Werkstätten zu halten. Dies setzt voraus, daß die Arbeitsbedingungen attraktiv sind und solche Perspektiven bieten, daß qualifizierte und intelligente Menschen ihr zukünftiges Arbeitsleben dort verbringen wollen und ihre berufliche Entwicklung nicht nur in dem bisherigen Karrierepfad "Fertigungsvorbereitung" sehen.

Durchgängige Informationssysteme

Kurze Innovationszyklen bei Produkten und Produktionsprozessen und die Turbulenz vieler Absatzmärkte verlangen ein rasches Agieren und Reagieren, das in höchstem Maße von der rechtzeitigen Versorgung mit den richtigen Informationen abhängt. Hohe Flexibilität ist dabei keine Frage der Quantität der bereitzustellenden Informationen, sondern ihrer Qualität, zu der auch die Aktualität gehört. Das logistische Prinzip gilt, in gleichem Maße wie für Material und Kapazität, auch für Informationen.

Bei der Gestaltung des Informationssystems ist zu berücksichtigen, daß über die rein technische Verträglichkeit hinaus, die durch Standardisierungsaktivitäten erleichtert wird, auch eine inhaltliche Verträglichkeit der ausgetauschten Daten notwendig ist, und zwar sowohl hinsichtlich Allgemeinverständlichkeit als auch hinsichtlich ihrer Gültigkeit. Daraus resultiert die Forderung nach einer einheitlichen Datenbasis für alle CAx-Bausteine, die auch die aufgrund der Logistikorientierung mit einbezogenen Bereiche umfassen muß (Bild 3).

Neue anwendungsnahe Entwicklungen in der Informationstechnik wie z.B.

- Arbeitsplatzcomputer mit Grafik, Fenstertechnik usw.,
- Datenbankmanagement,
- Kommunikationstechniken und
- Werkzeuge zur Planung und Realisierung von DV-Systemen

sind eine wesentliche Voraussetzung für die Realisierung logistisch-orientierter CIM-Konzepte.

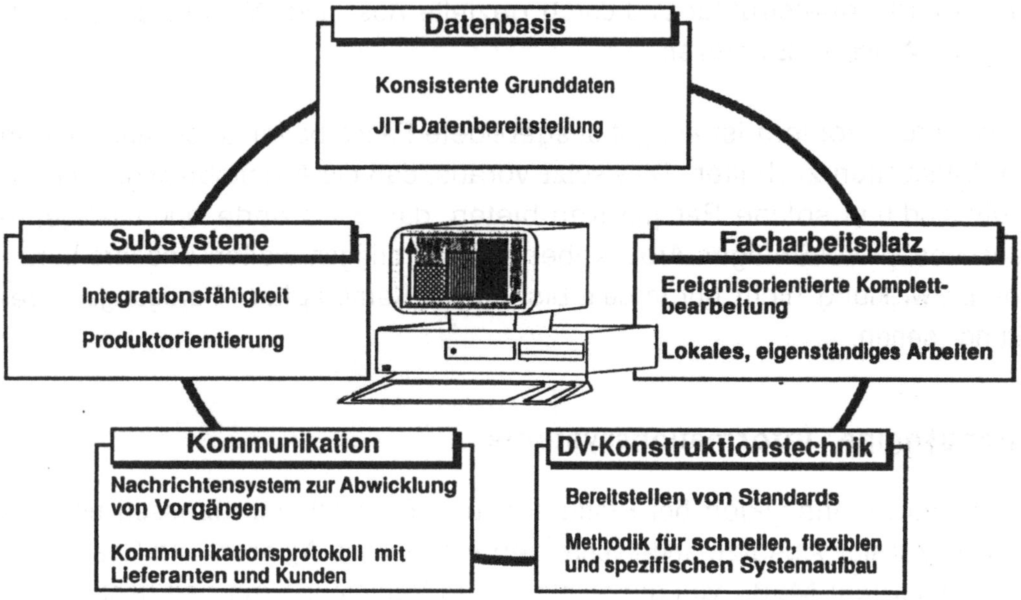

Bild 3: Gestaltungsaspekte des Informationssystems

Die Informationsversorgung der intelligenten Fertigungseinrichtungen, des innerbetrieblichen Transports und der Lagerung sowie die Einbindung der vorbereitenden Tätigkeiten in Konstruktion und Arbeitsvorbereitung erfordern eine enge datentechnische Verknüpfung zwischen allen Bereichen.

Die Erfahrungen der letzten Jahre zeigen, daß die vom Markt geforderte Flexibilität unmittelbar auf das Informationssystem durchschlägt und daß dezentrale Strukturen diesen Anforderungen besser gerecht werden als zentrale. Als Beispiel sei auf die Entwicklung von PPS-Systemen im Rahmen von CIM hingewiesen (Bild 4).

Die neue PPS-Struktur ist entflochten und dezentralisiert. Diese Subsystembildung wird sehr stark an der Segmentierung der Produktion in autonomen Fertigungsbereichen anlehnen. Damit bilden nicht mehr die Hauptfunktionen der PPS eine zentrale Gliederung, vielmehr kommen diese Hauptfunktionen in den einzelnen Bereichen immer wieder vor, wenn auch in unterschiedlicher Kombination. Jede Strukturierung braucht gleichzeitig eine Integration. Diese kann zunächst über eine zentrale Synchronisation durchgeführt werden und führt dann zu einer Aufteilung in eine "Globale PPS" und eine "Lokale PPS".

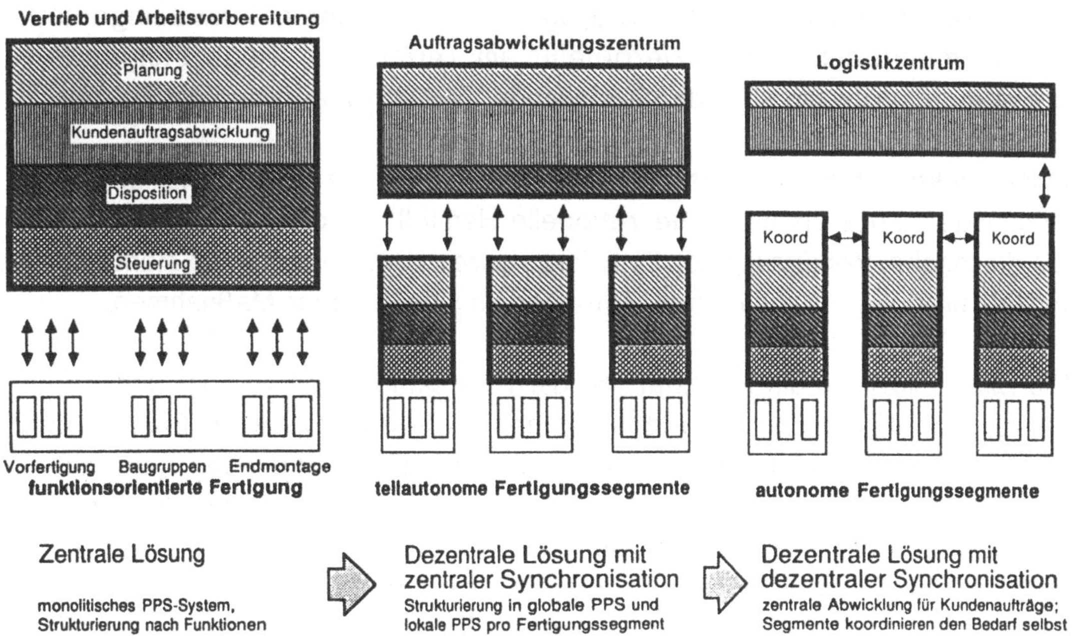

Bild 4: Synchrone Entwicklung von Organisations- und DV-Struktur bei Systemen zur Produktionsplanung und -steuerung (PPS)

5 Projektion logistischer Prinzipien auf die Entwicklung

Um eine kurze Durchlaufzeit in der Fertigung als Erfolgsfaktor zu nutzen, darf sie nicht durch lange Vor- und Nachlaufzeiten in ihrer Wirkung beeinträchtigt werden. Die Realisierung der logistischen Kette bedingt sowohl die Verknüpfung von Distributions-, Produktions- und Beschaffungslogistik als auch die Einbindung der Entwicklungslogistik. Das schnelle Agieren auf dem Markt und die Notwendigkeit, rasche Entscheidungen über Mengen, Varianten und Liefertermine zu treffen, erfordern eine hohe Verfügbarkeit aktueller Produkt- und Produktionsinformationen (z.B. zur Spezifizierung eines Auftrages gemeinsam mit dem Kunden).

Durch den Strukturwandel von der Elektromechanik zur Elektronik hat sich das Verhältnis zwischen Fertigungs- und Entwicklungsaufwand verschoben. Im Bereich der Informationstechnik beispielsweise ist der Fertigungsaufwand um bis zu zwei Drittel gesunken, während sich der Entwicklungsaufwand - bedingt u.a. durch den hohen Softwareanteil - verzehnfacht hat.

Die Wertschöpfung verlagert sich von der Fertigung zur Produktentwicklung. Was früher beispielsweise bei der Geräteverdrahtung an maschineller und menschlicher Arbeit geleistet wurde, wird heute von einem Softwareingenieur mit einem einfachen "Duplizierbefehl" am Terminal erledigt. Steigendem Entwicklungsaufwand steht damit sinkender Fertigungsaufwand gegenüber.

In der Elektronikindustrie beträgt der Softwareanteil an den Entwicklungsaufwendungen 70% bis 80%. Die rationelle Herstellung dieses Produktes und die drastische Verkürzung der Entwicklungszeit verlangen künftig stärker den Einsatz produktionstechnischer Methoden und logistischer Maßnahmen.

Die Diskussion um die Reduzierung der Entwicklungszeit verengt sich heute oft zu schnell auf den Einsatz einzelner CAD- und Software Engineering (CASE)-Tools. Eine drastische Verkürzung der Entwicklungsdurchlaufzeit - von der Idee bis zum Produktanlauf in der Fertigung - erfordert das zielgerichtete Zusammenwirken von Management, Mitarbeitern und Technik, d.h. eine ganzheitliche Betrachtung. Da Entwickeln eine personelle Tätigkeit ist, haben Qualifikation und Motivation des einzelnen Entwicklers entscheidenden Einfluß auf Entwicklungszeit, -kosten und -qualität. Das Entwicklungsmanagement setzt den Rahmen für eine zielgerichtete, gemeinsame Entwicklungstätigkeit. Die Technik, mit der gearbeitet wird, schafft die Basis.

Im Gegensatz zur individuellen Entwicklungsarbeit eines Einzelnen ist die Entwicklung im industriellen Umfeld wegen der Größe der Projekte und der Breite des erforderlichen Know-hows von Arbeitsteiligkeit geprägt. Im Vordergrund steht die Zusammenarbeit vieler Abteilungen, vieler Entwickler, von HW- und von SW-Fachleuten, von Vertriebs-, Entwicklungs- und Fertigungsgruppen. Im Blickpunkt steht der gesamte Lebenszyklus eines Produktes von der Entwicklung über die Herstellung und den Einsatz bis zur Ausmusterung.

Für die zeitorientierte Gestaltung der Entwicklungsprozesse muß als Gegengewicht zur Arbeitsteiligkeit die Integration stehen. Diese Integration ist - wie in der Fertigung - unter zwei Aspekten zu sehen: der Organisation und der Technik.

Mit organisatorischen Maßnahmen werden Schnittstellenverluste vermieden und eine funktionsorientierte Optimierung erreicht. An der Nahtstelle Marketing und Entwicklung ermöglichen Methoden wie "Integrierte Produktplanung", "Wertgestaltung" und "Quality Function Deployment" eine schnelle und stabile Produktdefinition. "Simultaneous Engineering" bringt durch Überlappung der Tätigkeiten eine beträchtliche Zeitersparnis und verhindert durch die frühzeitige Zusammenarbeit von Entwicklung und Fertigung, aber auch mit Qualität, Beschaffung und Service zeitaufwendige Schleifen im Entwicklungsprozeß.

Da im Entwicklungsprozeß Information "produziert" wird und die Menschen unter Einsatz von DV-Systemen entwickeln, muß durch technische Maßnahmen die Integration auf der Informationsebene gesichert werden. In Analogie zur Fertigung muß eine "Verfahrenstechnik" die Industrialisierung der Entwicklung, d.h. professionelles, ingenieurmäßiges Arbeiten stützen. Für die Software-Entwicklung ist dies unter dem Schlagwort "Software Factory" nicht nur ein entscheidendes Thema in Europa, sondern auch in USA und Japan. Die Verfahrenstechnik bestimmt über die zur Verfügung gestellten Technikelemente die Abläufe und schafft damit das Fundament für die Zusammenarbeit. Gleichzeitig sichert sie die Kontinuität trotz des ständigen Wechsels des Personals.

Die Standardisierung ist die Grundlage, auf der flexibles Arbeiten überhaupt erst möglich wird. Die Verfahrenstechnik unterstützt dabei zwei Dimensionen der Standardisierung: Die Prozeßebene mit Equipment und Methoden & Tools und die Produktebene mit Architektur und Wiederverwendung.

In der Verfahrenstechnik sollte auf erprobte und zur Verfügung stehende Technik gesetzt werden; sie wird je nach Aufgabenfeld ausgewählt und muß für zukünftige Entwicklungen offen sein. Das gilt sowohl für das Schema des gesamten Entwicklungsprozesses als auch für die einzelnen Aufgaben.

Basis der Verfahrenstechnik ist das Equipment (Rechner, Peripherie und Vernetzung); es bestimmt die Leistungsfähigkeit einer Entwicklungsumgebung. Wichtig ist das interaktive Arbeiten am Arbeitsplatz, aber auch die Kommunikation mit den Partnern.

Die großen Anstrengungen im Entwicklungsprozeß wurden bislang auf Equipment und Methoden & Tools gelegt. Ohne diese Unterstützung ist z.B. die Komplexität einer IC-Entwicklung nicht bewältigbar. Die Elemente Architektur und Wiederverwendung bieten ein hohes Potential zur Verkürzung der Durchlaufzeit in der Entwicklung (Bild 5).

Die gewählte Architektur beeinflußt wesentlich das Produkt, den Entwicklungsprozeß und den Anwendungserfolg. Architekturüberlegungen müssen ein viel höheres Gewicht bekommen. Mit der Tragfähigkeit der Architektur steht und fällt der Erfolg einer Systementwicklung; zeitkritische Schleifen können so vermieden werden. Für die Schnelligkeit bei der Erstellung einer spezifischen Lösung ist Auswählen und Montieren wichtiger als das individuelle Erfinden.

Die Wiederverwendung vorgefertigter Komponenten mit garantierten Eigenschaften verspricht ein extrem hohes Potential durch den Wegfall spezifischer Entwicklungszeit und eine höhere Qualität durch das vielfache Anwenden in unterschiedlichen Konstellationen. Sie ist aber meist auf das persönliche Know-how der Entwickler beschränkt und nicht technisch unterstützt.

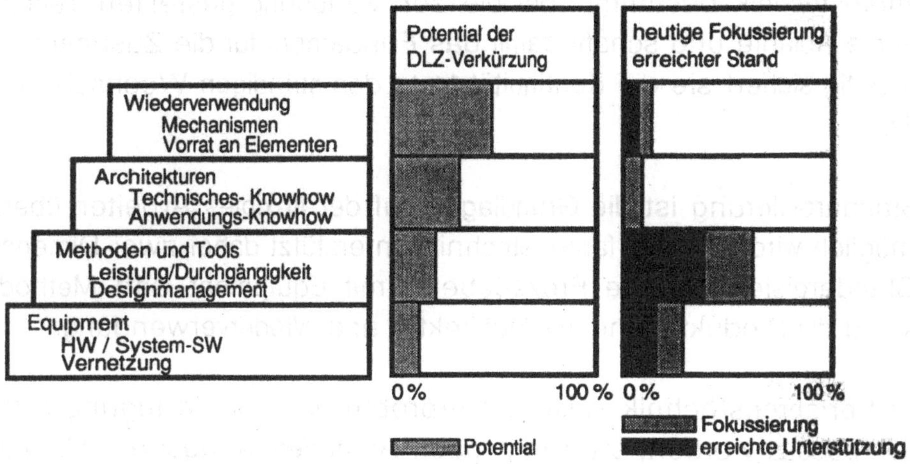

Bild 5: Elemente der Verfahrenstechnik und ihr Potential zur Verkürzung der Durchlaufzeit

Um Wiederverwendung wirklich zum Erfolg zu führen, muß bei der Grundhaltung der Entwickler angesetzt werden. Insbesondere unter dem Zeitgesichtspunkt muß zum einen versucht werden, die eigene Arbeit so zu organisieren, daß Komponenten immer wieder verwendet werden können, aber noch wichtiger ist es, Komponenten, die auf einem "Markt" zur Verfügung stehen, unverändert oder mit Modifikation einzusetzen. Wenn "Not invented here" kein Makel mehr ist, dann ist die reale Zeitersparnis der Maßstab.

Dazu sind zum einen Mechanismen (wie Makros, Funktionspakete, Vererbung) zur Verfügung zu stellen, die die Wiederverwendung unterstützen, und zum anderen Bibliotheksstrukturen, um solche Komponenten zu speichern und wiederzufinden.

Da die HW-Entwicklungszyklen dreimal so schnell sind wie die SW-Entwicklungszyklen, ist bei großen Softwaresystemen - dies gilt in besonderem Maße für die Produktsoftware - Weiterentwicklung eine Notwendigkeit und ein Potential bzgl. der Reduzierung der Entwicklungszeit zugleich. Techniken des Reverse Engineering (CARE) unterstützen diese Aufgabenstellung.

In der Entwicklung steht heute "Market pull" deutlich vor "Technology push". Während in der Vergangenheit zunächst eine Technologie und darauf aufsetzend Produkte entwickelt wurden, um diese schließlich dem Kunden zu "bringen", werden jetzt, ausgehend von den Problemstellungen der Kunden, Lösungen aus der Entwicklung "herausgezogen".

Statt allgemeiner Standardprodukte mit einem viel zu breiten, aber in spezifischen Fällen doch unzureichenden Funktionsumfang gewinnen heute kunden- bzw. applikationsspezifische Lösungen, die auf die spezielle Aufgabenstellung zugeschnitten sind, zunehmend an Bedeutung. Das gilt sowohl für HW-/SW-Systeme als auch für reine SW-Systeme. Dies entspricht nicht zuletzt der Ausrichtung auf Individualität in Westeuropa. Gegen eine "Fullcustom"-Lösung sprechen vor allem die lange Entwicklungszeit und die damit verbundenen hohen Entwicklungskosten.

Die heutige Marktdynamik und -turbulenz erfordert eine hohe Flexibilität und Reaktionsgeschwindigkeit. Bei der Entwicklung für den Markt kann eine "Sammlung" von allgemeinen Kundenwünschen nicht direkt in ein Produkt umgesetzt werden; die Betrachtung des möglichen Kundennutzens ist die bessere Entscheidungsgrundlage. Schnell und flexibel entwickeln kann man aber nur, wenn schon etwas vorentwickelt wurde und nicht von Anfang an neu begonnen werden muß. Notwendig ist daher die Bereitstellung einer "Semicustom"-Technik.

Der Begriff "Semicustom" ist bewußt aus der Welt der ASICs (Application Specific Integrated Circuits) entlehnt. Bei der Entwicklung von ICs forderte der Markt neben den Standardbausteinen immer mehr anwendungsspezifische Bausteine. Eine Entwicklung in Fullcustom-Technik, also bis auf die Transistorebene, war nur bei sehr großen Stückzahlen wirtschaftlich sinnvoll. Der Durchbruch bzgl. der Reduzierung von Entwicklungszeit und -kosten wurde erst möglich durch eine Semicustom-Technik, die auf Schaltungsbibliotheken aufsetzt und damit das Entwicklungsniveau deutlich anhebt.

Die Semicustom-Technik, die auf der Chip-Ebene große Fortschritte ermöglicht hat, muß künftig verstärkt auf die System-Ebene gehoben werden. Wenn möglichst viel vorentwickelt wird, dann kann schnell ein kundenspezifisches Produkt fertiggestellt werden. Das wird mit einer konsequenten Anwendung der Wiederverwendung auf der Basis von applikationsspezifischen Architekturen möglich. Erstellt werden muß ein Baustein von Komponenten, angeordnet in Ebenen: ganz unten allgemeingültige Bausteine, weiter oben immer applikationsspezifische Bausteine. Eine gemeinsame Systematik unterstützt das

Zusammenfügen der Komponenten. Dieses "Montieren" ist durch spezifische Entwicklungswerkzeuge zu unterstützen.

Der Zeitvorteil, durch die "Vor-"Entwicklung schnell die kundenspezifische Varianz zu realisieren, kann durch die Struktur auch an die Fertigung weitergegeben werden. Kundenspezifische Varianz erst in der Montage ermöglicht hohe Reaktionsfähigkeit und kurze Lieferzeiten.

6 Herausforderung an das Produktionsmanagement

Um das Potential neuer Strategien, Methoden und Techniken auszuschöpfen, bedarf es einer Führung, die mit Entschlossenheit, Perspektive und Kompetenz vorgeht. Die Führungskräfte müssen nicht nur die Rolle verstehen, die die Produktion auf dem gegenwärtigen Entwicklungsstand ihres Unternehmens spielt und entsprechend eine Strategie formulieren, die ihren Wettbewerbsbeitrag verstärkt, ohne daß dies zu Lasten anderer betrieblicher Funktionen geht. Sie müssen ihre Perspektiven auch allen Mitarbeitern vermitteln und damit den Boden für die vorzunehmenden Veränderungen bereiten.

Aufgabe des Produktionsmanagements ist es, die teilweise konkurrierenden Ziele in der Produktion - kurze Durchlaufzeiten, hohe Flexibilität, niedrige Bestände, hohe Kapazitätsauslastung - in Verbindung mit den Erwartungen der Mitarbeiter nach attraktiven Arbeitsplätzen und größerem Entscheidungsspielraum in Einklang zu bringen. Produktionsmanagement heißt Planung, Gestaltung, Führung und Kontrolle aller in der Produktion am Wertschöpfungsprozeß beteiligten Bereiche. Dazu gehört auch Durchsetzungsfähigkeit. Nicht in der Methodenbereitstellung haben viele Unternehmen eine Handlungsdefifzit, sondern in deren Umsetzung.

Die Bewältigung dieser Herausforderung verlangt von den Führungskräften der Produktionsunternehmen eine hohe fachliche Qualifikation, ergänzt durch die Fähigkeit, neue Erfahrungsbereiche aufzunehmen und neue Zusammenhänge zu erkennen; sie muß begleitet werden von dem Gespür für das Machbare.

In Unternehmen der Investitionsgüterindustrie sind Meß- und Zielgrößen bisher überwiegend die Kosten. Künftig muß die Zeit noch stärker als Quelle von Wettbewerbsvorteilen gesehen werden. Ein "zeitbewußtes" Management wird in der Regel mit einer entsprechenden Gestaltung der Produktion beginnen. Dabei kommt es auf die Reihenfolge an: Strategie, Produkt- und Ablaufgestaltung, Automatisierung. Wer so die Produktion als Wettbewerbsfaktor plant, in der Regel mit einer entsprechenden Gestaltung der Produktion beginnen. Dabei kommt es auf die Reihenfolge an: Strategie, Produkt- und Ablaufgestaltung, Automatisierung. Wer so die Produktion als Wettbewerbsfaktor plant, wird Erfolg haben. Wer mit der Technik beginnt, die Organisation mühsam anpaßt und dann nach der Strategie sucht, wird leicht enttäuscht werden.

Gewinnmanagement - Ertragskraft steigern mit System

N. Wieselhuber

Dr. N. Wieselhuber ist Inhaber der Dr. Wieselhuber & Partner Unternehmensberatung, München

1 Strategische Position und operative Effizienz - Einflußgrößen der Ertragskraft

Viele Unternehmen bewegen sich heute, anders als noch vor einigen Jahren, in einem unternehmerischen Umfeld, das sich durch ein hohes Maß an Dynamik auszeichnet. Europa 92, aber auch die Öffnung der Ostmärkte sind die zur Zeit wohl augenfälligsten Faktoren dieser Dynamik. Der Einsatz neuer Technologien, der Eintritt von preisagressiven Wettbewerbern oder Firmenzusammenschlüsse mit der Folge entsprechender Marktmacht beeinflussen im Gefolge dieser Entwicklung die Absatz- und Kostenposition und damit den Gewinn einer Unternehmung.

Dies bedeutet unter Umständen nachhaltige Auswirkungen auf die Wettbewerbsfähigkeit vor allem mittelständisch strukturierter Unternehmen. Eine Vielzahl von Bedrohungsfaktoren wirkt auf die zentrale Zielgröße einer Unternehmung, den Gewinn, ein.

Um dieser Situation zu begegnen, ist das Wissen um die Möglichkeiten einer systematischen Gewinnoptimierung gefragt. Nur wenn ein Unternehmen auf die jeweilige Situation und Dimension einer Bedrohung mit dem richtigen Instrument reagiert, kann es auch in einer sich rasch ändernden Umwelt bestehen (Bild 1).

Will ein Unternehmen auch in Zukunft unter veränderten Umfeldbedingungen erfolgreich im Markt bestehen, benötigt es ein systematisches, auf die Sicherung der quantitativen Unternehmensziele Rentabilität und Liquidität ausgerichtetes System des Gewinnmanagements.

Dies versetzt das Unternehmen in die Lage,

- Transparenz im Unternehmen hinsichtlich bestehender Bedrohungspotentiale und ihrer Wirkungen zu schaffen,
- Kostenantriebskräfte gezielt zu identifizieren und zu beeinflussen sowie
- Erlöspotentiale systematisch zu erkennen und auszuschöpfen.

Ziel ist es hierbei, die Ertragsfähigkeit des Unternehmens zu sichern sowie zu erhöhen und auf diese Weise ein Gewinnoptimum zu erreichen.

2 Folgen unterentwickelten Gewinnmanagements

Bei unterentwickeltem Gewinnmanagement, das keine rechtzeitige Reaktion auf Gefährdungsmomente erlaubt, besteht die Gefahr, daß das Unternehmen in einen Kreislauf des Gewinnverfalls eintritt. Dieser ist in seiner Eigendynamik nur schwer, wenn überhaupt, zu durchbrechen (Bild 2).

Die auslösenden Faktoren des Gewinnverfalls bewirken den Entzug von Ressourcen, mit deren Hilfe sich das Unternehmen selbst aus dem Kreislauf des Niedergangs befreien könnte. Es kommt so zu einem ökonomischen Teufelskreis, an dessen Ende der Verlust der unternehmerischen Selbständigkeit oder der Gang zum Konkursrichter stehen.

Die Notwendigkeit, den Weg eines systematischen Gewinnmanagements zu beschreiten, beschränkt sich jedoch nicht nur auf den Fall einer konkreten Gefährdung. Auch bei guter Gesamt- und/oder Firmenkonjunktur lassen sich Wege zu einer weiteren Steigerung der Ertragskraft mit dem Ziel, Reserven für eventuell schlechtere Zeiten zu schaffen, realisieren. Darüber hinaus darf nicht verkannt werden, daß in einer Zeit der konjunkturellen Prosperität strukturelle Schwächen einer Unternehmung oft von einem florierenden Mengenwachstum "übertüncht" werden. Das Unternehmen wird gleichsam von einer Konjunkturwoge mitgetragen, ohne zu erkennen, daß sich intern oder extern strukturelle Änderungen ergeben, die bei rückläufiger Konjunktur rasch zur existenzbedrohenden Gewinnfalle werden können.

So überdeckt beispielsweise permanentes Volumenwachstum den Rückgang der Stückerlöse. Geht die Menge aufgrund von Sättigungstendenzen zurück, reicht das verbleibende Absatzniveau bei niedrigeren Preisen nicht mehr aus, die Fixkosten des Unternehmens zu decken. Die Gewinnschwelle hat sich unbemerkt nach "hinten" verschoben. Das alleinige Betrachten des Erlöswachstums hat die Problematik der Preisveränderung verdeckt.

3 Gewinnmanagement und Unternehmensstrategie

Das auf den Gewinn wirkende Bedrohungspotential unterteilt sich, wie in Bild 1 bereits gezeigt, in eine kurzfristige sowie eine strategische Dimension. Folgerichtig orientiert sich auch das Konzept des Gewinnmanagments an dieser Dualität. Das strategische Konzept bildet hierbei die Vorsteuergröße und gleichzeitig den Rahmen des operativen Gewinnmanagements.

Die Wahl der richtigen Wettbewerbsstrategie ist zunächst die entscheidende Weichenstellung der Gewinnbeeinflussung. Daran schließt sich die Umsetzung in ein Konzept des operativen Gewinnmanagements an. Nur wenn das Konzept des Gewinnmanagements mit der strategischen Stoßrichtung harmoniert, können nachhaltig Gewinne eintreten (Bild 3).

Konkret bedeutet dies, daß bei einer strategischen Ausrichtung auf die Kostenführerschaft auch das Gewinnmanagement seinen Schwerpunkt in diesem Bereich haben muß. Das Konzept des Gewinnmanagements ist darauf auszurichten, daß das Unternehmen im Vergleich zu den Wettbewerbern mit den geringsten Kosten arbeiten kann. Der Kostenvorteil, den ein Unternehmen dadurch erreicht, versetzt es in die Lage, so lange preisreagibel zu agieren, bis die zweiteffizientesten Wettbewerber vom Markt verschwinden.

Bei einer Differenzierungsstrategie konzentriert sich das Gewinnmanagement primär auf die Differenzierungsfaktoren und die damit in Zusammenhang stehenden Input- und Output-Relationen. Dies betrifft vor allem die Differenzierungskriterien und die damit einhergehenden Steuergrößen sowie die zugehörigen Kostenpositionen (Bild 4).

Fehlt der Strategiebezug des Gewinnmanagements, so steht das operative Konzept im günstigsten Fall nicht im Widerspruch zur Strategie, im schlechtesten Fall konterkariert es diese.

Gnadenloses Kostenmanagement kann in letzterem Fall kontraproduktiv wirken. Wird beispielsweise die Höhe eines Werbeetats zwecks Kostenminimierung von dem zuvor eingetretenen Produkterfolg abhängig gemacht, anstatt das zukünftige Erfolgspotential zu betrachten, so kann das Produkt niemals erfolgreich im Markt positioniert werden. Ursache und Wirkungsmechanismen werden auf den Kopf gestellt. Die Steuerung des Gewinns über die kaufentscheidenden Differenzierungsfaktoren durch das Instrument des Marketings scheitert in diesem Falle an der reinen Kostenorientierung des Gewinnmanagements.

Die Gefahr derartiger Verhaltensweisen ist gerade bei solchen Unternehmen groß, die im Rahmen von Diversifizierungsaktivitäten in neue Märkte eintreten, ohne die dort geltenden Marktmechanismen genügend oder überhaupt zu kennen. Das unreflektierte Übertragen bisher bewährter Konzepte, die in vertrauten Märkten erfolgreich angewendet wurden, birgt in neuen Märkten stets die Gefahr des schnellen Scheiterns in sich. Vor dem Markteintritt ist daher zunächst zu prüfen, welchen Mechanismen der neue Markt unterliegt, welche

Eintrittsschwellen bestehen und welche Auswirkungen dies auch auf das unternehmensinterne Gewinnmanagement haben muß. Die Konsequenz ist in diesem Fall die notwendige Modifikation des Gewinnmanagements, um unter anderen Bedingungen in neuen Märkten Erfolg zu haben.

4 Der Lebenszyklus der Produkte - Ansatzpunkt eines gesamtheitlichen Finanzmanagements

Jedes Produkt, das in einem Unternehmen erstellt wird, durchläuft verschiedene "Lebensphasen". Um ein Produkt in seinem Lebenszyklus, beginnend mit der Produktidee über die Entwicklungsphase, die Prototypenerstellung, die Investition in die Produktionseinrichtungen, die Markteintrittskosten bis hin zum Marktausstieg, finanzieren zu können, ist es zunächst erforderlich, rechtzeitig den dafür benötigten Finanzbedarf zu planen. Begleitend dazu bedarf es, insbesondere in der Entwicklungsphase, einer genauen Kontrolle des Erfolgseintritts. Nur wenn exakt definierte Meilensteine bestehen, deren Erreichung auch kontrolliert wird, ist die Gefahr eines ungesteuerten und aufgrund des begrenzten Lebenszyklus später nicht mehr amortisierbaren Mittelabflusses zu vermeiden.

Da ein Unternehmen in der Regel mehrere Produkte am Markt anbietet, ist es aus Gründen des Gewinnmanagements erforderlich, diese in ihren verschiedenen Lebensphasen planvoll aufeinander abzustimmen. Damit kann vermieden werden, daß ein Unternehmen zu einem bestimmten Zeitpunkt nur über Mittelverzehrer oder Mittelerbringer in seinem Produktspektrum verfügt.

Die planvolle Abstimmung der Lebenszyklen führt zu einem Portfolio, bei dem reife Produkte andere, in der Entstehungsphase befindliche, finanzieren. Aus einer systematischen Abstimmung der Finanzierungs- und Erbringungsphasen resultiert eine Vermeidung von zins- und damit gewinnwirksamen Deckungslücken der Finanzressourcen. Die Aufnahme teurer Fremdkapitalien kann auf niedrigem Niveau gehalten werden (Bild 5).

Da Entwicklungen in der Regel ein hohes Risikopotential enthalten, kommt dieser planvollen Finanzierung über Eigenmittel besondere Bedeutung zu. Damit vermeidet das Unternehmen, daß es sich im falschen Moment liquiditätsmäßig an die Decke strecken muß, indem es risikobehaftete Produktentwicklung über Fremdkapitalien finanziert.

5 Planung - Sich nicht von den Entwicklungen überrollen lassen

Eine wichtige Komponente systematischen Gewinnmanagements ist die Planung. Generell werden durch die Planung

- Ziele konkretisiert und
- Erfolgsmaßstäbe geschaffen.

Hierbei muß jedoch zwischen verschiedenen Planungsreichweiten und -inhalten unterschieden werden.

Unterhalb der Ebene der strategischen Planung, die den bereits erwähnten Charakter einer generellen Vorsteuerung hat, wird durch die mittelfristige Planung und insbesonders durch die Budgetierung eine Quantifizierung der Zielsetzung des Unternehmens vorgenommen. Dies vor allem im Hinblick auf die darauf aufbauenden Plan/Ist-Vergleiche, die im Falle von Abweichungen Steuerungsentscheidungen auslösen sollen.

Der Zweck der Planungsaktivitäten liegt in der geistigen Vorwegnahme zukünftiger Ereignisse. Nur dann, wenn man sich zu einem frühen Zeitpunkt in Form einer Planung Gedanken über die Zukunft und ihre Gestaltung macht, ist es möglich, systematisch und zielgerichtet zu handeln.

Hierbei ist es von Bedeutung, nicht nur Planunterschreitungen zu betrachten, sondern auch Überschreitungen mit der gleichen Sorgfalt zu analysieren. Diese signalisieren letztendlich, daß sich dem Unternehmen Chancen eröffnen, die es zuvor nicht erkannt hat. Die Konsequenz daraus kann sein, Ressourcen verstärkt auf diesen Bereich zu konzentrieren, um die sich dort auftuenden Chancen und Erfolgspotentiale verstärkt auszuschöpfen. In vielen Unternehmen ist die Analyse und Aktion zu stark auf die Negativabweichung fokussiert. Die Positivabweichung wird zwar erfreut zur Kenntnis genommen, aber nicht konsequent genug hinsichtlich ihrer Ausbaufähigkeit verfolgt. Dadurch entgehen dem Unternehmen unter Umständen beträchtliche Gewinnpotentiale.

6 Die Ergebnisplanung - Vom Mengen- zum Wertgerüst

Vor allem das Instrumentarium der Ergebnisplanung legt offen, wie und auf welche Weise das Gesamtergebnis "gemacht" werden kann (Bild 6).

Die dabei ersichtlichen "Stellschrauben" der Mengen, Preise, Erlösschmälerungen und Kosten können durch eine Differenzierung nach Erlösträgern, Vertriebswegen, Kostenarten, Kostenstellen und Kostenträgern so aufgesplittet werden, daß sich in einer Art Matrixdarstellung die Ergebnisse letztendlich bis auf den jeweiligen Deckungsbeitrag darstellen lassen.

Diese Transparenz der Ergebnisentstehung ist wesentliche Voraussetzung dafür, die Ursachen für Unter- oder Überschreitungen im Rahmen des Plan/Ist-Vergleichs zu finden.

Fehlt eine derartige Detaillierung, so lassen sich Maßnahmen nicht genügend auf das eigentliche Problemfeld konzentrieren. Das Management kann aufgrund fehlender Kenntnisse das Problem nicht gezielt beseitigen. Chancen werden nicht genutzt und Risiken nicht erkannt.

Plant ein Unternehmen z.B. nur in der Gesamtkategorie der Nettoerlöse, anstatt nach Mengen, Preisen und Erlösschmälerungen zu unterscheiden, so kann es in den Abweichungen nicht erkennen, ob ein Rückgang preis- oder mengenbedingt ist. Das gleiche gilt für ein differenziertes, d.h. an den Faktormengen (Personalzahl, Materialverbrauch, etc.) und an den Faktorkosten orientiertes Kostenmanagement.

7 Die Liquiditätsplanung - Finanzielle Ressourcen gestalten

Neben der Rentabilität, in Form der Umsatz- und Kapitalrentabilität, stellt die Liquidität eine wichtige quantitative Steuerungsgröße dar. Die Fähigkeit zum Wachstum eines Unternehmens ist letztendlich eng an diese Größe gekoppelt. Im Rahmen der Planung ist daher auch die Gestaltung des Liquiditätsstatus ein wichtiges Planungsobjekt. Ein regelmäßiger Anruf bei der Bank kann planvolle Liquiditätssteuerung nicht ersetzten.

Die Planung von Mittelherkunft und Mittelverwendung legt die Basis für eine gezielte Verteilung der Ressourcen auf der einen Seite und zeigt auf der anderen Seite den Bedarf an Mitteln und die Möglichkeiten der Mittelbeschaffung auf. Nur wenn man den Überschuß bzw. die Deckungslücke frühzeitig darstellen kann, läßt sich auch die Gestaltung des Finanzergebnisses gewinnoptimal durchführen (Bild 7).

8 Die Information - Instrument der Gewinnsteuerung

Die Umsetzung des Gewinnmanagements erfordert also zunächst die Kenntnis der Wirkungsmechanismen der Gewinnentstehung und leitet daraus die notwendigen Maßnahmen zur Gewinnsteuerung ab.

Dies setzt voraus, daß die notwendigen Informationen über die Mechanismen zur Ergebnisbeeinflussung an der richtigen Stelle vorliegen. Das heißt, das Top-Management muß über die strategischen Informationen verfügen, das mittlere Management über die taktischen und das operative über die operativ wirksamen Informationen (Bild 8).

Diese an sich simple Erkenntnis scheitert in der betrieblichen Praxis oft an der unzureichenden Informationsversorgung der Mitarbeiter. Informationen sind gar nicht, nur fragmentarisch oder sogar widersprüchlich vorhanden. Führungsebenen werden mit Detailinformationen überlastet, die Art und Weise der Informationsaufbereitung ist nicht problem- und entscheidungsadäquat. Die wahren Probleme eines Unternehmens werden durch mangelnde Informationsqualität bei zu hoher Quantität vernebelt. Man kann in diesem Zusammmenhang auch von "Datenüberfluß aber Informationsarmut" sprechen.

So produziert eine Abteilung beispielsweise "Vertriebsinformationen", indem es den Umsatz darstellt, die Betriebsabrechnung erstellt "Kosteninformationen" in Form des BAB oder die Finanzbuchhaltung erstellt Monatsabschlüsse und komplettiert den Anlagenspiegel. Jede dieser Informationen hat sicherlich ihre Notwendigkeit und Berechtigung. Das Defizit besteht jedoch darin, daß Zusammenhänge zwischen den verschiedenen Informationen nicht oder nur unzureichend, wie z.B. in Form einer Break-Even-Betrachtung, dargestellt werden.

Im Entscheidungsprozeß des Managements ist es folglich von evidenter Bedeutung, daß für die jeweilige Entscheidungssituation die problemgerecht aufbereitete Information bereitsteht. Dies erfordert das Aggregieren, Selektieren und Kombinieren der verschiedenen Informationen zu einer gesamtheitlichen und widerspruchsfreien Aussage.

Die Information kann insgesamt als "Lebenselexier" aktiven Gewinnmanagements definiert werden. Sie ist Voraussetzung für die Entscheidungen des Managements, die letztendlich den Gewinn und die langfristige Gewinnfähigkeit der Unternehmung beeinflussen und damit die Umsetzung des Gewinnmanagements im Tagesgeschäft gewährleisten. Die Qualität der Information bestimmt letztendlich die Qualität von Entscheidungen und Handlungen.

9 Das Controlling - Systemträger des Gewinnmanagements

Die Bereitstellung der benötigten Informationen obliegt dem Controlling. Dessen Aufgabe ist es, als Servicefunktion im Dienste des Managements Methoden zur Entscheidungsfindung bereitzustellen, um auf diese Weise gewinnsteuernde Entscheidungen vorzubereiten. Das Controlling tut dies, indem es

- Problemstellungen strukturiert,
- Entscheidungsalternativen definiert und
- die Entscheidungsträger über Ergebnisse informiert.

Das Controlling versetzt die Entscheidungsträger bei einer Vielzahl konkreter Entscheidungssituationen in die Lage, die jeweils gewinnoptimale Alternative zu wählen (Bild 9). Der Gewinn wird so mittels der Information optimiert.

10 Die Gewinnmechanismen - Ansatzpunkt der Gewinnoptimierung

Die Ertragsteuerung kann nur dann erfolgreich sein, wenn die Kenntnisse um die spezifischen Erlös- und Kostenmechanismen vorhanden sind. Erst dann ist eine Ableitung der richtigen Maßnahmen möglich.

Die bereits erwähnte Break-Even-Betrachtung zeigt besonders deutlich, wo sich derartige Ansatzpunkte befinden, nämlich in der Ausschöpfung von Erlöspotentialen einerseits und der Beeinflussung der fixen und variablen Kosten andererseits (Bild 10).

Auf der Basis dieser Kenntnisse kann das Management konkrete Maßnahmen einleiten, die das Unternehmen seine Gewinnschwelle früher erreichen lassen. Die gezielte Beeinflussung der Lernkurve zum Absenken variabler Kosten und die Durchführung von langfristig wirksamen Kostensenkungsprogrammen im Fixkostenbereich spielen dabei ebenso eine Rolle wie die Optimierung der Geschäftsmechanik zwecks mengen- und preismäßiger Optimierung der Erlösseite im Rahmen der Marktbearbeitung.

Auf der Erlösseite erfordert das Gewinnmanagement das Wissen um die Einsatzmöglichkeiten der geeigneten Marketing-Instrumente, über die letztendlich die Erlösentstehung beeinflußbar ist (Bild 11).

Auf der Kostenseite dominiert das Wissen um die jeweiligen Kostenantriebskräfte. Kosten sind keine originäre Größe, sondern das Ergebnis von Strukturen und Prozessen, die von Menschen gestaltet werden. Nur wer die konkreten Kostenantriebskräfte kennt, kann deren Ursachen beseitigen, anstatt an Symptomen zu kurieren (Bild 12).

11 Die Auswirkung exogener Faktoren auf die Ertragsfähigkeit

Die Erhaltung der Ertragsfähigkeit und Gestaltung des Gewinns ist nicht nur im engen Zusammenhang betrieblicher Wirkungsmechanismen zu sehen. Unternehmensinterne Faktoren, die die Gewinnfähigkeit der Unternehmung beeinflussen, zeigen sich in einem größeren Zusammenhang bei Einbeziehung exogener Größen unter Umständen in völlig anderem Licht (Bild 13).

Eine kurzfristig orientierte Bevorzugung des Faktors Personal zu Lasten des Faktors Kapital mag beispielsweise zur Vermeidung von Bankenabhängigkeit oder aus Kostengesichtspunkten bei hohem Zinsniveau durchaus sinnvoll sein. Bei einer Arbeitsmarktentwicklung, die tendenziell durch eine Verknappung qualifizierten Personals gekennzeichnet ist, kann sich dieses Konzept jedoch bei forciertem Unternehmenswachstum rasch zu einer Wachstumsschwelle erster Ordnung entwickeln. Über einen längeren Zeitraum hinweg fehlt das benötigte Personal, und das Wachstum stagniert aufgrund der unter kurzfristigen Aspekten fehlgeleiteten Ressourcen.

Ähnliches gilt unter Beschaffungsgesichtspunkten auch für die preisminimale Lieferantenauswahl oder eine vertriebsoptimale Kundenstruktur. Werden beide Faktoren nur hinsichtlich des kurzfristigen Preis- bzw. Kostenminimums optimiert, so hilft dies zunächst sicherlich Kosten zu sparen. Der Zugriff auf den billigsten Lieferanten senkt zunächst die Herstellkosten. Die damit möglicherweise verbundene Reduzierung der Qualität von Vorprodukten schlägt sich jedoch in erhöhtem Ausschuß oder Nachbesserungserfordernissen bei den Endprodukten nieder, ganz abgesehen vom Imageverlust bei den Kunden.

Auch die Beschränkung auf wenige Großkunden erlaubt vordergründig eine kostenoptimale Vertriebsstruktur, führt jedoch unter Umständen in eine strategische Gewinnfalle mit Preisdiktat der Abnehmer bei damit verbundener Nachfragemacht.

Strategisch orientiertes Gewinnmanagement muß also auch hinsichtlich derartiger Faktoren Transparenz schaffen, indem es über kurzfristige Zeiträume und Zielsetzungen hinaus Gesamtzusammenhänge betrachtet und berücksichtigt. Die langfristige Tragfähigkeit von Lieferanten- und Kundenauswahl muß ebenso Bestandteil des Gewinnmanagements sein, wie die Betrachtung der Personal- und Kapitalressourcen. Erst wenn dies der Fall ist, stellt das Konzept des Gewinnmanagements einen ganzheitlichen, strategiebezogenen Ansatz dar.

12 Von den "Hard-Facts" zu den "Soft-Facts" - Die wahren Stellschrauben des Gewinns suchen und beeinflussen.

In den bisherigen Betrachtungen stand die Steuerung des Gewinns über ein quantitativ ausgerichtetes Instrumentarium im Vordergrund. Im Zahlengebäude des Unternehmens, letztendlich in der Bilanz und der Gewinn-und-Verlust-Rechnung (GuV), bilden sich die Ergebnisse unternehmerischer Aktivitäten ab. Am Beispiel eines ROI-Baums lassen sich die Gewinnentstehung und die bestimmenden Faktoren nachvollziehen (Bild 14).

Bei aller Faszination, die sich aus einer mechanistischen, quantitativen Analyse und der dadurch offengelegten Wirkungsmechanismen ergeben mag, darf man jedoch nicht vergessen, daß letztendlich Systeme und die sie gestaltenden Personen für den Gewinn verantwortlich sind.

So sind Forderungsbestände und ihre kapitalbindende Wirkung kein ungestaltbares Datum, sondern lassen sich über Zahlungskonditionen, Factoring oder Mahnwesen beeinflussen. Dies setzt jedoch gestalterische Kreativität und Flexibilität des Finanzmanagers voraus. Dieser und nicht die Zahlen beeinflussen die Höhe des Gewinns.

Fixkosten stehen in Zusammenhang mit unternehmensinternen Leistungen, die von Personen erbracht und anderen genutzt werden. Will man die Gewinngröße aktiv gestalten, so ist es folgerichtig erforderlich, auf die Systeme und Personen Einfluß zu nehmen. Dies bedeutet, einen Weg rückwärts zu beschreiten, der von den "Hard-Facts" der Bilanz und GuV hin zu den "Soft-Facts" der Systeme und Personen führt.

Nur dann, wenn die primären und sekundären Aktivitäten in der unternehmensinternen Wertkette in personelle Systemverantwortung münden, können die Entscheidungsträger den Gewinn tatsächlich aktiv gestalten.

Dies bedeutet konkret:

- Gewinnmanagement muß auf allen Führungsebenen als Daueraufgabe präsent sein.
- Systematisches Gewinnmanagement kann durch eine Funktion wie das Controlling nur unterstützt, jedoch nicht ersetzt werden.
- Gewinn-Verantwortlichkeit muß auf allen Ebenen ausgeprägt sein und gelebt werden.
- Die Entscheidungsträger müssen die Gewinnmechanismen kennen und aktiv nutzen.

Letztendlich sind also zahlenmäßige Abbildungen nur das Ergebnis personellen Gewinnmanagements, und die Gestaltung des Gewinns muß sich an personeller Verantwortung orientieren.

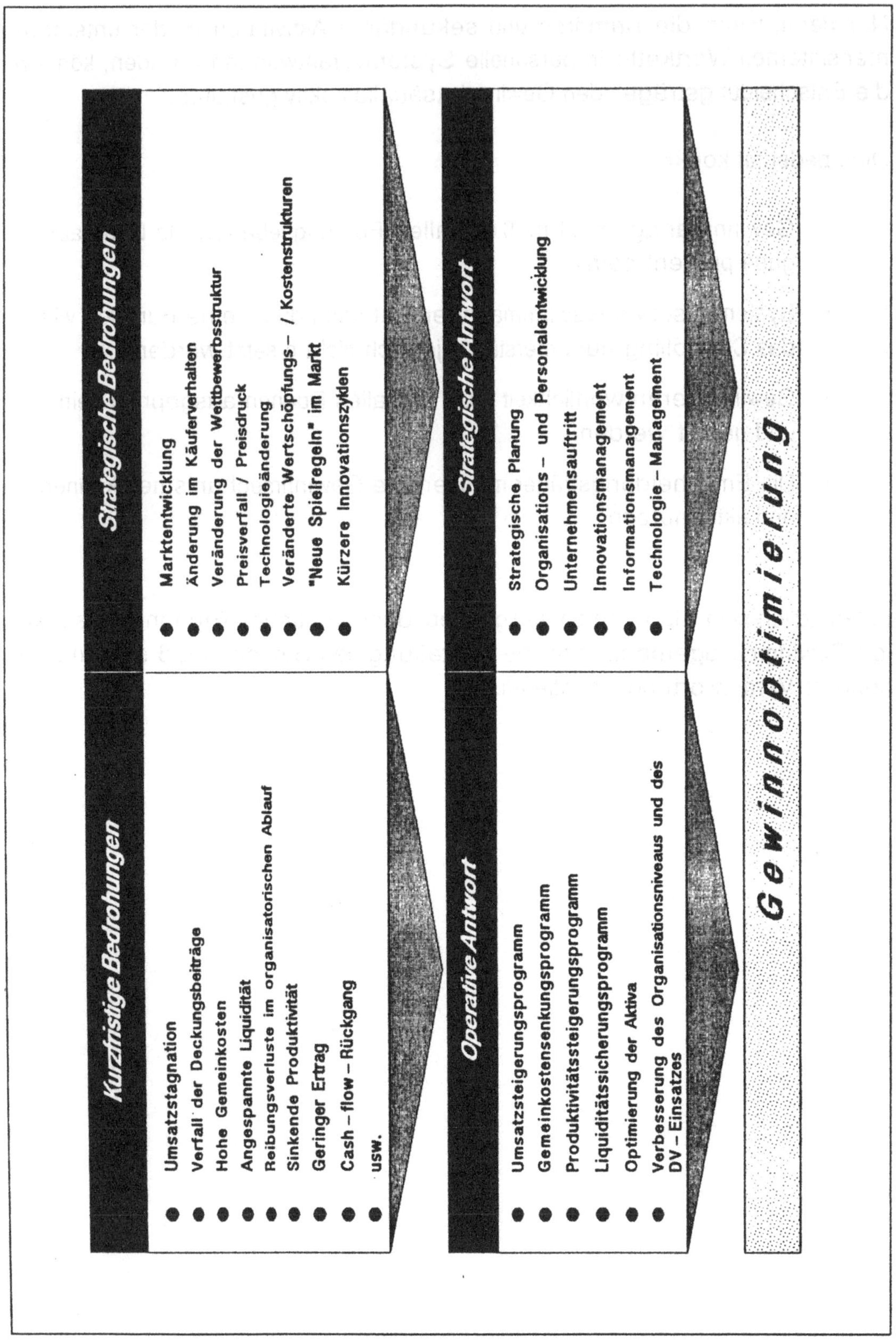

Bild 1: **Unterschiedliche Bedrohungen - Differenzierte Therapien**

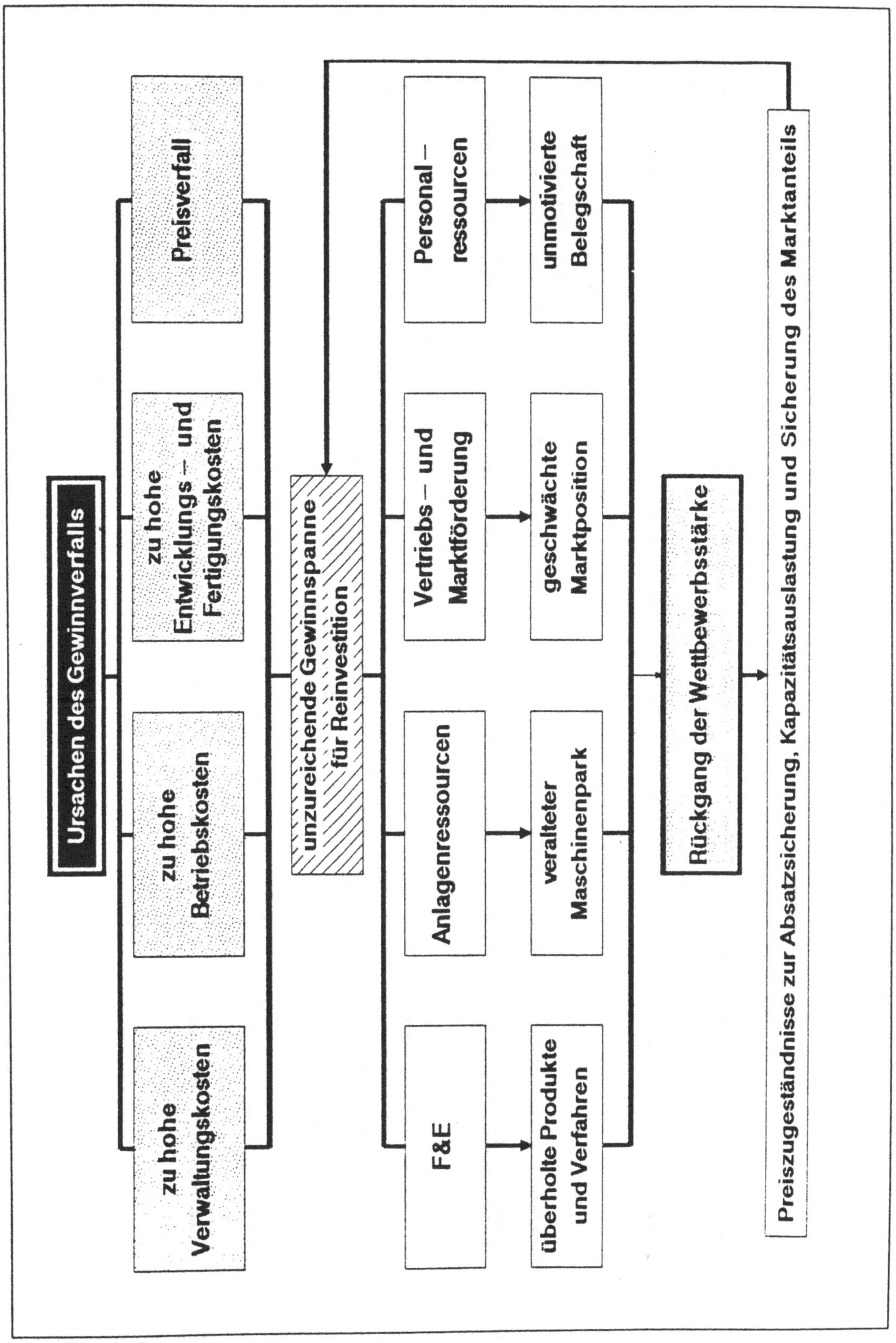

Bild 2: Der "Kreislauf des Gewinnverfalls"

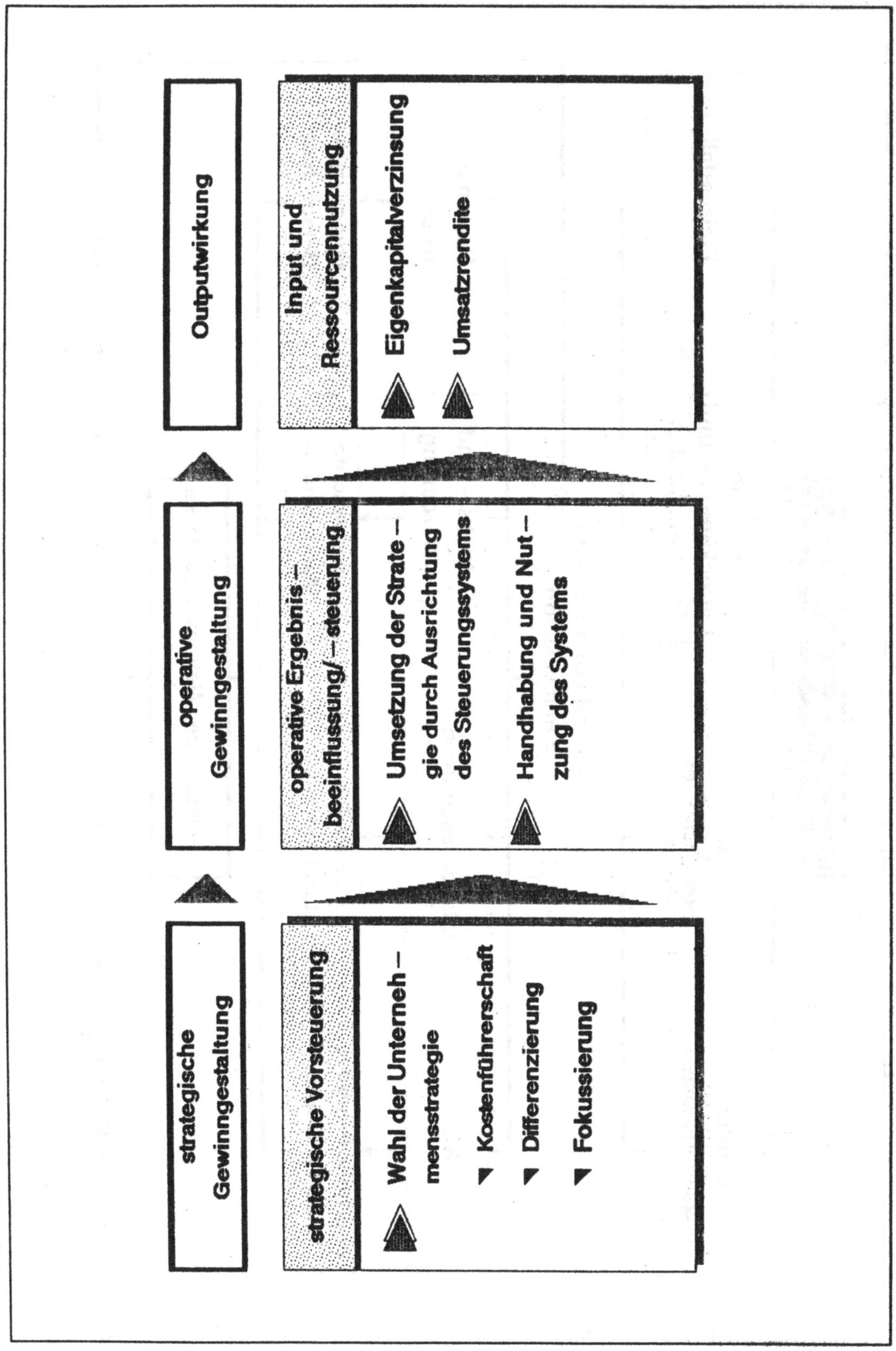

Bild 3: Die Strategie - Vorsteuergröße des operativen Gewinnmanagements

Differenzierungs-merkmal	Input	Output	Stellgröße/ Kostengröße
Service	Außendienst	hohe Servicequote	Besuchsfrequenz des Außendienstes
Qualität	Qualitätsmanagement	wenig Reklamationen	Ausxchußquote
Lieferzuverlässigkeit	Logistikkonzept	24-Stunden-Service	Lager- und Transportkapazität
Innovation	F + E-Aktivität	Neue Produkte	Anzahl von F + E Projekten
Design	Kreativität	Trend-Setter	Personal
Abnehmerkosten	Leistungsangebot	Übernahme von Kundenfunktion	Funktionsangebot
Erfolgsfaktoren	*gestalten*	*beobachten*	*steuern*

Bild 4: Die Differenzierungskriterien - Ansatzpunkte der Gewinnsteuerung

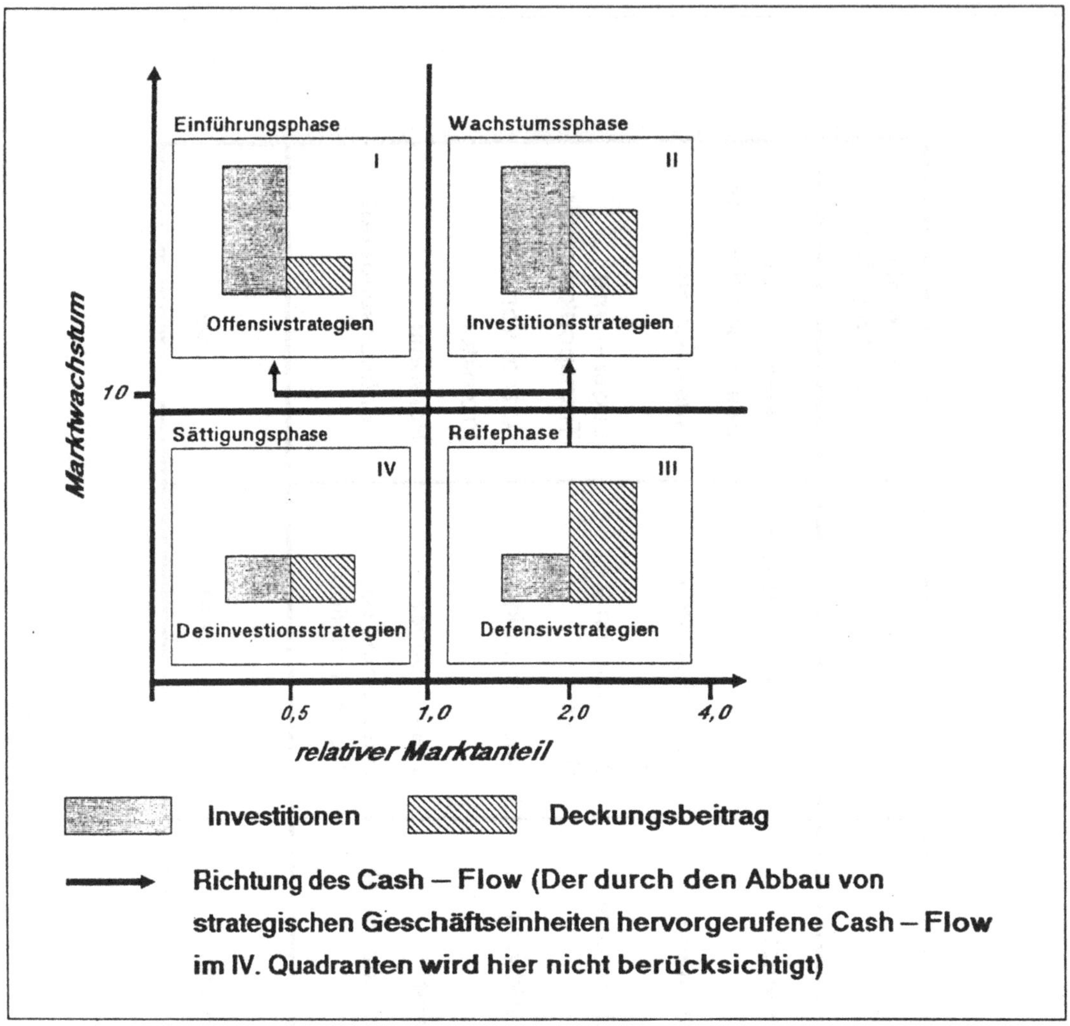

Bild 5: Lebenszyklusphasen und Richtung des Cash-Flow

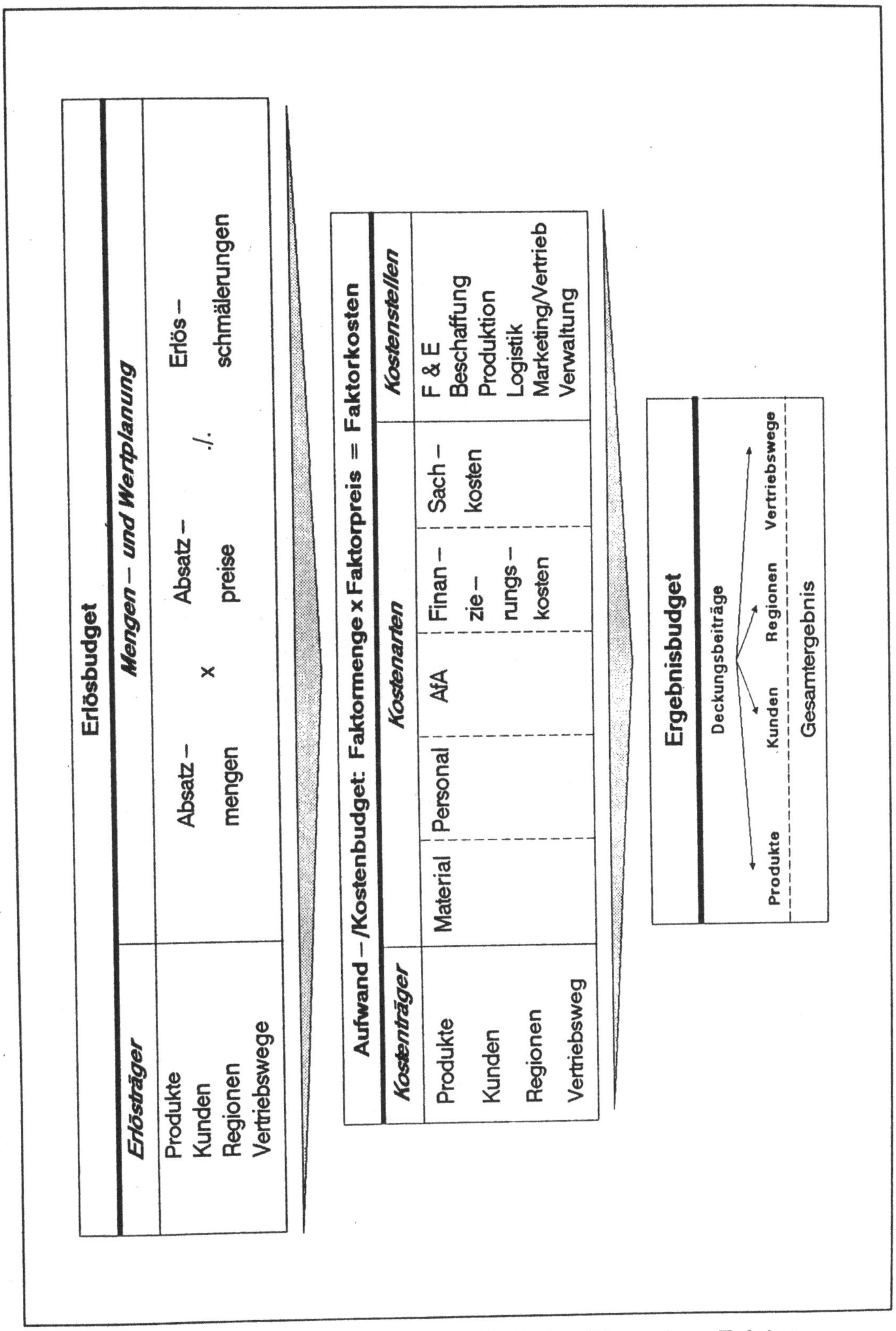

Bild 6: Ergebnisplanung - Die Einflußgrößen des Erfolgs systematisch offenlegen

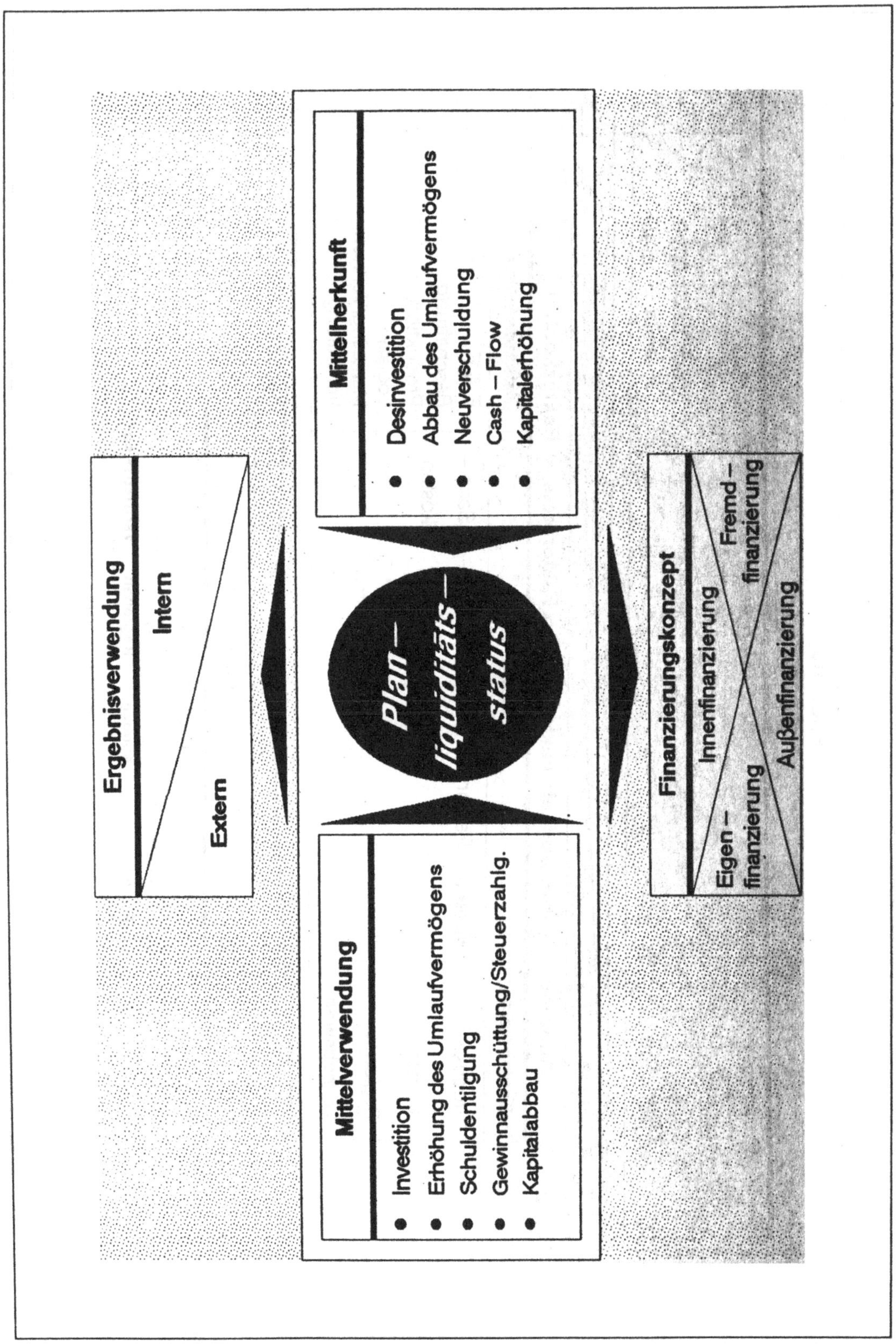

Bild 7: Strategische Liquiditätsplanung

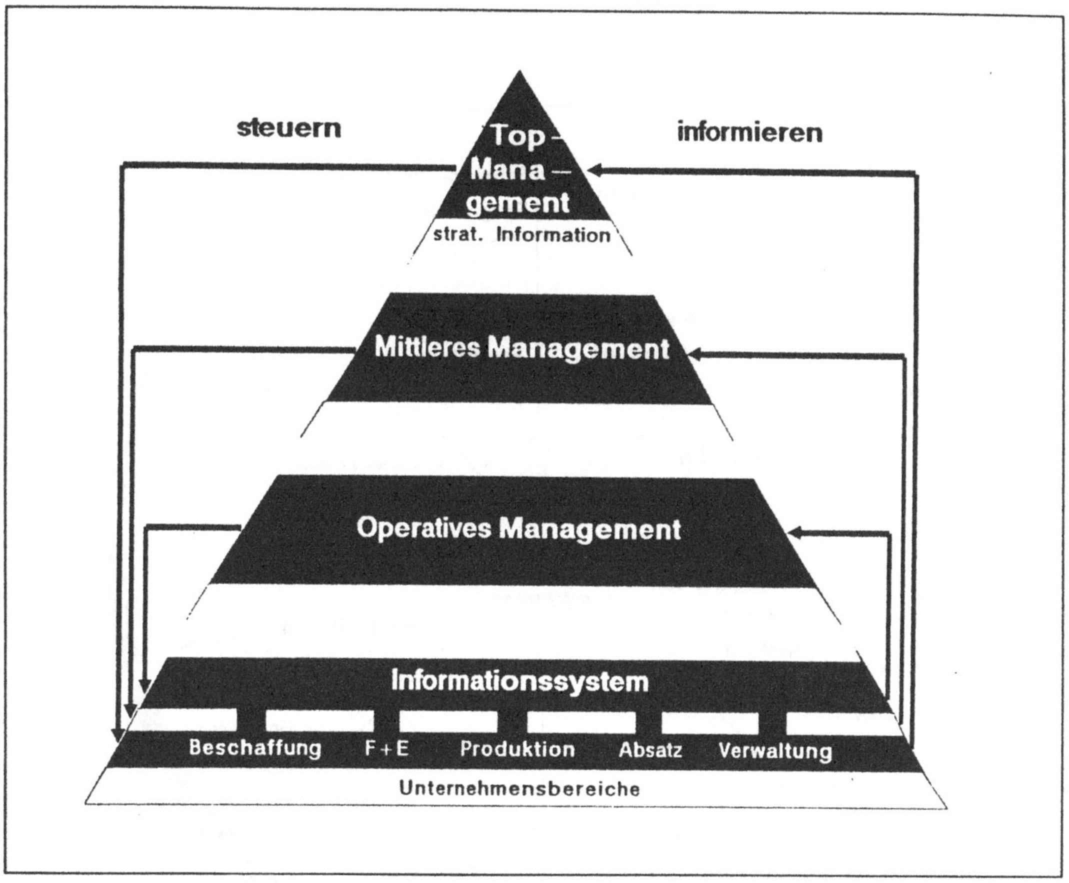

Bild 8: Die richtige Information an den richtigen "Platz"

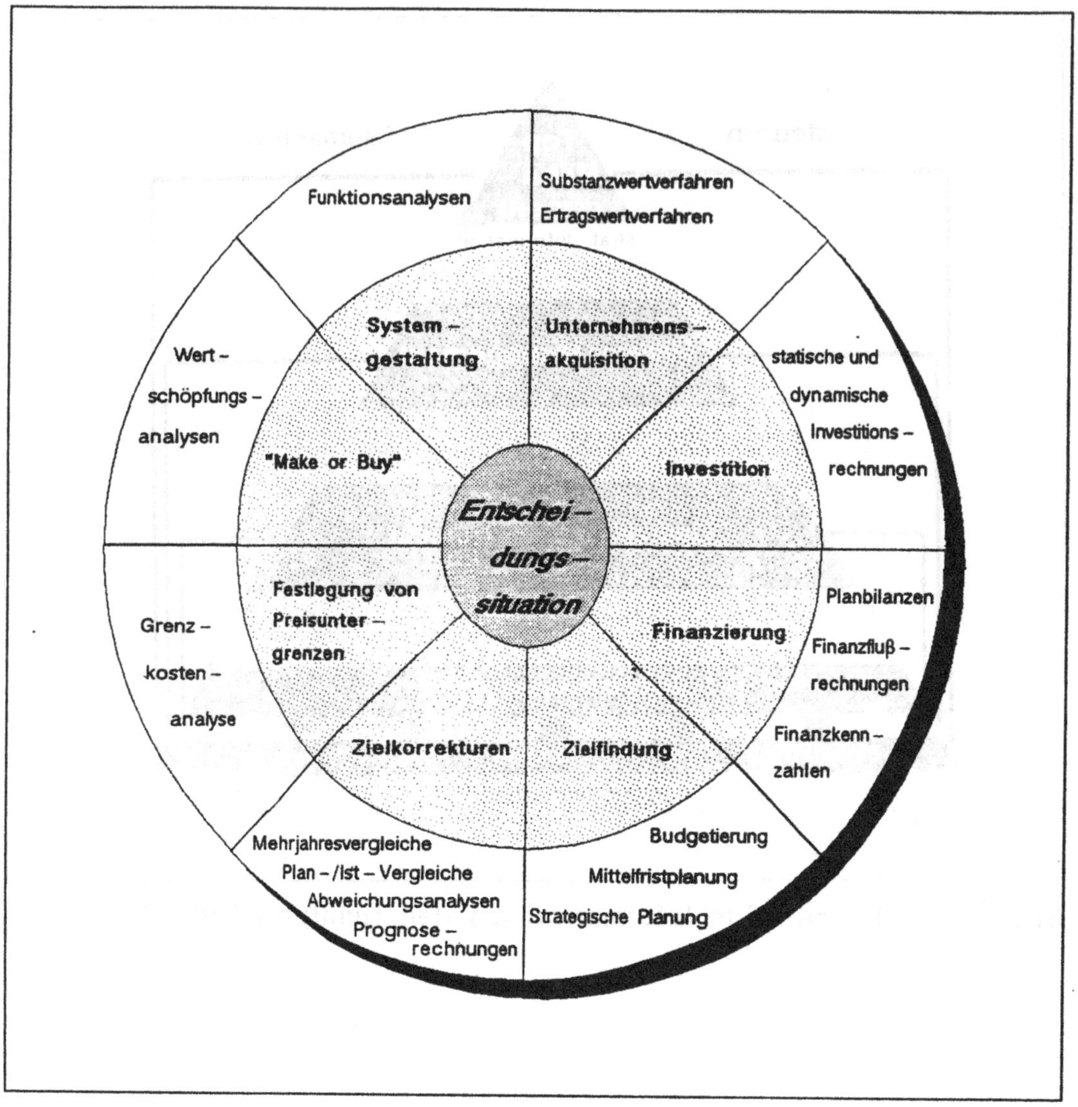

Bild 9: Entscheidungsorientiertes Controlling

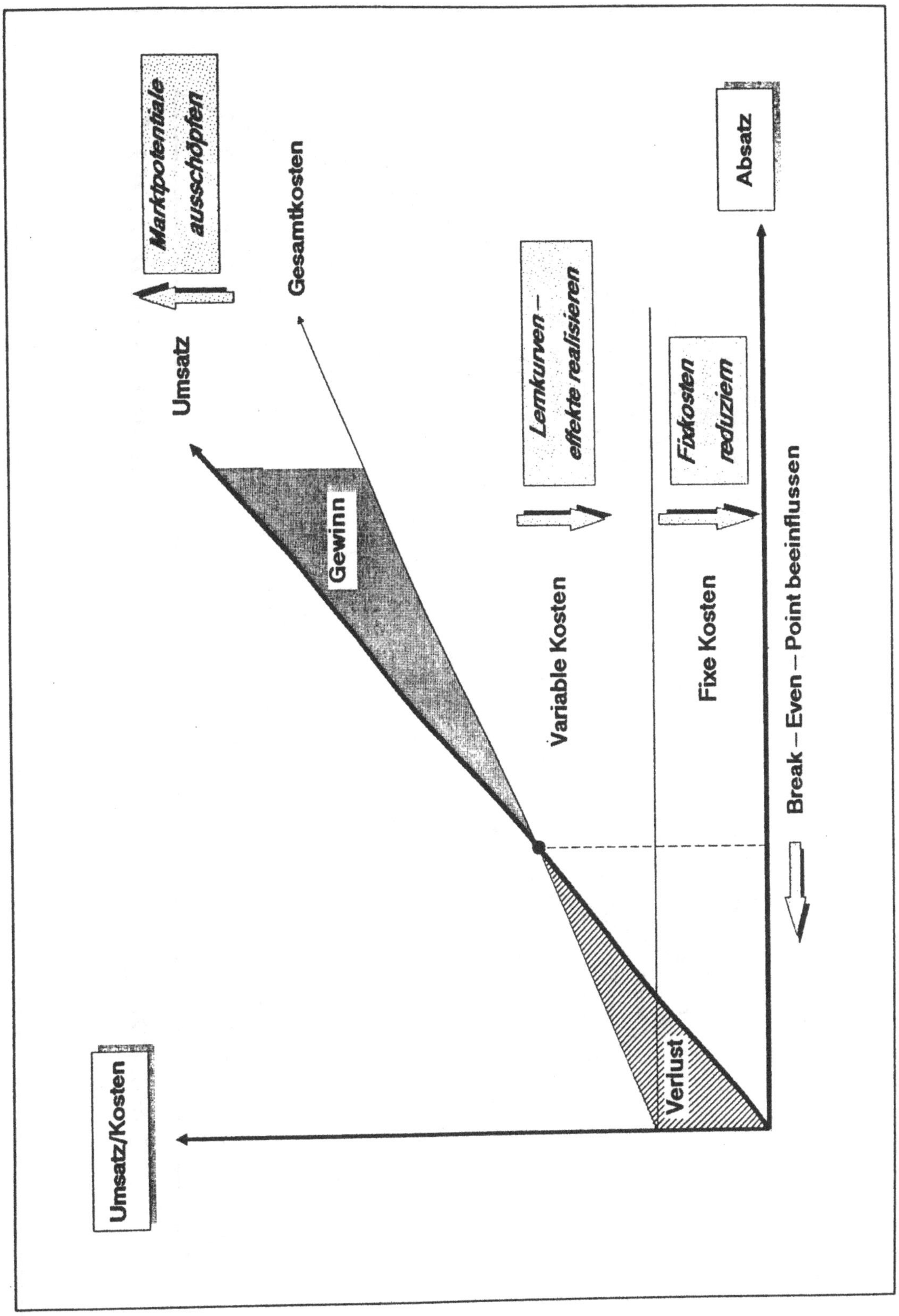

Bild 10: Die Break-Even-Betrachtung konkretisiert die Ansatzpunkte der Gewinnoptimierung

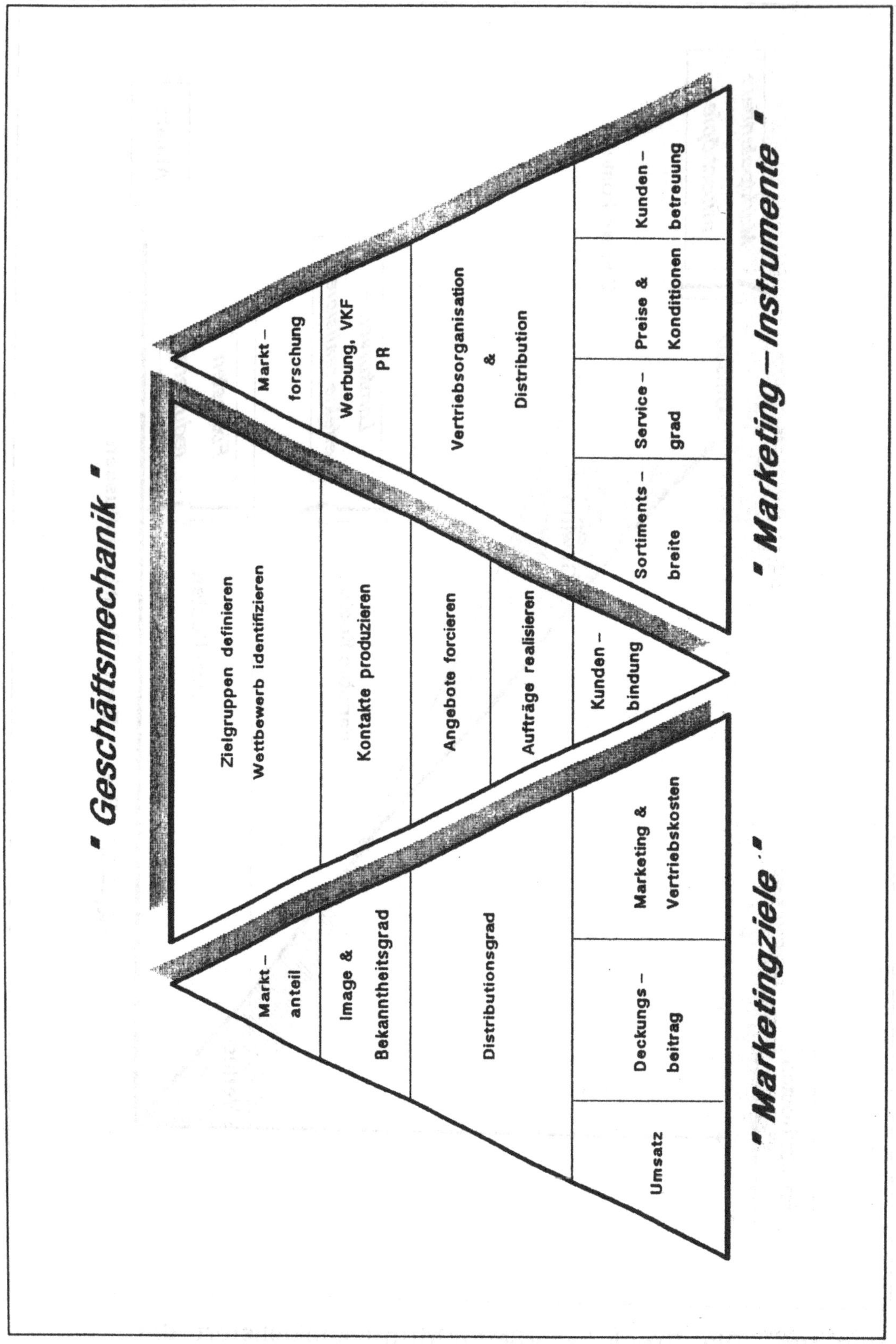

Bild 11: Die Erlösmechanik - Ausgangspunkt der Umsatzsteigerung

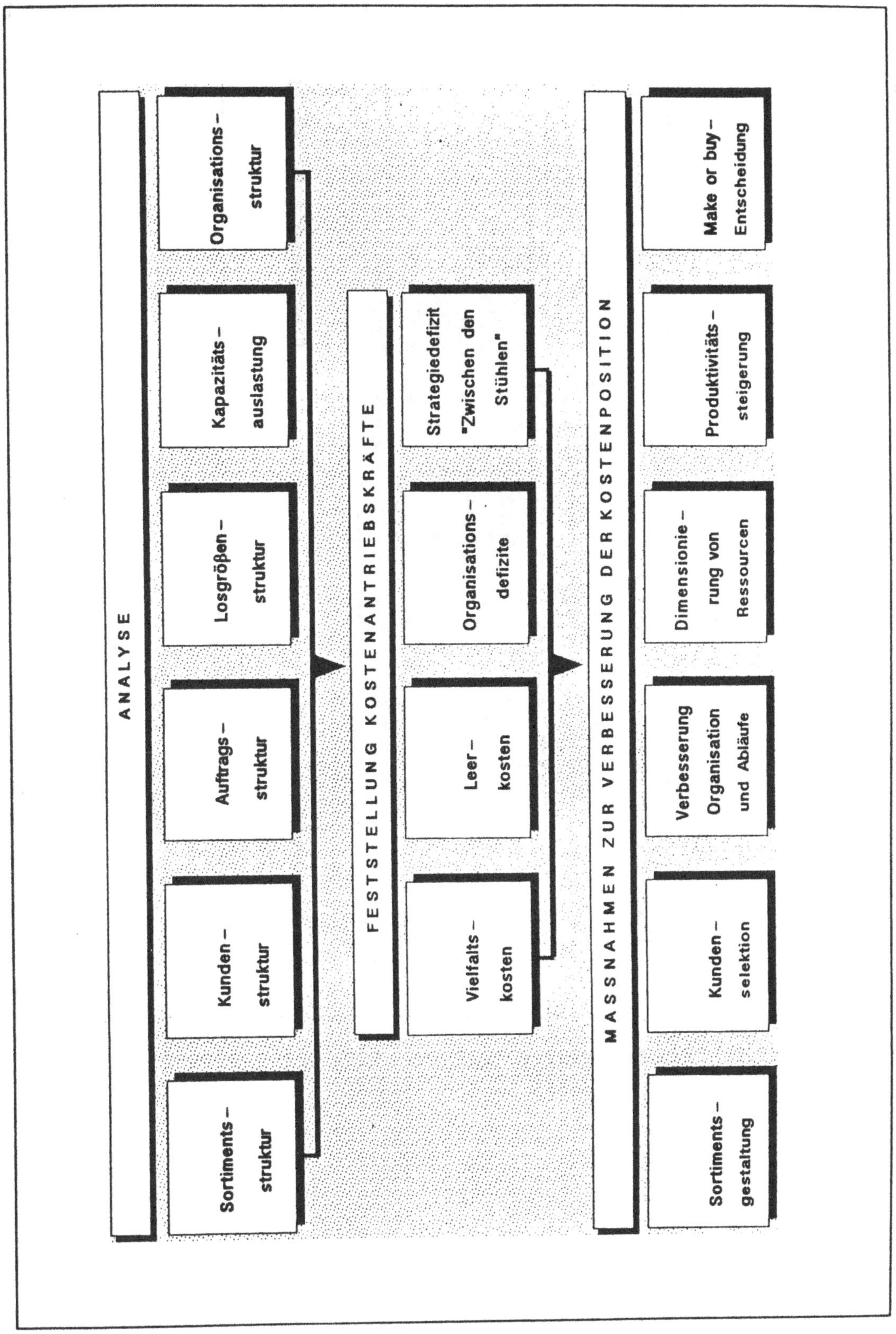

Bild 12: Die Kostenantriebskräfte erkennen und gezielt beeinflussen

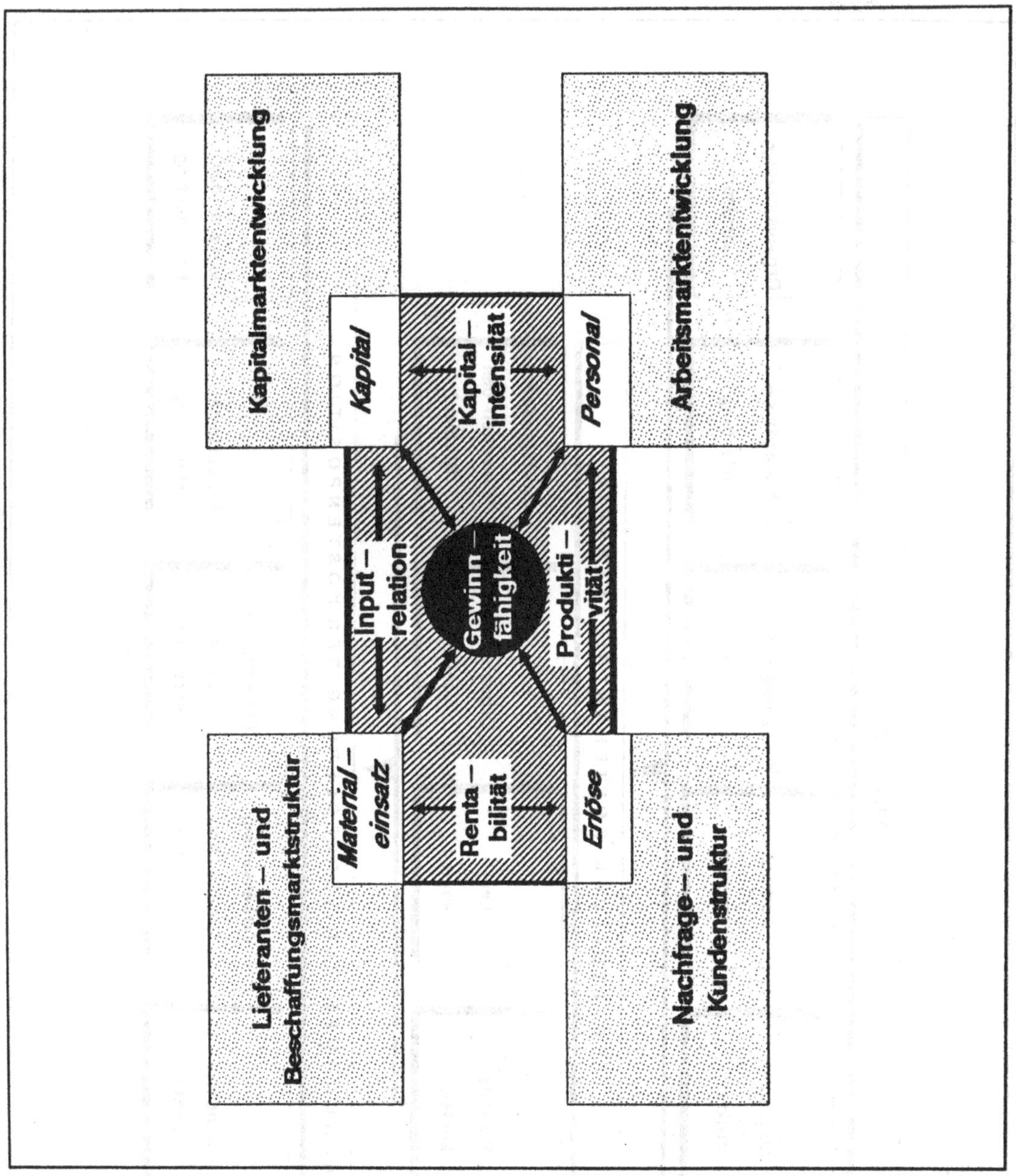

Bild 13: Die Betrachtung exogener Größen

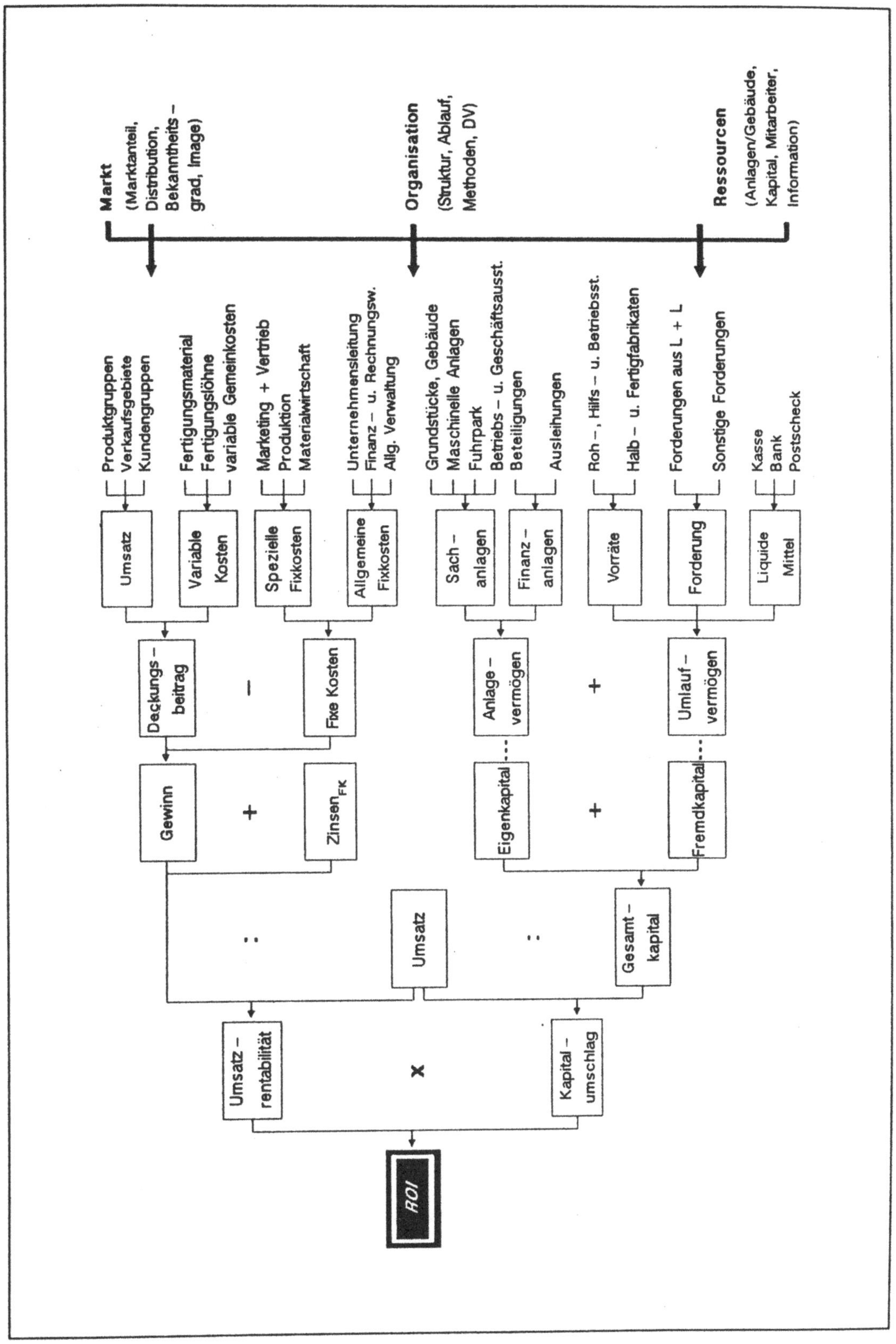

Bild 14: Von den "Hard-Facts" zu den "Soft-Facts"

Arbeitszeitmuster und Arbeitszeitentwicklung in Europa - Vergleichende Darstellung

J. Bastian

Dipl.-Soz. J. Bastian ist Doktorant am European University Institute, Department of Social and Political Sciences, San Domenico Di Fiesole, Florenz, Italien

0 Problemstellung

Die seit 1988 verstärkt in Gang gekommene Diskussion über den europäischen Binnenmarkt und Sozialraum weist u.a. auch darauf hin, daß Fragen der Arbeitszeitgestaltung als wesentliches Element der Integration angesehen werden (Bastian 1989a). Dabei konzentriert sich diese Diskussion vorrangig auf Aspekte der jeweiligen Standortbedingungen und die Möglichkeiten ihrer Verbesserung durch entsprechende Regelungen der Arbeitsmarktparteien und der nationalen Gesetzgebung. In diesem Zusammenhang wird der Arbeitszeitgestaltung eine besondere Bedeutung zugewiesen. Im Zentrum des Interesses stehen nicht primär weitere Arbeitszeitverkürzungen, sondern eine standortgemäße Arbeitszeitgestaltung.

In einer komparativen Gegenüberstellung soll auf die aktuellen arbeitszeitpolitischen Entwicklungen in einzelnen EG-Ländern eingegangen werden. Dabei wird erläutert, welchen Stellenwert Themen wie Flexibilisierung, Ladenöffnungszeiten und Arbeitszeitverkürzung in der dortigen gesellschafts-politischen Diskussion besitzen. Der Verweis auf "entscheidende Wettbewerbsvorteile der europäischen Konkurrenten" (IW-Dossier 1989) offenbart dabei, daß sich die regionale Verortung der Konkurrenzbedingungen geändert hat. Nicht mehr Japan oder Südkorea, wie noch zu Anfang der achtziger Jahre, sondern mittlerweile der europäische Kontinent selbst bzw. die Niederlassungen von Unternehmen in den einzelnen Ländern sind Grundlage für die Definition der relevanten Konkurrenzbedingungen und Standortmerkmale.

1 Arbeitszeitpolitik im europäischen Ländervergleich

1.1 Die aktuelle Entwicklung in Großbritannien

In Großbritannien muß die Arbeitszeitfrage im Kontext gegenwärtiger Auseinandersetzungen um eine Reorganisation der Arbeitsbedingungen bewertet werden. Zwei Beispiele mögen dies verdeutlichen:

- Im Januar 1988 wurde zwischen dem Reifenunternehmen Michelin und der TGWU eine Betriebsvereinbarung für Schichtarbeiter geschlossen. Auf der Grundlage eines neuen Schichtplans - ein kontinuierliches Schichtsystem innerhalb einer sieben-Tage-Woche - wurde eine durchschnittliche Wochenarbeitszeit von 31,5 Stunden vereinbart.

- Ein Flexibilisierungsplan bei British Gas ist Ende 1988 von den Arbeitnehmern mit großer Mehrheit abgelehnt worden. Das Verhandlungspaket sah eine Verkürzung der tariflichen Regelarbeitszeit von 38,75 auf 37,5 Stunden vor, eine Verlängerung der Dienst- und Rufbereitschaft bis 20 Uhr an Wochen- und bis 18 Uhr an Samstagen und Sonntagen sowie eine Lohnerhöhung um sieben Prozent und die Veränderung der beruflichen Tätigkeitsabgrenzungen unter Metallarbeitern.

Die Beispiele British Gas und Michelin veranschaulichen, daß arbeitszeitpolitische Innovationen auf Gestaltungsaspekte fokussiert sind und als trade-off Element wird gegebenenfalls Arbeitszeitverkürzung zugestanden. Arbeitszeitflexibilisierung ist in diesem Verhandlungsarrangement zwischen den kollektiven Akteuren weithin akzeptiert, aber ihre Anknüpfung an Flexibilisierungsschritte in den Bereichen Arbeitbedingungen, Arbeitsplatzprofile, Rationalisierung der Aushandlungsprozesse und Lohn- sowie Gehaltsfragen bilden die eigentlich umstrittenen Themenfelder (Bastian 1990).

Zwei weitere Entwicklungen lassen sich identifizieren, welche einerseits die angesprochene These von dem Bedeutungszuwachs zeitflexibler Arbeitszeitregelungen untermauern, andererseits die (umstrittene) Frage nach ihrer Regelungspraxis aufwerfen. Zum einen betrifft dies den Trend zur Zunahme von Jahresarbeitszeitverhältnissen. Nach Untersuchungen von Desmons/Vida-Hall (1987) arbeiten über 500.000 Beschäftigte in Großbritannien in Arbeitszeitsystemen mit jährlicher Berechnungsgrundlage. Vorreiter solcher annualised hours schemes, die insbesondere in Sektoren mit vollkontinuierlichen Produktionsprozessen anzutreffen sind, war die Tarifvereinbarung in der Papierindustrie 1982. Der zweite Trend betrifft den lautlosen Übergang in die sieben-Tage-Woche. Nach Erhebungen des britischen Zentralverbandes der Arbeitgeber, CBI, läßt bereits jeder zehnte Betrieb am Wochenende regelmäßig arbeiten, vor allem im Einzelhandel. Auffallend an der Sonntagsarbeit im britischen Einzelhandel ist die Praxis, die Belegschaft vollkommen auszuwechseln. Neben der Wochen- wird eine Samstags- und Sonntagsbelegschaft eingestellt. Diese signifikante, im Steigen begriffene Minderheit der sog. Sunday only part-timers rekrutiert sich mehrheitlich aus Studenten und verheirateten Frauen (Upton 1986).

Die unterschiedlichen gesetzlichen Grundlagen und Kontroversen über ihre (inkonsistente) Anwendung in der Regelungspraxis veranlaßten vor kurzem die Einzelhandelskette B & Q einen Musterprozeß anzustreben. Bei B & Q handelt es sich um ein sog. do-it-yourself Unternehmen, welches zu einer Konventionalstrafe verurteilt wurde, weil es sonntags geöffnet hatte. Daraufhin legte es Einspruch gegen das Urteil ein und begründete sein Vorgehen mit dem Hinweis, daß der Shops Act Einzelfallbestimmungen der Römischen Verträge (Art. 30) zur europäischen Einigung zuwiderlaufe. Jener Artikel untersagt Gesetze, welche Handelsbeschränkungen in Mitgliedsländern der EG errichten. Mit Blick auf die EG-bezogene Argumentationsstruktur des Klägers verwies das zuständige Gericht in Süd-Wales den Streitfall an den Europäischen Gerichtshof in Luxemburg. Dieser entschied im November 1989,

> *"that the treaty (of Rome) does not apply to national rules prohibiting retailers from opening their premises on Sunday where the restrictive effects on Community trade which may result therefrom do not exceed the effects intrinsic to rules of that kind. .. It is up to national courts to decide whether the restrictive effect of such measures on the free movement of goods exceeds the effects intrinsic to trade rules" (Financial Times 24.11.1989).*

Mit der Entscheidung folgte der Europäische Gerichtshof seiner seit Jahren praktizierten Doktrin der Proportionalität, welche es der jeweiligen nationalen Gerichtsbarkeit überantwortet, ökonomisch und sozialpolitisch interdependente Streitfälle selbst zu regeln.

1.2 Die aktuelle Entwicklung in Frankreich

Hinsichtlich der aktuellen arbeitszeitpolitischen Entwicklungen in Frankreich lassen sich zwei Schwerpunkte identifizieren: Zum einen die seit 1984 kontrovers geführte Debatte über die tarifvertragliche Regelung zeitflexibler Beschäftigungsverhältnisse. Zum anderen konzentriert sich die gegenwärtige Arbeitszeitdiskussion auf die Einschränkung oder Ausweitung von Wochenendarbeit. Beide Themenfelder stehen in einem interdependenten Wirkungsverhältnis zueinander, das wesentlich durch den sog. Rapport-Taddei angesprochen wurde.

Der im Herbst 1985 veröffentlichte Bericht, vom damaligen sozialistischen Parlamentsabgeordneten Dominique Taddei im Auftrag des Premierministers Laurent Fabius erstellt (Taddei 1986), reflektierte in sinnfälliger Weise die veränderten Prioritäten und Maßnahmenkataloge der seit 1981 verfolgten Arbeitszeitpolitik. Dabei verwies er auf Spielräume einer dezentral auszuhandelnden, flexiblen Arbeitszeitgestaltung, die erst durch ihre Entkopplung von den Maschinenlaufzeiten eine neue Verkürzungsoption der Regelarbeitszeit ermöglicht und somit auch Beschäftigungsimpulse auszulösen vermag. Als ökonomisch effizienteste und sozialpolitisch konsensfähigste Lösung schlug

Taddei eine Ausweitung der täglichen und wöchentlichen (6-7 Tage) Schichtarbeit vor. Dies könnte z.B. im Rahmen eines Dreischichtsystems à 32 Wochenstunden und einer täglichen Arbeitszeit von acht Stunden innerhalb einer vier-Tage-Woche geschehen. Im Kontext einer Austauschlogik sollten die Vorteile der einen Seite - verlängerte Betriebszeiten, rentablere Maschinenauslastung und die dadurch ausgelösten zusätzlichen Produktivitätspotentiale - ebenso als Gewinn der anderen Seite verbucht werden können, z.B. in Form von kürzeren Wochenarbeitszeiten, längeren Freizeitblöcken und vollem Lohnausgleich.

Im Anschluß an die Publizierung des Berichts erfolgte im Februar 1986 eine darauf basierende Gesetzesänderung (die sog. Loi Delebarre durch die scheidende Linksregierung. Unmmitelbar nach dem Regierungswechsel (März 1986) wurde das Gesetz zur Arbeitszeitanpassung von der neuen Mitte-Rechts-Administration außer Kraft gesetzt und im Juli 1987 durch die sog. Loi Seguin (benannt nach dem neuen Arbeitsminister) ersetzt. Sofern im Jahresdurchschnitt die gesetzliche 39-Stunden-Woche nicht überschritten wurde, erlaubte jenes Gesetz den Abschluß von Tarif- und/oder Betriebsvereinbarungen zur flexiblen Ausdehnung der Wochenarbeitszeit auf 44 Stunden. Zudem erweiterte die Loi Seguin die Einführungsmöglichkeiten sog. variabler Arbeitszeiten und gestattete die Anwendung zyklischer Arbeitszeitmodelle in Schichtbetrieben. Ferner enthielt das Gesetz Ausnahmeregelungen für Sonntagsarbeit sowie erweiterte Spielräume für Frauennachtarbeit (Schoenaich 1988).

Die Tatsache, daß Flexibilisierungsprozesse eine zunehmende Stellgröße in der französischen Beschäftigungs- und Arbeitszeitpolitik einnehmen, sei an zwei Fallbeispielen näher erläutert:

- Bei dem Automobilkonzern Renault, Zweigwerk Renault-Flins (Yvelines), wurde im Juni 1990 eine Betriebsvereinbarung geschlossen, welche die Einführung einer dritten Schicht für 1991 vorsieht. Dabei ist die Arbeitszeitlage besonders aufschlußreich: Für die ersten vier Tage ist die Arbeitszeitdauer von 19h 40 bis 1h 25 geregelt. Am fünften Arbeitstag wird sie dann bis 4h 40 morgens geleistet, d.h. von Freitagabend bis in den Samstagmorgen hinein und von Sonntagabend bis Montagmorgen. Der Durchbruch bei der Nachtschichtarbeit eröffnete nunmehr die Möglichkeit, Verhandlungen über die Einführung von reinen Wochenendschichten (sog. équipes de week-end) einzuleiten.

- Wie umstritten Ausnahmeregelungen für Sonntagsarbeit aus rein wirtschaftlichen Gründen sind, macht die gegenwärtige Kontroverse bei IKEA im französischen Lisses (Departement Essonne, im Süden von Paris) deutlich. Nachdem das schwedische Möbelhaus, das auch in der Bundesrepublik in den vergangenen Jahren durch unkonventionelle und umstrittene Arbeitszeitregelungen aufgefallen ist, eigenmächtig und ohne Betriebsvereinbarung die Geschäfts- und Verkaufszeiten auf den Sonntag ausgedehnt hatte, untersagte das zuständige Arbeitsgericht auf Antrag der CGT der IKEA-Geschäftsführung die Fortsetzung dieses Vorgehens.

Gleichwohl erinnert die IKEA-Kontroverse daran, daß die Zeit für eine Reform des Gesetzes über das Verbot der Sonntagsarbeit (aus dem Jahre 1906!) unausweichlich scheint. Nicht zuletzt durch ein neues Paket von Maßnahmen zur Förderung der Beschäftigung, welches der Französische Ministerrat im Herbst vergangenen Jahres verabschiedete, wird eine solche These gestützt. Während Unternehmen besondere Steuervergünstigungen angeboten werden, wenn sie die wöchentliche Arbeitszeit um drei Stunden - ohne gleichzeitige Minderung der produktiven Betriebszeiten - verkürzen, sollen Firmen, die die Maschinenlaufzeiten um 15 Stunden in der Woche verlängern, mit einer noch höheren "Steuergutschrift" belohnt werden. Die Initiative des sozialistischen Premierministers M. Rocard sieht zudem vor, daß die Praxis von Schichtarbeit an Wochenenden (vor allem Freitag-Samstag-Sonntag) erleichtert wird. Darüber hinaus sollen auch andere Arrangements zur Anwendung kommen, so z.B. die Sonntag-Montag-Dienstag Variante.

1.3 Die aktuelle Entwicklung in Belgien

Nach einer repräsentativen Befragung aus dem Jahre 1985 (Colpaert 1987) würden mehr als 58% der belgischen Beschäftigten eine Erhöhung ihrer Löhne und Einkommen einer weiteren Verkürzung der Regelarbeitszeit vorziehen, für die sich lediglich 36% aussprachen. Sechs Prozent der Befragten waren unentschlossen, und die Annahme erscheint nicht abwegig, daß sie sich in den folgenden Jahren eher jener Gruppe von Arbeitnehmern angeschlossen haben, die eine Lohnsteigerung bevorzugen. Diese Interpretation wird erhärtet durch die Feststellung, daß es in der Tarifrunde 1987/88 in keinem einzigen Fall zu einer Vereinbarung gekommen ist, in der eine (weitere) Arbeitszeitverkürzung enthalten war.

Die Grundlage dieser Einschätzung bildet das Rahmentarifabkommen über die Einführung neuer Arbeitszeitformen vom Juni 1987. Der im Nationalen Rat der Arbeit (CNT) ausgehandelte Rahmentarifvertrag, die sog. Convention

Collective No. 42 (C.C.T. No. 42), legt Verfahrensregelungen für die Implementierung neuer Flexibilisierungsvereinbarungen der Arbeitszeit fest und forderte die Regierung zu einer Novellierung der dazugehörigen arbeitsrechtlichen Bestimmungen auf. Letzteres ist durch den Gesetzgeber am 17. März 1987 mit dem sog. Gesetz zur Einführung neuer Arbeitszeitformen in den Betrieben geschehen. Im Mittelpunkt der gesetzlichen und tariflichen Veränderungen stehen folgende Arbeitszeitinnovationen:

- Im Prinzip kann zu jeder Zeit und an jedem Tag gearbeitet werden, vorausgesetzt die Arbeitszeitgestaltung ist zuvor in Branchen- oder Betriebsvereinbarungen geregelt worden.
- Arbeit an Sonn- und Feiertagen ist generell (also auch aus rein wirtschaftlichen Gründen) erlaubt. Nachtarbeit für Männer ebenso. Bisher war beides nur aus "zwingend technischen Erfordernissen" (z.B. in der Stahlindustrie) zulässig. Beschäftigte, die ausschließlich für Wochenendschichten eingestellt werden, müssen einen unbefristeten Arbeitsvertrag erhalten.
- Die neuen Arbeitszeitregelungen unterliegen nicht mehr den herkömmlichen Überstundenvergütungen, da die tägliche und wöchentliche Arbeitszeitdauer neu definiert wurde. Der Arbeitstag ist zwar auf maximal 12 Stunden begrenzt, die Wochenarbeitszeit ist jedoch variabel hinsichtlich ihrer Berechnungsgrundlage. Lediglich im Rahmen eines Trimesters oder im Jahresdurchschnitt darf die wöchentliche Arbeitszeit die gesetzliche (40 Stunden) oder die niedrigere tarifliche Norm (zwischen 40 und 36 Stunden) nicht überschreiten.

Die Konkretisierung des Abkommens durch Branchen- und Betriebsvereinbarungen erfolgte erst ab der Tarifrunde 1988/89. In der holzverarbeitenden Industrie und in der Nahrungsmittelbranche ist es inzwischen zu ersten Regelungen gekommen. Auf der Betriebsebene zeigt das Beispiel im limburgischen Ford-Werk Gent, wie sehr sich die Frage der Arbeitszeit hinsichtlich der Themenstellung und der Initiative von Akteuren in Belgien gewandelt hat. Dort hat im März 1988 die Geschäftsleitung den Gewerkschaften Vorschläge unterbreitet, die eine Flexibilisierung der Arbeitszeit und die Schaffung von 1.700 neuen Arbeitsplätzen vorsehen. Das Angebot der Unternehmensführung sieht vor, die Zahl der bestehenden 11.200 Arbeitsplätze zu erhöhen, wenn eine flexiblere Arbeitszeitregelung zustandekommt. Diese Forderung beinhaltet eine dritte Schicht, Samstagsarbeit und erhöhte Überstundenkontingente.

Zudem betonen belgische Regierungsstellen und Verbandsvertreter immer wieder, welche arbeitszeitpolitischen Vorzüge es in dem Land gibt. So hieß es in einer Sonderbeilage des Handelsblatts über das 'EG-Partnerland Belgien':

> *"Bei den Bemühungen, ausländische Niederlassungen ins Land zu ziehen, hat in der letzten Zeit die relative Offenheit der Gewerkschaften an Bedeutung gewonnen, flexiblen Arbeitszeitregelungen zuzustimmen. Dies hat dazu geführt, daß in einzelnen Unternehmen Beschäftigte nur an Wochenenden arbeiten und diese Stunden in der Entlohnung einer Fünf-Tagewoche gleichgestellt sind. Der Fall ist nicht die Regel. Von Gewerkschaftsseite ist aber selten ein unmittelbares Nein zu hören, wenn Arbeitgeber über die Einführung der Wochenendarbeit verhandeln wollen" (Handelsblatt 21.03.1989).*

1.4 Die aktuelle Entwicklung in der Bundesrepublik Deutschland

Lediglich in der Bundesrepublik Deutschland ist es 1987 und 1990 zu einem zweiten sowie dritten Verkürzungsschritt in der tariflichen Arbeitszeitdauer gekommen. Dieser erfolgte auf der Basis der nach dem Arbeitskampf des Jahres 1984 gefundenen Austauschformel: "(weitere) Arbeitszeitverkürzung gegen (weitere) Arbeitszeitflexibilisierung". Die Realisierung der 35-Stunden-Woche ist allerdings nicht - wie der Blick über die Landesgrenzen zeigt - zum Exportschlager geworden. Unter Bezugnahme auf den EG-Binnenmarkt kommt aber nunmehr der Frage wachsendes Gewicht zu, ob nicht ihrerseits Deregulierung und (weitere) Flexibilisierung zum Importartikel arbeitszeitpolitischer Strategien der bundesdeutschen Gewerkschaften werden (sollen).

Weitere Arbeitszeitflexibilisierung heißt vor allem, größere Schwankungen der täglich oder wöchentlich geleisteten Arbeitszeit im Jahresverlauf sowie Verlängerungen der Operationszeiten der Betriebe zuzulassen. Im konkreten betrieblichen Alltag bedeutet dies i.d.R. mehr Schicht- und mehr Wochenendarbeit. Der letztgenannte Punkt steht gegenwärtig im Zentrum arbeitszeitpolitischer Debatten in der Bundesrepublik. Die Frage einer Ausweitung der Wochenendarbeit entzweit dabei nicht nur einzelne Verbandsmitglieder der Arbeitgeber (wie neulich im Druckkonflikt sichtbar geworden), sondern ebenso DGB-Gewerkschaften (IG Chemie vs. IG Metall) und Teile der SPD-Spitze (so zwischen dem Vorsitzenden Vogel und seinem Stellvertreter Lafontaine).

Bei diesen Flexibilisierungskontroversen geht es nicht nur darum, die Kostenneutralität von eventuellen Arbeitszeitverkürzungen mit vollem Lohnausgleich sicherzustellen. Darüber hinaus gilt es, die internationale Wettbewerbsposition zu verbessern, einen tarifpolitischen Beitrag zur sozialen Modernisierung von Wirtschaft und Gesellschaft zu leisten, Belastungsabbau durchzusetzen und die Spielräume für mehr Zeitsouveränität auszuweiten.

Im Kontext dieser unterschiedlich gelagerten Begründungsstruktur läßt sich in den vergangenen Jahre ein signifikanter Wechsel in den Bewertungsmaßstäben der bundesrepublikanischen Arbeitszeitpolitik identifizieren. Dieser zeichnet sich implizit dadurch aus, daß die Prioritäten abnehmend auf unmittelbare Beschäftigungssteigerung durch Arbeitszeitverkürzungen und zunehmend auf Differenzierung und Flexibilisierung derselben liegen. Denn ob mit gleichzeitigen Arbeitszeitverkürzungen (wie in der Bundesrepublik und Großbritannien) oder ohne (wie z.B. in Frankreich und Belgien), eine Flexibilisierung der Arbeitszeit findet in allen EG-Ländern statt - mal mit Unterstützung oder Duldung durch die Gewerkschaften, mal gegen deren (erfolglosen) Widerstand.

Da das Bemühen, rechtzeitig günstige Startpositionen für 1992 zu schaffen, jeweils an der nationalen Wettbewerbsfähigkeit orientiert ist, besteht in diesem Kontext die Gefahr einer wechselseitigen Unterbietungskonkurrenz innerhalb der EG-Mitgliedsstaaten. Insbesondere in Fragen der Wochenendarbeit, die noch zu ergänzen wäre um die Kontroversen über die Ausweitung der Nachtarbeit und die Verlängerung der Ladenöffnungszeiten, kann der Blick über die Landesgrenzen dazu benutzt werden, die Arbeitszeitpolitik als Übungsfeld der Deregulierung und des wechselseitigen Unterbietungsdrucks zu mißbrauchen.

Selbst in der Bundesrepublik ist die Front zur Verteidigung des arbeitsfreien Wochenendes durchlöchert. So zeigte sich kürzlich der Vorsitzende der IG Chemie, H. Rappe, zu Zugeständnissen in der Frage der Wochenendarbeit bereit, um damit Arbeitsplätze in der Bundesrepublik zu erhalten. Im Zusammenhang mit der Entscheidung des nordrhein-westfälischen Arbeitsministers Heinemann über den Antrag des Aachener Reifenherstellers Uniroyal zur Genehmigung von Wochenendarbeit aus rein wirtschaftlichen Gründen betonte er:

> *"Mir ist es lieber, die Unternehmen schaffen mit ihrem Geld Arbeitsplätze in der Bundesrepublik, als in Spanien oder Griechenland. Wenn das nur mit mehr Wochenendarbeit möglich sei, können die*

Gewerkschaften nicht einfach ablehnen" (Frankfurter Rundschau 28.12.1988).

Dagegen will der IG Metall-Vorsitzende Steinkühler, auch um den Preis von Abwanderungsverlusten an Arbeitsplätzen, an der Verteidigung von Errungenschaften wie dem arbeitsfreien Wochenende festhalten. Die IG Metall sieht sich als einzige Gewerkschaft im internationalen Metallarbeiterbund (IMB) stark genug, dem Begehren der Arbeitgeber nach längeren Betriebsnutzungszeiten zu widerstehen. Die Schwestergewerkschaften, so Steinkühler,

"setzen deshalb große Hoffnungen in die IG Metall, denn wenn bei uns der Damm bricht, werden die anderen Länder rücksichtslos überflutet" (Frankfurter Rundschau 24.09.1988).

Ob es der IG Metall gelingt, für dieses Projekt handlungsfähige Organisationen auf der europäischen Ebene zu finden, sei vorerst dahingestellt. Bekanntermaßen sind die Probleme des Zusammenhangs von Arbeitszeitgestaltung und internationaler Konkurrenzfähigkeit der nationalen Wirtschaft so alt wie der Arbeitszeitkonflikt selbst. Dies ist heute nicht anders: Die Problemlagen - so z.B. das Ausmaß der Arbeitslosigkeit - sind in den EG-Ländern sehr unterschiedlich, die Systeme der industriellen Beziehungen weichen stark voneinander ab, und die Möglichkeiten der nationalen Gewerkschaften, Errungenschaften zu verteidigen oder Fortschritte zu erzielen, sind sehr verschieden. Diese Errungenschaften spielen auch im Kontext des europäischen Binnenmarktes eine bedeutsame Rolle.

2 Landesspezifische Problemlagen und institutionelle Arrangements. Hoffnung auf europäisch koordinierte Steuerung?

Während der Binnenmarkt von Großunternehmen und Konzernen längst vorweggenommen ist, gehorcht die gewerkschaftliche Tarifpolitik immer noch nationalspezifischen Gesetzen, Gesetzmäßigkeiten und Rationalitäten. Diese bestimmen sich nicht nur nach Maßgabe politischer Orientierungen und Anbindungen der Gewerkschaften an Parteien, Traditionen der Verhandlungsebenen und Konfliktniveaus, sondern wurzeln ebenso in länderspezifischen Strukturmerkmalen der industriellen Beziehungen und dem Grad ihrer rechtlichen Institutionalisierung. Aus dieser Gemengenlage von Bestimmungsfaktoren ergeben sich jeweils verschiedene Handlungspotentiale, um auf die erwarteten makroökonomischen und institutionellen Veränderungen im Horizont von 1992 reagieren zu können (Bastian 1989b).

Denn während es für die einen "nur" um die Abwehr von Verschlechterungen geht, blicken die anderen hoffnungsfroh nach Brüssel. Beides unter einen Hut zu bringen, bezeichnet die zentrale Herausforderung - und bisherige Leerstelle - bei der Formulierung europaweiter Arbeits(zeit-)strategien der Tarifverbände. Der Bedarf für eine strategisch-politische Umorientierung wird zwar von den beteiligten Akteuren ausdrücklich anerkannt, dies bedeutet aber keineswegs die bruchlose, quasi selbstverständliche Umsetzung strategisch rationaler Kalküle. Im Kontext dieser Problemstellung ist nicht nur von Bedeutung, welche Strategien im Hinblick auf das Ziel "1992" rational sein können - ob europäisch konzipierte Arbeits(zeit-)politik oder die weitere Konzentration auf landesspezifische Lösungsmodelle - sondern ebenso, ob die relevanten Akteure hinreichend "rational" sind bzw. sein können, um für rationale Strategien tatsächlich zu optieren.

Einheitliche Rahmenregelungen hinsichtlich der Arbeitszeitgestaltung von der Kommission der Europäischen Gemeinschaften zu erwarten, erscheint im Lichte des Schicksals vergangener EG-Initiativen und -Entwürfe im Bereich der Arbeitszeitpolitik problematisch. Nachdem in der ersten Phase der Arbeiten am Projekt 1992 Fragen des Warenaustausches, der Steuerharmonisierung etc. im Mittelpunkt standen, rückt seit dem EG-Gipfel vom Juli 1988 der Themenkomplex Arbeits- und Sozialbeziehungen als komplementäre, bisher aber unterbewertete, Stellgröße des geplanten Binnenmarktes in den Blickpunkt öffentlicher Kontroversen. Im Zusammenhang mit diesem Thematisierungsschub wird auch der Reformulierung von Arbeitszeitpolitiken eine besondere Bedeutung zugewiesen. Sei es als standortgemäße Arbeitszeitgestaltung oder europäisch koordinierte Verkürzungsschritte der tariflichen Sollarbeitszeit, die Protagonisten der einen wie der anderen Zielrichtung haben zumindest gemeinsam, daß sie Arbeitszeitpolitik als zentralen Bestandteil des ökonomischen und sozialen Integrationsprozesses ansehen.

Fragt man nach den Aktivitäten und Initiativen von EG-Institutionen hinsichtlich dieses Themenkomplexes, so fällt auf, daß aus dem vergangenen Jahrzehnt zahlreiche, aber nur selten realisierte Richtlinien zur Arbeitszeitproblematik vorliegen. Ein - keineswegs vollständiger - Überblick schließt z.B. ein, daß die Kommission der Europäischen Gemeinschaften - Generaldirektion Wirtschaft und Finanzen - im März 1980 eine umfassende Untersuchung zur Arbeitsumverteilung und den Wirkungen einer Verkürzung der Jahresarbeitszeit vorgelegt hat (Kommission der Europäischen Gemeinschaften 1980).

Dieser Bericht konzentriert sich rückblickend (1950-1978) auf Reduzierungen der effektiven Jahresarbeitszeit, er thematisiert Arbeitszeitverkürzungen und darauf bezogene mikroökonomische (betriebliche) Reaktionsweisen, z.B. durch eine Ausweitung der Schichtarbeit.

Desweiteren liegt eine Entschließung des Rates der Europäischen Gemeinschaften vom 18.12.1979 über die Anpassung der Arbeitszeit vor. Darin hob der Rat hervor,

> *"...daß für die Bewertung etwaiger Maßnahmen zur Anpassung der Arbeitszeit vielfältige Faktoren zu berücksichtigen sind, an denen an erster Stelle die Auswirkungen auf die Produktionskapazitäten der Unternehmen, die Veränderung der Produktivität und der Lohnausgleich gehören" (ebd.: 125).*

Ausgehend von dieser Prämissensetzung wurden auf zahlreichen Feldern der Arbeitszeitpolitik Initiativen vorgeschlagen und Leitlinien aufgestellt:

- *Überstunden:* Der systematische Rückgriff auf Überstunden soll eingeschränkt werden. Einführung des Grundsatzes einer Ausgleichsruhezeit für einen Teil der systematisch geleisteten Überstunden.
- *Flexible Altersgrenze:* Prinzip der Freiwilligkeit. Verlängerung der Urlaubsdauer für ältere Arbeitnehmer.
- *Teilzeitbeschäftigung:* Prinzip der Freiwilligkeit. Sie darf nicht Personen auferlegt werden, die eine Vollzeitbeschäftigung wünschen. Grundsatz der gleichen sozialen Rechte und Verpflichtungen wie Vollzeitbeschäftigte. Teilzeitarbeit ist nicht ausschließlich auf Halbtagsbeschäftigung zu beschränken.
- *Zeitarbeit:* Gemeinschaftsaktion zur Überwachung der Zeitarbeit und Gewährleistung des sozialen Schutzes der Zeitarbeitnehmer.
- *Schichtarbeit:* Berücksichtigung der Aspekte der Arbeitsbedingungen, des Gesundheitsschutzes und der wirtschaftlichen Gesichtspunkte des Problems, insbesondere der Wettbewerbsfähigkeit der Unternehmen.
- *Jährliches Arbeitsvolumen:* Ersuchen des Rates an die Kommission, zusammen mit den Sozialpartnern zu prüfen, unter welchen Bedingungen gemeinschaftliche Gesichtspunkte für die Verringerung des jährlichen Arbeitsvolumens entwickelt werden können. Dabei sei vor allem dem Problem der Verbesserung der Arbeitsbedingungen, der

Notwendigkeit, Entlassungen zu vermeiden und Neueinstellungen zu fördern, Rechnung zu tragen.

Aufgrund dieser Entschließung hat die Kommission dem Rat anschließend eine Reihe von Vorschlägen unterbreitet:

- am 15.12.1981 den Entwurf für eine Empfehlung über flexible Rentenaltersgrenzen;
- am 04.01.1982 den Entwurf einer Richtlinie über freiwillige Teilzeitarbeit;
- am 07.05.1982 den Entwurf für eine Richtlinie über Zeitarbeit.

Im Anschluß an die Debatte im europäischen Parlament über Arbeitslosigkeit in der EG vom 28/29.04.1983 und der Entschließung des Wirtschafts- und Sozialausschusses der EG-Kommission vom Juli 1983 verabschiedete der Rat der Europäischen Gemeinschaften im September 1983 eine sog. Draft council recommendation on the reduction and reorganisation of working time (vgl. Commission of the European Communities 1983). Darin wurden die Mitgliedsländer entweder "eingeladen" oder ihnen "empfohlen", zwei "principal policy aims" zur Kenntnis zu nehmen:

> *"to bring about a reduction in individual working time, combined with its reorganisation, sufficiently substancial to support the positive development of employment, under conditions which safeguard competitivity as well as basic social rights".*

Die vorgestellten Dokumente und Richtlinienentwürfe unterstreichen die eingangs gemachte Feststellung, wonach der Rat der EG ebenso wie die Kommission seit 1980 zu verschiedensten Aspekten der Arbeitszeitthematik Stellung genommen hat. Bei diesen EG-Initiativen fällt immer wieder auf, wie ein Zusammenhang zwischen Arbeitszeitverkürzung und Arbeitszeitreorganisation herzustellen versucht wird und beide Arbeitszeitelemente als interdependent behandelt werden.

Fast alle diese Entwürfe und Richtlinienvorschläge sind jedoch in der Schublade geblieben bzw. seit Jahren institutionell blockiert. Letzteres, weil sie im Entscheidungsprozeß von Wirtschafts- und Sozialnormen der EG auf Einstimmigkeit angewiesen waren. Mit dem im Juli 1990 von der EG-Kommission eingebrachten Gesetzentwurf wurden nunmehr einheitliche Mindestnormen für die Ruhezeiten von Arbeitnehmern sowie für Nacht- und Schichtarbeit vorgeschlagen. Im Unterschied zu dem im November 1989 vorgelegten sozialpolitischen Aktionsprogramm zur Stärkung der Arbeitnehmerrechte im Binnenmarkt, erfordern die jüngsten Vorschläge kein einstimmiges Votum der EG-Regierungen. Sie ließen sich daher gegen den erklärten Widerstand Großbritanniens durchsetzen. Die geforderte Festschreibung einer täglichen ununterbrochenen Ruhepause von mindestens 11 Stunden besteht allerdings derzeit nur in Dänemark und in den Niederlanden. Weiter soll die Nachtarbeit auf acht Stunden begrenzt werden. Für alle Arbeitnehmer ist ein Ruhetag je Woche und der Anspruch auf bezahlten Jahresurlaub vorgesehen. Bei dem erwähnten Ruhetag ist jedoch nicht weiter konkretisiert, um welchen arbeitsfreien Tag es sich dabei handeln sollte, d.h. die fühlbare Einschränkung, oder gar ein ausdrückliches Verbot von Sonntagsarbeit findet sich nicht in dem Gesetzentwurf.

Literatur

Bastian, J. (1989a): Les syndicats européens face au temps de travail: Le Marché Intérieur comme défi pour la réformulation de revendications syndicales,
in: Sociologie du Travail Heft 31, 1-18.

Bastian, J. (1989b): 1992 im Visier - Der Europäische Binnenmarkt als Herausforderung für gewerkschaftliche Handlungsstrategien: Das Beispiel der Arbeitszeitpolitik,
in: Zeitschrift für ausländisches und internationales Arbeits- und Sozialrecht 3: 257-287.

Bastian, J. (1990): Ein neuer Aufschwung für die Gewerkschaften? Modernisierungspolitik und Arbeitskonflikte in Großbritannien 1989,
in: WSI-Mitteilungen, 43: 536-543.

Colpaert, T., 1987: Requiem voor de 32-Uren Week?,
in: Socialistishe Standpuncen 17, 41-55.

Commission of the European Communities (1983): Draft Council Recommendation on the Reduction and Reorganisation of Working Time. COM (83) 543 final, Brüssel.

Desmons, G./Vida-Hall, T. (1987): Annual Hours: A Study of Annual Hours Arrangements in the U.K. Industrial Society: London.

Financial Times, 24.11.1989: Both sides claim victory in Sunday shopping verdict.

Frankfurter Rundschau, 24.09.1988: Neue Dresche für Lafontaine.

Frankfurter Rundschau, 28.12.1988: Streit über Sonntagsarbeit.

Handelsblatt, 21.03.1989: Sonderbeilage: EG-Partnerland Belgien.

IW-Dossier (1989): Sozialraum Europa. Institut der deutschen Wirtschaft, Köln.

Kommission der Europäischen Gemeinschaften (1980): Arbeitsumverteilung: Die Wirkungen einer Verkürzung der Jahresarbeitszeit, in: Europäische Wirtschaft, Nr. 5: Brüssel, 93-127.

Schoenaich, C. (1988): Arbeitszeitflexibilisierung in Frankreich, in: Recht der Arbeit, Nr. 1: 43-44.

Taddei, D. (1986): Des machines et des hommes. Pour l'emploi par une meilleure utilisation des équipements. La Documentation Française, Paris.

Upton, R. (1986): Coming to Terms with Sunday Working, in: Personal Management 2, S. 28-32.

Produktivitätsmanagement

Forum 3

Sitzungsleiter: *Bodo Eidenmüller*

Dr. oec. publ. B. Eidenmüller ist selbständiger Unternehmensberater in München

Modelle zur Unterstützung strategischer Technologieentscheidungen

C. Homburg

Dr. C. Homburg ist Leiter für Controlling, Marketing und Strategie bei der KSB AG (Geschäftsbereich Armaturen), Frankenthal

0 Einleitung

In einer Zeit, in der das Wettbewerbsumfeld eines Unternehmens in immer stärkerem Ausmaß durch technologische Umwälzungen und durch kürzer werdende Produktlebenszyklen geprägt ist, werden Entscheidungen über Technologien zu einer der wichtigsten Komponenten von Unternehmensstrategien. Da die gängigen Methoden der strategischen Planung sich nur sehr bedingt zur Behandlung von technologiestrategischen Problemen eignen, wurde in den letzten Jahren (unter dem maßgeblichen Einfluß der Unternehmensberatungsgesellschaft Arthur D. Little) eine Reihe von Modellen entwickelt, die speziell auf die Formulierung von Technologiestrategien abzielen. Die Relevanz solcher Modelle gilt insbesondere deshalb als recht hoch, weil weitreichende technologische Entscheidungen nicht selten vom Selbstbewußtsein und von den Ambitionen der Spezialisten in den Forschungs- und Entwicklungsabteilungen beeinflußt werden. Modelle können hier zur Strukturierung und Objektivierung der Entscheidungsfindung beitragen.

Wie groß der Nachholbedarf auf diesem Gebiet in zahlreichen Unternehmen ist, verdeutlicht eine Umfrage der Unternehmensberatung Booz-Allen & Hamilton unter 800 Führungskräften in amerikanischen Unternehmen: Etwa zwei Drittel der Befragten äußerten sich negativ über die strategische Einbindung von Technologien in ihrem Unternehmen.

Dieser Artikel möchte dem Leser einen groben Überblick der wichtigsten Ansätze auf diesem recht neuen Teilgebiet der strategischen Planung vermitteln. Aufgrund des begrenzten Umfangs des Artikels können Beispiele aus der Unternehmenspraxis hier nicht berücksichtigt werden; auch mußte die Darstellung des Stoffes an einigen Stellen etwas knapp gehalten werden. Der interessierte Leser findet jedoch am Ende des Artikels Literaturverweise, die ihm einen tieferen Einblick in das hier behandelte Gebiet vermitteln können.

1 Grundlegende Marktstrategien und entsprechende Modelle

Die grundlegende Marktstrategie eines Unternehmens läßt sich anhand des *Zielmarkts* und des *angestrebten Wettbewerbsvorteils* charakterisieren. Beim Zielmarkt wollen wir unterscheiden zwischen einem breiten Zielmarkt (im Extremfall der gesamte Markt einer Branche) und einem stark eingegrenzten Zielmarkt (einzelne Marktnischen). Auf diese Weise gelangt man zu den drei grundlegenden Marktstrategien (vgl. Bild 1) Kostenführerschaft, Differenzierung und Fokussierung. Wegen der starken Betonung des Wettbewerbsaspekts im Rahmen dieses Ansatzes bezeichnet man die drei genannten Strategien auch als *Wettbewerbsstrategien*.

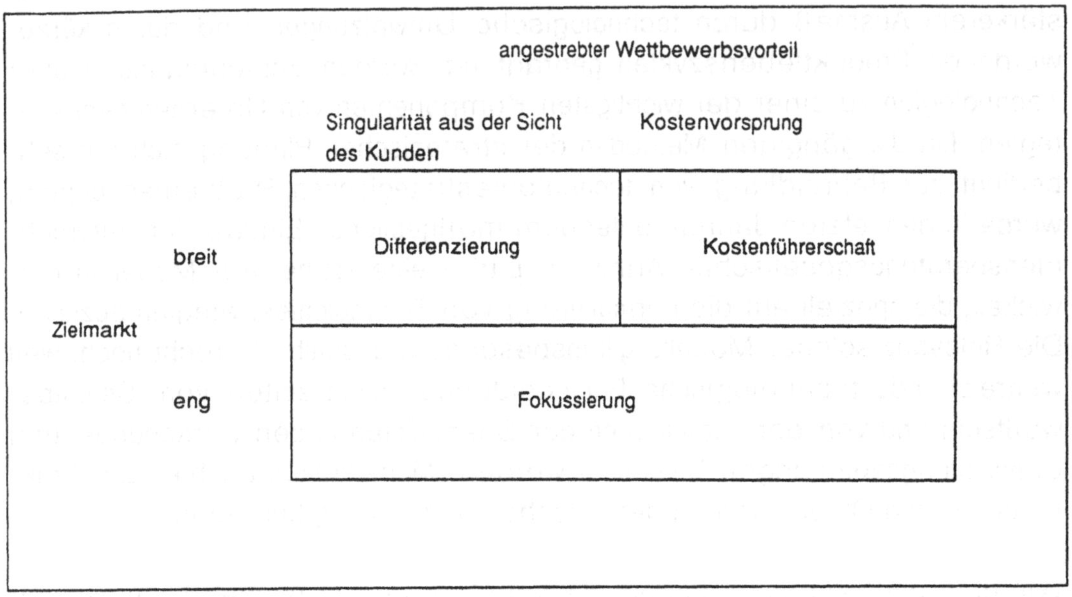

Bild 1: Drei grundlegende Marktstrategien

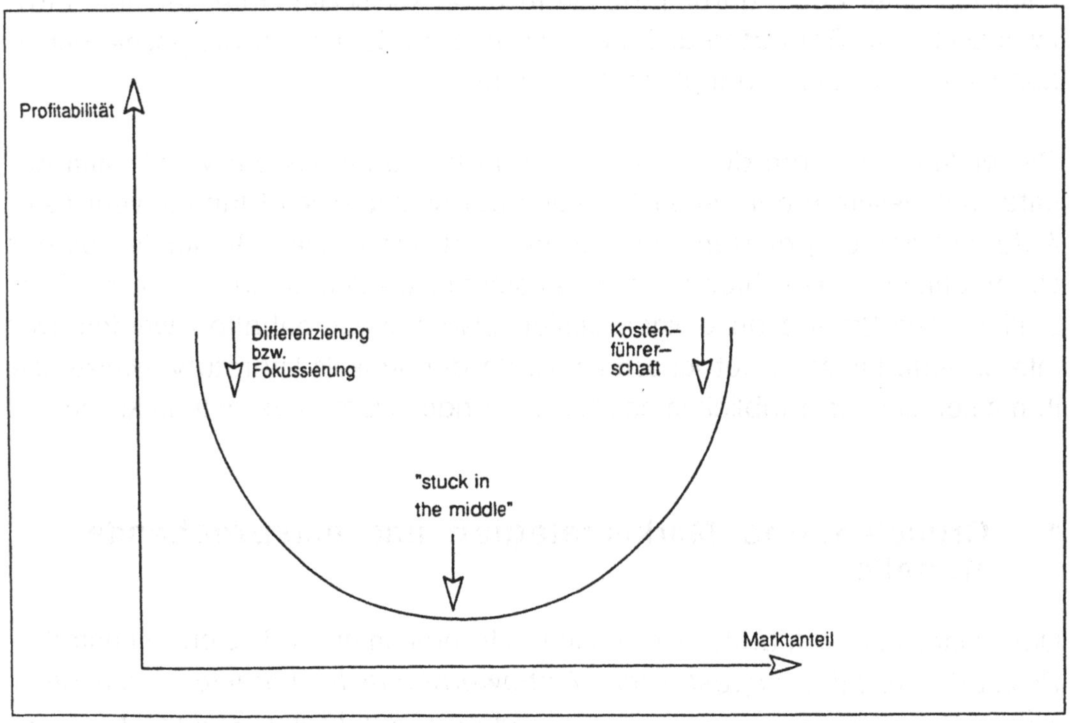

Bild 2: Das U-Kurven-Modell

Grundgedanke der Strategie der *Kostenführerschaft* ist das Anstreben der günstigsten Kostenposition in einer Branche - verbunden mit einem entsprechend großen Spielraum bei der Gestaltung der Preise. Zur Realisierung dieser günstigen Kostenposition dienen hohe Stückzahlen/hohe Marktanteile bei weitgehender Standardisierung der Produkte. Entsprechende strategische Maßnahmen sind u.a.:

- aggressiver Aufbau von Fertigungsanlagen effizienter Größe,
- gezieltes Ausnutzen erfahrungsbedingter Kostensenkungen,
- strenge Kontrolle von variablen Kosten und Gemeinkosten sowie
- Kostenminderung in den Bereichen Forschung/Entwicklung und Service.

Kennzeichnend für die *Differenzierungsstrategie* ist, daß das Produkt (oder die Dienstleistung) des Unternehmens so gestaltet ist, daß es in der gesamten Branche als einzigartig angesehen wird. Ansatzpunkte für eine solche Differenzierung sind neben der Produkttechnologie das Produktdesign, der Markenname, die Produktqualität, der Kundendienst usw., wobei auch Kombinationen dieser Ansätze möglich sind. Eine gelungene dauerhafte Differenzierung reduziert in der Regel die Preissensibilität der Kunden und ermöglicht dem Unternehmen eine Hochpreispolitik und folglich hohe Ertragsspannen. Häufig ist eine solche Differenzierungsstrategie nicht kompatibel mit einem hohen Marktanteil, da dieser nicht zu einem exklusiven Image paßt.

Während die ersten beiden Strategietypen auf die gesamte Branche bzw. zumindest auf einen großen Teil davon abzielen, liegt der Grundgedanke der *Fokussierung* in der Konzentration auf bestimmte Segmente. Konkrete Ausprägungen dieser Strategievariante sind z.B. die Beschränkung auf bestimmte Kundengruppen, auf ausgewählte geographische Gebiete, auf spezielle Vertriebswege usw. In den jeweiligen Marktsegmenten ist dann entweder eine Differenzierungsstrategie (im Sinn einer besseren Erfüllung der segmentspezifischen Kundenbedürfnisse) oder eine (auf die Zielsegmente bezogene) Strategie der Kostenführerschaft zu verfolgen. Denkbar ist bei dieser auf Segmente fokussierten Strategie auch eine Kombination von Differenzierung und Kostenführerschaft.

Dieser Klassifikation von Marktstrategien liegt das *U-Kurven-Modell* zur Beschreibung der Beziehung zwischen Marktanteil und Profitabilität zugrunde (vgl. Bild 2). Unterstellt man einen solchen Kurvenverlauf, so folgt hieraus, daß eine hohe Profitabilität nur mit sehr großen Marktanteilen (Kostenführerschaft) oder mit kleinen Marktanteilen (Differenzierung bzw. Fokussierung) zu erzielen ist. Dies unterstreicht die Notwendigkeit einer klar definierten Wettbewerbsstrategie: Unternehmen, die eine solche nicht aufweisen, die mit mittleren Marktanteilen operieren, weder die Kostenführerschaft innehaben noch differenziert bzw. fokussiert agieren, können nach diesem Konzept auf lange Sicht keine zufriedenstellende Profitabilität erreichen; sie sind "stuck in the middle".

In der Theorie der strategischen Planung kennt man eine Reihe weiterer Ansätze zur Typologisierung von Marktstrategien, auf die wir hier nicht eingehen. Für unsere technologieorientierte Betrachtungsweise ist der skizzierte wettbewerbsorientierte Ansatz deshalb von Bedeutung, weil der strategische Beitrag von Technologien nur vor dem Hintergrund des Wettbewerbsumfelds beurteilt werden kann.

Breiten Raum nehmen in der strategischen Planung auch *Modelle und Methoden zur Ableitung von Marktstrategien* ein. Recht bekannt sind in diesem Zusammenhang *Portfolio-Modelle,* die ihre strategischen Empfehlungen in der Regel aus den beiden Parametern "Marktattraktivität" und "Wettbewerbsposition" (bzw. aus ähnlich orientierten Größen) ableiten. Ein verallgemeinerter Portfolio-Ansatz ist *SPACE* (Strategic Position and Action Evaluation); hier wird das Kriterium der Marktattraktivität ergänzt durch den Parameter "Marktstabilität" und neben der Wettbewerbsposition eines Unternehmens/einer Geschäftseinheit wird auch deren finanzielle Position in die Analyse einbezogen.

2 Strategische Bedeutung von Technologien

Wir klassifizieren Technologien (Produkt- oder Fertigungstechnologien) in Basis-, Schlüssel- und Schrittmachertechnologien. Ausschlaggebend für diese Klassifizierung ist der Grad der Diffusion der Technologie in der relevanten Branche.

Zu den *Basistechnologien* einer Branche zählt man solche Technologien, die generell verfügbar sind und ohne die die Branche in ihrer derzeitigen Form nicht existieren würde. Bei Basistechnologien ist das Wettbewerbspotential weitgehend ausgeschöpft; es ist also nicht sehr wahrscheinlich, daß ein Unternehmen hier noch einen signifikanten Wettbewerbsvorteil realisieren kann.

Schlüsseltechnologien sind solche Technologien, die die derzeitige Wettbewerbsfähigkeit in einer Branche nachhaltig beeinflussen. Sie sind bereits ein fester Bestandteil des Technologiespektrums der Branche, ohne allerdings für alle Wettbewerber zugänglich zu sein.

Technologien, die sich noch in der Entwicklungsphase befinden, bei denen aber absehbar ist, daß sie - im Fall ihrer konsequenten Weiterentwicklung - das Potential haben, die Wettbewerbsfähigkeit in der Branche entscheidend zu beeinflussen, heißen *Schrittmachertechnologien*. Aus den Schrittmachertechnologien rekrutieren sich die zukünftigen Schlüsseltechnologien.

Es liegt auf der Hand, daß ein- und dieselbe Technologie bzgl. verschiedener Branchen verschiedenen Technologietypen zuzuordnen ist. Die Anwendung dieser Klassifikation muß daher immer branchenspezifisch erfolgen. Bild 3 zeigt Kausalmodelle, die zur Identifikation von Schlüssel- bzw. Schrittmachertechnologien herangezogen werden können.

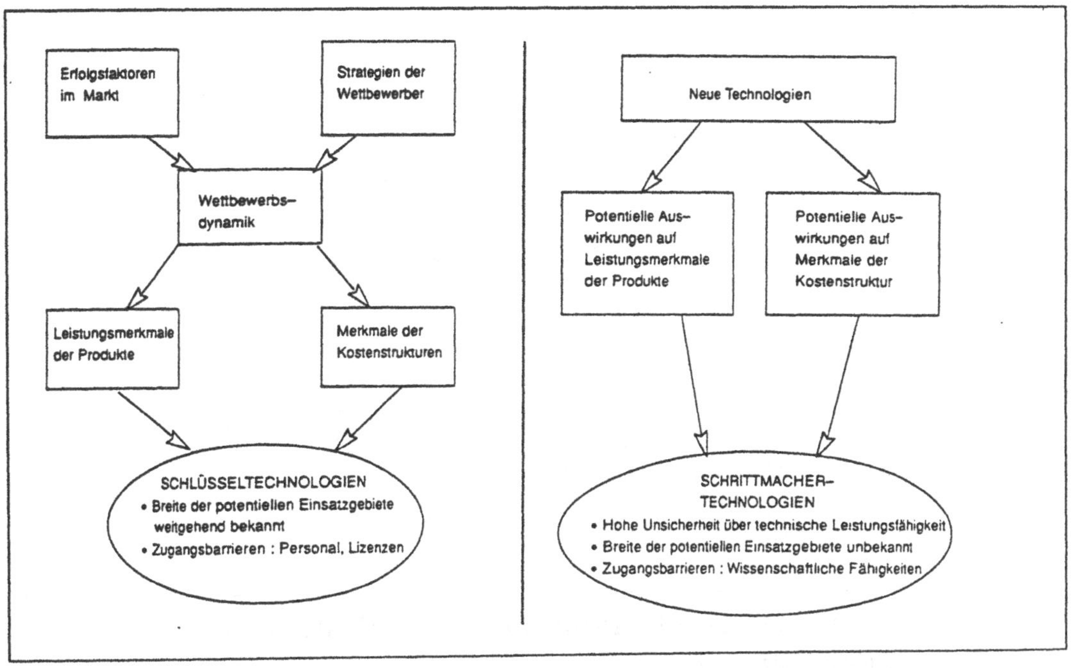

Bild 3: Kausalmodelle zur Identifikation von Schlüssel- bzw. Schrittmachertechnologien

Gehen wir davon aus, daß Technologien (wiederum bezogen auf einen bestimmten Branchenmarkt) ebenso wie Märkte *Lebenszyklen* durchlaufen, so können die verschiedenen Technologietypen unterschiedlichen Lebenszyklusphasen zugeordnet werden, wie es in Bild 4 dargestellt ist. Allerdings durchlaufen nicht alle Technologien den gesamten Zyklus: Nur wenige

Schrittmachertechnologien werden zu Schlüsseltechnologien und längst nicht alle Schlüsseltechnologien werden zu Basistechnologien.

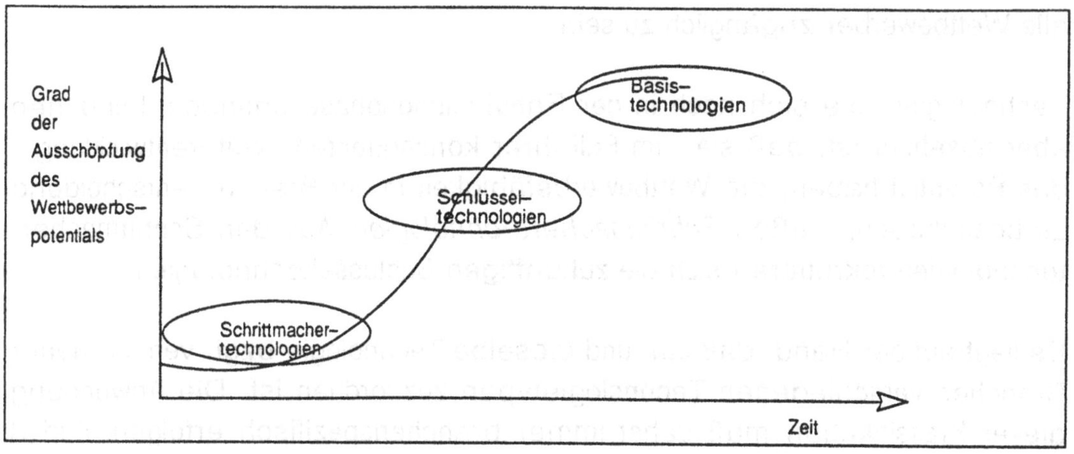

Bild 4: Lebenszyklusphasen unterschiedlicher Technologietypen

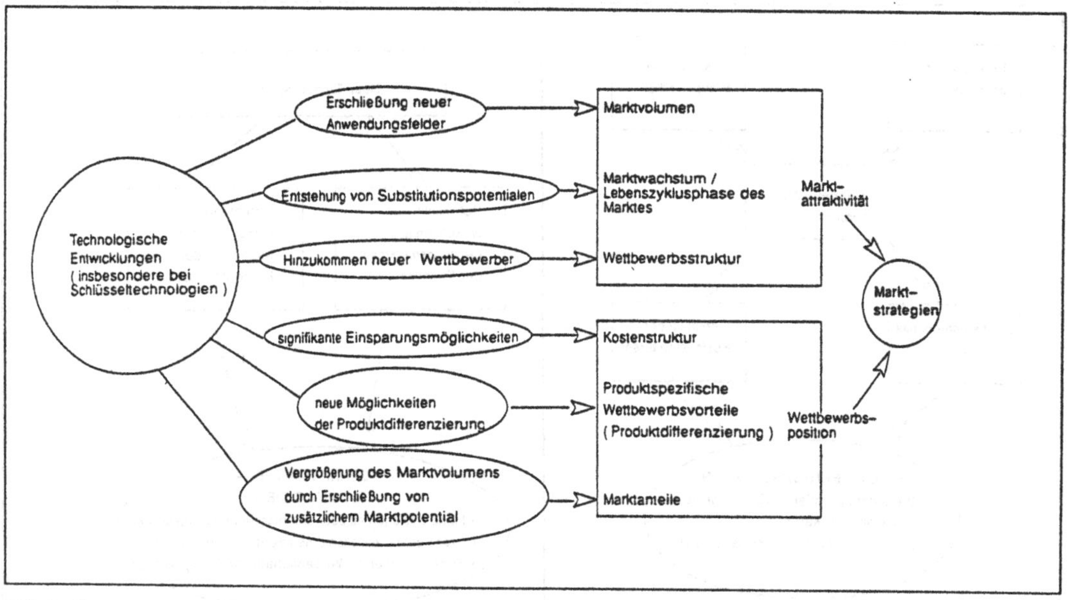

Bild 5: Beispiele zur strategischen Bedeutung von Technologien

Im vorhergehenden Abschnitt haben wir darauf hingewiesen, daß Modelle zur Ableitung von Marktstrategien im wesentlichen auf den beiden Parametern "Marktattraktivität" und "Wettbewerbsposition" basieren. Die große strategische Bedeutung von Technologien (insbesondere von Schlüsseltechnologien) ergibt sich daraus, daß sie auf beide Parameter starken Einfluß ausüben können. So ist beispielsweise die Marktattraktivität determiniert durch Kriterien wie Marktvolumen, Marktwachstum, Wettbewerbsstruktur, usw. Es liegt auf der Hand, daß jedes dieser Kriterien durch technologische Entwicklungen nachhaltig beeinflußt werden kann.

Diese können z.B. einen bestimmten Branchenmarkt schlagartig in eine andere Phase des Marktlebenszyklus überführen (positive oder negative Beeinflussung des Marktwachstums); auch können sie das Auftreten neuer Wettbewerber bewirken und so die Wettbewerbsstruktur verändern. In ähnlicher Weise unterliegen die Determinanten der Wettbewerbsposition eines Unternehmens technologischen Einflüssen (vgl. Bild 5), so daß letztlich die gesamte Grundlage zur Ableitung von Marktstrategien nicht isoliert von technologischen Aspekten betrachtet werden kann.

3 Technologiestrategien und entsprechende Modelle

Welche technologiestrategischen Alternativen stehen einem Unternehmen grundsätzlich zur Auswahl?

Zieht man als wesentliches Charakteristikum die Technologiequelle heran - genauer ausgedrückt: die Bereitschaft, technologisches Know-how aus unternehmensexternen Quellen zu beziehen bzw. andere Unternehmen mit technologischem Know-how zu versorgen, so ergeben sich im wesentlichen folgende Alternativen:

- kooperative Technologieentwicklung (Joint Ventures),
- Zukauf von technologischem Know-how (Lizenznahme bzw. Akquisition),
- Verkauf von technologischem Know-how (Lizenzvergabe) und
- eigene Technologieentwicklung.

Die Chancen und Risiken der einzelnen Optionen sind hinlänglich bekannt: Joint Ventures und Lizenzvergaben zielen ab auf die Entlastung von F+E-Aufwendungen durch Mengendegression über die Unternehmensgrenzen hinweg. Das Risiko liegt jeweils in der möglichen Konkurrenz zwischen Kooperationspartnern bzw. zwischen Lizenzgeber und -nehmer. Lizenznahmen und Akquisitionen erfolgen in der Regel mit dem Ziel, den erheblichen Zeitaufwand zu umgehen, den die eigene Technologieentwicklung häufig mit sich bringt. Im Zusammenhang mit der eigenen Technologieentwicklung ergibt sich eine weitere Differenzierung der technologiestrategischen Alternativen nach dem Grad der technologischen Leistungsbereitschaft (vgl. Bild 6). Wir unterscheiden hier die technologische Führerschaft, die technologische Präsenz, die technologische Nischenstrategie und die technologische Rationalisierung.

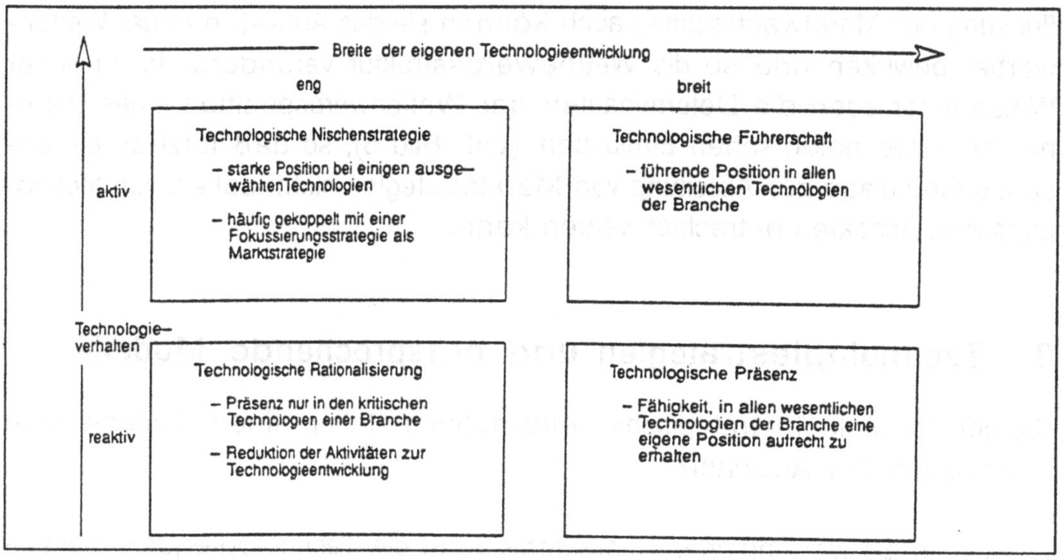

Bild 6: Technologiestrategische Alternativen bei eigener Technologieentwicklung

Zur Objektivierung der Entscheidungsfindung im Hinblick auf die in einer bestimmten Konstellation zu realisierende Technologiestrategie kann das *Technologie-Portfolio* von Arthur D. Little herangezogen werden (Bild 7). Im Rahmen dieses Modells wird die zu empfehlende Technologiestrategie abgeleitet aus der *Wettbewerbsposition* der Geschäftseinheit bzw. des Unternehmens (am Markt) und aus der *technologischen Position.* Es werden also sowohl markt- als auch technologiebezogene Aspekte berücksichtigt. Die Messung der Wettbewerbsposition kann mit Hilfe der gängigen Kriterien (vgl. z.B. Bild 5) erfolgen. Die Messung der technologischen Position erfolgt über die Kriterien "Position bei Schlüssel- und Schrittmachertechnologien" und "Verfügbarkeit von technischen Ressourcen" (Know-how, Patente, Lizenzen, Mitarbeiter, usw.). Ein weiterer wesentlicher Parameter bei der Anwendung des Modells ist die Lebenszyklusphase, in der sich der betrachtete Markt befindet (Entstehungs- bzw. frühe Wachstumsphase oder späte Wachstums- bzw. Reifephase).

Eine der wichtigsten Aussagen des Modells ist, daß der Bereich der eigenen Technologieentwicklung und insbesondere der technologischen Führerschaft bei reiferen Märkten sehr viel kleiner ist als bei entstehenden/stark wachsenden Märkten: Intensive technologische "Aufholjagden" zur Verbesserung einer schwachen Wettbewerbsposition auf einem reifen Markt sind in der Regel mit einem unvertretbar hohen Risiko verbunden.

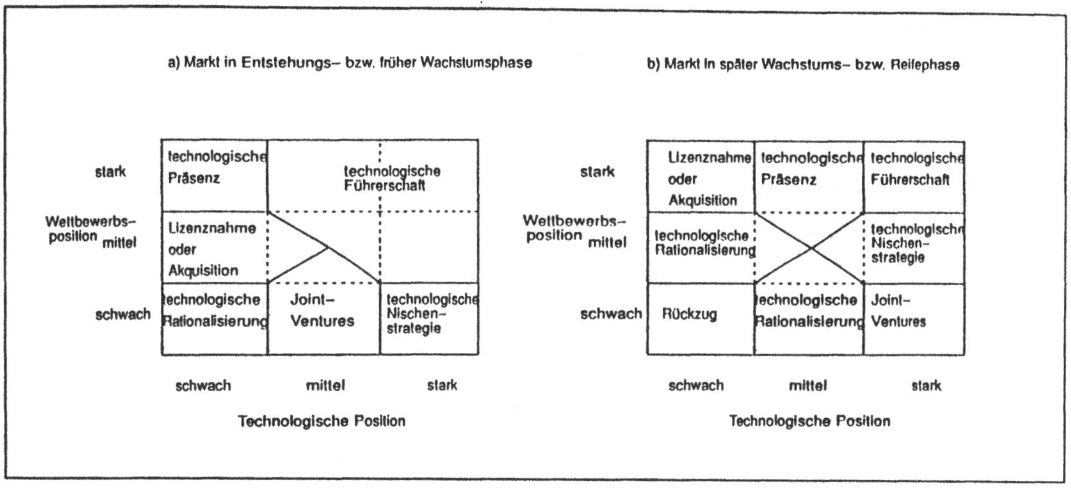

Bild 7: Technologie-Portfolio zur Ableitung technologischer Grundstrategien

Nachdem mit Hilfe dieses Portfolios eine technologische Grundstrategie abgeleitet wurde, ergibt sich in der Regel die Notwendigkeit, *Prioritäten für Technologieinvestitionen* festzulegen. Neben in der Regel naheliegenden Folgerungen aus der verfolgten Marktstrategie kann hier die Klassifikation in Basis-, Schlüssel- und Schrittmachertechnologien wichtige Hinweise liefern. Grundsätzlich sollte ein Unternehmen

- *selektiv* in Schrittmachertechnologien,
- *intensiv* in Schlüsseltechnologien und
- *restriktiv* in Basistechnologien

investieren (Bild 8). Die Umsetzung dieser grundsätzlichen Investitionsneigungen in konkrete Entscheidungen muß natürlich vor dem Hintergrund der (aus dem Technologie-Portfolio abgeleiteten) Technologiestrategie erfolgen.

Ein in der Unternehmenspraxis häufig zu beobachtender Fehler ist, daß zu viele Ressourcen in die Weiterentwicklung von Basistechnologien investiert werden. Wenn auch diese Basistechnologien häufig Grundlage des bisherigen Unternehmenserfolgs sind und zahlreiche Mitarbeiter darauf spezialisiert sind, so muß doch immer wieder darauf hingewiesen werden, daß diese Technologien kaum noch Potential für die Schaffung strategischer Wettbewerbsvorteile bieten. Auch ist mittlerweile bekannt, daß der Grenznutzen von Investitionen in Basistechnologien stark abnehmend ist.

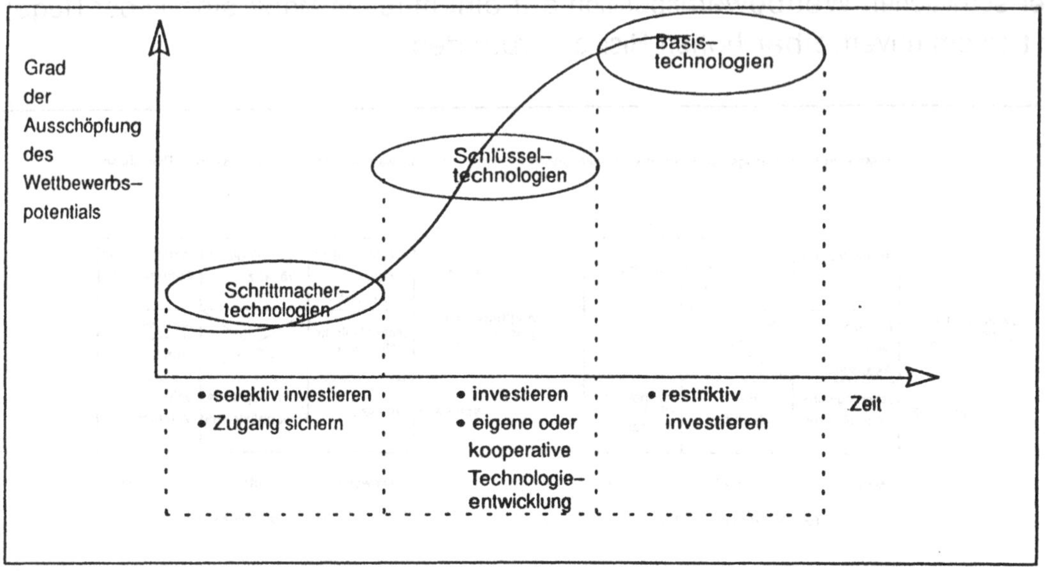

Bild 8: Grundsätzliche Investitionsneigung für verschiedene Technologietypen

Dies läßt sich mit Hilfe des *S-Kurven-Modells* veranschaulichen (Bild 9). Danach deutet sich die Reife einer Technologie insbesondere dadurch an, daß zusätzliche F+E-Investitionen die Leistungsfähigkeit der Technologie nicht mehr signifikant erhöhen. Zu diesem Zeitpunkt kann nur durch das Investieren in neuere Technologien, die in der Regel derzeit noch nicht die Leistungsfähigkeit der alten Technologie erreichen, die Effizienz von F+E-Investitionen mittelfristig erhöht werden ("Sprung auf eine andere S-Kurve"). Die Weiterentwicklung von Basistechnologien sollte daher eher spezialisierten OEM-Herstellern überlassen werden.

4 Schlußbemerkungen: Marktstrategie und Technologiestrategie

Es stellt sich die Frage, ob die konventionellen Methoden zur Ableitung von Marktstrategien (die wir in Abschnitt 1 angedeutet haben) vor dem Hintergrund der wachsenden strategischen Bedeutung von Technologien überhaupt noch zur Anwendung empfohlen werden können. Wir sind der Meinung, daß diese Frage mit einem "Ja, aber ..." zu beantworten ist.

In der Regel dürfte es sinnvoll sein, zunächst mit Hilfe dieser Methoden eine Marktstrategie zu entwickeln. Wichtig ist es allerdings, schon hierbei die Bedeutung von technologischen Aspekten hinreichend zu berücksichtigen. Im Vordergrund stehen dabei die Einflüsse technologischer Entwicklungen auf diejenigen Parameter, die Ausgangspunkt zur Formulierung einer Marktstrategie sind (vgl. Bild 5). Die so formulierte Marktstrategie ist dann (z.B. mit Hilfe der in diesem Artikel skizzierten Methoden) durch eine *Technologiestrategie* zu ergänzen, deren zentrale Aussagen *mit der Orientierung der Marktstrategie konsistent* sein müssen: So impliziert z.B. eine Strategie der Kostenführerschaft eine Konzentration auf Fertigungstechnologien, während im Rahmen einer Differenzierungsstrategie in der Regel Produkttechnologien im Vordergrund stehen. In Sonderfällen (z.B. in Teilen der EDV-Branche) kann aber der Einfluß von Technologien so dominant sein, daß diese Vorgehensweise umgekehrt werden muß: Hier ist die Technologiestrategie Ausgangspunkt der Strategieformulierung und alle nachfolgenden strategischen Überlegungen müssen sich an ihr orientieren.

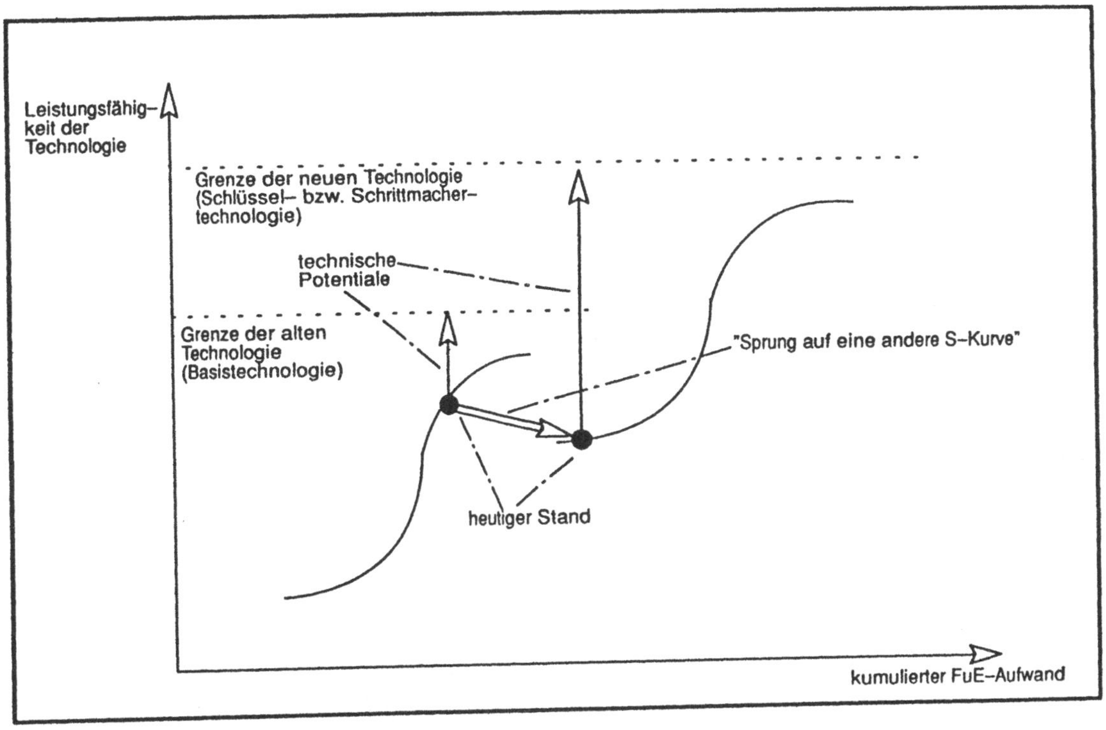

Bild 9: Das S-Kurven-Modell

Wie auch immer die Synthese von Markt- und Technologiestrategie bewältigt wird - die Notwendigkeit einer ganzheitlichen Betrachtungsweise von Marktgegebenheiten sowie Technologien stellt eine unumgängliche Notwendigkeit dar. In einer Untersuchung über Weltmarktführer kommt Professor Simon (Universität Mainz) zu dem Ergebnis, daß der Erfolg dieser Unternehmen zum Teil darauf zurückzuführen ist, daß hier Markt und Technik als gleichwertige Antriebskräfte wirken. Im Gegensatz hierzu dominiert (nach Simon) in zahlreichen Großunternehmen entweder die Markt- oder die Technikorientierung.

Vor diesem Hintergrund ergibt sich insbesondere für das Marketing ein neues, erweitertes Selbstverständnis: Aufgabe des Marketing muß es sein, vor dem Hintergrund der Marktgegebenheiten die optimale Ausschöpfung der produkt- *und* fertigungstechnologischen Potentiale des Unternehmens zu gewährleisten. Die Gestaltung dieser neuen Schnittstelle zwischen Marketing und Fertigung ist von besonderer Bedeutung für die erfolgreiche strategische Orientierung der Technologiepolitik des Unternehmens.

5 Weiterführende Literatur

Ford, D. (1988), Develop your Technology Strategy, Long Range Planning, 21, 5, 85 - 95

Homburg, Ch. (1990), Strategieformulierung mit Hilfe von SPACE, Zeitschrift für Planung, 1, 51 - 67

Homburg, Ch. (1991), Modellgestützte Unternehmensplanung, Gabler Verlag, Wiesbaden

Krubasik, E. (1988), Technologiemanagement für überlegene Innovationsstrategien, in: Henzler, H. (Hrsg.), Handbuch Strategische Führung, Gabler Verlag, Wiesbaden

Michel, K. (1987), Technologie im strategischen Management, Erich Schmidt Verlag, Berlin

Simon, H. (1990), Weltmeister, Manager Magazin, 11/1990, 292 - 295

Sommerlatte, T., Deschamps, J. (1985), Der strategische Einsatz von Technologien, in: Arthur D. Little (Hrsg.), Management im Zeitalter der strategischen Führung, Gabler Verlag, Wiesbaden

Specht, G., Zörgiebel, W. (1985), Technologieorientierte Wettbewerbsstrategien, Marketing-Zeitschrift für Forschung und Praxis, 3, 161 - 172

Wildemann, H. (1988), Erfolgspotentialaufbau durch neue Produktionstechnologien, in: Simon, H. (Hrsg.), Wettbewerbsvorteile und Wettbewerbsfähigkeit, Schäffer Verlag, Stuttgart

Funktions- statt Datenintegration

K. Willenbacher

K. Willenbacher ist Mitglied des Vorstands der G. M. Pfaff AG, Kaiserslautern

1 Derzeitige und zukünftige Herausforderungen in der Produktionstechnik

Die Situation in der Produktionstechnik ist heute geprägt durch:

- steigende Variantenvielfalt,
- kürzer werdende Produktlebenszeiten,
- zunehmende Produktkomplexität und
- Forderungen nach noch kürzeren Lieferzeiten.

Die sich daraus ergebenden Anforderungen an eine wirtschaftliche Fertigung münden ein in eine

- *hohe Produktivität*, gekennzeichnet durch:
  - kurze Durchlaufzeiten und
  - hohen Nutzungsgrad kapitalintensiver Anlagen bei gleichzeitiger Minimierung des Umlaufkapitals.
- *hohe Flexibilität*, die sich durch geeignete Bearbeitungsverfahren mit minimierten Umstellungsaufwendungen produktionsseitig erreichen läßt. Die Arbeitskräftekapazität ist dabei durch sinnvolle Arbeitszeitgestaltung bei weitgehender Zeitsouveränität der Mitarbeiter anzustreben.
- *hohe Sicherheit*. Dies bedingt eine strikte Einhaltung der geforderten Produktqualitäten, eine Minimierung der Stillstandszeiten an Engpaßmaschinen und die Früherkennung von Störungen zur Vermeidung von Folgekosten.

2 Wandel in der Unternehmensphilosophie

2.1 Arbeitsteilung

Der sogenannte "Taylorismus", so weitgehend wie möglich die Arbeit aufzuteilen, ist leider nicht nur noch in der Produktion, sondern auch in Verwaltungsfunktionen festzustellen. Diese geringen Arbeitsinhalte bedingen viele Schnittstellen, die sich heute mehr denn je bei der Einführung integrierender Datensysteme als äußerst hinderlich herausstellen.

Ziel muß es sein, die Arbeitsteilung so gering wie nötig zu halten, bei möglichst großen Arbeitsinhalten und damit wenig Schnittstellen.

2.2 Arbeitsausführung

Die Methoden der Arbeitsausführung sind vergleichbar mit der Übergabe eines Staffelholzes, d.h. die Funktionen sind hintereinander geschaltet - bei auslastungsorientierter Belegung.

Innovative Unternehmen versuchen heute, über die Gesamtabläufe gesehen, überlappend zu arbeiten - bei bedarfsgerechter Gestaltung der Strukturen.

2.3 Ausführungszeit

Geprägt durch den Taylorismus waren die Arbeitsinhalte bisher minimiert und auf eine maximale Ausbringung je Zeitperiode ausgelegt. Diese Feststellung läßt sich sowohl in direkten als auch in indirekten Bereichen treffen.

Minimierung der Auftragszeiten tritt anstelle der Minimierung der Arbeitsgangzeiten, bei gleichzeitiger Maximierung der Auslastung kapitalintensiver Arbeitsplätze.

Der Erreichung vorstehend genannter Ziele stehen heute in den Unternehmen meist Organisationsformen entgegen, die ihren Schwerpunkt auf zentralen autarken Bereichen haben, wie z.B. Marketing, Entwicklung, Einkauf, Arbeitsvorbereitung usw. Diese Bereiche waren bisher auf eine Spezialisierung und damit auf eine Optimierung der Funktionen ausgerichtet.

3 Wettbewerbsvorteile durch Zeitvorteile

Bei langen Produktlebenszeiten konnte sich die Arbeitsvorbereitung in der klassischen Arbeitsweise entsprechend hohe Durchlaufzeiten von Projekten leisten. Die damit verbundenen Umsatzverluste standen noch in einem vertretbaren Verhältnis zu den Produktlebenszeiten.

Kürzer werdende Innovationszeiten und sich verringernde Produktlebenszeiten erfordern zwangsläufig auch eine Verkürzung der Durchlaufzeiten von Projekten in der Arbeitsvorbereitung.

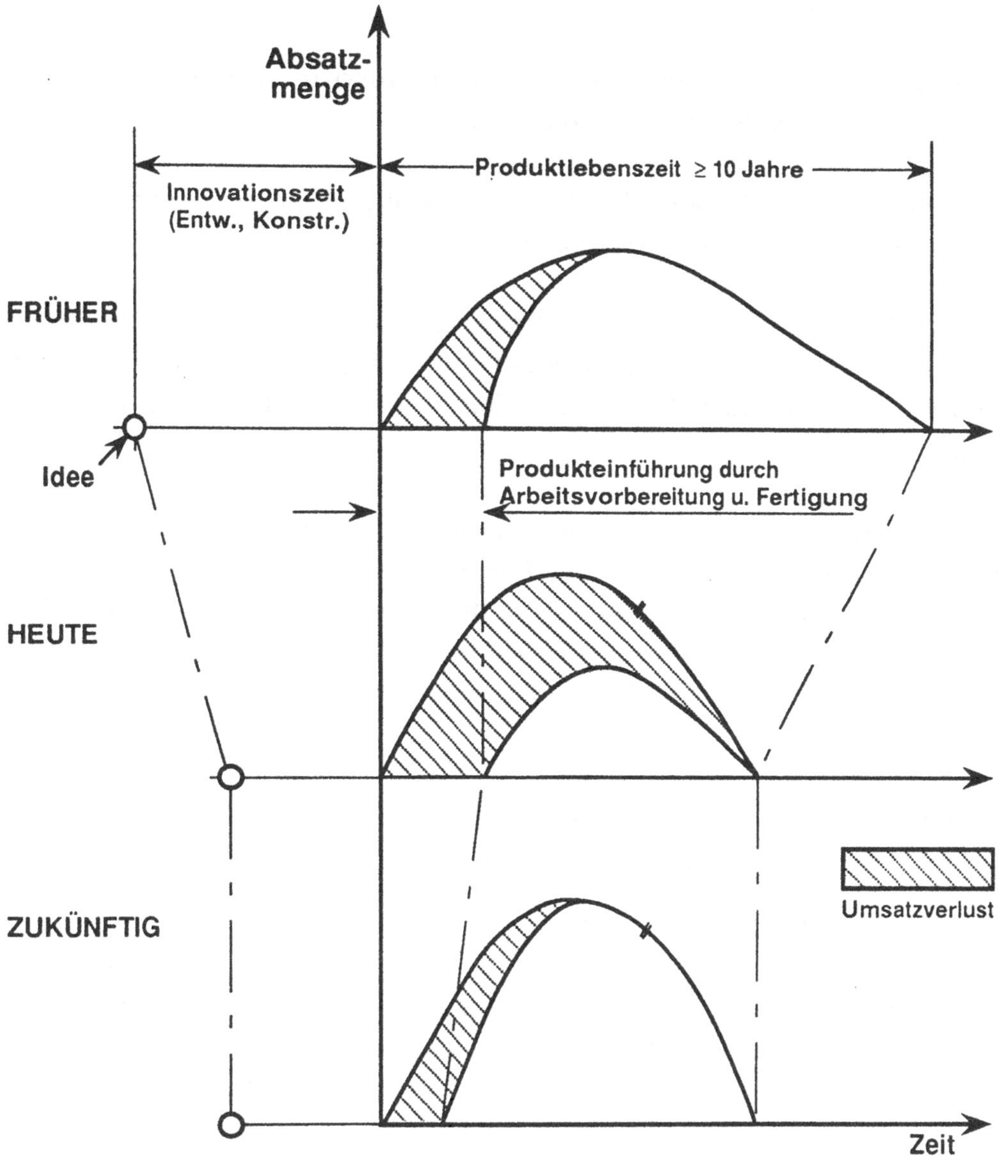

Bild 1: Entwicklung der Produktlebenszeiten und der Aufwendungen in der Arbeitsvorbereitung

Die Wettbewerbsvorteile durch Zeitvorteile gewinnen auf den sich ständig wechselnden Märkten immer mehr an Bedeutung.

Nach wie vor sind für die Wettbewerbsfähigkeit die Produkteigenschaften, wie Funktionalität, Qualität und Komplexität, von hoher Bedeutung.

Zunehmend gewinnt jedoch die organisatorische Leistungsfähigkeit eines Unternehmens, die sich ausdrückt in der Entwicklungszeit der Produkte, der Angebotsdauer, der Lieferzeit und der Servicezeit, an Bedeutung.

Zeitvorteile auf diesen Sektoren sind heute genauso wichtig, wie Produkteigenschaften oder die Vertriebsorganisation.

Leider sind Zeitverzögerungen bei der Entwicklung, Planung, Fertigung und damit Ausbringung der Produkte nach wie vor an der Tagesordnung.

Arthur D. Little hat bei einer Repräsentativumfrage festgestellt, daß nur etwa 30% der Projekte in der prognostizierten Zeit ausgeliefert wurden, 20% der Projekte eine Zeitüberschreitung bis 3 Monate, 30% bis 6 Monate und 15% über 6 Monate hatten.

Eine betriebswirtschaftliche Bewertung dieser Verzögerung zeigt, daß eine sechsmonatige Verzögerung bei der Auslieferung eines Produktes, dessen Lebensdauer auf 5 Jahre geschätzt wird, den Gewinn nach Steuern um 50% verringert. Hieraus ist abzuleiten, daß alle Funktionen in einem Unternehmen mehr als bisher auf das Zeitmoment auszurichten sind.

4 Kritische Betrachtung der Funktion Arbeitsvorbereitung

Nach der gängigen Definition umfaßt die Arbeitsvorbereitung die Gesamtheit aller Maßnahmen, einschließlich der Bereitstellung aller erforderlichen Unterlagen für Arbeitsgegenstand, Menschen und Betriebsmittel, mit dem Ziel, durch Planung, Steuerung und Kontrolle für die Fertigung und Gestaltung von Abläufen jeder Art ein Optimum aus Aufwand und Arbeitsergebnis zu erzielen.

Diese klassische Linienfunktion wird den heutigen Herausforderungen nicht mehr gerecht. Die Arbeitsvorbereitung ist zum einen zu sehr produktionsorientiert, zum anderen zehren neuzeitliche Methoden der Planung und Steuerung an den überlieferten Funktionen. Die Arbeitsvorbereitung von morgen muß ein neues Selbstverständnis finden, sie muß ihre Aufgaben neu definieren und sie muß zum Dienstleister der übrigen Abteilungen werden. Eine Koordination ist erforderlich, künftig müssen mehr als bisher Fertigungsdaten auch in der Konstruktion bekannt sein, der Einkauf muß früher, nämlich gleich nach der Produktentwicklung, wissen, was er von wem beschaffen soll.

Die Arbeitsvorbereitung muß demzufolge ihre Organisationsstrukturen überprüfen und zugleich den Versuch unternehmen, den höheren Eingangsqualifikationen junger Mitarbeiter zu entsprechen.

5 Integrative Planungserfordernisse und deren stufenweise Realisierung am Beispiel einer Arbeitsvorbereitung

5.1 Klassische Organisationsform der Arbeitsvorbereitung

Bei entsprechender Betriebsgröße ist eine Arbeitsvorbereitung klassischerweise, wie in Bild 2 dargestellt, organisiert.

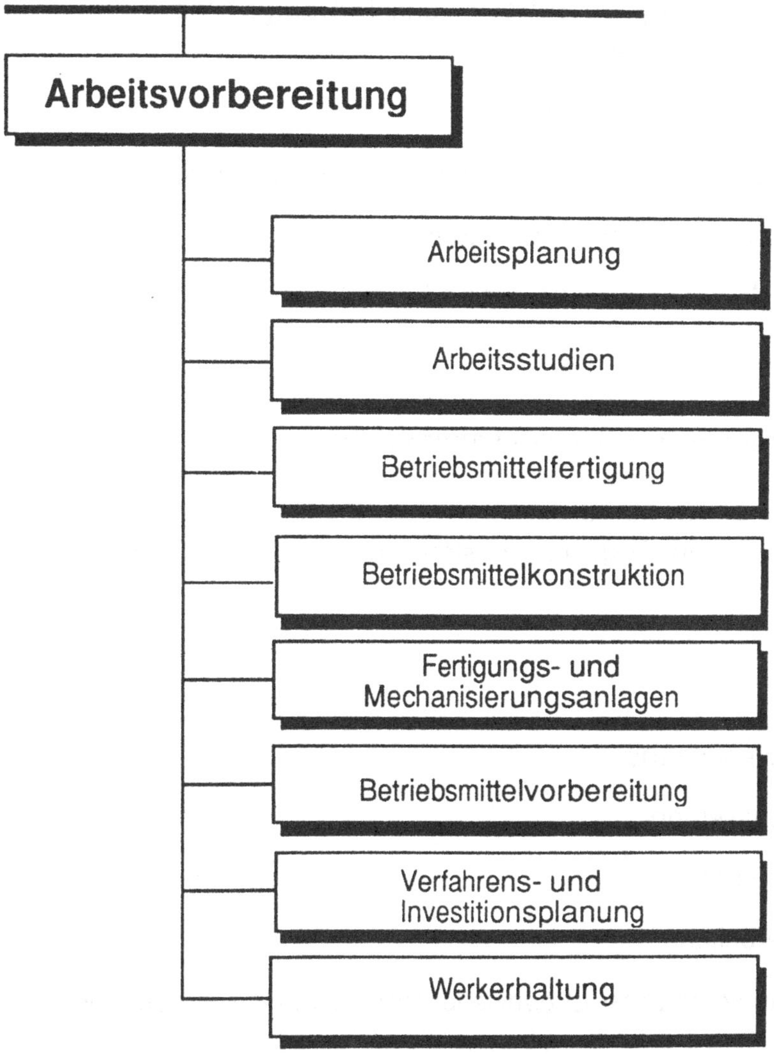

Bild 2: Organisation der Hauptabteilung Arbeitsvorbereitung

Der Arbeitsplan wird nach Eingang der Konstruktionsunterlagen von der Arbeitsplanung erstellt, die Arbeitsstudienabteilung ermittelt die Stück- und

Rüstzeiten, die Abteilung Arbeitsbewertung ergänzt den Plan durch die Lohngruppen.

In der Prüfplanung der Qualitätsförderung werden die Prüfvorschriften in den Arbeitsplan eingefügt.

Die Nachteile dieser Organisationsform sind:

- lange Durchlaufzeiten
- schwierige Abstimmung über Arbeits- und Planungsinhalte zwischen den Abteilungen
- hoher administrativer Aufwand
- Fehlen einer Gesamtbetrachtung der Planungsergebnisse
- Unterforderung qualifizierter Mitarbeiter
- Fehlen eines Ansprechpartners für die Produktion.

5.2 Ziele einer veränderten Organisationsform

Will man den zukünftigen Herausforderungen des Marktes besser als bisher begegnen, so müssen neue Organisationsformen folgenden Kriterien entsprechen:

Sachliche Kriterien:

- Durchlaufzeitverkürzung
- Qualitätsverbesserung
- Kostenreduzierung
- "Komplettbearbeitung"
- Anpassung an veränderte Organisationsformen im Produktionsbereich.

Persönliche Kriterien:

- Erweiterte Arbeitsinhalte

- Verantwortungsoptimierung
- Innovationsförderung
- Motivations- und Aufstiegsverbesserung

5.3 Schritte der Umorganisation der Hauptabteilung Arbeitsvorbereitung

1. Schritt

Erstellung des Arbeitsplanes durch einen Mitarbeiter und Bildung von Planungsgruppen nach der Organisationsform der Betriebsabteilung

Die Aufgabeninhalte der Mitarbeiter innerhalb der Arbeitsvorbereitung wurden wie folgt angereichert:

Festlegung der Bearbeitungsvorschriften:

- Vorgabezeiten
- Rüstzeiten
- Lohngruppen
- Prüfvorschriften
- Bestellung der Betriebsmittel
- Ermittlung der Herstellkosten
- kompetenter Ansprechpartner für die Produktion.

Somit erstellt der AV-Mitarbeiter den Arbeitsplan komplett, er trägt die Gesamtverantwortung für die Herstellkosten des von ihm verplanten Erzeugnisses und ist somit für die Produktion der AV-Partner.

Durch diese Aufgabenintegration erfolgt jetzt eine Gesamtbetrachtung der vorher dezentral festgelegten Planungsschritte; eine Planungsinformation zwischen den Abteilungen ist entbehrlich.

Die Durchlaufzeit der Planungsprojekte konnte um mehr als 30% reduziert werden.

Die Mitarbeiter fühlen sich heute mehr gefordert und ihrer Qualifikation entsprechend beschäftigt, sie tragen die Gesamtverantwortung für die Planungsqualität.

Der Übergang auf den so angereicherten Arbeitsinhalt setzte eine gezielte und zum Teil umfassende Weiterbildung voraus, da die Mitarbeiter auf ihrem bisherigen Arbeitsgebiet zwar Spezialisten waren, die anderen Arbeitsgebiete jedoch nicht im gleichen Maße beherrschten.

In der Produktion wurde schon vor Jahren das sogenannte Werkstättenprinzip verlassen und auf die Teilefamilienphilosophie umgestellt.

Die Nachteile der Aufteilung einer Fertigung nach Technologien sind hinlänglich bekannt, jeder Betriebsleiter hat nur eine partielle Verantwortung für Kosten, Qualität und Termine.

Faßt man alle für die Produktion von Erzeugnissen erforderlichen Technologien zusammen, so daß aus der jeweiligen Betriebsabteilung einbaufertige Teile und Aggregate in die Montage abgegeben werden, so entsteht für den Betriebsleiter damit eine unternehmerische Gesamtverantwortung.

Eine arbeitsvorbereiterische Tätigkeit, wie vorstehend beschrieben, entspricht somit diesen Integrationsbemühungen.

2. Schritt

Pilotinstallation von AV-Gruppen in Betriebsbereiche

Nachdem die einzelnen AV-Grupppen nun in ihrer Zuständigkeit klar den jeweiligen Betriebsabteilungen zugeordnet waren, lag es nahe, sie auch räumlich in diese Betriebsabteilungen zu integrieren. Die fachliche Zuordnung blieb dabei bei der Hauptabteilungsleitung Arbeitsvorbereitung.

Aufgaben dieser Werkstatt-AV-Gruppen sind:

- Arbeitsplanerstellung
- Kalkulation für geplante Neueinführungen
- Entscheidung Fremd-/Eigenfertigung
- Bestellung von Betriebsmitteln

- Angebotskalkulation für Kundenteile
- Zeitwirtschaft
- Arbeitsstrukturierung
- Konstruktionsberatung

Die Ergebnisse dieses 2. Schrittes waren insofern sehr befriedigend, als eine wesentliche Verbesserung der AV-Ergebnisse vor Ort erzielt wurde. Abweichungen zwischen Fertigung und Arbeitsplänen werden umgehend beseitigt, Vorgabezeitermittlungen müssen nicht mehr lange bürokratisch angemeldet werden, Fertigungsanläufe erfolgen mit geringerem Mehraufwand.

Die Zusammenarbeit zwischen betrieblichen Führungskräften und der AV wurde besser, die Teamarbeit gefördert.

Konstrukteure, die sich bisher mehr im Bürobereich mit den AV-Mitarbeitern berieten, müssen jetzt zwangsläufig in die Fertigung gehen und erfahren somit eine Praxisnähe.

Die Arbeitsvorbereitung erkennt, daß sie bei einem Schichtbetrieb nicht nur in einer Schicht anwesend sein kann, sondern daß ihre Präsenz auch in der 2. und zeitweise auch in der 3. Schicht erforderlich ist.

3. Schritt

Installation aller AV-Gruppen in die Betriebsbereiche und Bildung einer strategischen Arbeitsvorbereitung.

Nach erfolgreichem Verlauf der Pilotinstallation einiger AV-Gruppen in die Betriebsbereiche ist nun vorgesehen, alle Planungsgruppen räumlich den Betriebsbereichen zuzuordnen.

Somit verbleiben arbeitsvorbereiterische Tätigkeiten, die unter dem Überbegriff "Strategische AV" zusammengefaßt werden.

Die Arbeit der strategischen AV wird sein:

- Verfahrens- und Investitionsplanung

- Grundsatzfragen der Entgeltfindung für Gewerbliche und Angestellte
- Einführung einer AV für die indirekten Bereiche
- Bestände- und Durchlaufzeitoptimierung
- Arbeitszeitgestaltung
- Einführung DV-gestützter Methoden.

An dieser Aufzählung läßt sich unschwer erkennen, daß diese strategische AV zu Recht ihren Namen trägt.

Es ist naheliegend, nicht nur die Abläufe in den direkten Bereichen zu optimieren, sondern auch mit den gleichen Methoden gestalterisch in den indirekten Bereichen tätig zu werden. Diese neue Aufgabenstellung ist eine Herausforderung, die bei der Kostenverlagerung hin zu den indirekten Bereichen eine unabdingbare Notwendigkeit darstellt.

Durch die in den letzten 5 Jahren erfolgten Arbeitszeitverkürzungen bei vollem Lohnausgleich und die Entkoppelung der Arbeitszeit von der Betriebszeit, gewinnen Methoden zur Arbeitszeitgestaltung immer mehr an Bedeutung. Ein derartiges Arbeitszeitmanagement sollte dort angesiedelt werden, wo bisher schon die Zeit gemessen und bewertet wurde.

6 Zusammenfassung

Die Zusammenfassung von bisher getrennten Arbeiten innerhalb der Funktion AV in einem bereicherten Arbeitsinhalt entspricht nicht nur der Aufgabenstellung, Durchlaufzeiten zu reduzieren, sondern auch dem Wunsch vieler Mitarbeiter, ganzheitlicher als bisher tätig zu werden.

Die Zuordnung solcher integrierter Planungsgruppen räumlich und evtl. später auch fachlich zu den Produktionsbereichen ist eine konsequente Weiterführung dieser neuzeitlichen Unternehmensgestaltung; damit werden Kreativitätspotentiale erschlossen und die Motivation der Fachkräfte erhöht.

Somit können verbleibende zentrale Aufgaben der AV, wie Verfahrens- und Investitionsplanung sowie Grundsatzfragen der Entgeltfindung, ergänzt werden um Tätigkeitsfelder, die eine Aufwertung der Arbeitsvorbereitung bedeuten.

Technologischer und struktureller Wandel in der Produktion - Mensch und Technik im Spannungsfeld von Automation und Selbstorganisation

K. Steigele

K. Steigele ist Leiter der Produktion Large Panel im Werk Sindelfingen der IBM Deutschland GmbH, Sindelfingen

1 Wettbewerbsfähigkeit

Wir sichern die Zukunft mit neuen Produktionskonzepten

Der technologische Wandel, die Internationalisierung der Märkte und der vermehrte Zustrom von Produkten aus Fernost haben neue Wettbewerbsbedingungen geschaffen. Deshalb müssen wir heute mehr denn je alles daran setzen, Produkte von höchster Qualität zu wettbewerbsfähigen Kosten zu erzeugen. Während wir bis weit in die 70er Jahre hinein ohne harten Wettbewerb neue Produkte entwickeln und der Serienproduktion zuführen konnten, hat sich unser Geschäftsfeld seit Beginn der 80er Jahre drastisch verändert. Heute ist es von allergrößter Bedeutung, als erster mit innovativen Ideen auf den Markt zu kommen, neue Produkte zu entwickeln und, während deren Produktion anläuft, bereits die nächste Produktgeneration ins Auge zu fassen.

Kürzere Produktlebenszyklen verlangen schnellere Reaktionszeiten. Das Werk Sindelfingen hat sich schon vor längerer Zeit auf die veränderten Rahmenbedingungen des technologischen und wirtschaftlichen Umfeldes eingestellt und neue Wege beschritten. Wir stehen unter permanentem Wettbewerbsdruck und stellen uns dieser Herausforderung. Aus diesem Grund haben Experten aus verschiedensten Bereichen des Werkes Sindelfingen die Strategie der "Wettbewerbsfähigen Produktion" entwickelt und darauf aufbauend die "Fabrik der Zukunft" konzipiert. Die zentralen Punkte dieser Strategie sind:

- Umfassender Computereinsatz in der Fertigung (CIM)
- Kontinuierlicher Fertigungsfluß (CFM)
- Selbständige Produktionseinheiten
- Erweitertes Aufgabenspektrum
- Ganzheitliche Verantwortungsübernahme
- Klare Kompetenzen
- Kostentransparenz
- Neuer Führungsstil

Über den Erfolg der neuen Strategie entscheiden nicht nur Technologien und organisatorische Strukturen, sondern vor allem die Menschen, die im Werk arbeiten. Das bedeutet, daß wir der Motivation und Qualifikation unserer Mitarbeiter und auch der Arbeitsatmosphäre große Beachtung schenken müssen. Mit den neuen Formen der Arbeitsorganisation und dem universellen Einsatz der Informationsverarbeitung in der Fertigung erweitert sich das Tätigkeitsfeld der Mitarbeiter. Damit hat sich der Stellenwert der innerbetrieblichen Weiterbildung erhöht. Die neuen Tätigkeitsstrukturen sind nicht nur durch den technologischen Wandel bedingt. Die neuen Arbeitsformen reflektieren auch den Wertewandel, d.h. die Bedürfnisse der Mitarbeiter nach mehr Kommunikation und Kooperation sowie nach interessanteren Arbeitsinhalten.

2 Arbeitsgestaltung

Wir gestalten gemeinsam die Arbeitsinhalte

Die Fabrik der Zukunft mit den neuen Formen der Arbeitsorganisation hat nur Aussicht auf Erfolge, wenn sie von allen Mitarbeitern des Werkes getragen wird. "Gemeinsam den Wandel gestalten" heißt die Devise. Erreicht werden soll dieses Ziel durch das Einbinden aller Mitarbeiter und Führungskräfte in die Planung und Umsetzung der Maßnahmen. Alle Beteiligten haben in Arbeits- und Projektgruppen Gelegenheit, direkt ihre eigenen Vorstellungen über die zukünftige Zusammenarbeit einzubringen und bei der Festsetzung von Arbeitsschwerpunkten und Zielen mitzuarbeiten. Spezielle Abteilungsprobleme werden in der Runde diskutiert: gemeinsam wird nach Lösungswegen gesucht. Das hat zur Folge, daß diese gemeinsam erarbeiteten Ziele und Maßnahmen von allen am Arbeitsprozeß Beteiligten besser verstanden und akzeptiert werden können. Wenn die Mitarbeiter mehr Mitgestaltungsmöglichkeiten bekommen, muß sich auch das Rollenverständnis der Führungskräfte ändern. Das kann natürlich nicht von heute auf morgen vonstatten gehen. Doch auch an diesem Punkt wird kräftig gearbeitet. Gefragt ist in erster Linie ein offenes und ehrliches miteinander Umgehen, das gemeinsame Lernen vor Ort, also innerhalb des Bereiches, und auch die Einstellung, den Mitarbeiter als Partner zu behandeln. Denn nur dann, wenn der Mitarbeiter wirklich Partner ist, kann und will er seine Fähigkeiten, seine Ideen einbringen und Vertrauensbereitschaft zeigen.

3 Produktionseinheiten

Organisation: Wir dezentralisieren und integrieren

Bei der Neustrukturierung der Arbeitsabläufe nehmen die Produktionseinheiten eine Schlüsselrolle ein. Sie sind in ihrer Größe vergleichbar mit einer Hauptabteilung und verantwortlich für einen bestimmten Produktionsabschnitt. In den Produktionseinheiten sind der eigentliche Fertigungsprozeß und bisher ausgegliederte Funktionen wie Prozeßunterstützung, Wartung, Instandhaltung und Qualitätskontrolle integriert. Prozeßplaner, Betriebsmittelplaner, Anlageningenieure und Instandhaltungstechniker arbeiten jetzt direkt vor Ort in den Linien. Teams, besetzt mit Produktionsfachkräften (Facharbeiter, Techniker und Betriebsingenieure), sind für den umfangreichen Aufgabenbereich voll verantwortlich und müssen nur noch in Ausnahmesituationen auf ausgegliederte Bereiche wie den verbleibenden Ingenieurbereich oder die personell stark reduzierte zentrale Instandhaltungsabteilung zurückgreifen. Den Produktionseinheiten obliegt somit die volle Verantwortung für Prozeßstabilität, Liniensteuerung, Beschaffung und Einsatz von Prozeßmaterialien und Optimierung der Prozesse – letztendlich für die gesamte Produktqualität und die Kosten.

Jede Produktionseinheit besteht aus mehreren selbständigen Produktionsabteilungen. Alle Produktionsfachkräfte werden in den Zielfindungsprozeß eingebunden: so werden für jeden die Zielsetzungen der Produktionsabteilungen transparent. Die Mitarbeiter einer Produktionsabteilung können von Zeit zu Zeit im Rahmen der vom Management freigegebenen Besetzung von Produktionsstrukturen ihre Arbeitsplätze tauschen. Auf diese Weise erhält der Mitarbeiter einen Überblick über die Fertigungsprozesse seiner Abteilung. Die Rotation macht die Arbeit abwechslungsreicher, vermeidet Monotonie und trägt dazu bei, daß der Mitarbeiter seine Fähigkeiten entwickeln kann. Wer einen Überblick über Prozeßabschnitte hat, kann bei entsprechenden organisatorischen Voraussetzungen als Produktionsfachkraft universell eingesetzt werden. Damit eröffnen sich zusätzlich Perspektiven der beruflichen Weiterentwicklung. Mit vielseitig qualifizierten Mitarbeitern erhöht sich auch die Flexibilität der Teams, was bei Engpässen von großem Vorteil ist.

Instandhaltung

Die Dezentralisierung der Instandhaltungsaufgaben ist ein viel diskutierter Punkt auf dem Weg zu einer wettbewerbsfähigen Fabrik. Nur noch hochspezialisierte und organisationsübergreifende Aufgaben sind in einer kleinen zentralen Abteilung vereint. Der neue Synergieeffekt, also Instandhaltung dezentral, liegt in der ganzheitlichen Betrachtung einer Produktionsabteilung. Es ist notwendig, die 6 großen Fehlerquellen (lt. Toyota Produktionssystem) mit den Produktionssystemen bis hin zum Produktionsfacharbeiter zu eliminieren. Dies sind:

1. Maschinenfehler
2. Rüsten und Justieren
3. Leerlauf und kleine Unterbrechungen
4. Reduzierte Geschwindigkeit
5. Fehler im Prozeß
6. Reduzierter Gutausstoß.

Die organisatorischen Voraussetzungen wurden geschaffen, um eine Strategie umzusetzen, die in Japan unter Total Productive Maintenance bekannt ist. Das Ziel sind autonome Gruppen, die selbständig die Aufgaben definieren und lösen. Die Gruppen orientieren sich dabei an den Zielen der Firma.

Arbeitsplatz

Wir gestalten die Arbeit interessanter und abwechslungsreicher. Mit dem Aufbau der Fabrik der Zukunft verändern sich die Tätigkeitsfelder der Mitarbeiter. Hochtechnologie, mehr Reinraumproduktion und neue Organisationsprinzipien lassen die Aufgaben vielschichtiger und anspruchsvoller werden.

Der Einsatz der Informationsverarbeitung in den Fertigungsabläufen und, damit verbunden, die zunehmende Automation, ersetzt manuelle Fertigkeiten durch neue Anforderungen. Die Produktionsfachkraft muß einen Überblick über ihren Produktionsabschnitt und ebenso über die vor- und nachgelagerten Abschnitte haben. Die Produktionsfachkraft muß auch die Anlagen und das Produkt gut kennen, um die Prozeßregeln überwachen und auftretende Störungen beseitigen zu können. Die Verlagerung der indirekten Tätigkeiten in die Linien bedeutet, daß die Produktionsfachkaft in weitaus stärkerem Maße als bisher Serviceaufgaben übernimmt. Der Verzicht auf eine strikte Arbeitsteilung erfordert somit die breiterqualifizierte Produktionsfachkraft, die in der Produktionsabteilung gemeinsam mit den Kollegen aus anderen Berufssparten den weit gesteckten Aufgabenbereich übernehmen kann.

Auch die Aufgaben des Betriebsingenieurs, der in der Produktionseinheit vor Ort mitarbeitet, sind vielschichtiger geworden. Neben der klassischen Ingenieuraufgabe, die Prozesse zu planen, wirtschaftlich zu gestalten und stabil zu halten, muß der Betriebsingenieur verstärkt sein Wissen und seine Erfahrung in das Team einbringen, seine Informationen anderen zugänglich machen und Mitarbeiter an neue Aufgaben heranführen. Mit Einführung der Produktionseinheiten hat somit die soziale Kompetenz für den Ingenieur an Bedeutung gewonnen.

Kostentransparenz

Von besonders großer Bedeutung ist die neu geschaffene Kostentransparenz. Jede Abteilung trägt die direkte Kostenverantwortung für ihren Produktionsabschnitt. So ist es erst möglich, die Material-, Personal- und auch Schrottkosten genau zu analysieren und damit auch die finanziellen Auswirkungen jeder einzelnen Entscheidung im Detail zu überblicken.

Die schon bestehenden Produktionseinheiten zeigen, daß durch diese neue Organisationsform die Nachteile einer hohen Arbeitsteilung, wie beispielsweise viele Schnittstellen, lange Durchlaufzeiten und unklare Kompetenzverteilung, aufgehoben werden mit positiven Folgen für den Fertigungsfluß und die Qualität der Produkte.

4 Mitarbeiterentwicklung

Die Qualifikation der Mitarbeiter hat sich zum Trumpf des Unternehmens entwickelt, ohne den keine Partie mehr zu gewinnen ist. Deshalb erhält die Förderung und Entwicklung der Mitarbeiter innerhalb der Produktion zunehmend Priorität gegenüber externen Angelegenheiten.

Dabei bietet die Fabrik der Zukunft für den einzelnen Mitarbeiter gute Chancen: Anspruchsvolle und vielfältige Aufgaben machen die Arbeit interessanter und bieten mehr Freiraum für die Verwirklichung eigener Ideen. Diese Mehrverantwortung - beispielsweise für Grundversorgung, Prozeßunterstützung und Qualitätskontrolle - stellt sicherlich höhere Anforderungen, verbessert jedoch die Chancen, sich beruflich weiterzuentwickeln.

Wir qualifizieren uns für die Aufgaben von morgen

In einer Zeit, in der fachspezifisches Wissen innerhalb weniger Jahre veraltet, in der die Zeitspanne zwischen Erfindungen und technologischer Nutzung immer kürzer wird, reicht es nicht mehr aus, "für's Leben" zu lernen. Vielmehr muß jeder, der auch zukünftig niveauvolle Aufgaben verrichten will, seinen Qualifikationshorizont immer wieder aufs neue ausweiten.

Die Weiterbildung stellt große Anforderungen an die Mitarbeiter, erfordert aktive Mitarbeit und die Fähigkeit, mit anderen zusammenzuarbeiten und gemeinsam zu lernen.

5 Wir lösen komplexe Aufgabenstellungen

Immer leistungsfähigere Produkte werden in immer komplexeren Herstellungsprozessen gefertigt.

Deshalb kommt es darauf an, daß sich Mitarbeiter unterschiedlichster Funktionen und Qualifikationen zur Lösung engumrissener Aufgabenstellungen in einer zeitlich befristeten Projektorganisation zusammenfinden. Dies erfordert hohe Flexibilität von allen Beteiligten sowie ein hohes Ausmaß an fachlicher Kompetenz, funktionsübergreifendem Handeln und die Fähigkeit zur Teamarbeit. Nur so ist es möglich, daß Projektziele effektiv verfolgt und erreicht werden. Allerdings wird man auch in Zukunft immer zweispurig vorgehen: Während für kontinuierlich wiederkehrende Aufgaben die Linienorganisation zur Verfügung steht, dient die Projektorganisation vor allem dazu, zeitlich befristete Aufgaben zu lösen.

Projektmanagement muß noch stärker als bisher als Führungsaufgabe begriffen und das projektorientierte Umfeld noch weiter ausgebaut werden. Projekte können nur zügig durchgeführt werden, wenn die im Projektplan zugewiesenen Mittel rechtzeitig bereitgestellt werden und der Projektleiter mit weitreichenden Vollmachten ausgestattet ist. Wechsel im Team sollten so gering wie möglich gehalten werden.

Diese neue Form der Zusammenarbeit kann jedoch nur effizient sein, wenn alle beteiligten Mitarbeiter und Führungskräfte Offenheit und Transparenz beweisen. Gerade in Projekten ist es von immenser Bedeutung, daß alle Beteiligten ihr Wissen einbringen und ihre Erfahrungen austauschen.

Ganz wichtig für die Durchführung von Projekten ist auch die Unterstützung durch das Informationsmanagement, denn ohne den Service dieser Funktion kann kein Projekt effizient geplant und durchgeführt werden.

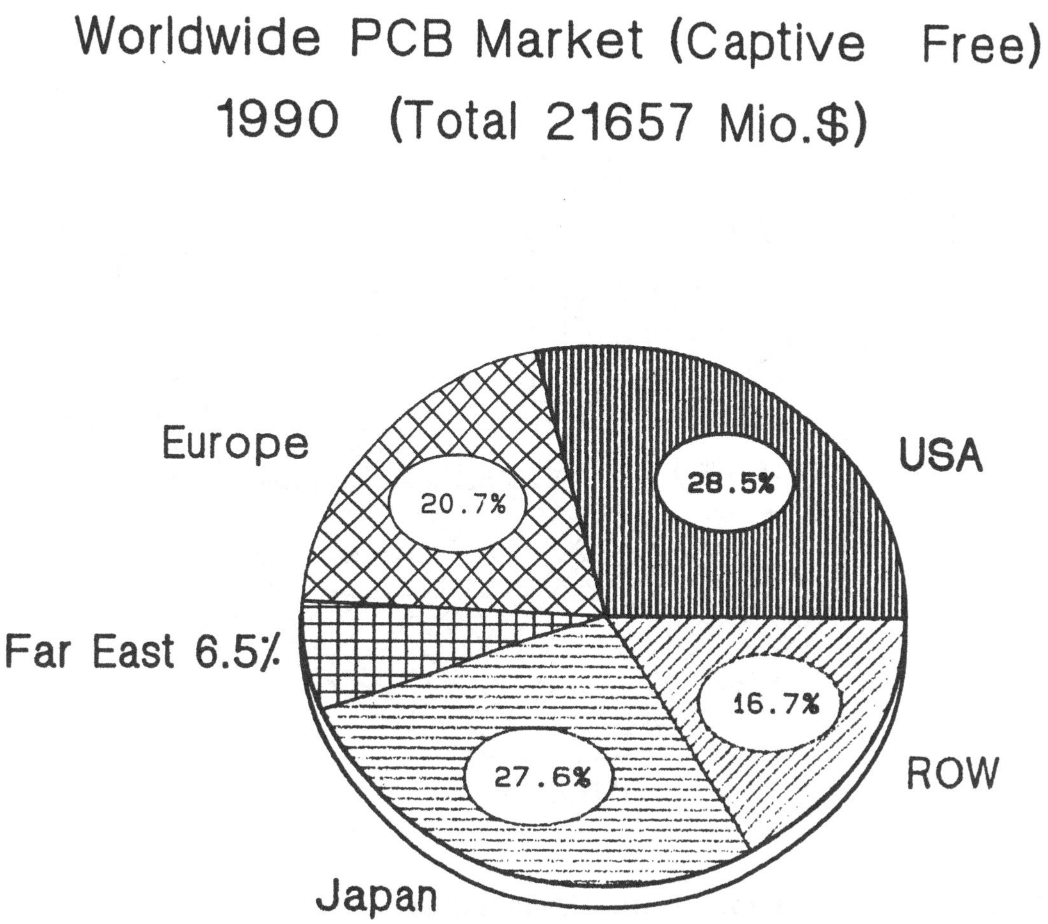

Bild 1: Der Leiterplatten-Weltmarkt (1990)

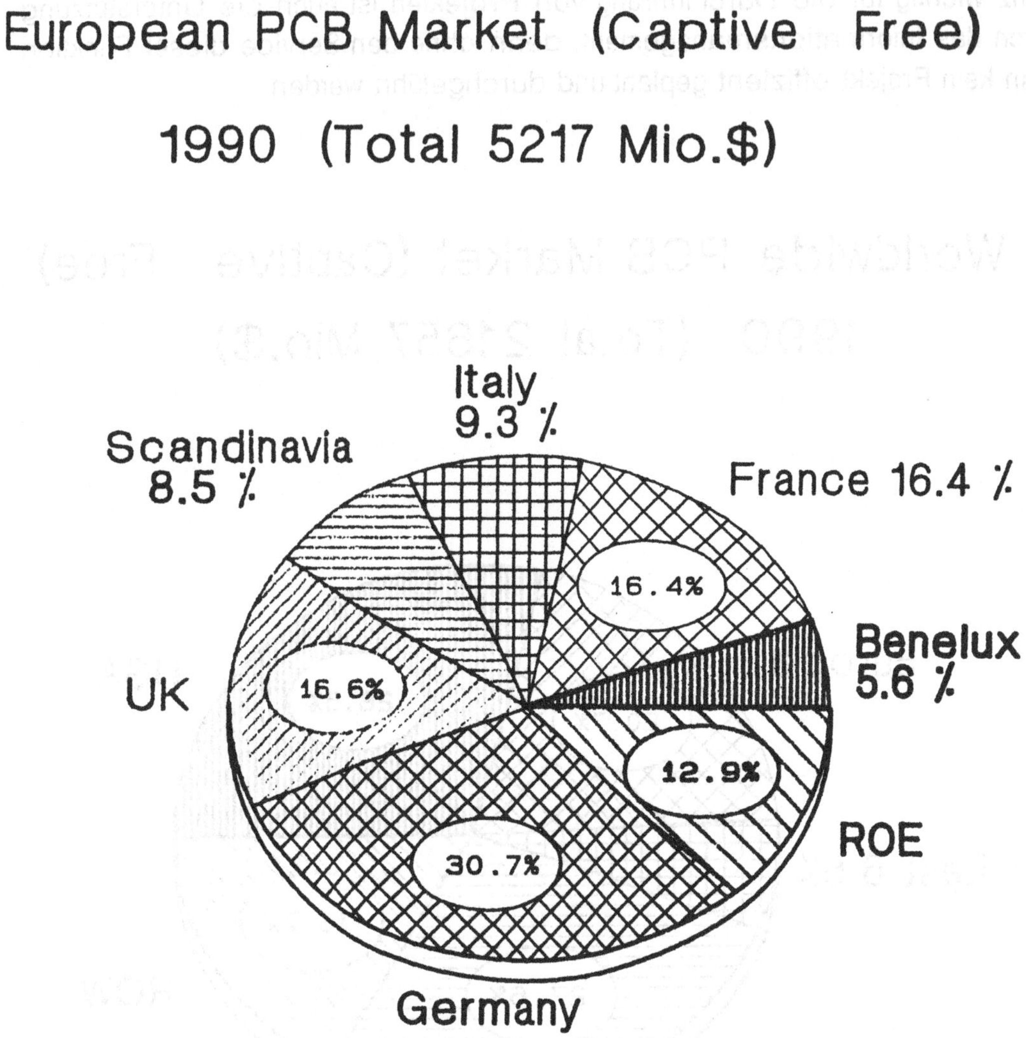

Bild 2: Der Leiterplattenmarkt in Europa (1990)

Bild 3: IBM-Werke in Europa

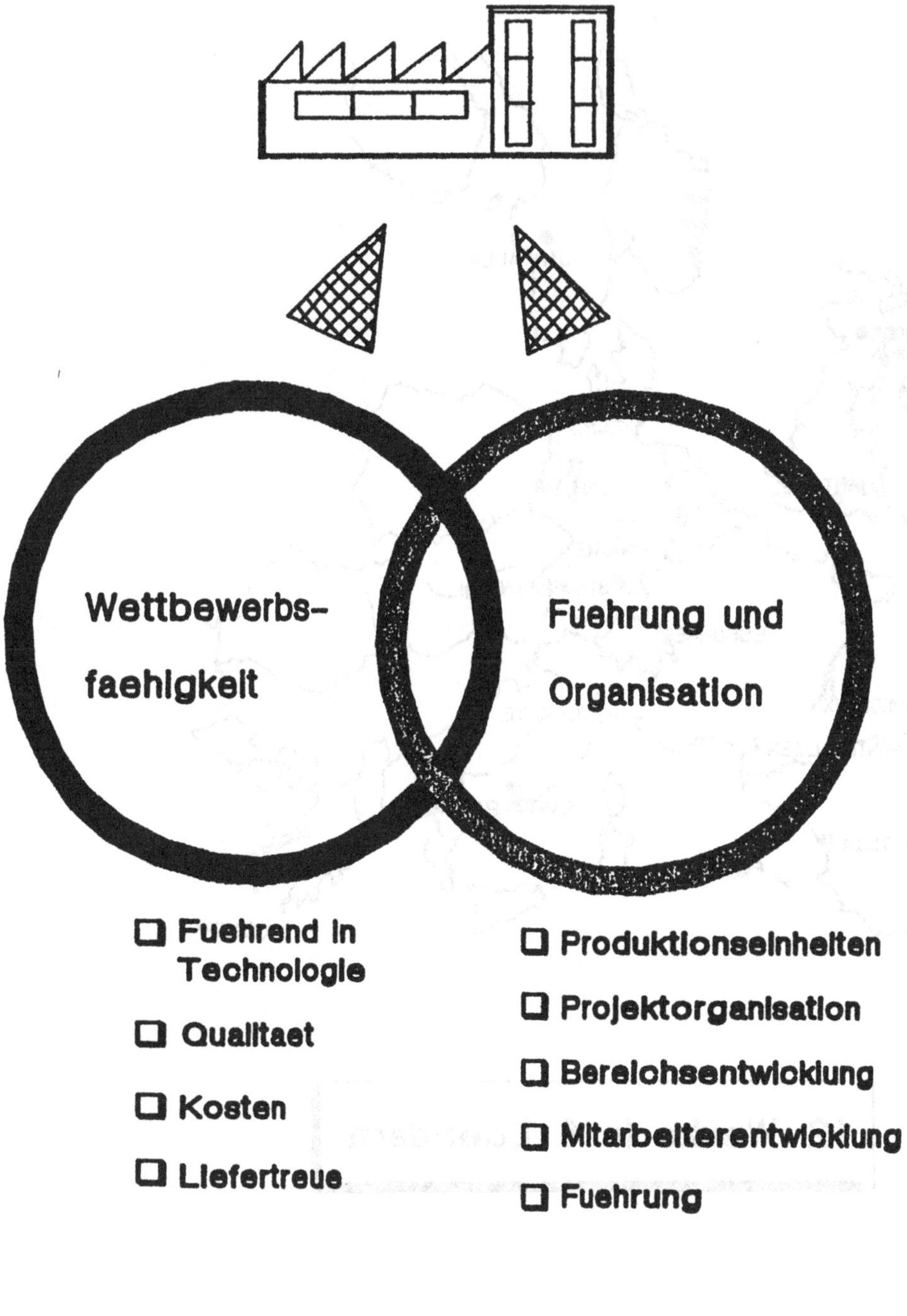

Bild 4: Einflüsse auf die Wettbewerbsfähigkeit

Umsatz 1989

1310 MDM

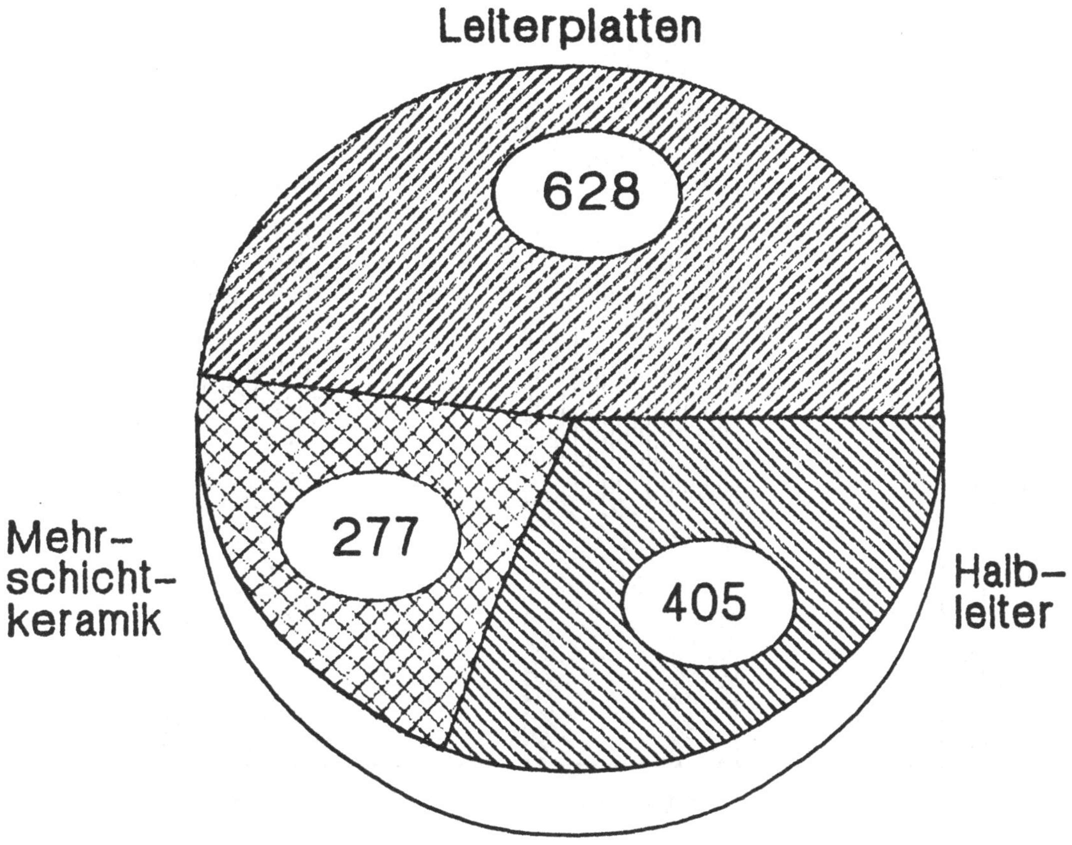

Mitarbeiter 1990 : 4248

Bild 5: Umsatz 1989

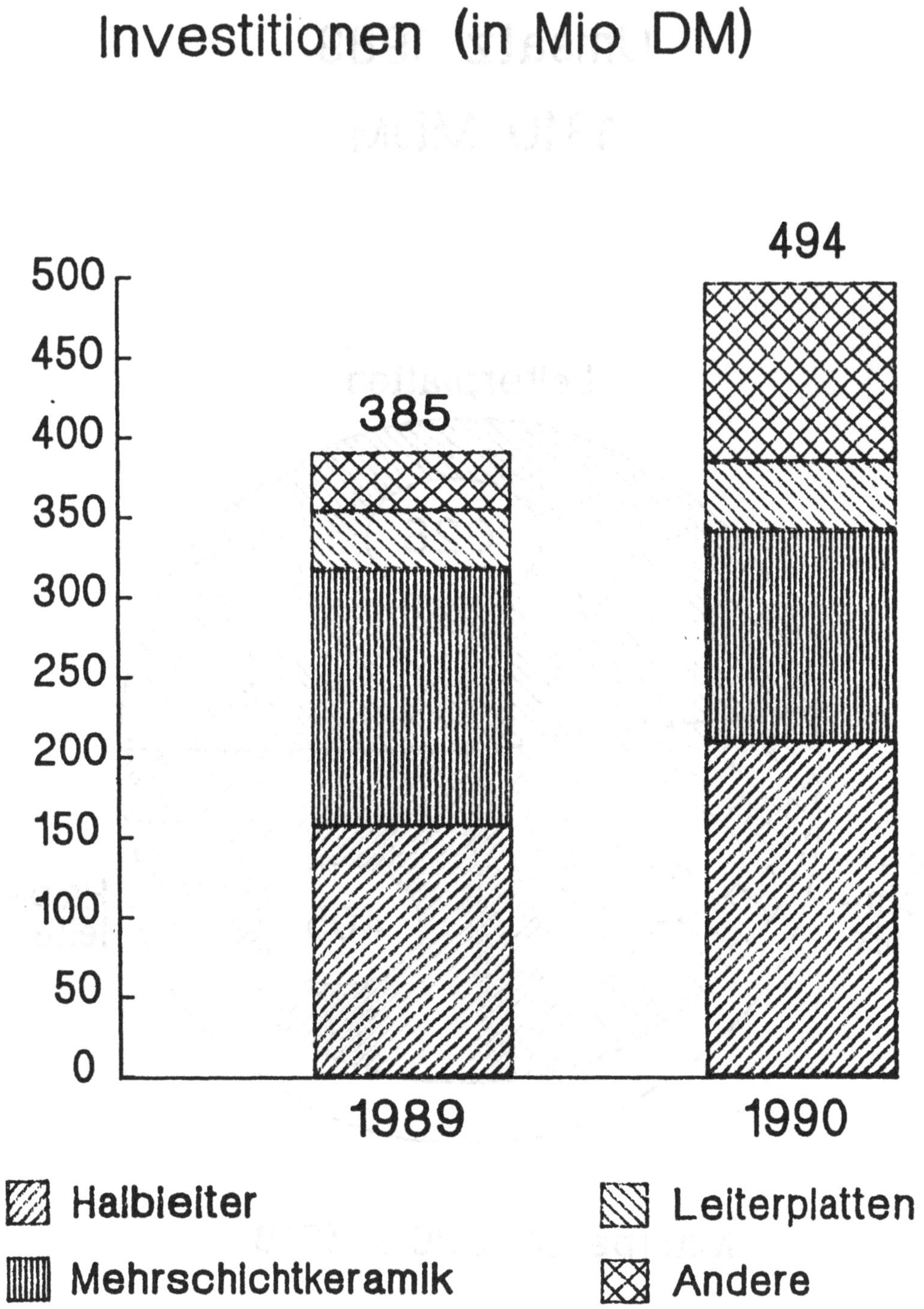

Bild 6: Investitionen 1989/90

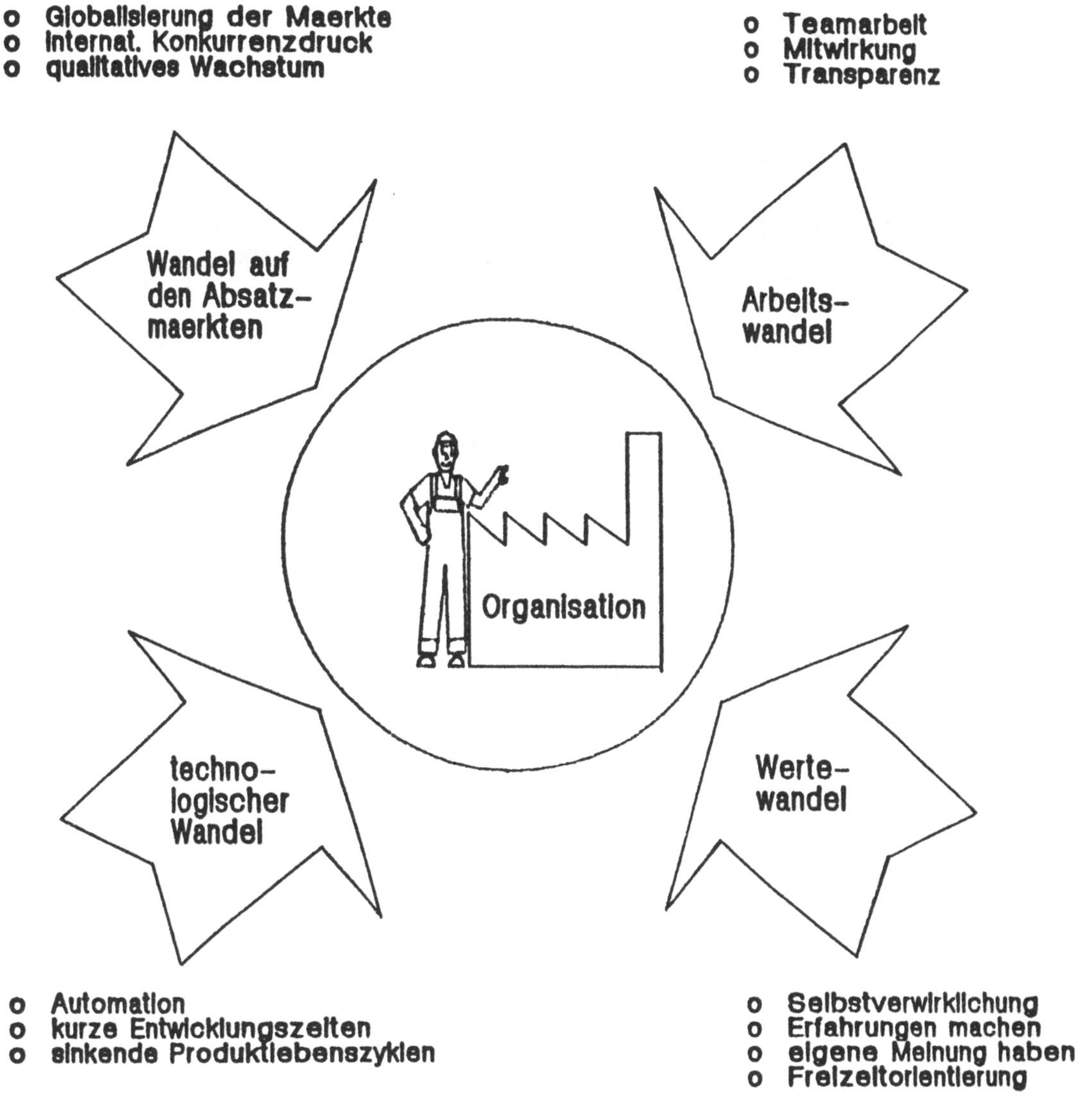

Bild 7: Der Wandel

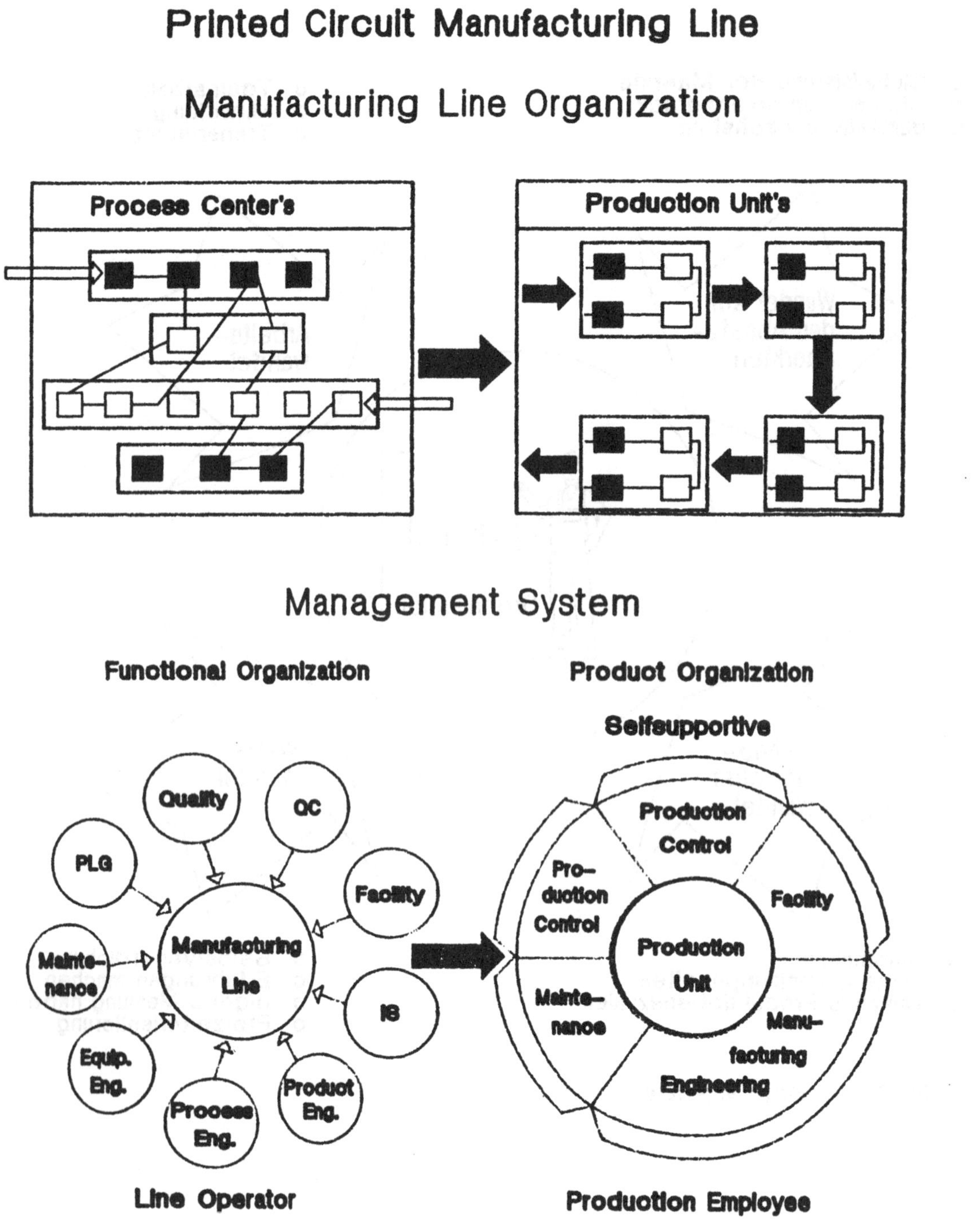

Bild 8: Fertigungslinie Leiterplatten

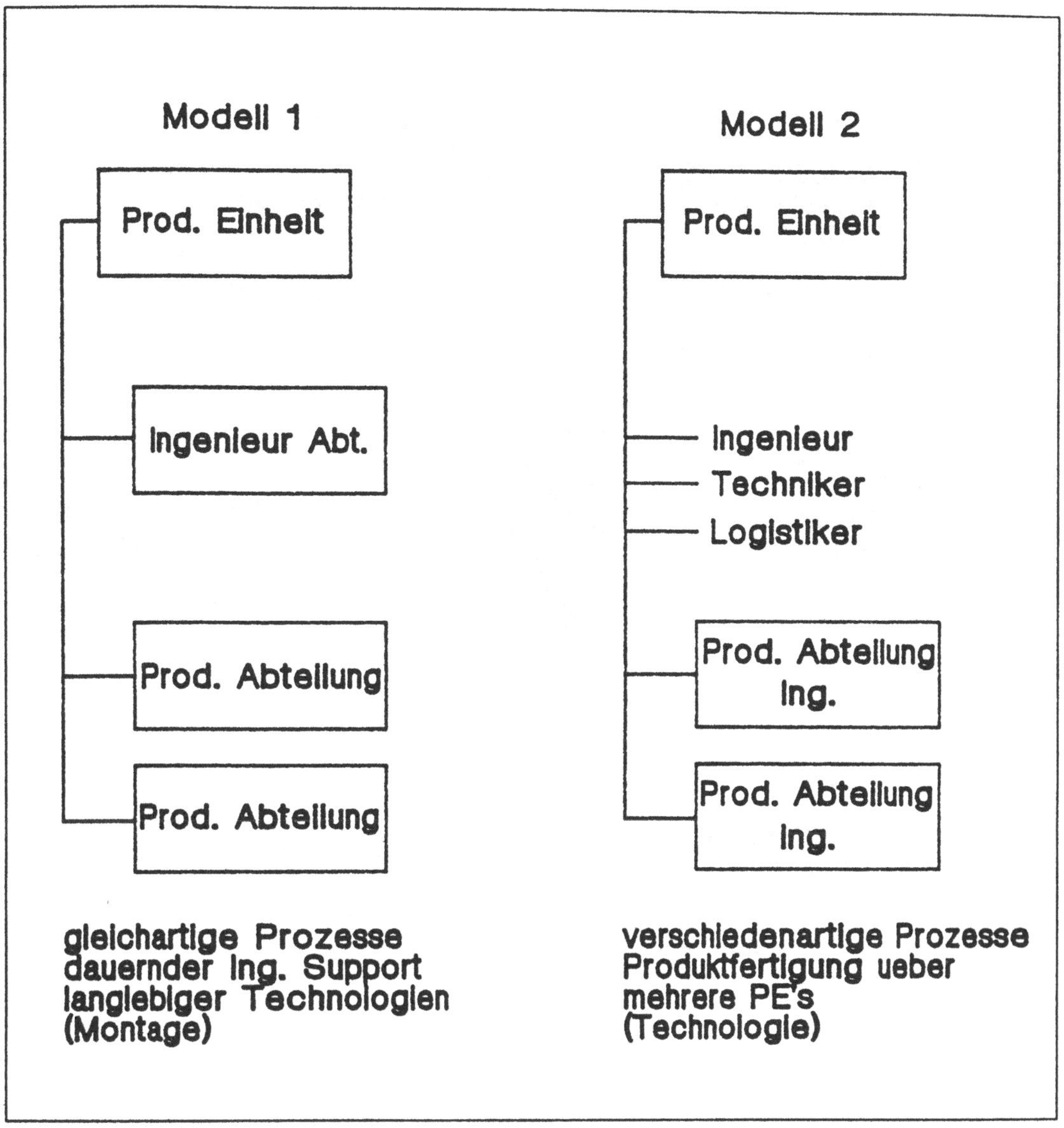

Bild 9: Grundmodelle Produktionseinheit

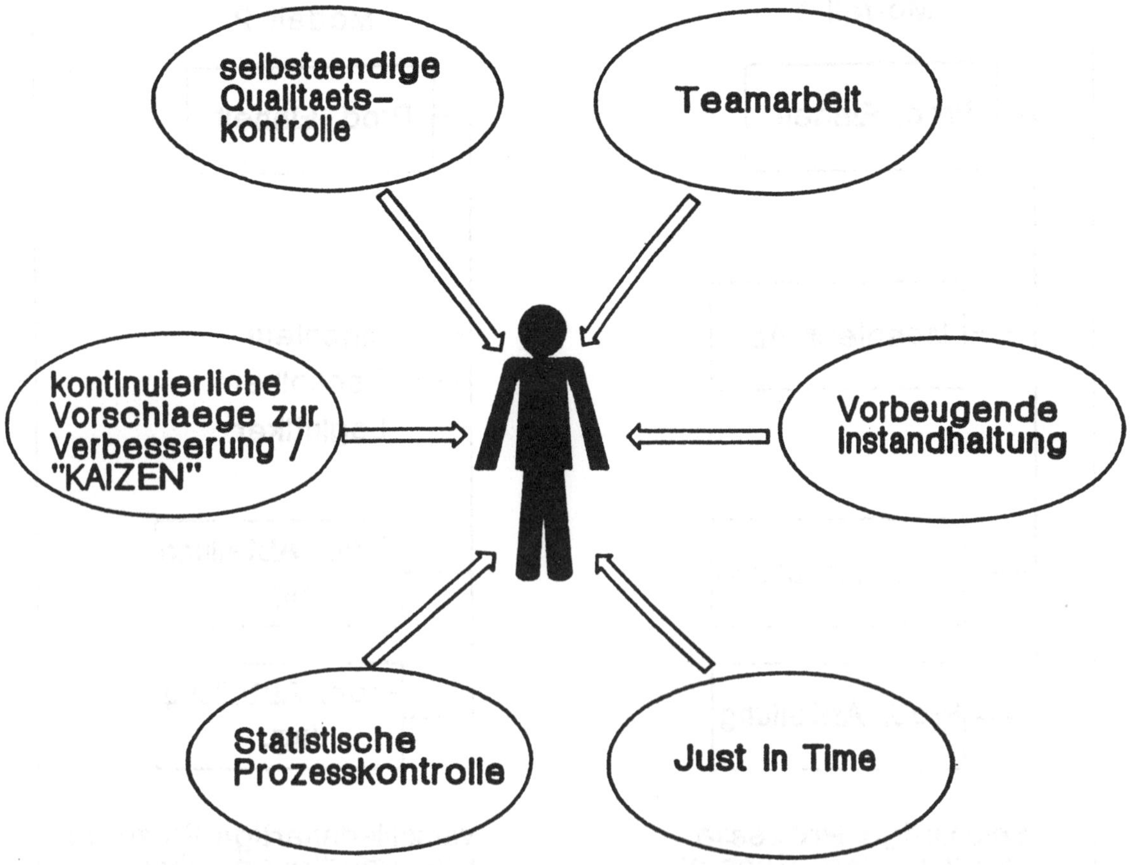

Bild 10: Der "Neue Mitarbeiter"

- Durchgaengiges Informationssystem
- Workshops auf allen Managementebenen
- Sozio-technologischer Workshop (2-3 Tage) fuer Produktionsabteilungen mit professioneller Moderation
  - o Ziel: Foerderung der Selbstorganisation Integration aller Funktionen - Ingenieur, Instandhalter, Grundversorger und Produktionsmitarbeiter

Bild 11: Maßnahmen zur Selbstorganisation

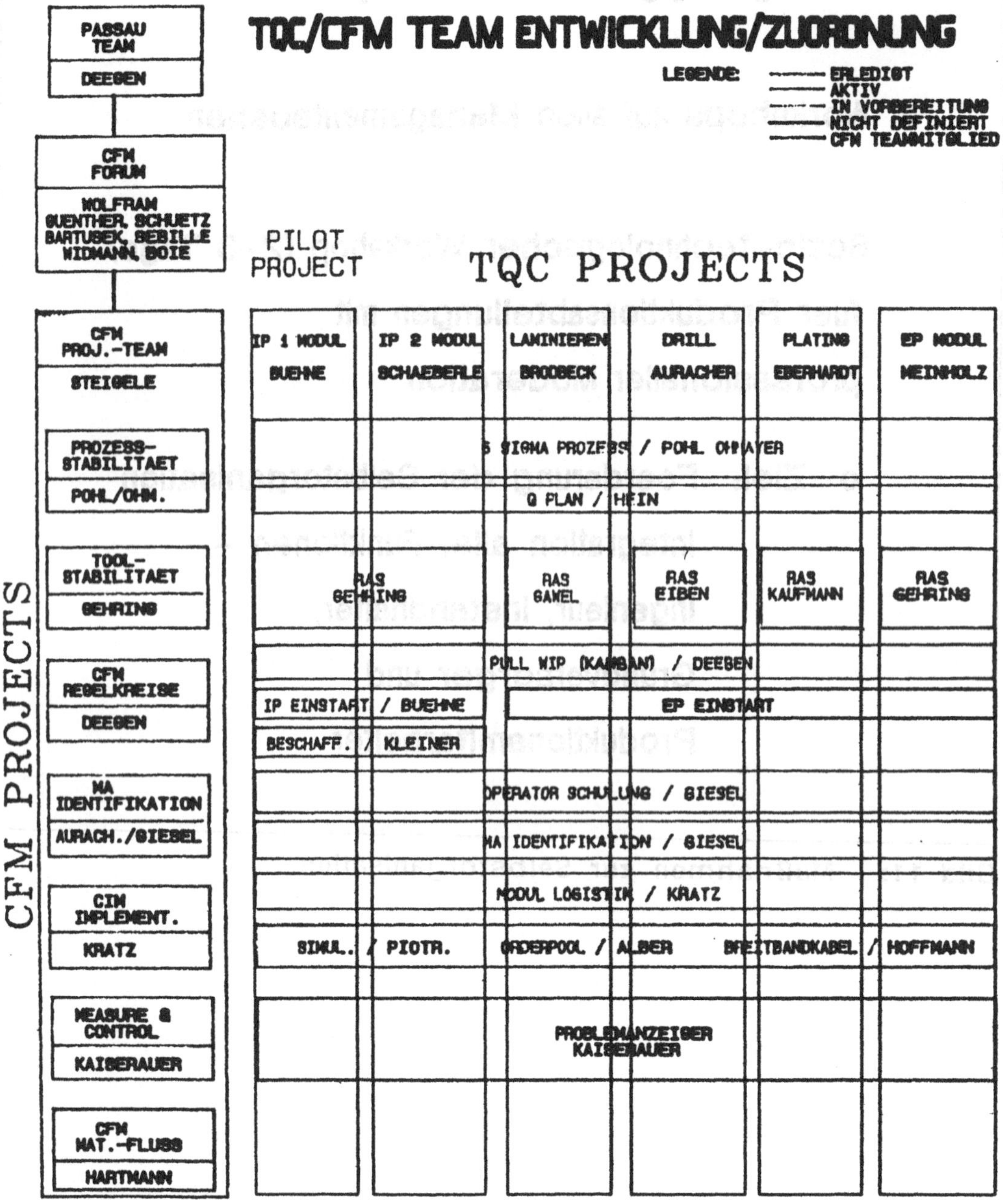

Bild 12: TQM/CFM Team Entwicklung / Zuordnung

	Struktur alt	Struktur Prod. Einh.	
Fertigung	642	687	+ 45
Ind. Funktionen	136	27	-109
Total	778	714	- 64
Gehaltsvol. (M-DM)	44.6	41.5	-3.1

Bild 13: Produktivität

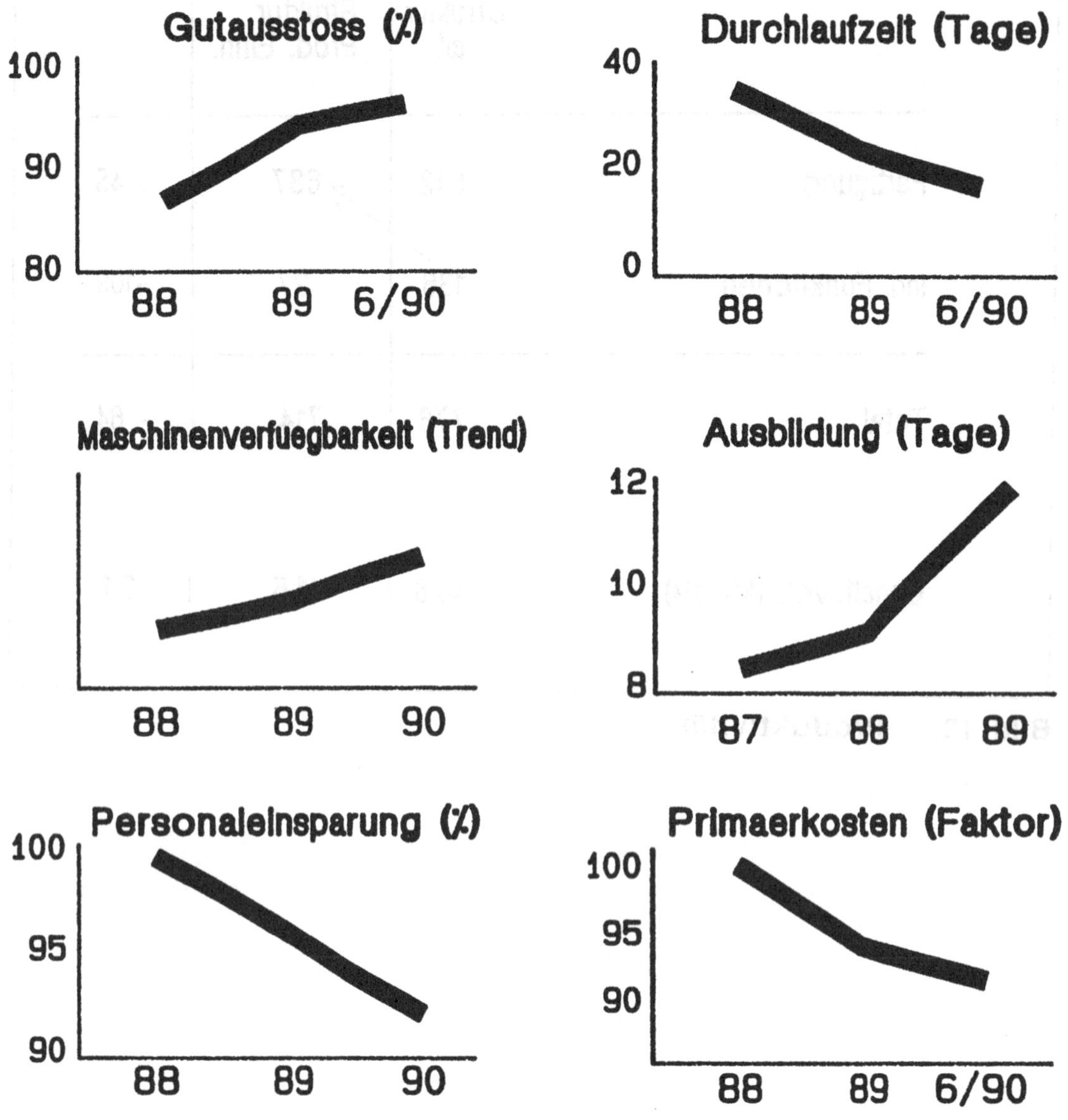

Bild 14: Erfolge

	Alte Org.	Teilauton. Fertigung	Veraenderung
Unternehmen	76	88	+ 12
Gesamtzufriedenheit	74	86	+ 12
Taetigkeit	74	85	+ 11
Einkommen VS Aufgabe	48	58	+ 10
bessere Taetigkeit	22	40	+ 18
Direktes MGMT	65	79	+ 14

Bild 15: Meinungsumfrage Mitarbeiter

Rationalisierungsreserven erkennen und systematisch nutzen

R. Fürstenberger

R. Fürstenberger ist Leiter des Fachbereichs Produktionsvorbereitung der Mercedes-Benz AG, Werk Sindelfingen

Inhalt

1 Gestaltungsschwerpunkte

Aus der konsequenten Integration von Produktionstechnik und Organisation ergeben sich erhebliche Vorteile für Unternehmen und Mitarbeiter. Im Hinblick auf eine rationelle Fertigung sollen folgende Schwerpunkte zur Gestaltung neuer Produktionssysteme diskutiert und anhand von Beispielen dadurch zu erwartende Effekte aufgezeigt werden:

- Anpassung der Produktgestaltung (Modulbauweise);
- Strukturierung des Produktionsprozesses orientiert am modularen Aufbau des Produktes;
- Anpassung der Arbeitsorganisation.

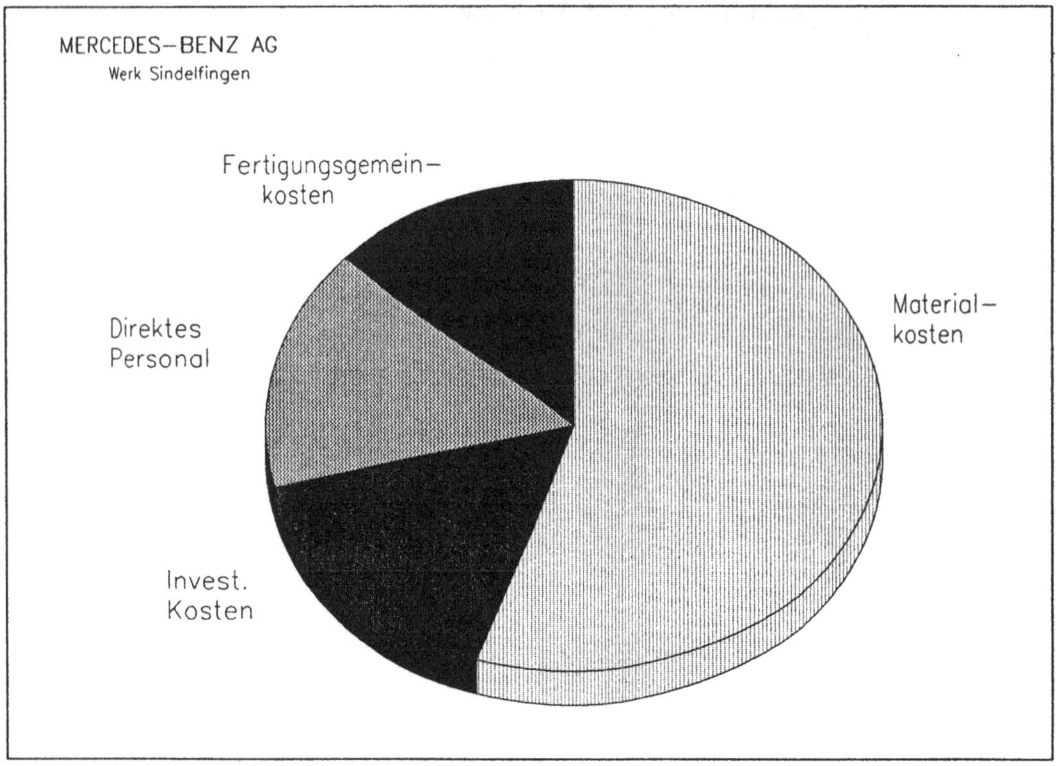

Bild 1: Struktur der Herstellkosten eines Produktes

Die Struktur der Herstellkosten eines Produktes in der Fahrzeugmontage (Bild 1) zeigt, daß in der Regel mehr als die Hälfte der Kosten durch das Material verursacht werden und zu ungefähr gleichen Anteilen durch Investitionen, direktes Personal und Fertigungsgemeinkosten.

Die Materialkosten sind in starkem Maße von der Gestaltung des Produktes und den Schnittstellen der einzelnen Komponenten abhängig. An dieser Stelle soll jedoch im Schwerpunkt auf die durch Technik und Organisation beeinflußbaren Kosten eingegangen und es sollen Rationalisierungspotentiale aufgezeigt werden, die durch Reduzierung bzw. Vermeidung von nicht wertschöpfenden Tätigkeiten in der Produktion erschlossen werden können.

2 Gestaltung des Produktes

Die Weichen zum kostengünstigen Produzieren werden schon zu Beginn des Konstruktionsprozesses gestellt.

In dieser Phase wird über das Gesamtkonzept des Fahrzeuges entschieden, das wesentlichen Einfluß auf das Strukturprinzip der Produktion und die einzusetzenden Technologien und damit insgesamt auf die Kosten hat.

Der montage- und fertigungsoptimierten Fahrzeuggestaltung kommt damit als strategischem Rationalisierungspotential entscheidende Bedeutung zu. Erst durch die konsequente Umsetzung, z. B. der montagetechnischen Anforderungen bei der Entwicklung eines Fahrzeuges, können neue Systeme in der Endmontage realisiert werden, die den gestiegenen Anforderungen in bezug auf Qualität, Flexibilität und Kosten genügen[1].

Beispiel dafür ist die Modularisierung und montagegerechte Gestaltung der Fahrzeuge (Bild 2). Damit können die Kosten, z. B. der Montage, gesenkt werden durch:

- Reduzierung der Montagezeiten, z.B. aufgrund besserer Zugänglichkeiten und Automatisierung;
- Verbesserung der Qualität, z.B. aufgrund vorprüfbarer Baugruppen und durch taktunabhängiges Arbeiten in Vormontageinseln;
- bessere Beherrschung der Variantenvielfalt und damit Reduzierung der Gemeinkosten und insbesondere auch der Logistikkosten.

Die neue S-Klasse ist gegenüber der konventionellen Produktstruktur stärker modularisiert durch vormontierbare Türen, Cockpit und Fahrwerk.

1 Vöhringer K.-D.: Neue Anforderungen an die Montagesystemgestaltung im Automobilbau, Münchner Kolloquium 91 - Wettbewerbsfaktor Zeit im Produktionsunternehmen, IWB München, 1991.

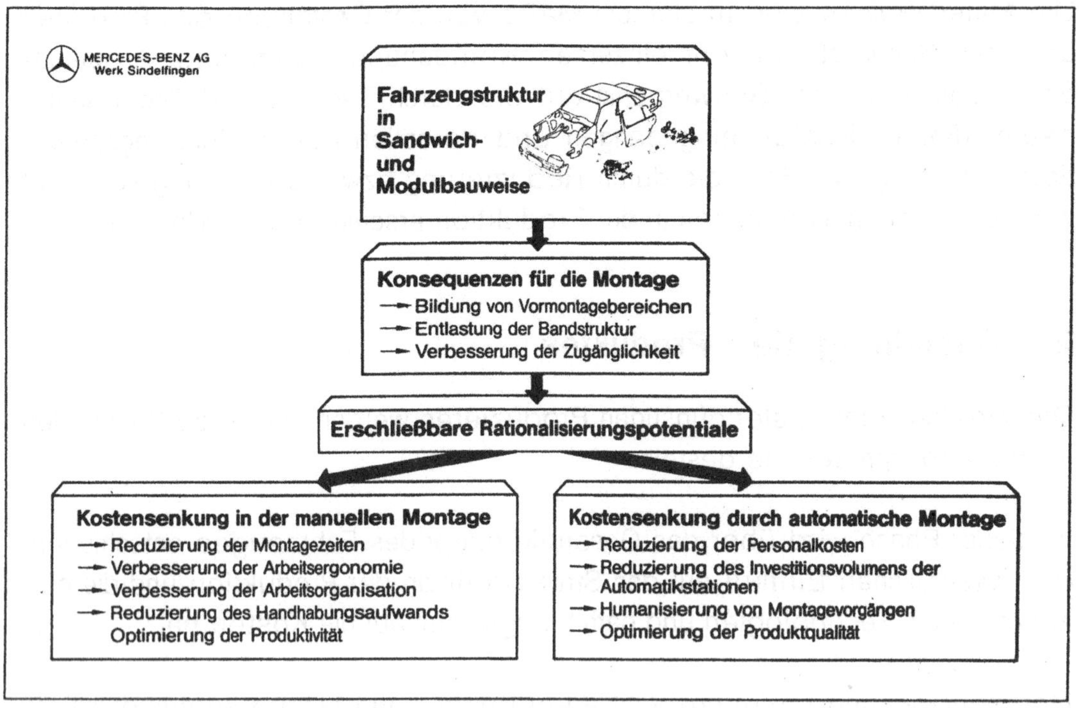

Bild 2: Schwerpunkte der montagegerechten Produktgestaltung

Ein weiteres Beispiel ist die Gestaltung der Seitenwand, die bei der neuen Produktgeneration als ein Teil gepreßt wird (Bild 3). Dieses Beispiel zeigt, daß durch die Produktgestaltung Lohn- und Investitionskosten reduziert und der Materialanteil geringfügig erhöht wurde. Die Reduzierung der Lohnkosten wird im Bereich des Rohbaus durch weniger Schweißen, Löten und Verputzen erreicht, und im Montagebereich können Justierarbeiten vermieden werden. Der Investitionsanteil kann durch den Einsatz einer rationelleren Pressentechnologie reduziert werden.

3 Gestaltung der Produktion

Die zunehmende Modularisierung der Produkte erlaubt auch eine entsprechende Gestaltung der Produktion und insbesondere der Montagen (Bild 4).

3.1 Ansätze zur Rationalisierung im personalintensiven Bereich

Waren bei konventioneller Produktstruktur - wie in Bild 4 dargestellt - lange Liniensysteme das vorherrschende Strukturierungsprinzip, so werden mit zunehmender Modularisierung des Produktes und Standardisierung der Schnittstellen separate Vormontagen bzw. auch zentralisierte, typübergreifende Teilsysteme möglich. Dabei können einzelne Teilsysteme bestimmten Leittypen zugeordnet oder auch bei Lieferanten aufgebaut werden.

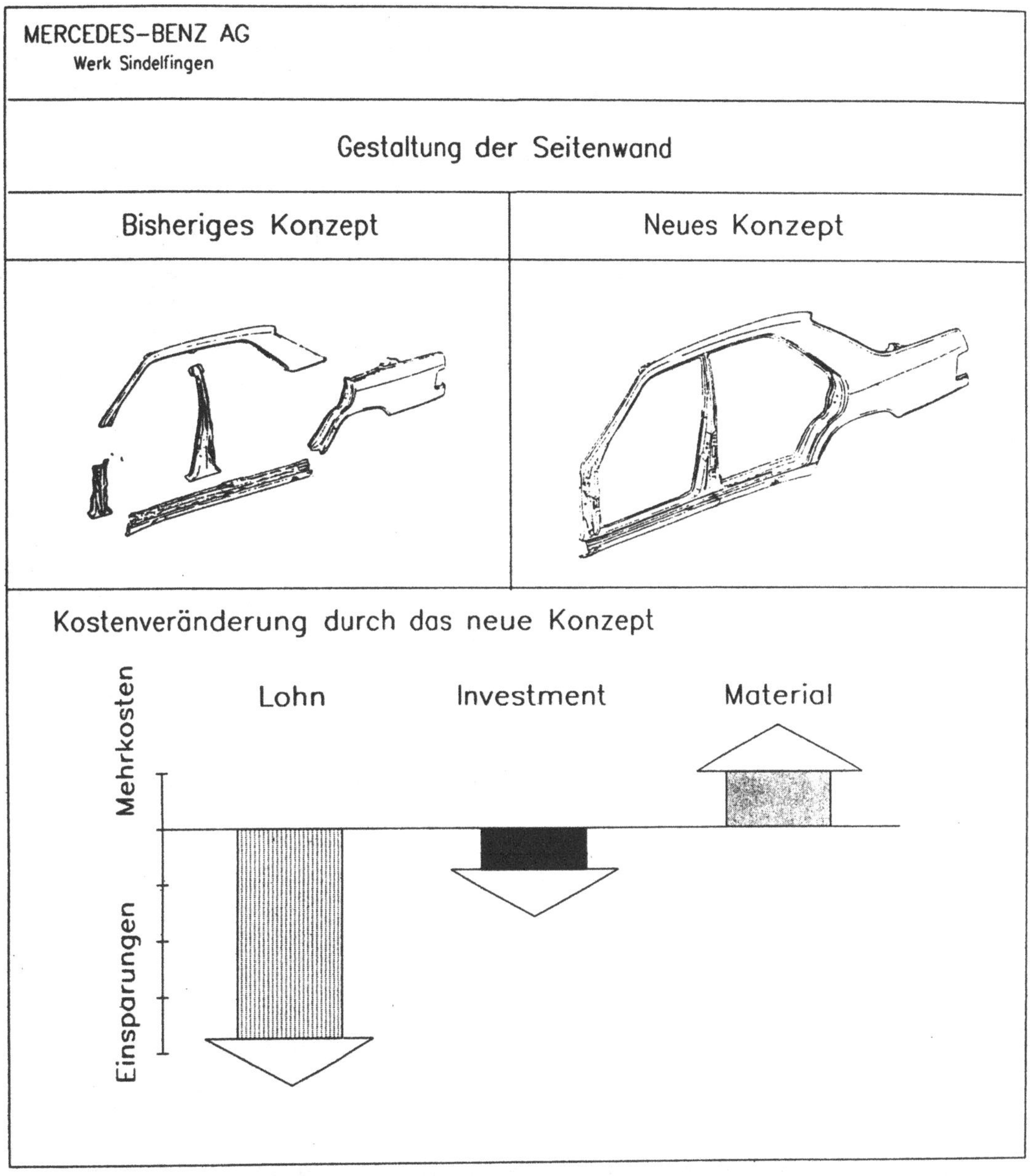

Bild 3: Kostenveränderung durch Produktgestaltung am Beispiel Seitenwand

Das mit der Modulbauweise verfolgte strategische Ziel heißt: Verringerung der Herstellkosten durch modulartig gestaltete Teilsysteme mit integrierter Logistik. Je nach Bedarf sowohl hinsichtlich Kapazität als auch Technologie können einzelne Module zu- bzw. abgekoppelt werden.

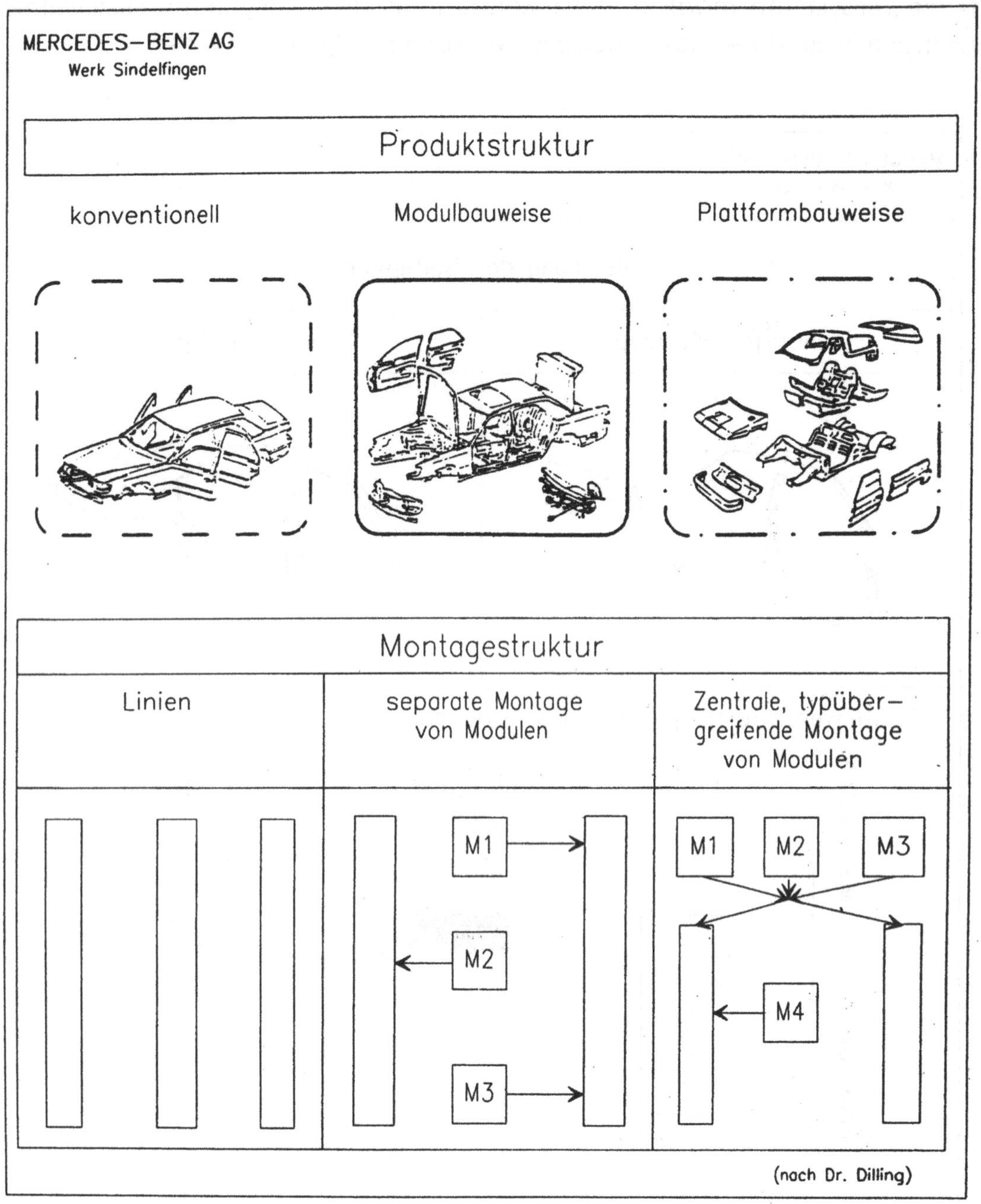

Bild 4: Entwicklung der Montagestruktur ausgehend von der Produktstruktur

Mit dieser Entwicklung, gepaart mit der Gestaltung der Arbeitsorganisation, können die Effekte großer Stückzahlen auch bei zunehmender Variantenvielfalt wieder erreicht werden.

Bild 5 zeigt beispielhaft, welche Kostenveränderungen durch die Installation von Systemmodulen zur Montage, z. B. von Türen, Cockpit und Antriebseinheit, erwartet werden.

Hier zeigt sich, daß die Erhöhung der Investitions- und Materialkosten durch die Reduzierung der Lohnkosten überkompensiert wird durch Vermeidung von z. B. Taktausgleich, Spitzenbrecher und Nacharbeit.

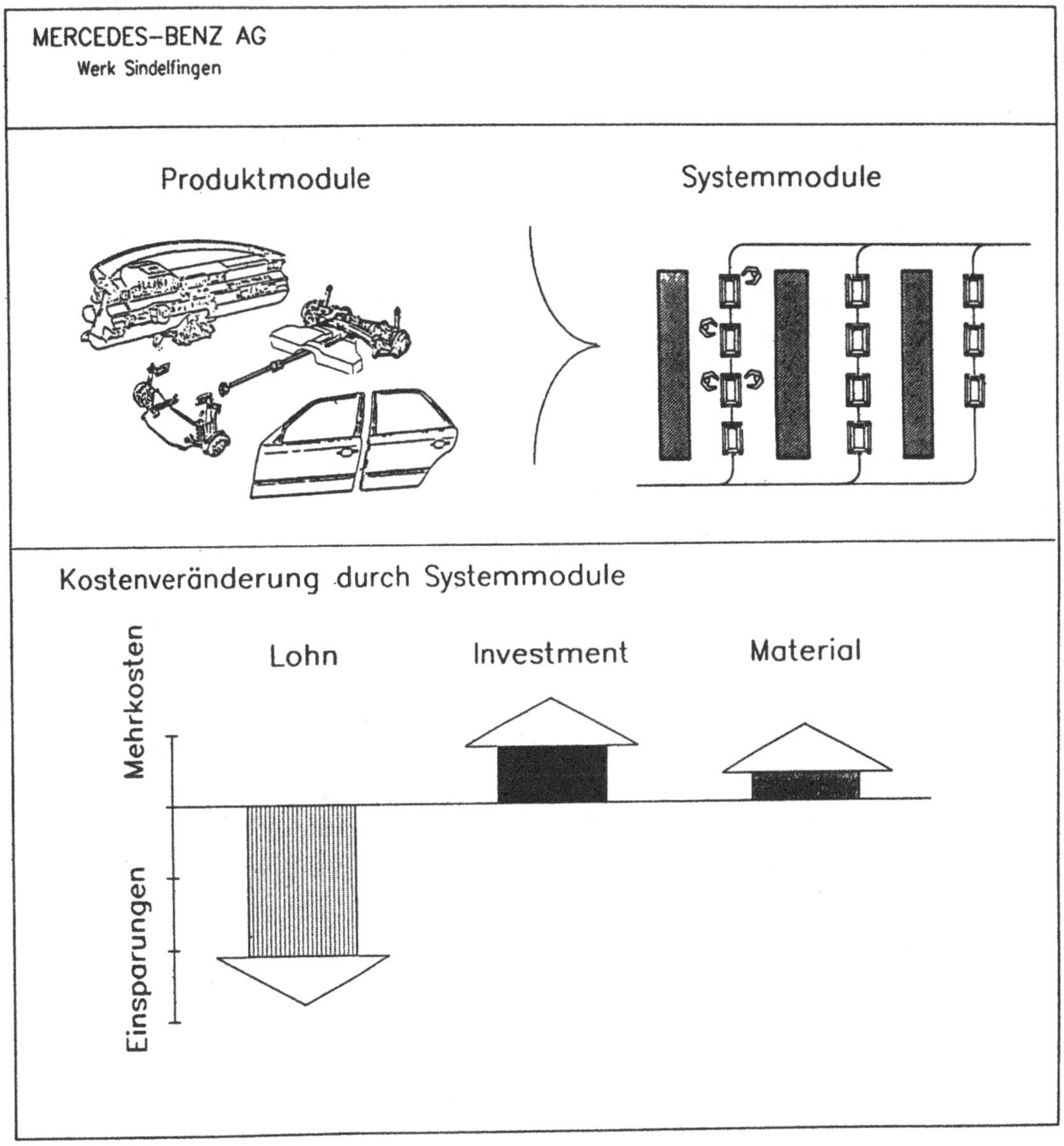

Bild 5: Kostenveränderung durch die Installation von Systemmodulen

3.2 Ansätze zur Rationalisierung im kapitalintensiven Bereich

Die Entwicklung in den kapitalintensiven Bereichen, wie Preßwerk und Rohbau, ist geprägt durch zunehmende Automatisierung und Integration von Funktionen. So bestehen z.B. die derzeitigen Preßwerke (Bild 6[2]) aus:

- normalen Pressenstraßen mit Hand-Beschickung und -Entnahme;
- verketteten Pressenstraßen mit mechanisiertem Preßteiletransport;
- automatischen Preßlinien in Form von Großteilstufenpressen (GTS-Pressen).

Der Vergleich der verschiedenen Pressenkonzepte zeigt, daß insbesondere bei den GTS-Pressen mit steigendem Investment eine überproportionale Steigerung der Ausbringung verbunden ist. Eine Nutzungsgradanalyse bezogen auf den gesamten Bereich zeigt jedoch, daß nur ca. 50 % der Zeit zur effektiven Nutzung der Anlagen zur Verfügung steht (Bild 7[2]).

Wie aus der Analyse hervorgeht, sind neben den rein technischen Störungen, wie Werkzeug- und Maschinenstörungen, auch organisationsbedingte Störungen in hohem Maße an dem derzeit nicht zufriedenstellenden Wirkungsgrad beteiligt.

Diese unproduktiven Zeitanteile steigen mit zunehmender Komplexität der Anlagen. Neben der technischen Integration geht es insbesondere in den kapitalintensiven Bereichen darum, auch Servicefunktionen, die zum Betreiben der Anlagen erforderlich sind, dort zusammenzuführen. Alle anfallenden Arbeitsaufgaben werden dann z.B. von einem Produktionsteam erledigt. Damit können in erster Linie Wege- und Wartezeiten vermieden werden, und es wird auch erwartet, daß durch mehr Fachkompetenz vor Ort Störungen zum Teil vermieden werden.

2 Jacobi, W.: Innovative Produktionstechnologie in der Blechumformung, 13. Umformtechnisches Kolloquium, Hannover, 14.-15.3.1990.

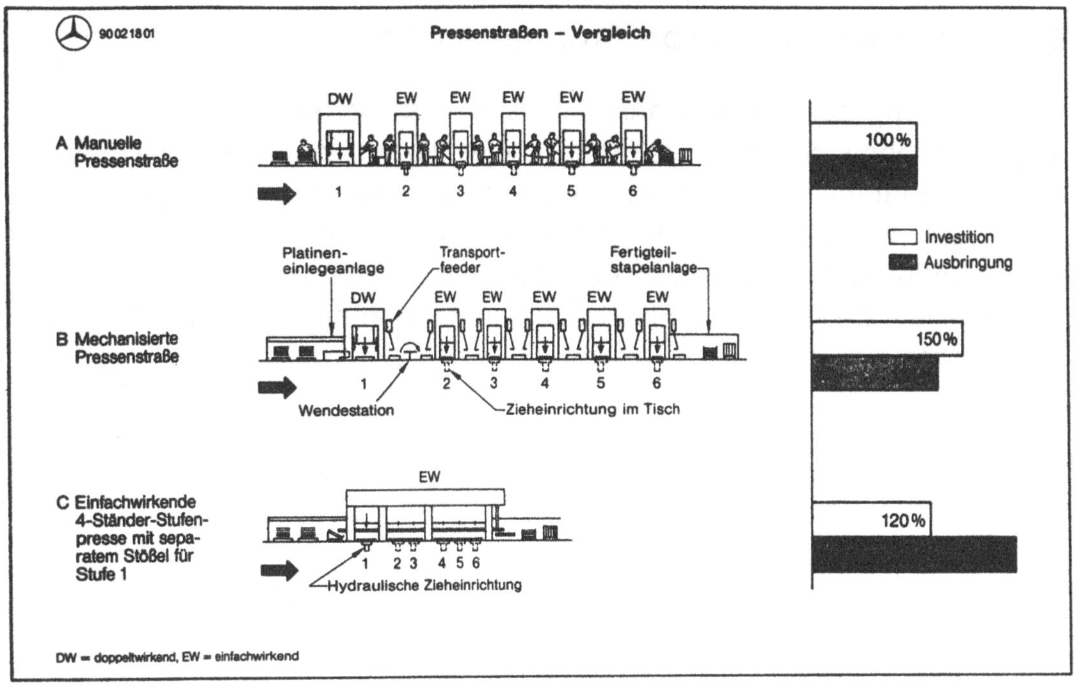

Bild 6: Vergleich unterschiedlicher Pressentechnologien

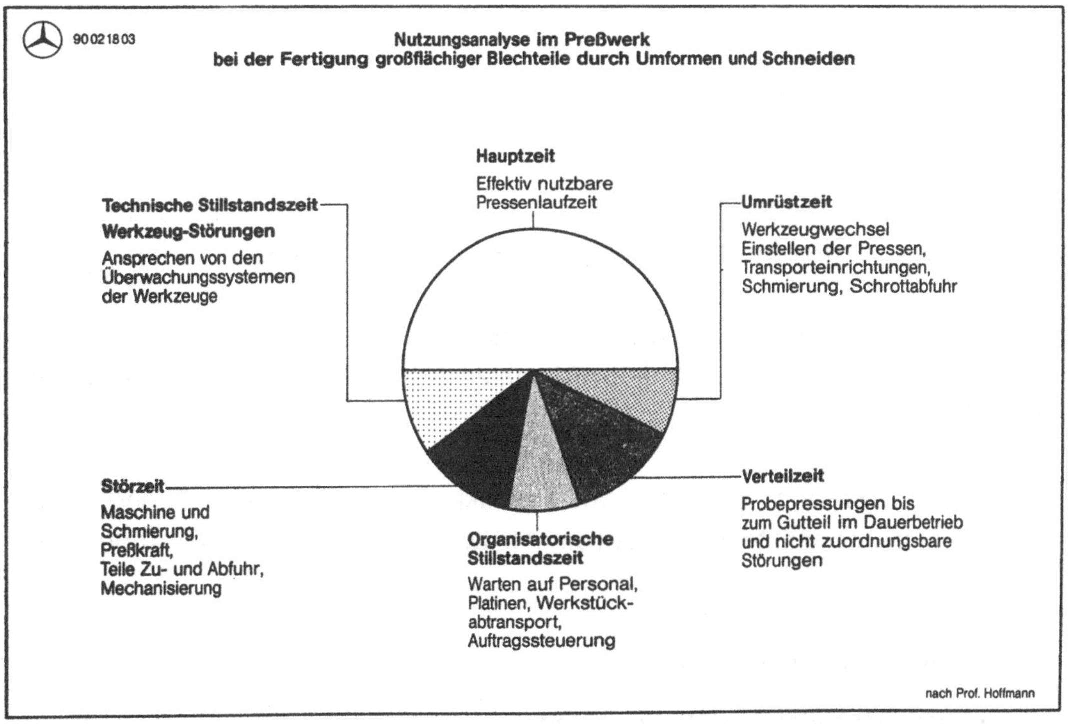

Bild 7: Nutzungsanalyse im Preßwerk bei der Fertigung großflächiger Blechteile

4 Gestaltung der Arbeitsorganisation

Die Gestaltung der Arbeitsorganisation ist keinesfalls isoliert von der Gestaltung der Technik zu sehen, vielmehr geht es darum, beide Komponenten integriert zu planen und einzuführen. Dabei können stark arbeitsteilige Strukturen bei zunehmender Variantenvielfalt und durch ständig einfließende Änderungen während der Produktlaufzeit aufgrund ihrer zeit- und kostenwirksamen Schnittstellen die geforderte Flexibilität und Wirtschaftlichkeit nicht mehr gewährleisten.

Bei der Gestaltung der Arbeitsorganisation werden deshalb folgende Ziele verfolgt:

- Integration von Funktionen;
- Bereinigung von Schnittstellen und Schaffung von klaren Verantwortungsbereichen;
- Delegation von Verantwortung vor Ort;
- Verstärkung der Information und Kommunikation;
- umfassende Qualifizierung der Mitarbeiter zur Vorbereitung auf die veränderte Aufgabe.

In den direkten Produktionsbereichen werden wir diese Ziele dadurch umsetzen, daß wir in größerem Umfang *Gruppenarbeit* einführen.

Die *Integration von Funktionen* wird in den einzelnen Produktionsbereichen der Aufgabe entsprechend mit unterschiedlichen Schwerpunkten betrieben (Bild 8).

Neben den direkten Aufgaben am Produkt bzw. der Maschinenbedienung werden in personalintensiven Bereichen wie Montage und Ausstattung verstärkt Aufgaben

- der Qualitätssicherung,
- der Materialbereitstellung und
- der Werkstattführung

in die Arbeitsgruppen integriert. In den kapitalintensiven Bereichen wie Preßwerk und Rohbau sind dies darüber hinausgehend insbesondere die Aufgaben der Instandhaltung.

Aufgaben der Steuerung und Arbeitsvorbereitung sollen in einer späteren Umsetzungsphase stufenweise an die Mitarbeiter übertragen werden.

Die Abgrenzung der Verantwortungsbereiche gestaltet sich gerade in der Übergangsphase von der konventionellen Arbeitsteilung zur Gruppenarbeit als schwierig durch die zum Teil unterschiedliche Ausprägung der Gruppenarbeit in den einzelnen Bereichen und Arbeitsgruppen. Deshalb ist es wichtig, die Merkmale der Gruppenarbeit klar festzulegen und abzustimmen, d. h. den Weg zu bestimmen und die Einführungsschritte - auch in Abhängigkeit von der Entwicklung der einzelnen Gruppen - daran zu orientieren.

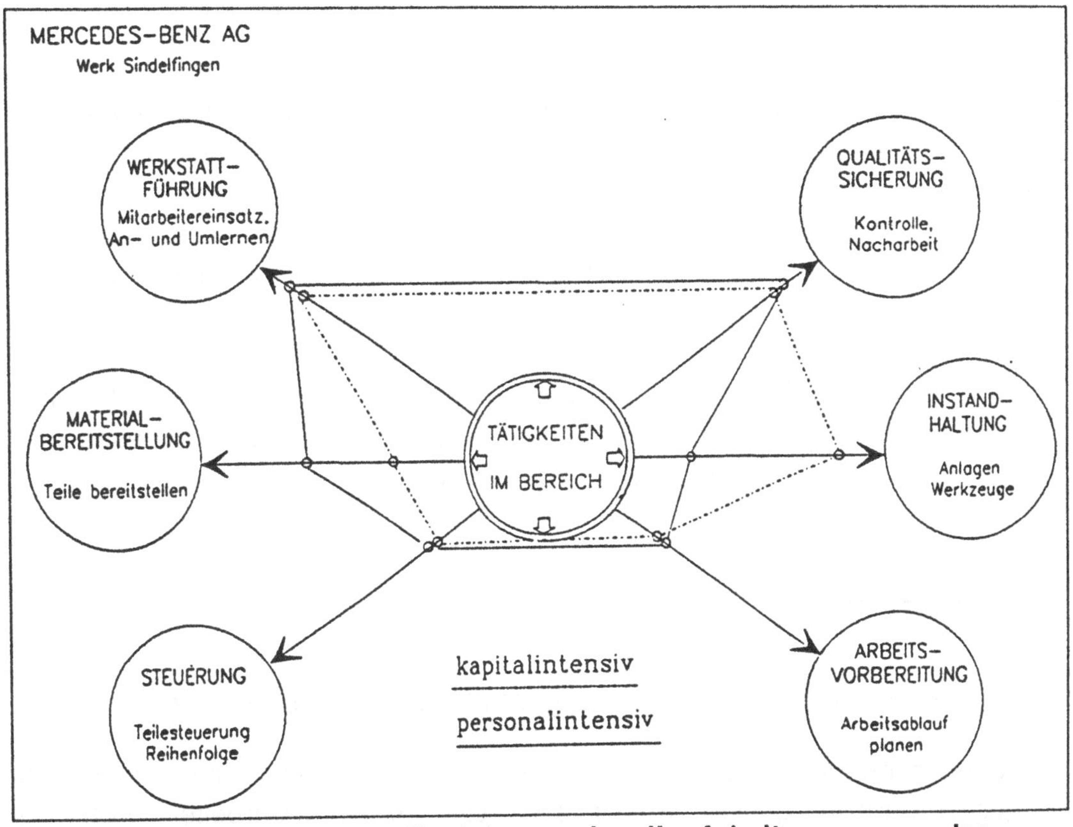

Bild 8: Integration von Funktionen in die Arbeitsgruppen der Produktion

Merkmale der Gruppenarbeit sind z.B.:

- Die Produktions- und Arbeitsabläufe werden so gestaltet, daß Arbeitsgruppen von acht bis zwölf Mitarbeitern eine Aufgabe gemeinsam ausführen können.
- Die Organisation der Arbeit in der Gruppe soll weitestgehend von den Gruppenmitgliedern selbst wahrgenommen werden.
- Die Gruppe soll selbst aktive Beiträge zur Optimierung der Produktions- und Arbeitsabläufe entwickeln und einbringen können.
- Hierfür werden Gruppengespräche in- und außerhalb der Arbeitszeit durchgeführt.
- Zur Regelung gruppeninterner Fragen und Probleme und als Ansprechpartner für die Vorgesetzten werden Gruppensprecher benannt.

Zur *Verbesserung der Information, Kommunikation und Qualifizierung* der Mitarbeiter wird der Produktionsanlauf der neuen S-Klasse von einem Mitarbeiterinformations- und -trainingsprogramm begleitet. Dabei werden die Mitarbeiter und Führungskräfte mit den durch den Anlauf des neuen Produktes bedingten Veränderungen von Arbeitsstrukturen und Arbeitsinhalten sowie den Neuerungen am Produkt selbst vertraut gemacht.

Damit wird das vorhande Ideenpotential genutzt, Teamfähigkeit und Verantwortungsbewußtsein gestärkt. Kostenreduzierung und Qualitätsverbesserung sind ein zwangsläufiges Ergebnis dieses Vorgehens.

5 Beispiele

5.1 Technik- und Organisationsgestaltung in der Montage

Die Gliederung des Personalbedarfs in einem Montagebereich ist in Bild 9 dargestellt. Daraus geht hervor, daß nur ein Teil der Mitarbeiter durch das Montieren von Teilen zur direkten Wertschöpfung am Produkt beitragen kann. Die Rationalisierung dieses Anteils ist nur durch Automatisierung zu erreichen, was auch in Zukunft im Bereich der Montage nur eingeschränkt möglich sein wird. Der verbleibende Anteil ist durch die integrierte Gestaltung von

Technik und Organisation zu beeinflussen. Im Bereich der Montage sind dazu im wesentlichen Boxen- und Linienstrukturen zu betrachten.

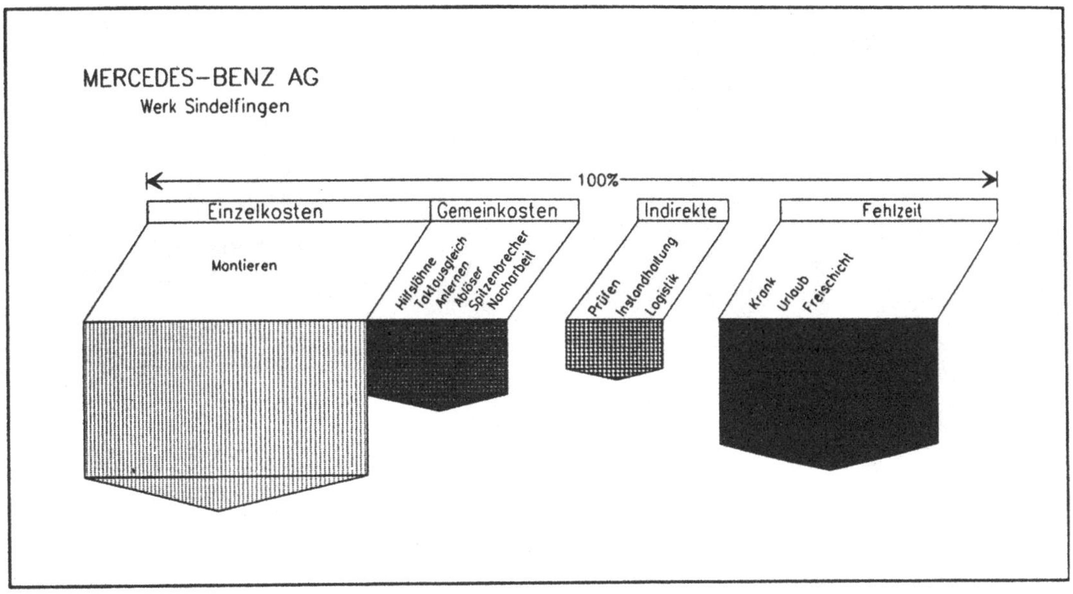

Bild 9: Gliederung des Personalbedarfs im Montagebereich

Die Boxenstruktur

In sogenannten Montageboxen montieren 5 Mitarbeiter die Elektrikumfänge unserer Fahrzeuge (Bild 10).

Die Fahrzeuge verweilen bis zu einer Stunde in den einzelnen Arbeitsboxen. Durch die Gestaltung der Technik und der damit verbundenen Arbeitserweiterung konnten in diesem Bereich bis zu 15 % an Gemeinkosten und indirekten Aufgaben vermieden werden.

Ein Teil des Effekts wird durch die Entkopplung des Boxenbereichs von den Linienstrukturen und der dazu erforderlichen Steuerung kompensiert.

Die Installation von solchen Boxenstrukturen empfiehlt sich dort, wo bei geringem Materialvolumen die Variantenvielfalt zu hohen zeitlichen Unterschieden in den Arbeitsumfängen führt, die in arbeitsteiligen Liniensystemen hohe Abstimmungsverluste mit sich bringen.

Bild 10: Montageboxen für Elektrikumfänge

Die Linienstruktur

In vielen Bereichen der Montage jedoch sind - und werden es auch in Zukunft sein - Linienstrukturen vorherrschend. Solche Strukturen sind u. a. bei hohem bzw. zunehmendem Materialumfang vorteilhaft. Erste Erfahrungen haben gezeigt, daß auch hier durch die Gestaltung der Arbeitsorganisation Effekte für die Unternehmen und Mitarbeiter erzielt werden können. So ist z. B. der Montageabschnitt, wo Leitungen montiert werden, geprägt durch:

- eine feste Anzahl Mitarbeiter, die an einem Fahrzeug arbeiten können;
- eine begrenzte Anzahl Stationen, an denen ein Fahrzeug - auch mit umfangreicher Ausstattung - bearbeitet sein muß;
- zeitliche Unterschiede zur Bearbeitung der einzelnen Fahrzeugvarianten.

Auch unter diesen Randbedingungen ist die Einführung von Gruppenarbeit möglich. In diesem Bereich ist die Gruppe für die Bearbeitung des gesamten

Arbeitsumfangs und dessen Prüfung zuständig. Die Gruppe hat einen Sprecher und führt regelmäßig Gruppengespräche, in denen sie technische und soziale Probleme selbständig angeht. Wie aus Bild 11 hervorgeht sind hier bei bestehender Technik durch die Gestaltung der Arbeitsorganisation ebenfalls Effekte bei der Reduzierung der Gemeinkosten erzielt worden.

Die Vorteile für die Mitarbeiter sind:

- höhere Arbeitswerte und damit mehr Lohn;
- größere Verantwortung - der sie positiv gegenüberstehen - durch Selbstprüfung;
- mehr Spielraum bei der Organisation und Gestaltung ihrer Arbeit und Arbeitsumgebung.

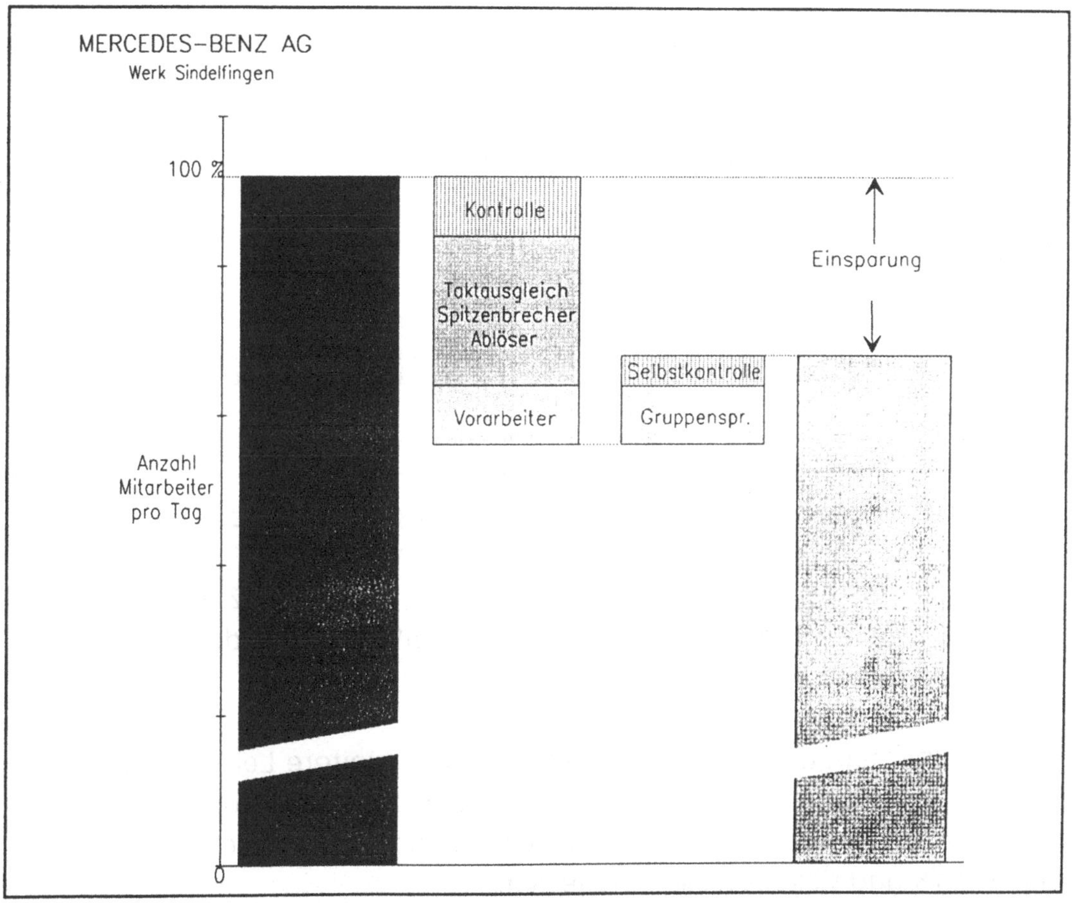

Bild 11: Mitarbeiterveränderungen durch Arbeitsorganisation in einem Liniensystem

Ein wesentlicher Nutzen ist die Verbesserung der Qualität (Bild 12). Nach einem starken Anstieg der Fehler - und dieser Verlauf ist typisch - in der Phase des Erlernens des gesamten Arbeitsinhaltes und der Einführung der Selbstprüfung ist die Fehlerzahl weit unter den ursprünglichen Wert abgesunken.

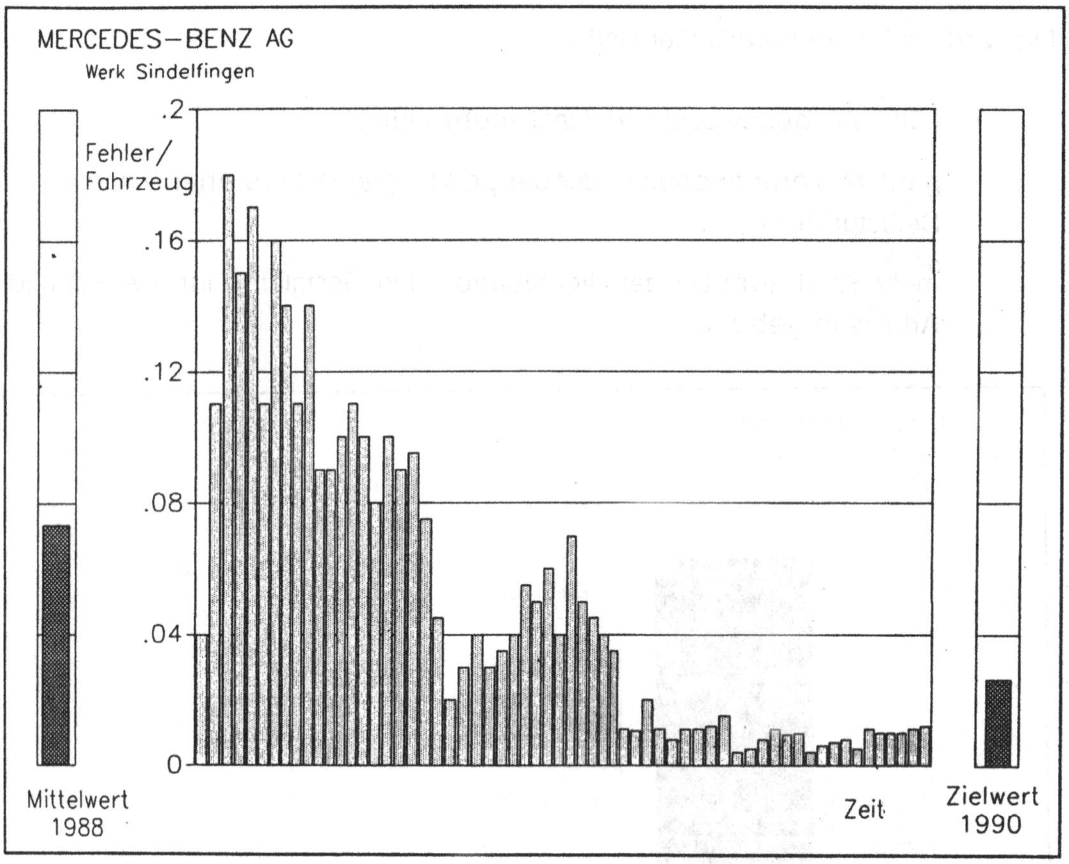

Bild 12: Fehlerentwicklung bei der Leitungsmontage

"Null-Fehler" ist keine Theorie mehr. Wichtig ist in diesem Zusammenhang, daß Ziele, wie z. B. die Qualitätskennzahl in Bild 12, von den Mitarbeitern selbst vorgegeben werden.

Wir sind überzeugt, daß durch die Gruppenarbeit weitere Leistungspotentiale freigesetzt werden und erwarten insbesondere bei der Neugestaltung von Systemen und auch in Anlaufsituationen eine kontinuierliche Verbesserung der Technik und des Prozesses insgesamt.

5.2 Technik- und Organisationsgestaltung im Preßwerk

Der Ansatz zur Rationalisierung im kapitalintensiven Bereich zielt im Schwerpunkt auf die Erhöhung des Nutzungsgrades der Anlagen durch Vermeidung von den in Bild 7 aufgezeigten Stillstandszeiten. Die Reduzierung der Personalkosten muß dazu aber nicht im Widerspruch stehen.

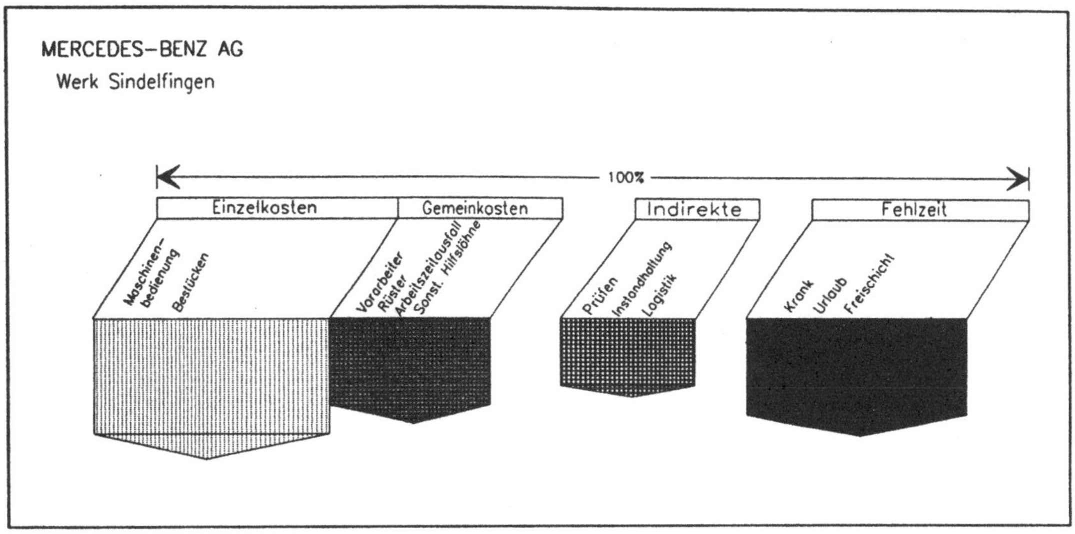

Bild 13: Gliederung des Personalbedarfs in einem kapitalintensiven Bereich

Wie aus Bild 13 hervorgeht, wird nur ein Teil der Mitarbeiter zum eigentlichen Betreiben (Maschinenbedienung, Beschicken) der Anlage eingesetzt. Auch hier gilt die gleiche Zielrichtung wie in den personalintensiven Bereichen:

- Reduzierung der nicht direkt dem Produktionsfortschritt dienenden Aufgaben und
- Vermeidung von Verlustzeiten.

Auch die Maßnahmen sind ähnlich:

- Einbeziehung der Mitarbeiter und deren Information über erzielte Ergebnisse;
- Verlagerung von Verantwortung vor Ort.

In Bild 14 ist am Beispiel einer Großteilstufenpresse dargestellt, welche Funktionen vor Ort zusammengefaßt werden, um obengenannte Ansätze zu realisieren und insgesamt die Anlagennutzung zu optimieren.

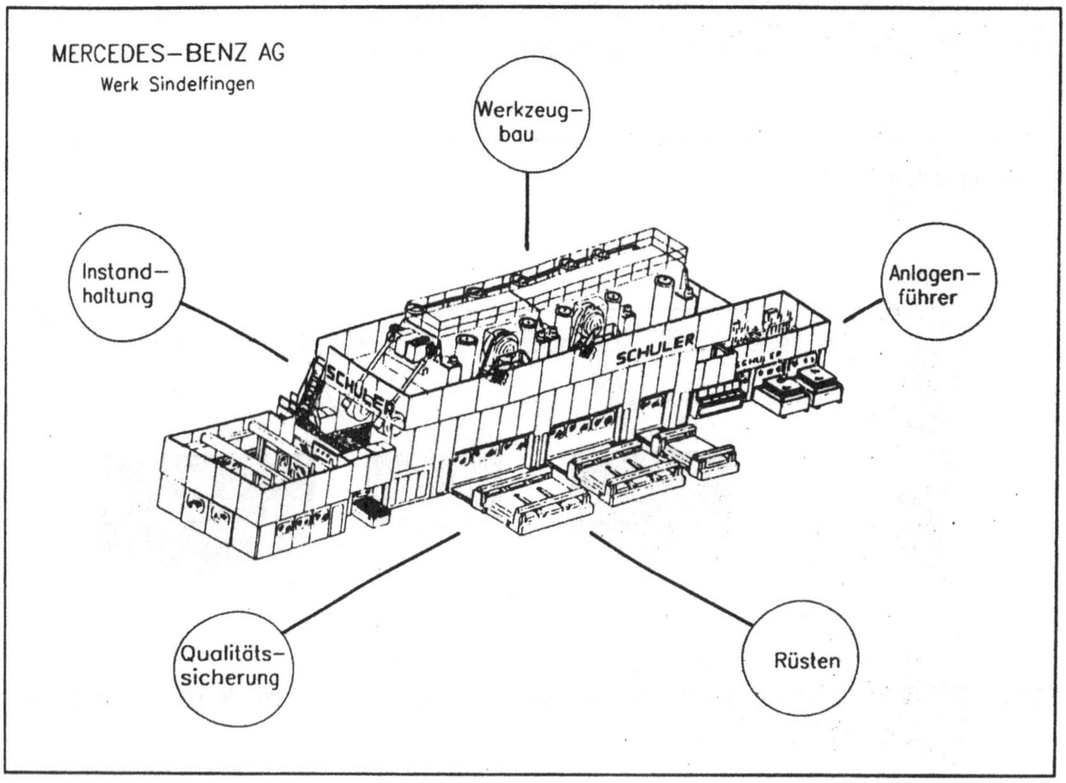

Bild 14: Teamkonzept an der Großteilstufenpresse

Maschinenbediener, Instandhalter und Kontrolleure sind ein Team vor Ort. Neben den technischen Maßnahmen, z. B. zum schnellen Umrüsten der Anlage, werden durch das Teamkonzept Wege- und Wartezeiten vermieden und die Erwartung ist, daß Störungen zum Teil erst gar nicht entstehen. Damit soll die Anlagennutzung erheblich gesteigert werden; bei Maschinenstundensätzen von ca. 2.000 DM ein lohnenswertes Ziel, wie Bild 15 zeigt.

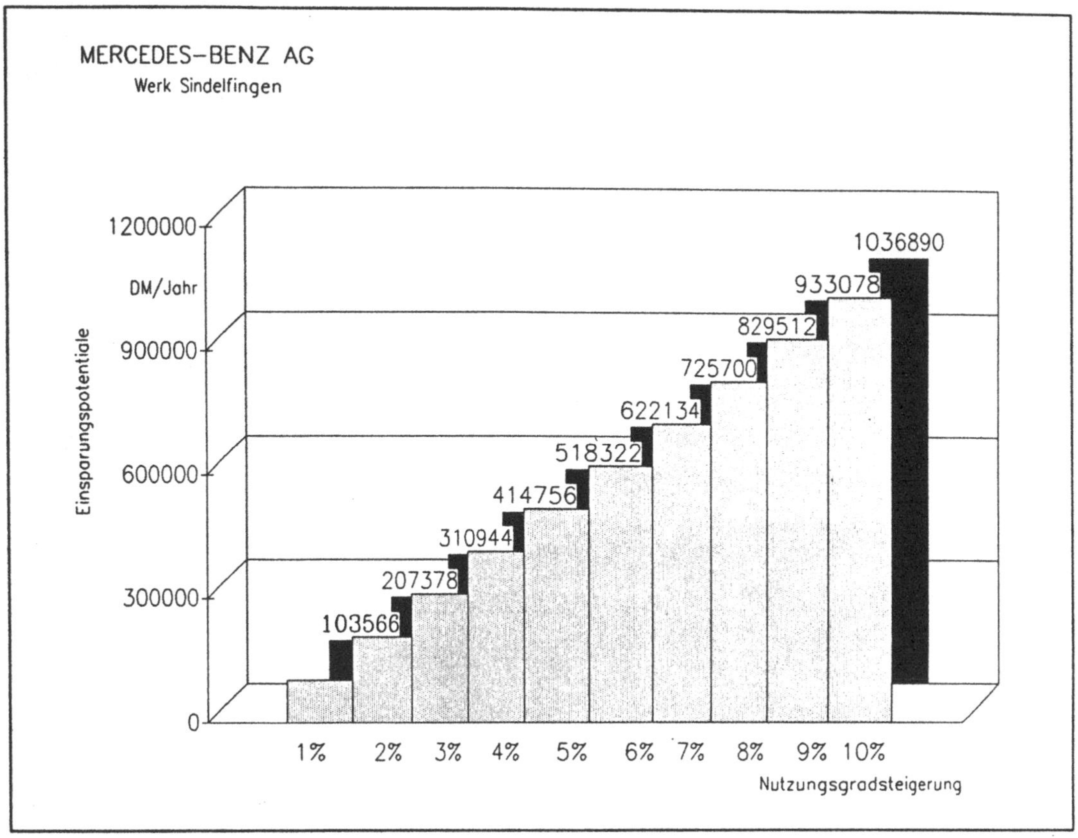

Bild 15: Einsparungspotential in Abhängigkeit von der Steigerung des Nutzungsgrades

6 Zusammenfassung und Ausblick

Das Ineinandergreifen von Produkt-, Produktions- und Organisationsgestaltung schafft die Voraussetzungen zur Rationalisierung des Planungs- und Produktionsprozesses. Das modulartig aufgebaute Produkt mit klaren Schnittstellen ermöglicht die flexible und wirtschaftliche Gestaltung der Produktion. Hauptansatzpunkt zur Rationalisierung in der Produktion ist die Reduzierung bzw. Vermeidung von nicht wertschöpfenden Arbeiten.

Klar ist, daß jedoch ein Großteil der Rationalisierungsreserven nur durch verstärkte Integration und Information der Mitarbeiter erschlossen werden kann. Schlagworte wie Delegation von Verantwortung vor Ort wirken abgegriffen. Dieses Ziel mit Leben zu erfüllen, wird eine Schwerpunktaufgabe und entscheidend für den Erfolg sein.

Verantwortung und Kompetenz in Fertigungsinseln

W. Ertingshausen

Dr.-Ing. W. Ertingshausen ist Leiter der Fertigungsvorbereitung der Renk AG, Augsburg

Inhalt

1 Einleitung

Das Prinzip der Fertigungsinseln als Organisationskonzept der Produktion ist im Grundsatz nicht neu. Es zeigt viele Ähnlichkeiten und Parallelen zur "handwerklichen" Fertigung.

"Fertigungsinseln", in denen Teile- oder Bearbeitungsfamilien gefertigt werden, bieten für eine Auftrags- und Kleinserienfertigung Möglichkeiten, den Forderungen nach

- o wirtschaftlicher Fertigung von kleinen Losgrößen,
- o Erhöhung der Reaktionsfähigkeit in der Fertigung auf kurzfristige Änderungen,
- o Schaffung attraktiver Arbeitsplätze im gewerblichen Bereich und
- o Steigerung der Personalproduktivität

gerecht zu werden.

Die größten Vorteile von Fertigungsinseln (Bild 1) liegen in der

- o Reduzierung der Durchlaufzeiten,
- o Steigerung der Termintreue,
- o Verringerung der Bestände,
- o Verbesserung des Qualitätsbewußtseins,
- o Einsparungsmöglichkeit in produktionsnahen Gemeinkostenbereichen,
- o Steigerung der Personalproduktivität,
- o höheren Flexibilität im Sinne von Reaktionsfähigkeit,
- o höheren Personaleinsatzflexibilität,
- o höheren Motivation der Mitarbeiter und
- o Identifikation mit den Produkten und den Zielen des Unternehmens.

2 Potentiale für Fertigungsinseln

Die objektorientierte Produktion in Fertigungsinseln ist eines der möglichen Prinzipien für die Organisation einer Fertigung. Als wesentliche Kriterien für die Beurteilung der Anwendbarkeit dieser Struktur sind zu untersuchen:

- die Auftragswiederholung,
- die Losgröße,
- die Anzahl der Werkstücke mit ähnlicher Bearbeitungstechnik,
- die Anzahl der Werkstücke mit geometrisch ähnlichen Abmessungen und
- die Verschiedenartigkeit der Bearbietungstechniken.

Grundsätzlich ist jedoch festzustellen, daß es keine "Patentlösung" für die Beantwortung der Frage gibt, wann Fertigungsinseln sinnvoll sind.

Es ist prinzipiell zu unterscheiden, ob eine vollständige Neustrukturierung der Fertigung angestrebt wird oder ob nur über "Rosinen-Lösungen" nachgedacht werden soll.

Gute Voraussetzungen für eine umfassende Neustrukturierung liegen vor, wenn

- eine Wiederholfertigung gegeben ist,
- in Klein- oder Mittelserien-Losgröße 20-200 gefertigt wird,
- ein hohes Maß an sich wiederholenden Bearbeitungsfolgen vorliegt,
- bei ähnlichen Fertigungsfolgen keine große Streuung in den geometrischen Abmessungen vorliegt und
- eine mittlere Anzahl von Fertigungsstufen vorliegt.

Ein Aufbau von Fertigungsinseln für Teilbereiche einer Fertigung, die "Rosinen-Lösung", bietet sich an für

- einfache, kundenspezifische Anpaßteile,
- lieferzeitbestimmende und regelmäßig terminkritische Baugruppen und
- produktunabhängige Standard-Einheiten.

3 Unternehmenskultur für Fertigungsinseln

Die Organisation der Fertigung nach dem "Tayloristischen Prinzip" mit hoher Arbeitsteiligkeit und geringem Arbeitsinhalt hat dazu geführt, daß eine nur geringe Identifikation der Mitarbeiter mit ihrer Arbeit und ihrem Arbeitsergebnis vorliegt (Bild 2). Moderne Fertigungsabläufe erfordern hoch qualifizierte Mitarbeiter, denen als Motivation auch entsprechende Arbeitsinhalte und -bedingungen sowie Entscheidungsspielräume geboten werden müssen.

In der Fertigungsinsel erhält eine Gruppe von Mitarbeitern die Aufgabe, ein Teilespektrum möglichst vollständig und eigenverantwortlich zu erstellen. Im Gegensatz zur tayloristischen Organisationsform im Werkstattprinzip sind damit für den Mitarbeiter Zusammenhänge und Abhängigkeiten wesentlich besser erkennbar. Elemente, die zur Leistungserbringung erforderlich sind, sind beeinflußbar vorhanden und können im Rahmen der Selbststeuerungsmechanismen von den Mitarbeitern einer Fertigungsinsel beeinflußt werden. Der Erfolg der Arbeit wird direkt sichtbar gemacht . Dies führt zu einer höheren Identifikation mit dem Produkt und den Unternehmenszielen.

Die Trennung von "Denken und Tun", d.h. die Verteilung der Arbeit auf verschiedene Spezialisten und die damit verbundene Trennung in direkte und indirekte Bereich nutzt die Potentiale des Fachmanns vor Ort nur unzureichend aus und verursacht Doppelarbeit. Wirtschaftlich gesehen ist es kaum vertretbar, wenn der Mitarbeiter "vor Ort" als Facharbeiter bezahlt wird, er selbst aber nur Leistungen einer Hilfskraft, z.B. das Ein- und Ausspannen an einer Werkzeugmaschine, durchführt und gleichzeitig redundant in anderen indirekten Abteilungen planerische und dispositive Tätigkeiten durchgeführt werden. Im gleichen Sinn ist auch zu prüfen, ob das geforderte Arbeitsergebnis wirklich schneller und kostengünstiger erreicht wird, wenn alles detailgenau am "grünenTisch" vorgedacht wird. Dabei steht im Vordergrund, daß nicht die Auslastung der Einrichtungen oberstes Ziel ist, sondern das Ergebnis einer eigenverantwortlichen Einheit. Zur Unterstützung des Ergebnisdenkens ist es notwendig, ein Kostenrechnungssystem zur Verfügung zu haben, das dieses Ziel unterstützt. Hierbei hat sich die flexible Plankostenrechnung als ein geeignetes Hilfsmittel bewährt (Bild 3).

Grundsätzlich sollte sich die Organisation der Abläufe an folgenden Gedanken orientieren:

o Zentral werden die Eckdaten, Grobplanung und Strukturen erarbeitet.

- o Dezentral werden die Feinsteuerung und die Umsetzung durchgeführt.

Fertigungsinseln sind geeignget, die für die Zukunft notwendigen Führungsgrundsätze umfassender anzuwenden, und eröffnen hohe Leistungspotentiale. Aufgrund der zum Teil einschneidenden Veränderungen, die mit der Einführung von Fertigungsinseln verbunden sind, gilt als Eingangsbedingung, daß Fertigungsinseln nur nachhaltig mit Erfolg betrieben werden können, wenn sich das Unternehmen -und damit die Unternehmensleitung- zu diesen Führungsgrundsätzen bekennt.

4 Das Beispiel RENK

Mit einer Vorbereitungszeit von 4 Jahren ist die Fertigung von Rad- und Kettenfahrzeuggetrieben 1989 vollständig nach dem Prinzip der Fertigungsinseln umstrukturiert worden. Die 4-jährige Vorbereitungszeit umfaßte sowohl die theoretischen Vorarbeiten als auch einen 2 1/2-jährigen Betrieb mit einer Pilotinsel. Am Beispiel der Rotationsteile-Fertigung sollen die Maßnahmen und Erfahrungen von RENK dargestellt werden.

4.1 Verantwortung in Fertigungsinseln

Der Themenkomplex "Verantwortung" kann mit drei Schlagworten umrissen werden (Bild 4):

1. Verlagerung "Top-down"
2. Dezentralisierung
3. Integration

Damit wird auch deutlich, daß Fertigungsinseln nicht nur Auswirkungen im Werkstattbereich haben, sondern die gesamte Ablauforganisation betreffen.

Mit der Verlagerung "Top-down" wird angestrebt, das vorhandene Potential bei Meistern und Facharbeitern mit einem vergleichsweise hohen Ausbildungsstand in Deutschland besser zu nutzen.

In der Rotationsteile-Fertigung bei RENK umfaßt der Verantwortungsbereich heute (Bild 5):

- o das Einrichten der Maschinen und das Bearbeiten der Werkstücke als ursprüngliche Tätigkeit.
- o den Transport der Werkstücke innerhalb der Insel entweder von Arbeitsplatz zu Arbeitsplatz oder vom Arbeitsplatz in das Inselzwischenlager.
- o die Verwaltung und Vorbereitung von Standard-Betriebsmitteln wie Werkzeugen und Vorrichtungen.
- o die eigenverantwortliche Prüfung der Werkstücke, soweit keine Meßmittel einzusetzen sind, die Spezialkenntnisse erfordern wie z.B. 3-Koordinaten-Meßmaschinen.
- o die Optimierung der Fertigung bzgl. Arbeitsablauf, NC-Programme und Werkzeugeinsatz.
- o die Disposition und Steuerung der Arbeitsabläufe. Dies umfaßt die Maschinenbelegung, den Personaleinsatz, den Abruf zentral verwalteter Sonderbetriebsmittel und die Werkstattsteuerung.
- o die Wartung von Maschinen auf der Basis von internen Wartungsplänen.

Aus diesem Umfang des Verantwortungsbereichs ergeben sich zwangsläufig Dezentralisierungen von Funktionen, die klassisch von Zentralabteilungen durchgeführt wurden. Als Beispiel seien genannt:

- o Werkzeugvoreinstellung,
- o Zusammenstellung von Vorrichtungen aus Standard-Elementen,
- o Durchführung von Prüfschritten,
- o Protokollierung von Prüfergebnissen und
- o Kapazitätsabgleich und Arbeitsgangsterminierung (Bild 6).

Zur Durchführung dieser Dezentralisierung sind Maßnahmen der Integration erfolgt, die sich sowohl auf die Insel, die Arbeitsplätze als auch auf die Arbeitsinhalte auswirken. Zu jedem Bereich sei hier ein Beispiel genannt:

(1) Integration in der Insel:

Jede Insel verfügt heute über ein eigenes Zwischenlager für Roh-, Halbfertig- und Fertigteile sowie für Standardbetriebsmittel. Dies wird in Abstimmung zwischen Inselleiter und Facharbeiter verwaltet.

(2) Integration am Arbeitsplatz:

Ein typischer Inselarbeitsplatz umfaßt heute zusätzlich zur Engpaßmaschine die notwendigen Einrichtungen zur Teileprüfung. Ferner sind den Arbeitsplätzen Einrichtungen für Rest- und Randarbeiten zugeordnet, an denen eine Produktionsleistung während unbeeinflußbarer Hauptzeiten ausgeführt werden kann.

(3) Integration im Arbeitsinhalt:

Der Arbeitsinhalt eines Maschinenbedieners schließt das Rüsten der Maschine, den Ersttestlauf eines Programmes, die Optimierung des Programmes, die Prüfung des Arbeitsergebnisses und die Dokumentation der Prüfergebnisse ein.

Diese Veränderungen des Verantwortungsbereiches haben Auswirkungen auf vor- und nachgelagerte Bereiche. Zwei Beispiele sollen hier dargestellt werden:

- o *PPS - Produktionsplanung und Steuerung* (Bild 7)
  Während in den vergangenen Jahren immer größere Anstrengungen unternommen wurden, mit sehr mächtigen DV-Paketen eine deterministische Vorplanung der Produktion zu erreichen - was auch bei RENK versucht wurde - kann heute mit verhältnismäßig einfachen Verfahren gearbeitet werden. Die PPS-Software übernimmt nur noch eine Eckterminierung z.B. für Fertigungsbeginn und -ende, Montagestart oder Übergänge von einer Fertigungsinsel zur anderen. Zwischen diesen Eckterminen steuert der Inselleiter aufgrund seiner "online"-Kenntnisse selbständig, wofür je nach Komplexität einer Insel auf eine DV-Unterstützung verzichtet werden kann.

- o *Fertigungsvorbereitung* (Bild 8)
  Die Fertigungsvorbereitung, die bei RENK u.a. die Arbeitsplanung, die NC-Programmierung, die Betriebsmittelkonstruktion und die Zeitwirtschaft in vier Gruppen umfaßt, muß sich an den Strukturen der

Produktion orientieren. Dies führt dazu, daß auch hier der Taylorismus verlassen wird und objektorientierte Planungsgruppen aufgebaut werden, so daß eine Planungsgruppe eine oder mehrere Inseln vorbereitet. Im Idealfall werden diese Planungsgruppen direkt der Fertigungsinsel auch räumlich zugeordnet, wobei der Inselleiter in diese Planungsgruppe integriert werden sollte.

4.2 Kompetenz in Fertigungsinseln

Einleitend zu diesem Abschnitt muß eine Abgrenzung getroffen werden. Unter dem Begriff "Kompetenz" soll nicht auf die Entscheidungsbefugnisse eingegangen werden; diese ergeben sich zwangsläufig aus der allgemeinen Definition für Fertigungsinseln und den vorher dargestellten Verantwortungsbereichen. "Kompetenz" wird in diesem Zusammenhang als Feld der Kenntnisse und Fähigkeiten verstanden.

Auf der Basis dieser Definition stellt sich zwangsläufig die Frage: Wie muß das (Kompetenz-) Profil eines Inselmitarbeiters aussehen? Daran knüpft die Erfassung des IST-Profils der einzelnen Mitarbeiter an, was schließlich zu einem Qualifikationsplan für die Mitarbeiter führen muß.

Im einzelnen ist dabei zu unterscheiden in (Bild 9)

- o technische Kompetenz,
- o organisatorische Kompetenz und
- o soziale Kompetenz.

Zur Ermittlung der Kompetenzfehler im IST- und im SOLL-Zustand wurde bei RENK eine 12-monatige Untersuchung des gesamten Fertigungsbereiches gemeinsam mit dem "Institut für Wirtschafts- und Organisationspsychologie", Prof. Dr. Lutz von Rosenstiel, Universität München, durchgeführt.

4.2.1 Technische Kompetenz

Die technische Kompetenz (siehe Bild 10) ist auch aus anderen Organisationsformen heraus der vertrauteste Bereich. Er läßt sich in drei Abschnitte unterteilen:

(1) Kenntnisse und Fertigkeiten auf Arbeitsplatzebene

Hierunter ist zunächst die eigentliche Bearbeitung und Maschinenbedienung zu verstehen. Dazu zählen

- o das Vorbereiten der eigenen Tätigkeiten,
- o das Bearbeiten und die Maschinenbedienung,
- o das Messen und Prüfen des Arbeitsergebnisses und
- o die Wartung und Pflege der Maschine.

(2) Kenntnisse und Fertigkeiten auf Inselebene

Dieser Abschnitt geht zum Teil bereits über notwendige Kompetenzen in herkömmlichen Organisationsstrukturen hinaus. Einzelne Kompetenzfelder sind zum Beispiel

- o Kenntnis der Teilefamilie für die Fertigungsinsel,
- o Kenntnis der verfügbaren Arbeitsmittel in der Insel,
- o Bedienen des BDE-Systems und
- o Bedienen des Fertigungssteuerungssystems.

(3) Kenntnisse und Fertigkeiten auf Betriebsebene

In diesem Abschnitt der technischen Kompetenz werden die Kenntnisse über die Produkte des Unternehmens und die Bedeutung der Teilefamilie für die Funktion des Produktes erfaßt.

Insgesamt werden im technischen Kompetenzbereich 49 verschiedene Kompetenzfelder definiert. Für jedes Kompetenzfeld ergibt sich aus dem Inselprinzip eine SOLL-Anforderung. Die Ausprägung der Kenntnisse und Fertigkeiten kann dabei zwischen "keine Kenntnisse erforderlich" bis "detaillierte Kenntnisse mit großer praktischer Erfahrung notwendig" variieren (Bild 11).

4.2.2 Organisatorische Kompetenz

Eine vergleichbare Unterteilung in drei Abschnitte erfolgt im organisatorischen Kompetenzbereich (siehe Bild 12).

(1) Kenntnisse und Fertigkeiten auf Betriebsebene

Die organisatorische Kompetenz in diesem Abschnitt bezieht sich in unterschiedlicher Ausprägung auf

- o die Aufbau- und Ablauforganisation der RENK AG, der Fertigung insgesamt und der Fertigungsinseln,
- o das Lohnsystem und die Arbeitszeitregelung,
- o die Sicherheitsvorschriften

und ähnliches.

(2) Kenntnisse und Fertigkeiten auf Inselebene

Dazu zählen Kompetenzfelder wie

- o Kenntnis der produktionsvorbereitenden Bereiche und der zuständigen Personen,
- o Kenntnis der vollständigen Werkstatt-Auftragspapiere,
- o Fertigkeiten zur Anforderung benötigter Betriebsmittel und
- o Auftragsverteilung, Terminplanung und -überwachung.

(3) Kenntnisse und Fertigkeiten auf Arbeitsplatzebene

Auf dieser Ebene sind Kompetenzen definiert, die sich auf

- o die Kenntnis der für die Bereitstellung der Betriebsmittel und des Materials zuständigen Abteilungen und Personen,
- o die Durchführung notwendiger Korrekturen in den Arbeitspapieren,
- o den Zeitpunkt, die Häufigkeit und den Ort von Prüf- und Meßaufgaben sowie
- o das vorbeugende Auswechseln von Verschleißteilen

beziehen.

Die organisatorische Kompetenz umfaßt insgesamt 31 Kompetenzfelder, deren notwendige Ausprägung zwischen den gleichen Extremen wie bei der technischen Kompetenz erforderlich sein kann.

4.2.3 Soziale Kompetenz

Die soziale Kompetenz (siehe Bild 13) ist der Bereich, der bei traditionellen Fertigungsstrukturen und der zugeordneten Ausbildung am wenigsten berücksichtigt wird. Die Erfahrungen von RENK zeigen jedoch, daß gerade dieser Aspekt für einen effizienten Betrieb von Fertigungsinseln eine wesentliche - wenn nicht sogar die größte - Bedeutung spielt. Hier werden Eigenschaften von Mitarbeitern zusammengefaßt, die unter anderem:

- das Verantwortungsbewußtsein für die eigene Arbeit,
- das Verantwortungsbewußtsein für die Arbeit anderer,
- die Einstellung auf neue Anforderungen,
- das Verständnis für fachliche oder persönliche (aber arbeitsbezogene) Probleme von Kollegen,
- die Fähigkeit, fachliche Probleme gegenüber Vorgesetzten zu artikulieren,
- die Bereitschaft, sich von Kollegen helfen zu lassen,

betreffen. In der RENK-Untersuchung wurden 16 Kompetenzfelder definiert.

Diesen SOLL-Kompetenzen wurden bei RENK für jeden Mitarbeiter seine IST-Kompetenzen gegenübergestellt. Ein Beispiel für das Ergebnis des Vergleichs ist im Bild 14 summarisch dargestellt. Hieraus wurde dann ein Schulungsprogramm für:

- die gesamte Fertigung,
- jede Insel und
- einzelne Mitarbeiter abgeleitet,

das sich zur Zeit in der Umsetzung befindet .

5 Erkenntnisse bei RENK

Die umfangreichen Untersuchungen haben zu sehr wichtigen Erkenntnissen geführt, die zum Teil nachträglich Begründungen für das Scheitern einzelner Teilschritte lieferten.

Bei der Personalauswahl für die Pilotinsel wurde 1987 die technische Kompetenz der Mitarbeiter in den Vordergrund gestellt. Dies war falsch! Die Schaffung der technischen Kompetenz ist auf der Basis einer Facharbeiterausbildung kein wesentliches Problem. Schwieriger ist die Vermittlung der organisatorischen Kompetenz, da es sich hier häufig um komplexe und abstrakte Vorgänge handelt. Ganz besondere Bedeutung hat im Zusammenhang mit Fertigungsinseln jedoch die soziale Kompetenz der Mitarbeiter. Diese wurde bei der Pilotinsel unzureichend berücksichtigt, was zu erheblichen Spannungen führte, denn die gewohnte Abgrenzung von Arbeitsbereichen liegt nicht mehr vor. Es wird im Gegenteil eine erhebliche Kooperationsbereitschaft gefordert. Diese Kooperation ist in den vergangenen Jahren durch die Organisation an CNC-Maschinen jedoch in den Hintergrund getreten.

Die zweite wichtige Erkenntnis betrifft das Führungsverhalten der Vorgesetzten auf allen Ebenen. Bedingt dadurch, daß der Tätigkeitsbereich des Inselmitarbeiters erweitert wurde und damit ein tieferer Einblick in Abläufe und Zusammenhänge entsteht, müssen die Mitarbeiter auch in größere Entscheidungsprozesse einbezogen werden, zumal es sich bei den Mitarbeitern fast ausschließlich um gut ausgebildete Facharbeiter handelt. Der kooperative Führungsstil gewinnt in Fertigungsinseln wesentlich an Bedeutung.

Nach mehr als 3 1/2-jährigem Pilotbetrieb und 1 1/2-jähriger Erfahrung mit einer vollständig umstrukturierten Fertigung kann festgestellt werden, daß für RENK das Prinzip der Fertigungsinsel eine sehr gute Antwort auf die Anforderungen eines sich ändernden Marktes darstellt. Heute kann festgestellt werden, daß eine Reduzierung der Durchlaufzeiten erkennbar ist und die Personalproduktivität gesteigert werden konnte. Abschließend kann über Ergebnisse noch nicht berichtet werden, da insbesondere die Maßnahmen zur Qualifikation noch nicht abgeschlossen werden konnten. In einer inselspezifischen Qualifikation der Mitarbeiter liegen jedoch die wesentlichen Rationalisierungspotentiale. Aufgrund der notwendigen Veränderung der Handlungs- und Denkweisen nimmt dieser Schritt aber die längste Zeit in Anspruch.

6 Zusammenfassung

Für die Einzel- und Kleinserienherstellung steht die Forderung nach höherer Varianten- und Mengenflexibilität bei gleichzeitig verkürzter Durchlaufzeit und geringen Herstellkosten im Vordergrund. Die Konzeption von "Fertigungsinseln" entspricht dieser Forderung.

Eine "Fertigungsinsel" hat die Aufgabe, innerhalb des Gesamtsystems der Produktion Bauteile, Baugruppen oder vollständige Erzeugnisse ausgehend vom Ausgangsmaterial möglichst vollständig herzustellen.

Das Organisationskonzept kann durch folgende Kriterien beschrieben werden:

- o Die notwendigen Betriebsmittel sind räumlich in der Fertigungsinsel nach dem Objektprinzip konzentriert.
- o Eine weitgehende Selbststeuerung der Arbeits- und Kooperationsprozesse wird der Gruppe zugeordnet; diese sollte auch Planungs-, Entscheidungs- und Kontrollfunktionen innerhalb vorgegebener Rahmenbedingungen umfassen.
- o Eine starre Arbeitsteilung wird durch die Erweiterung des Dispositionsspielraumes des Einzelnen ersetzt.

Insgesamt können durch das Konzept folgende Verbesserungen erreicht werden:

- o erhebliche Reduzierung der Durchlaufzeiten und der Mittelbindung,
- o höhere Reaktionsgeschwindigkeit der Fertigung auf qualitative und quantitative Nachfrageänderungen,
- o hohe Flexibilität im Personeneinsatz,
- o größere Attraktivität der Arbeitsplätze durch zeitgerechte Arbeitsgestaltung mit höherem Arbeitsinhalt,
- o höhere Nutzung des Facharbeiterwissens,
- o reduzierte Fertigungskosten durch Verringerung unproduktiver Tätigkeiten,
- o geringere Anzahl von Gemeinkostenpersonal in der Fertigung.

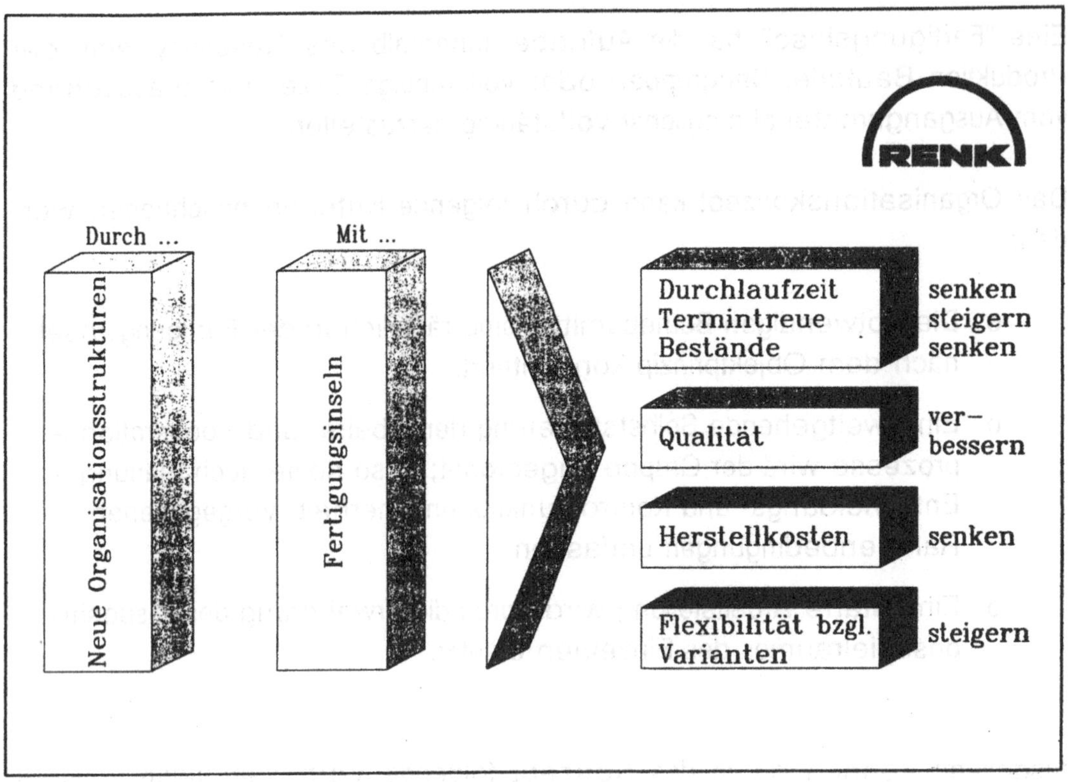

Bild 1: Ziele der Inselfertigung

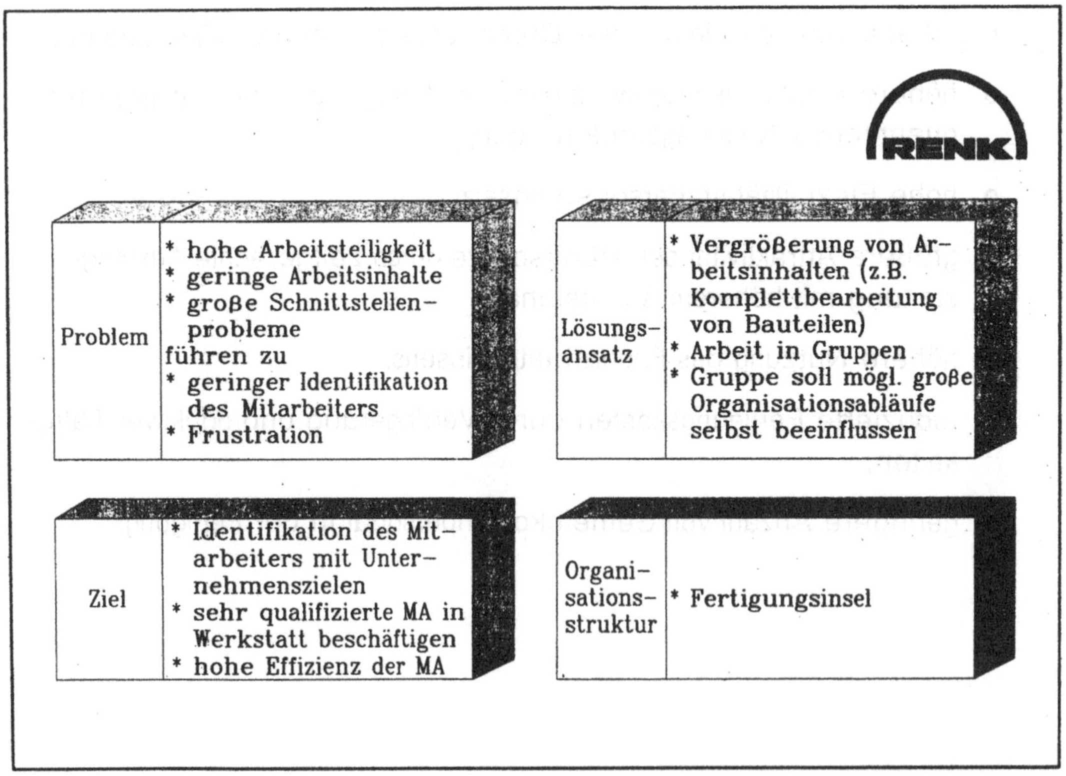

Bild 2: Führungsphilosophie für neue Fertigungsstrukturen

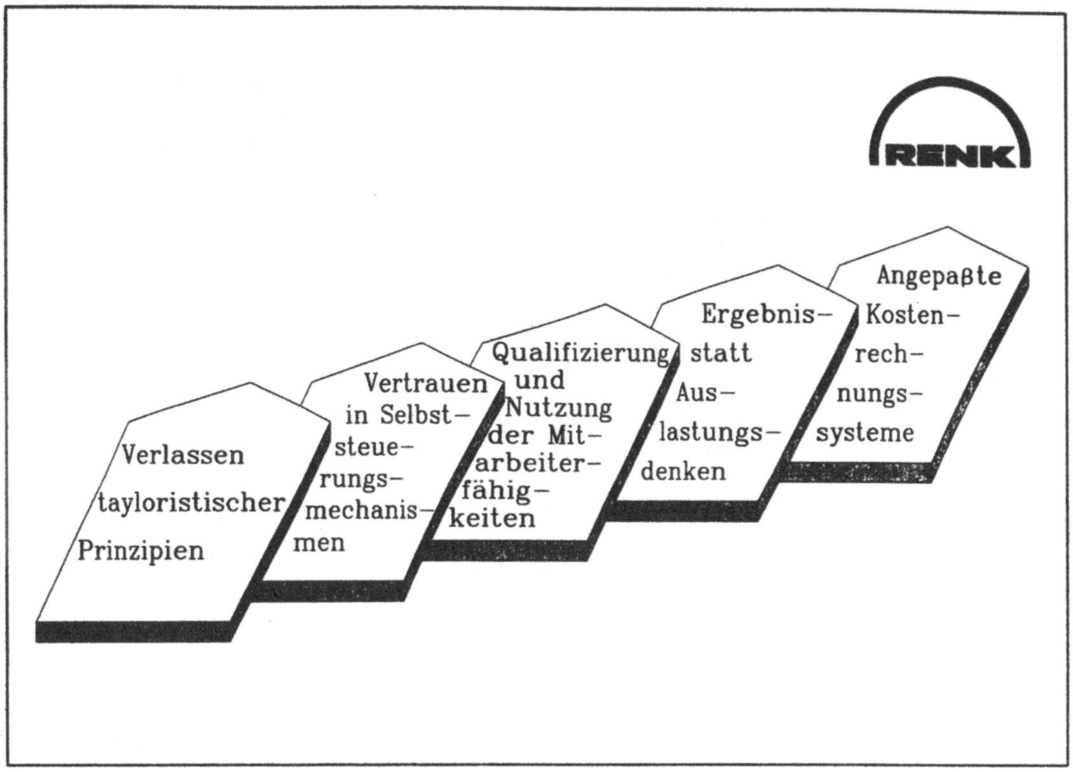

Bild 3: Notwendige Veränderungen der Unternehmens- philosophie

Veränderung der Verantwortung
in den Fertigungsinseln

* Verlagerung "Top - Down"
* Dezentralisierung
* Integration

Bild 4: Veränderung der Verantwortung in den Fertigungsinseln

* Maschine bedienen
* Werkstücktransport und Zwischenlagerung
* Standard-Betriebsmittel
* Eigenverantwortliche Prüfung
* Optimieren der Fertigung
* Disponieren und Steuern
* Wartung und Pflege

Bild 5: Verantwortungsbereiche in Fertigungsinseln

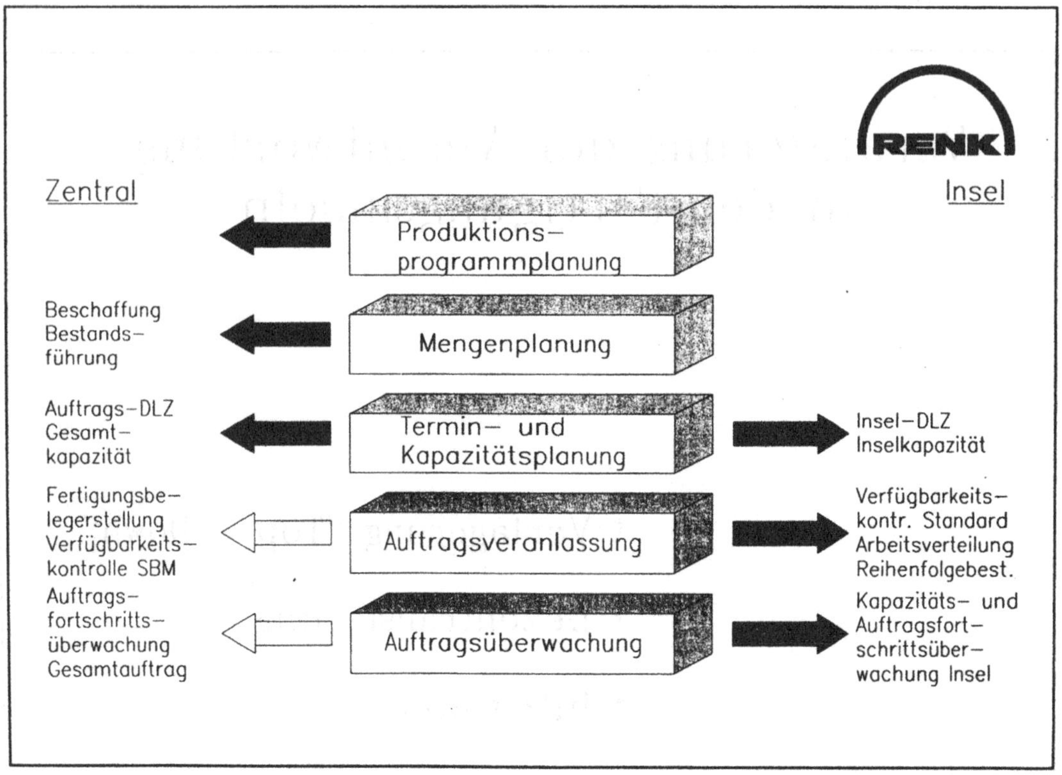

Bild 6: Aufteilung von PPS-Funktionen zwischen zentraler Steuerung und Insel

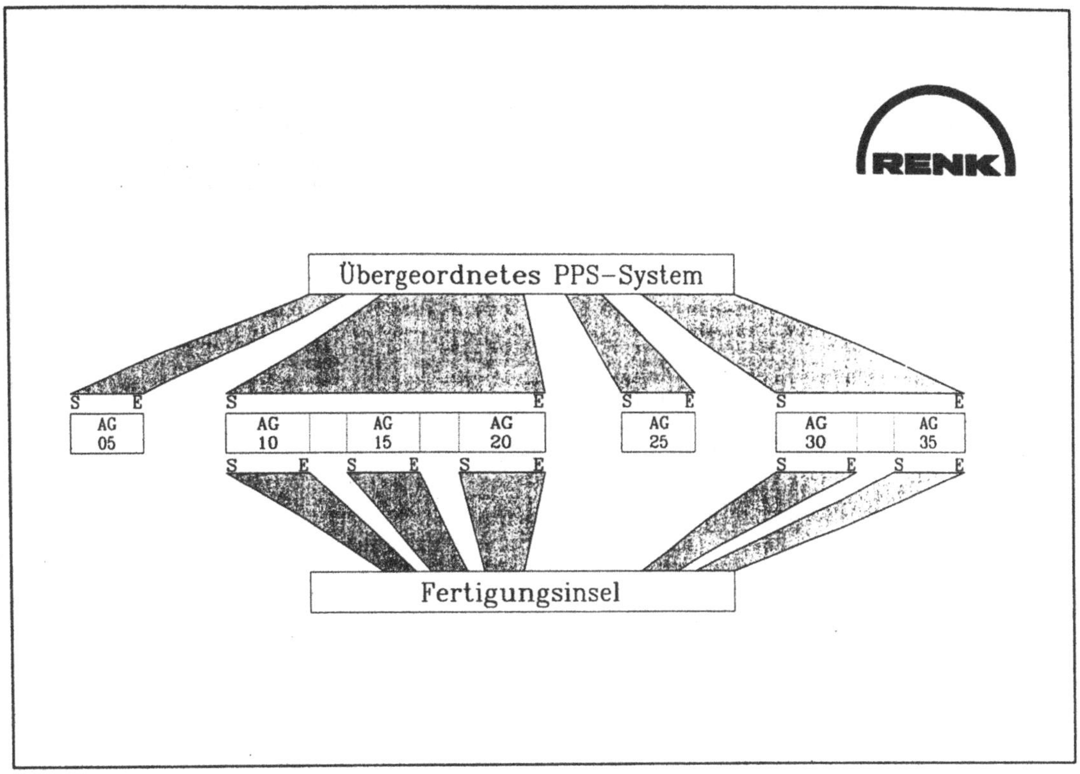

Bild 7: Fertigungssteuerung für Fertigungsinseln

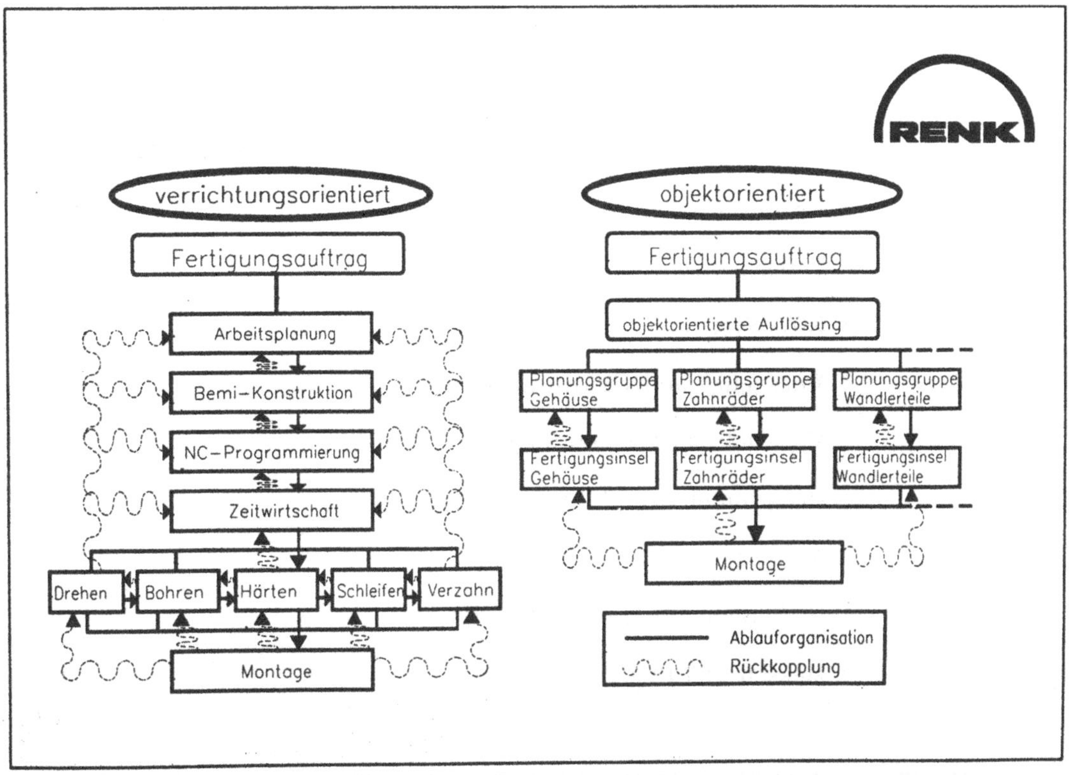

Bild 8: Strukturveränderung der Fertigungsvorbereitung durch objektorientierte Fertigungsorganisation

* Technische Kompetenz
* Organisatorische Kompetenz
* Soziale Kompetenz

Bild 9: Kompetenzbereiche

* Produktkenntnisse
* Teilespektrum und Arbeitsmittel
* EDV-Systeme
* Werkzeuge und Spannmittel (CNC)
* Material und Materialeigenschaften
* Programmierung/ Ersttestlauf (CNC)
* Auftragspapiere
* Bedienung/Pflege der Maschine
* Messen und Prüfen

Bild 10: Technische Kompetenz I

Falls der Mitarbeiter an verschiedenen Maschinen/Arbeitsplätzen arbeitet und dort unterschiedliche technische Kenntnisse und Fertigkeiten besitzt, müssen die Abschnitte 4.3 bis einschließlich 4.6 für jede Maschine/jeden Arbeitsplatz gesondert beantwortet werden!

Benutzen Sie dazu bitte die "Zusatzblätter Technische Kompetenz".

Maschine/Tätigkeit:

Schlüssel:

Der Mitarbeiter verfügt über:

0 = keinerlei Kenntnisse
1 = Grundkenntnisse ohne oder mit sehr wenig praktischer Erfahrung
2 = Grundkenntnisse mit praktischer Erfahrung
3 = detaillierte Kenntnisse mit großer praktischer Erfahrung

N = Kenntnis/Fertigkeit wird nicht benötigt, Aufgabe muß nicht ausgeführt werden

4.4 Kenntnisse und Fertigkeiten auf Arbeitsplatzebene: Bearbeiten/Maschinenbedienung

4.4.1	Maschinenzubehör	N	0	1	2	(3)
4.4.2	Bearbeitungsrelevante Materialeigenschaften	N	0	1	2	(3)
4.4.3	Bearbeitungsrelevante Werkzeugeigenschaften	N	0	1	2	(3)
4.4.4	Einlegen und Entnehmen der Teile	N	0	1	2	(3)
4.4.5	Steuerungskenntnisse (CNC)	N	0	1	2	(3)
4.4.6	Bearbeitung oder Montage einfacher Teile	N	0	1	2	(3)
4.4.7	Bearbeitung oder Montage komplizierter Teile	N	0	1	2	(3)
4.4.8	Frühzeitiges Erkennen von Fehlern/Störungen	N	0	1	(2)	3
4.4.9	Erkennen der Fehler- oder Störungsursache	N	0	1	(2)	3
4.4.10	Beheben kleinerer Störungen/Ausführen kleinerer Reparaturarbeiten	N	0	1	2	(3)
4.4.11	Ausführen umfangreicher Reparaturarbeiten	N	0	(1)	2	3
4.4.12	Werkzeugwechsel	N	0	1	2	(3)
4.4.13	Wiederanfahren der Maschine nach Unterbrechungen	N	0	1	2	(3)
4.4.14	Eingabe der Fertigungsdaten am Terminal	N	0	1	2	(3)

Bild 11: Technische Kompetenz II

* Organisatorische Hintergründe
* Arbeitszeit und Entlohnung
* Sicherheitswesen
* Berichtswesen
* Fertigungsplanung und -steuerung
* Organisation des Arbeitsumfelds
* Organisation des Qualitätswesens

Bild 12: **Organisatorische Kompetenz**

* Verantwortung
* Selbständigkeit
* Kooperation/
Kommunikation
* Flexibilität
* Umgang mit Problemen

Bild 13: **Soziale Kompetenz**

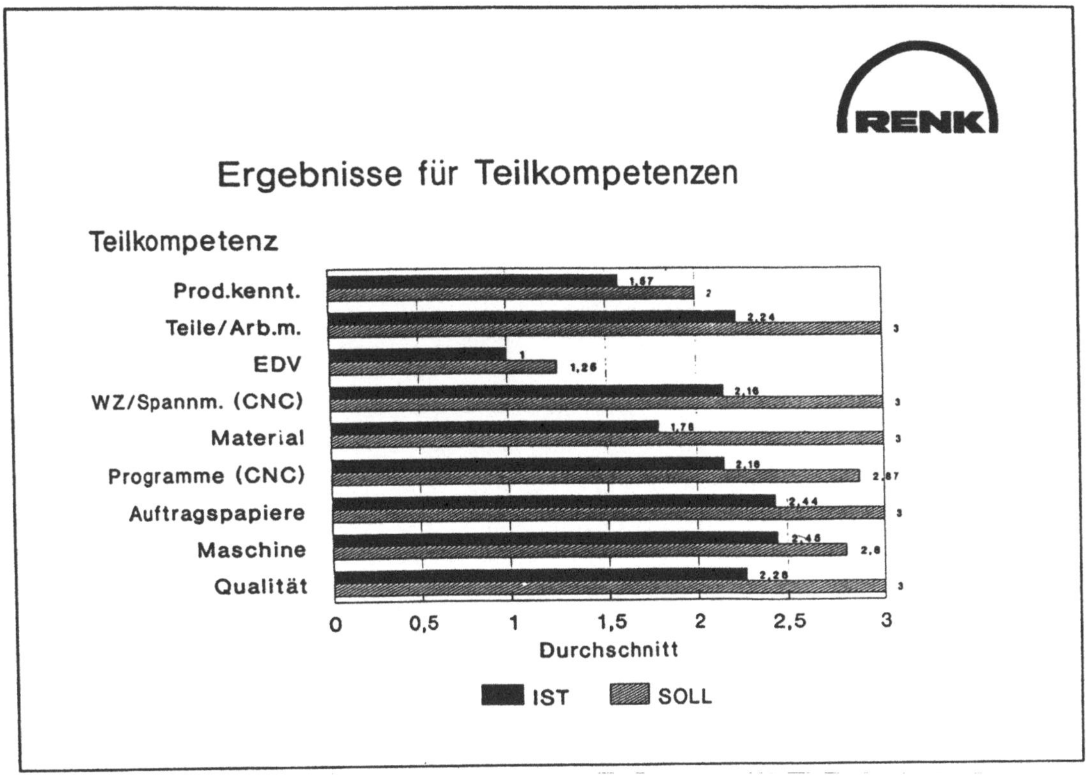

Bild 14: Technische Kompetenz (CheQ)

Arbeitszeitmanagement

Forum 4

Sitzungsleiter: *Werner Then*

W. Then ist Geschäftsführer der Randstad Organisation für Zeit-Arbeit GmbH, Eschborn, Vorsitzender der Deutschen Management-Gesellschaft e.V., Bonn, Präsident des Bundesverbandes Zeitarbeit e.V. und Leiter des Instituts für Innovation im System Arbeit (ISA-Institut), Nürtingen

Nutzungszeiterhöhung kapitalintensiver Produktionssysteme durch adäquates Arbeitszeitmanagement

K. Altfelder

Dr. K. Altfelder ist Leiter der betriebswirtschaftlichen Abteilung des Zentralverbandes der Elektrotechnik- und Elektronikindustrie e.V. (ZVEI), Frankfurt/M.

1 Flexible Automatisierung als Chance für einen Produktionsstandort mit hohen Lohnkosten

Manches Unternehmen in Deutschland, das mit vergleichsweise niedrigen Preisen für technische Gebrauchsgüter fernöstlicher Anbieter konfrontiert wird, ist geneigt, sich voreilig aus einem solchen Markt zurückzuziehen: Die Unternehmensleitung meint, gegen die mit beträchtlich niedrigeren Löhnen produzierenden Konkurrenten gäbe es keine Marktchance mehr.

Andere Unternehmen wählen einen anderen Weg: Sie erkennen die Chance, die für einen Betrieb mit teuren Fachkräften darin besteht, mit einer stärkeren Automatisierung in der Produktion und einem reduzierten Anteil von menschlichem Arbeitseinsatz ein hochwertiges Produkt auf den Markt zu bringen, wenn es die besonderen Anforderungen einer bestimmten Abnehmergruppe besonders gut erfüllt.

Bei richtiger Kombination der Produktionsfaktoren hat durchaus auch ein Land mit hohen Lohnkosten seinen Platz im Rahmen der internationalen Arbeitsteilung. Für das einzelne Unternehmen bedeutet das, die Investitionsentscheidungen bei kapitalintensiven Produktionssystemen und der Auswahl der Zusammensetzung des Maschinenparks so zu treffen, daß auch von der Seite der hereingenommenen Aufträge her ein hoher Maschinennutzungsgrad möglich wird. Da die Auslastungsmöglichkeiten einzelner Maschinengruppen von Art und Umfang der Aufträge abhängen, die vom Markt hereingeholt werden können, entstehen Unterauslastungen natürlich auch durch Absatzschwankungen. Um auf diese ohne nachteilige Auswirkungen für die Auslastung reagieren zu können, sollten die Maschinenkapazitäten *flexibel* ausgelegt werden. Flexibel im Hinblick auf den Umfang von Produktionsaufgaben, die von einer Anlage bzw. einem Maschinensystem übernommen werden können.

Bei den Investitionsentscheidungen ist es daher vor allem in Unternehmen mit Kleinserien- oder Einzelfertigung ratsam, einen Kompromiß zu finden zwischen höchstmöglicher Produktivität und Flexibilität.

Auf diesem Grundgedanken basiert das Konzept flexibler Fertigungssysteme (FFS). Wie das Bild 1 zeigt, ist die mit FFS erreichbare Produktivität niedriger als die von Transferstraßen. Ihr Vorteil liegt in höherer Flexibilität. Andererseits sind FFS produktiver als universell einsetzbare Einzelmaschinen, deren Flexibilität grundsätzlich am höchsten ist.

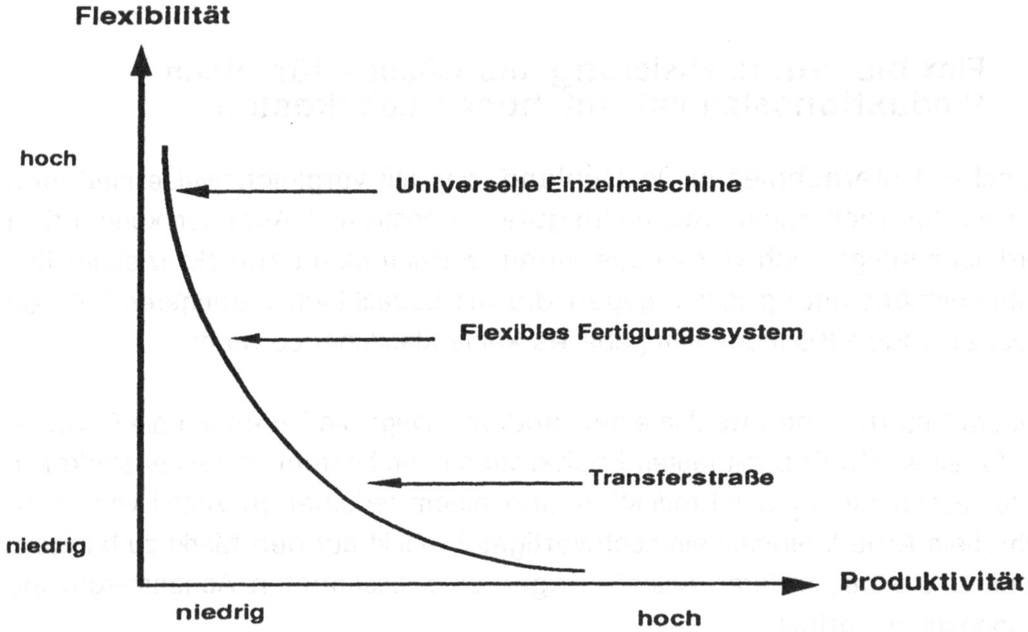

Bild 1: Flexibilität versus Produktivität

Bei vielschichtiger Nachfrage, schnellem Nachfrage-Wechsel und kurzen Innovationszyklen, wie sie gerade für exportintensive Unternehmen der Fertigungsindustrie typisch sind, darf das Ziel von Investitionen nicht nur die hohe Ausbringungsmenge sein. Die Kapazitäten müssen vielmehr so gestaltet werden, daß kurze Lieferzeiten trotz Variantenvielfalt bei einer guten Auslastung der Anlage möglich sind. Für Produktivität und Wirtschaftlichkeit ergeben sich veränderte Prioritäten: Bedarfsorientierten Kapazitäten muß Vorrang gegeben werden vor einer Höchstauslastung hochproduktiver Spezialmaschinen.

Diese Chancen bietet die flexible Automatisierung in der Fertigungsindustrie vor allem für die Einzel- und Kleinserien-Fertigung. Auch bei größeren Serien können vielfach durch den Übergang auf kleinere Serien mit schnellem Wechsel der gefertigten Produkte Rationalisierungserfolge erzielt werden, da auf einen Teil der Lagerbestände zur Bevorratung verzichtet werden kann.

Unter Auslastungsgesichtspunkten gibt es einen weiteren Vorteil einer höheren Automatisierungsstufe in Form automatischer Einrichtungen für Werkzeug- und Werkstückwechsel: Die Nutzung der Anlagen wird unabhängiger von der Arbeitszeit des Menschen. Durch Pausendurchlauf von Maschinen, Weiterlauf in verlängerte Schichten hinein ohne Beaufsichtigung durch Bedienungspersonal wird es möglich, Betriebszeit und persönliche Arbeitszeit stärker zu entkoppeln. Ohne nachteilige Wirkung auf die Betriebszeit der Maschinen könnte die Arbeitszeit einzelner Mitarbeiter verringert werden. Dies sei am Beispiel eines Fräsmaschinen-Herstellers in Bild 2 verdeutlicht.

	Bearbeitungs-Zentrum	**FFS**
1. INVESTITION		
1.1 Grundmaschine	450 000 DM	450 000 DM
1.2 Zusätzliche Automatisierungs-Einrichtungen (Palettenspeicher u.ä.)		170 000 DM
	450 000 DM	620 000 DM
2. MASCHINEN-NUTZUNG/JAHR		
2.1 Zwei-Schicht-Betrieb (Effektiv 2 x 6H x 220 Tage)	2 640 h	
2.1 Höhere Nutzung durch Automatisierungseinrichtungen (Effektiv 2 x 6,5H x 220 Tage)		2 860 h
2.3 Weiterer Nutzungsgewinn durch		
- Pausenüberbrückung 2x0.75 h		330 h
- Unbeaufsichtigtes Abarbeiten von 9 Paletten		770 h
GESAMTE NUTZUNGSSTUNDEN/JAHR	2 640 h	3 960 h
3. Abschreibungen + Verzinsung/Jahr (Gesamtnutzung : 15 000 Std.)	115 000 DM	185 000 DM
4. Personalkosten	120 000 DM	120 000 DM
5. Gesamtkosten/Jahr	235 000 DM	305 000 DM
6. Stundenkosten	89,-- DM	77,-- DM

Bild 2: Maschinennutzung bei höherer Automatisierung

2 Operative Gesichtspunkte und Kostendegressionseffekte

Grundsätzlich wird ein Fertigungsplaner bei Änderungen von Faktorkosten mit dem Problem der Optimierung von Material-, Arbeits- und Maschinenkosten konfrontiert:

Steigen z.B. die Arbeitskosten, dann ist die Frage, ob sich das durch Mehreinsatz von Maschinen oder auch Material, d.h. Zukauf von Bauteilen statt eigener Fertigung, ausgleichen läßt.

Grundgedanke für Einsatzplanung und Kostenverrechnung ist die zeitliche Inanspruchnahme eines bestimmten Arbeitsplatzes mit einer bestimmten maschinellen Ausstattung. Je nach Zeitbedarf für einen bestimmten Arbeitsgang können die durch die Inanspruchnahme dieses Platzes entstehenden Kosten berechnet werden.

Die klassische Betrachtungsweise von *Einzel*maschinen und -plätzen beim Kosten- und Leistungsvergleich ist nicht mehr ausreichend. Produktivitätsfortschritte werden nicht mehr so stark durch die Steigerung der *Bearbeitungs*geschwindigkeit erreicht, sondern durch die Verringerung der Zeiten, in denen keine Bearbeitung erfolgt und durch die Beschleunigung des Werkstück*durchlaufs.* Infolgedessen kann das Verhältnis von Leistung zu Kosten, die Wirtschaftlichkeit, nicht mehr ausreichend durch den Kosten-/Leistungsvergleich zwischen Einzelmaschinen bzw. Maschinenarbeitsplätzen gemessen werden, sondern der *Prozeß* muß in den Mittelpunkt der Betrachtung gestellt werden: Und zwar nicht nur der Teil des Produktionsprozesses, bei dem die Arbeiten durch das Maschinensystem unmittelbar übernommen werden, sondern auch vor-, nach- und nebengelagerte Prozeßteile, z.B. in Lager, Transport, Montage oder auch bei der Gesamtauftragssteuerung.

Mit dem Begriff der "Prozeßwirtschaftlichkeit" soll diese neuartige Sicht, zusammen mit den dahinterstehenden Anforderungen an die Bewertungsmaßstäbe, verdeutlicht werden. Ein Fertigungsplaner, der bei den Bemühungen um kostengünstige Fertigung vor allem das Ziel der Prozeßwirtschaftlichkeit anvisiert, wird Arbeitspläne so gestalten, daß bestimmte Werkstücke nicht nur an Plätzen mit einer günstigen Kombination von Arbeits- und Maschinenkosten gefertigt werden, sondern er wird auch darauf achten, daß sich innerhalb der gesamten Prozeßkette möglichst kurze Durchlaufzeiten ergeben.

Im Hinblick auf die Arbeitskosten läßt sich beispielsweise ein Teil an den Plätzen günstiger fertigen, an denen die bessere Maschinenausstattung kürzere Stückzeiten erlaubt. Auch Plätze mit Mehrmaschinen-Bedienung tragen zu einer Reduzierung der anteiligen Arbeitskosten bei.

Gelegentlich kommt es beim Einsatz teurer Maschinen zu dem Mißverständnis, daß die Fertigung an Plätzen mit hohen Maschinenstundensätzen den Auftrag stärker belastet als an Plätzen mit niedrigen Sätzen. Es wird in solchen Fällen übersehen, daß die Ausbringung höher bzw. die Fertigungszeit pro Stück niedriger ist bzw. sein muss als an Plätzen mit einem billigeren Maschinenstundensatz.

Ein typisches Beispiel aus jüngerer Zeit sind die kapitalintensiven CAD-Arbeitsplätze. Mancher der Beteiligten im technischen Büro, in dem meist keine Arbeitsvorbereitung existiert, zögert, solche teuren Plätze zu benutzen wegen der scheinbar hohen Kosten. In der Tat kommen allerdings diese CAD-Arbeitsplätze auch nur für solche Konstruktions- bzw. Zeichenarbeiten in Frage, bei denen eine entsprechende Zeitersparnis erreicht werden kann und die Vorteile eines schnellen Durchlaufs überwiegen. Dies ist beispielsweise die Regel bei eiligen Angeboten mit Projektierungszeichnungen.

Der relative Anstieg der Kapitalkosten innerhalb der Gesamtkosten deutscher Industrie-Unternehmen wird auch in Zukunft weitergehen. Denn zur Begrenzung der auf das Stück oder den Auftrag zu verrechnenden Personalkosten als Produkt aus Tariflohn mal Zeit bleibt nur der Weg, die Zeit zu verringern, die auf das Stück bzw. den Auftrag entfällt. Dazu muß das "Hilfsmittel" des Menschen, die Maschine, immer effizienter und damit aufwendiger und teurer werden.

Zur Erhaltung der preislichen Wettbewerbsfähigkeit müssen dabei die Chancen zur Kostenbegrenzung genutzt werden, die im Verhalten der Maschinenkosten selbst liegen. Als Folge des Fixkostencharakters von Zinsen, Abschreibungen und Raum sinkt mit steigender Maschinenauslastung der anteilige Maschinenstundensatz, der auf das Stück verrechnet werden muß: Ein Effekt der als *Kostendegression* bezeichnet wird.

Zeichnet man - wie in Bild 3 dargestellt - den Verlauf der Maschinenkosten für ein Bearbeitungszentrum im Wert von DM 400.000,-- und einer Nutzungsdauer von 8 Jahren in Abhängigkeit vom Nutzungsgrad auf, dann wird die Kostendegression deutlich.

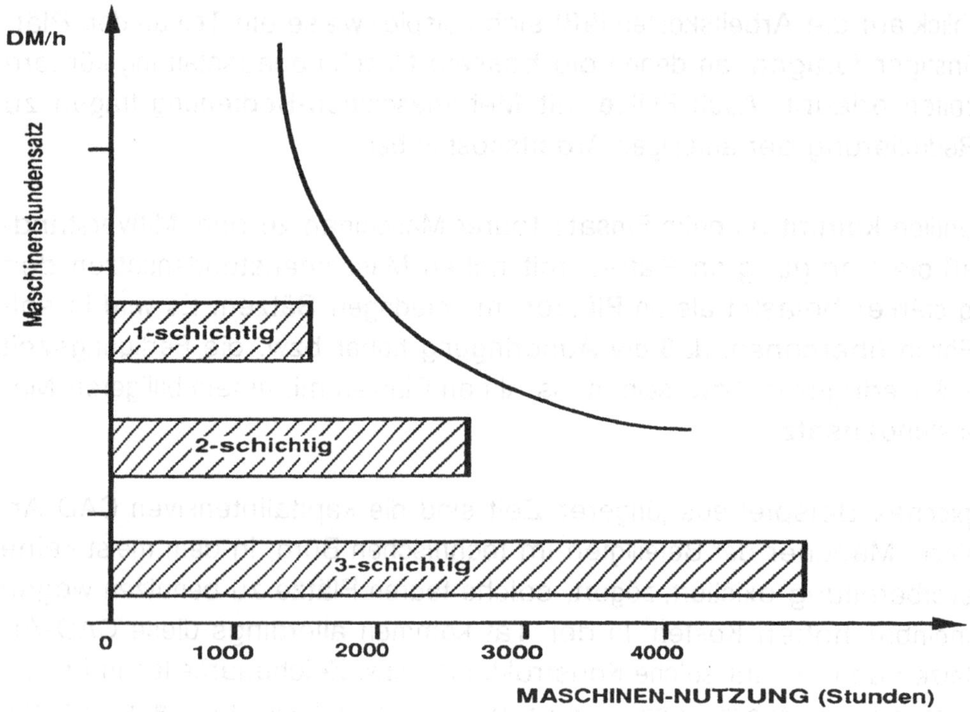

Bild 3: Degression der Maschinenkosten

Vor allem der Übergang auf eine zweite Schicht bringt eine beachtliche Kostendegression. Die Kurve zeigt aber auch die Folge von "Unterauslastung", wenn ein Maschinenarbeitsplatz nicht im geplanten Umfang genutzt werden kann (z.B. nur 60 % in einer Schicht): Die Kosten steigen überproportional an.

MASCHINENART	MASCHINENSTUNDENSATZ NETTO DM/Std.		
	1-Schicht	1,5-Schicht	2-Schicht
Revolver-Drehmaschine ø 18 mm	6	5	4,30
Universal-Konsolfräsmaschine 200 breit 600 lang	16	12	10,10
Bearbeitungszentrum Drehen/Bohren/Fräsen mit Werkzeug- und Plattenwechsler 800 breit 1600 lang	265	186	147

Bild 4: Kostendegression bei Mehrschichtbetrieb

Die Degressionswirkungen zeigen sich besonders deutlich, wenn man - wie in Bild 4 - die Maschinenstundensätze relativ preiswerter und sehr hochwertiger Maschinen bei Mehrschichtbetrieb miteinander vergleicht.

Die eindrucksvollsten Degressionswirkungen ergeben sich bei dem kapitalintensiven Bearbeitungszentrum, das einen Wiederbeschaffungswert von 1,8 Mio. DM hat. Eine solche Anlage kann eigentlich nur noch im Zwei-Schicht-Betrieb zu vertretbaren Kosten genutzt werden. Vor allem auch, wenn man bedenkt, daß sich erst bei 2 x 1.400 Stunden pro Jahr das Risiko begrenzen läßt, daß eine Maschine veraltet, bevor sie verbraucht ist.

Dies sind die wichtigsten Voraussetzungen, die von der Maschinenseite her für eine Arbeitszeitgestaltung gelten, durch die die Nutzungszeit erhöht werden soll.

3 Höhere Nutzungszeit durch Einbeziehung des Samstags

Es wurde bereits deutlich, daß bei kapitalintensiven Anlagen eine Nutzung über den normalen Ein-Schicht-Betrieb hinaus zur zwingenden Notwendigkeit wird, um die Wettbewerbsfähigkeit gegenüber Ländern mit niedrigen Arbeitskosten zu erhalten. Es ist daher wichtig, Länge und Lage der persönlichen Arbeitszeiten ebenfalls flexibel zu gestalten. Eine Möglichkeit dazu ist die Einbeziehung des Samstags als Arbeitstag.

	1-Schicht-Betrieb **ohne** Samstag	1-Schicht-Betrieb **mit** Samstag
Wiederbeschaffungswert DM	800 00	800 000
Laufzeit/Jahr .	1 450 h	1 700 h
Abschreibungen DM/h	46,00	39,20
Zinsen DM/h	22,00	18,80
Variable Kosten DM/H	25,00	25,00
NETTO-MASCHINENSTUNDENSATZ DM	93,00	83,00

Bild 5: Senkung der Maschinenkosten durch Samstagsarbeit

Die Senkung der Maschinenkosten durch Samstagsarbeit zeigt das Beispiel für eine Anlage im Wert von DM 800.000,-- und 12-jähriger Nutzungsdauer (Bild 5): Zweifellos läßt sich die Einbeziehung des Samstags als Werktag nicht allein mit der Senkung des Maschinenstundensatzes um DM 10,-- bzw. knapp 11 % begründen. Hierzu müssen weitere Aspekte, wie z.B. Lieferpünktlichkeit, herangezogen werden. Als 6. Werktag hat aber der Samstag besondere Bedeutung für Schichtmodelle.

Bei Lösungen unter Einbeziehung des Samstags sollte folgendes beachtet werden:

- Modelle mit Samstagen sollten so gestaltet sein, daß der einzelne Mitarbeiter nicht regelmäßig samstags zu arbeiten hat.
- In jedem Betrieb sollte individuell untersucht werden, welche Wünsche bei den Mitarbeitern hinsichtlich des Ausgleichsanspruchs bestehen: Ob z.B.der Montag als Ausgleich oder lieber für 4 Samstage eine ganze Woche frei.gewünscht wird.
- Der besondere Wert der Samstagsarbeit sollte ausdrücklich anerkannt werden, z.B. dadurch, daß ein zeitlich höherer Ausgleichsanspruch (z.B. 1 Stunde mehr als tatsächlich gearbeitet wurde) erworben werden kann.
- Den Mitarbeitern sollte zugestanden werden, in gegenseitiger Absprache Samstags-Einsätze zu "tauschen".
- Die Notwendigkeit zur Samstagsarbeit sollte überzeugend und ausführlich begründet werden (z.B. Zulieferantenfunktion).
- Zur Überwindung etwaiger Widerstände kann u.U. in der Startphase auch mit Teilzeitkräften begonnen werden.

4 Zwei-Schicht-Betrieb mit drei Mitarbeitern an einem Platz

Die größtmögliche Steigerung der betrieblichen Nutzungszeit wird erreicht, wenn mehrere Mitarbeiter an einem kapitalintensiven Arbeitsplatz auf der Basis flexibler Wechselschichten tätig werden. Keiner der Beteiligten braucht dabei ständig an Samstagen oder in der Spätschicht zu arbeiten.

Ein besonders interessantes Beispiel ist der "Zwei-Schicht-Betrieb mit drei Mitarbeitern an einem Platz".

In diesem Fall werden wechselnde Früh- bzw. Spätschichten gefahren - unter Einbeziehung des Samstags.

Mitarbeiter A startet mit der Frühschicht am Montag und wird am Montag und Dienstag jeweils von Mitarbeiter B, am Mittwoch und Donnerstag von Mitarbeiter C abgelöst, die dann jeweils Spätschichten fahren.

Mitarbeiter B wechselt (nach 2 freien Tagen) für Freitag, Samstag sowie Montag und Dienstag der Folgewoche in die Frühschicht.

Mitarbeiter C fährt Spätschicht von Mittwoch bis Samstag und hat dann zunächst 2 Arbeitstage frei, bis er Mittwoch der Folgewoche mit der Frühschicht beginnt.

Für Mitarbeiter A beginnt die Spätschicht erstmals am Montag der folgenden Woche.

Auf diese Weise wechseln sich alle drei Mitarbeiter in entsprechendem Turnus ab:

Viermal Frühschicht, 2 Tage frei, viermal Spätschicht - 2 Tage früh, 2 Tage frei, 2 Tage spät, 2 Tage früh, 2 Tage frei, 2 Tage spät - und von vorne beginnend.

Unter Einbeziehung der Pausen ergibt sich aus diesem System eine gegenüber der ursprünglichen Lösung erheblich erweiterte Betriebszeit, nämlich

6 x 18,5 = 111 Stunden (2 x 9,25 = 18,5 Stunden)

Die durchschnittliche Wochen-Leistung pro Mitarbeiter beträgt 37 Stunden, auf das Jahr bezogen ergeben sich insgesamt 24 Schichten.

Im herkömmlichen Schichtbetrieb mit starrer Koppelung von Betriebszeit und persönlicher Arbeitszeit wäre bei gleicher Zahl von Arbeitsplätzen und Mitarbeitern nur eine Betriebszeit von 75 Stunden pro Woche erreichbar gewesen. Die Steigerung der Betriebszeit auf 111 Stunden bedeutet also eine Erhöhung um 48 %.

Besonders günstig - auch im Hinblick auf die Wünsche der Mitarbeiter - ist es, daß die beiden freien Tage gelegentlich zur "Verlängerung des Wochenendes" beitragen.

Ein ähnlicher Effekt (Erhöhung der Betriebszeit um 44 %) ergibt sich auch in der Kombination:

4 Tage zu 9 Stunden = 36 Stunden pro Woche,

Schichtwechsel im gleichen Rhythmus wie oben.

Erweitern ließe sich dieses Modell ggf. auch um eine sog. "Rufbereitschaft", d.h. insbesondere dann, wenn Mitarbeiter nicht allzuweit vom Unternehmen entfernt wohnen, könnten sie dazu verpflichtet werden, im Notfall, d.h. bei plötzlichem Ausfall eines anderen Kollegen, im Rahmen einer vereinbarten "Rufbereitschaft" sozusagen als Springer tätig zu werden.

Da die Nutzungszeit in einem solchen Fall um fast die Hälfte erhöht wird, wirkt sich das entsprechend günstig auf den Maschinenstundensatz aus. Die dadurch erzielten Ersparnisse können durchaus im Sinne sowohl des Unternehmens als auch der Mitarbeiter zur Finanzierung eines gewissen Anstiegs der Arbeitskosten bei einem solchen Zeitmodell herangezogen werden.

Anhand dieser Beispiele wird deutlich, daß die Vorteile der automatisierten Produktion nur dann richtig genutzt werden können, wenn durch ein entsprechendes Arbeitszeit-Management dafür gesorgt wird, daß Lage und Verteilung der persönlichen Arbeitszeiten zu einer höchstmöglichen Betriebszeit kombiniert werden.

Flexible Arbeitszeitgestaltung im Schichtbetrieb

A. Hoff

Dr. A. Hoff ist Mitinhaber der Arbeitszeitberatung Dr. Hoff, Weidinger und Partner, Berlin

1 Einleitung

Schichtarbeit ist eine nach wie vor ungeliebte Form der Arbeitszeitgestaltung. Dies hat natürlich vor allem mit der Lage der Arbeitszeit jenseits der Tagesnorm und insbesondere mit deren normalerweise ständigem Wechsel zu tun - mit der Folge physiologischer Anpassungsprobleme, aber auch von Schwierigkeiten im Sozialleben.

Von wachsender Bedeutung ist dabei aber auch die bisher absolut vorherrschende *Starrheit* der Arbeitszeiten im Schichtbetrieb. Dies insbesondere auch deshalb, weil zunehmend auch in den gewerblichen Bereichen für die Tagschichtarbeitnehmer/innen flexible Arbeitszeitregelungen - Gleitzeit o.ä. - eingeführt werden.

Hält man sich gleichzeitig vor Augen, daß infolge von Arbeitszeitverkürzungen zwecks Haltens oder Erweiterung der Betriebszeit immer mehr Bereiche in Schichtarbeit (angefangen bei der versetzten Arbeitszeit) hineinwachsen und angesichts der rapiden technologischen Entwicklung tendenziell immer qualifiziertere Mitarbeiter "schichten" müssen - dann zeigt sich, daß die Schichtarbeit arbeitszeitlich attraktiver gestaltet werden *muß*; und zwar *zusätzlich* zu den traditionellen geldlichen Anreizen, auf die angesichts der einseitigen Motivationsstruktur der großen Mehrheit der heutigen Schichtmitarbeiter/innen auf absehbare Zeit nicht verzichtet werden kann.

Der vorliegende Beitrag beschäftigt sich ausschließlich mit im engeren Sinne flexiblen, also auch kurzfristig anpaßbaren, Arbeitszeiten im Schichtbetrieb, wobei die Mitarbeiterperspektive im Vordergrund steht. Diese Schwerpunktsetzung soll die Bedeutung arbeitszeitpolitischer Bemühungen hinsichtlich Arbeitszeit*dauer* (etwa Einführung kürzerer Arbeitszeiten im Schichtbereich, was im übrigen auch - unter dem Titel "Zeitzuschläge" - einer gewerkschaftlichen Langfristforderung entspricht[1]) und Arbeitszeit*lage* (etwa Änderungen von Schichtwechselzeitpunkten und Schichten) keineswegs herabmindern. Soll die Arbeitszeitattraktivität der Schichtarbeit so weit verbessert werden, daß sie für viele Arbeitnehmer/innen zu einer ernsthaften Alternative zur Normalarbeitszeit wird, werden Fortschritte in *allen* diesen Dimensionen gemacht werden müssen.

---

1 In diesem Zusammenhang sei angemerkt, daß die im 3-Schicht-Betrieb vielfach übliche Pausenbezahlung in diesem Sinne ein gutes Instrument darstellt. Sie sollte jedoch ggf. betrieblich auch offensiv als Arbeitszeitverkürzung ausgewiesen werden.

2 Gleitzeit auch im Schichtbetrieb?

Zunächst will ich mich der häufigsten Frage im Themenfeld Schichtarbeit/Arbeitszeitflexibilität zuwenden, nämlich derjenigen nach der Übertragbarkeit der Gleitzeit auf den Mehrschichtbetrieb. Diese Frage ist je nach Dauer der Tagesbetriebszeit differenziert zu beantworten, wozu im folgenden drei Betriebszeitklassen unterschieden werden: die Bereiche unterhalb des 2-Schicht-Betriebs, der 2-Schicht-Betrieb sowie der Durchfahrbetrieb.

2.1 Im Bereich zwischen 1- und 2-Schicht-Betrieb

Im Betriebszeitbereich zwischen dem herkömmlichen 1- und 2-Schicht-Betrieb ist Gleitzeit in aller Regel ebenso möglich wie in der Tagschicht - wenn auch vielleicht mit Einschränkungen, die aber in Tagschichtbereichen ebenso erforderlich sein können. Bei gegenüber dem 1-Schicht-Betrieb deutlich erweiterter Betriebszeit kann Gleitzeit sogar besonders vorteilhaft sein, weil sie starre versetzte Arbeitszeiten - einschließlich der sozial ungünstigen Nachmittagsarbeitszeiten - abmildern oder gar erübrigen kann.

Beispiel:

In einem mittelständischen Metallbetrieb sollten die beiden CAD-Arbeitsplätze aus Kosten- und Kapazitätsgründen von den fünf dafür qualifizierten Mitarbeitern länger als 1-schichtig genutzt werden. Ein regulärer 2-Schicht-Betrieb kam aus Motivationsgründen nicht in Frage.

Unser - letztlich nur ansatzweise realisierter - Vorschlag war, die potentielle Nutzungszeit auf 6 - 20 Uhr (die tarifvertraglich zuschlagsfreie Zeit) anzuheben. In diesen Rahmen sollten dann zwei Gleitzeit-Arbeitszeitrahmen und zwei zugehörige Kernzeiten eingepaßt werden: ein/e frühe/r von 6.00 - 16.30 bzw. von 7.00 - 14.30 Uhr und ein/e späte/r von 9.30 - 20.00 bzw. von 11.30 - 18.00 Uhr (Bild 1). Der frühe Arbeitszeitrahmen plus Kernzeit war auch für den Samstag vorgesehen.

Gleichzeitig sollte die Tages-Sollarbeitszeit auf 8,75 Stunden (zzgl. Pausen) angehoben werden. Zwecks Entzerrung des Einsatzes der Mitarbeiter sollten die Sollarbeitszeiten dann im Rahmen eines "5:2-Systems" verteilt werden (Bild 2), mit dem innerhalb von 5 Wochen genau die damalige Tarifarbeitszeit von 38,5 Wochenstunden erreicht wird.

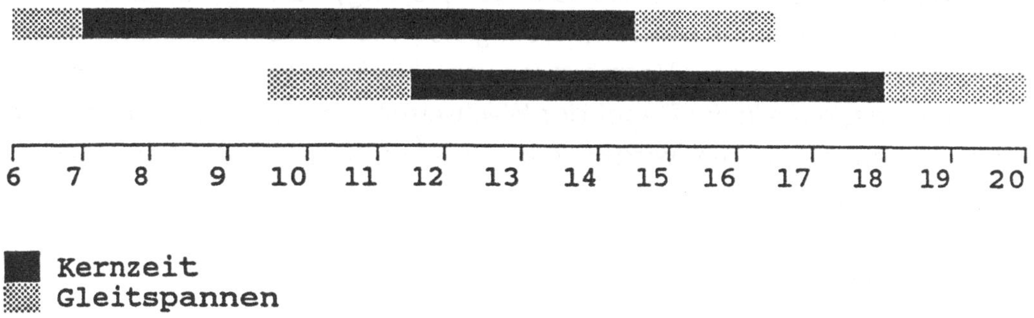

Bild 1: Flexibel versetzte Arbeitszeit

Schichtplan

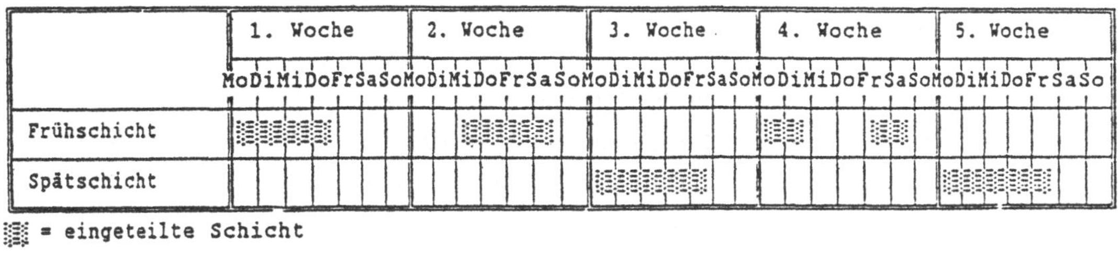

= eingeteilte Schicht

Besetzungsplan

	1. Woche							2. Woche							3. Woche							4. Woche							5. Woche						
	Mo	Di	Mi	Do	Fr	Sa	So	Mo	Di	Mi	Do	Fr	Sa	So	Mo	Di	Mi	Do	Fr	Sa	So	Mo	Di	Mi	Do	Fr	Sa	So	Mo	Di	Mi	Do	Fr	Sa	So
Frühschicht - AP 1 und 2	A C	A C	A E	A E	C E	C E		B D	B D	B A	B A	D A	D A		C E	C E	C B	C B	E B	E B		D A	D A	D C	D C	A C	A C		E B	E B	E D	E D	B D	B D	
Spätschicht - AP 1 und 2	D B	D B	D B	D B	D B			E C	E C	E C	E C	E C			A D	A D	A D	A D	A D			B E	B E	B E	B E	B E			C A	C A	C A	C A	C A		

AP = Arbeitsplatz
A - E = Mitarbeiter

Bild 2: Ein 5:2-System mit Blockfreizeit

2.2 Im 2-Schicht-Betrieb

Im unmittelbar darüber liegenden Betriebszeit-Bereich bis zum erweiterten 2-Schicht-Betrieb (bis ca. 18 Betriebsstunden pro Tag) kann gleitende Arbeitszeit ebenfalls eingeführt werden, wenngleich hier zwecks Sicherung der Arbeitsplatznutzung und zur Vermeidung von - häufig nicht sinnvoll nutzbaren - Überlappungszeiten in der Regel der Wechselzeitpunkt von der Früh- auf die Spätschicht abgesprochen werden muß (was erfahrungsgemäß aber wenig Probleme bereitet).

Beispiel:

Bei einem Pumpenhersteller empfahlen wir anläßlich des generellen betrieblichen Übergangs auf ein Gleitzeitsystem im Jahre 1988, auch den 2-Schicht-Bereich mit einzubeziehen. Dabei wurden für die Frühschicht ein Arbeitszeitrahmen von 5.30 - 14.45 Uhr und eine Kernzeit von 6.30 - 13.15 Uhr vereinbart, für die Spätschicht ein Arbeitszeitrahmen von 13.15 - 22.45 Uhr sowie eine Kernzeit von 14.45 - 21.15 Uhr (Bild 3); die Tages-Sollarbeitszeit liegt derzeit bei 7,4 Stunden.

Zusätzlich vorgeschrieben ist eine durch Absprache mit Vorgesetztem und Kollegen spätestens am Vortag sicherzustellende Arbeitsplatzübergabe, die normalerweise zwischen 13.15 und 14.45 Uhr erfolgen muß.

Ansonsten aber gelten die gleichen Regeln wie für die Kolleg/inn/en in der Tagschicht - einschließlich der Möglichkeiten, in Absprache mit dem Vorgesetzten die Kernzeit zu "verletzen", bis zu +/- 15 Stunden von einem Monat auf den nächsten zu übertragen (Kappung überschießender Zeitguthaben aber nur zum Quartalsende) und unabhängig vom aktuellen Stand des Zeitkontos mit dem Vorgesetzten "freie Tage auf Zeitkonto" zu vereinbaren, die dann nur noch einvernehmlich verschoben werden können.

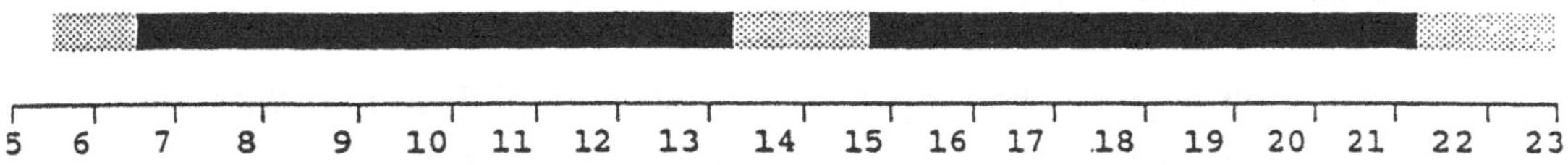

Kernzeit
Gleitspannen

In der mittleren Gleitspanne ist der Wechselzeitpunkt abzusprechen.

Bild 3: Ein flexibles 2-Schicht-System

2.3 Im Durchfahrbetrieb

Im Durchfahrbetrieb (ohne oder mit Unterbrechung am Wochenende) hingegen ist eine Gleitzeitregelung in diesem Sinne kaum sinnvoll, weil es an *individuell* bestimmbaren Gleitspannen fehlt bzw. es, wenn man diese einführt, fast zwangsläufig zu unproduktiven Doppelbesetzungen kommt.

Gängig - jedenfalls in Vollkontibetrieben; und zwar meist als informelle, geduldete Praxis - ist heute die Option, die genauen Schichtwechselzeitpunkte mit den Arbeitsplatz-Kollegen abzusprechen. Dafür kann eine Bandbreite vorgegeben werden (z.B. +/- x Minuten, zwischen ... und ... Uhr, nicht vor/nach ... Uhr etc.). Im Streitfall gilt dann einfach wieder der Standard-Wechselzeitpunkt - was natürlich umso schwieriger ist, je weiter der Toleranzspielraum gezogen wird.

In diesem Zusammenhang sind uns aus der mittelständischen Wirtschaft an 3-Schicht-Inseln auch Arbeitszeit-Lösungen bekannt geworden, bei denen den Mitarbeitern die Schichtwechselzeitpunkte völlig freigestellt werden; Voraussetzung ist dann lediglich die durchgehende Besetzung des Arbeitsplatzes. Dieses Verfahren dürfte sich jedoch für größere Arbeitszusammenhänge nicht empfehlen.

Wegen der darüber zustande kommenden komplexen Verknüpfung mehrerer individueller Zeitkonten wird in allen diesen Fällen in der Regel auf die exakte Verrechnung der geleisteten Arbeitszeiten verzichtet; die Erfahrung zeigt auch, daß dies zwischen den Arbeitsplatz-Kollegen selbst sehr genau geregelt wird. Daher kann dabei von Gleitzeit auch nur sehr ansatzweise die Rede sein.

Über diese informellen Verfahren hinaus kann und sollte aber auch im Durchfahrbetrieb in Analogie zur Gleitzeit mit individuellen Zeitkonten gearbeitet werden, die dann jedoch anders funktionieren als üblich:

1. Sie sollten zur Schaffung von Gestaltungsspielräumen für Mitarbeiter und Vorgesetzte laufend *automatisch* aufgefüllt werden[2] - und zwar in einer Größenordnung von in der Regel mindestens 10 und höchstens 30 Minuten *pro effektivem Arbeitstag* (tarifvertragliche Zulässigkeit vorausgesetzt), nicht aber an Fehltagen aller Art; also nach dem sog. "Ansparprinzip". Größere Differenzen zwischen eingeteilter und vertraglicher Arbeitszeit sollten so weit systematisch über ein "Mehrfachbesetzungssystem" (analog dem oben angeführten 5:2-System) aufgefangen werden, daß wiederum nur eine Differenz in der genannten Höhe verbleibt.

   Solcherart "dynamisierte Zeitkonten" schaffen hinsichtlich des Abfeierns des angesparten Freizeitanspruchs Handlungsnotwendigkeiten und Abstimmungsbedarfe und damit Verfahren, die für sehr unterschiedliche Zwecke genutzt werden können. So behalten sich beispielsweise viele Betriebe vor, einen Teil dieser Freizeitansprüche in arbeitsschwachen Zeiten selbst zu verplanen - jedenfalls soweit dadurch das individuelle Zeitkonto nicht ins Minus gerät.

2. Anders als in herkömmlichen Gleitzeitsystemen sind der Auf- und Abbau von Zeitguthaben ansonsten nur in Abstimmung mit dem Vorgesetzten möglich - etwa wenn der Mitarbeiter *freiwillig* über die Schicht hinaus (sowie eventuell auch einmal an einem arbeitsfreien Tag) arbeitet.

   Beispiel:

   Bei einem Nahrungsmittelhersteller im Rheinland werden in diesem Sinne seit einigen Jahren im 3-Schicht-Betrieb *nicht* dynamisierte individuelle "Stundenkonten" von den einzelnen Vorgesetzten (handschriftlich) geführt und auch gut genutzt, deren Inanspruchnahme - gemäß Betriebsvereinbarung zulässig in Form von freien Stunden sowie von Betriebsschließungstagen - ebenfalls in jedem Fall mit dem Vorgesetzten abzustimmen ist, wobei betriebliche Belange vorrangig zu berücksichtigen sind.

---

2 Prinzipiell ist es auch möglich und für den Betrieb theoretisch auch tendenziell günstiger, regelmäßige Zeitdefizite auflaufen zu lassen. In der Praxis bringt dies jedoch erhebliche Umsetzungsschwierigkeiten mit sich.

Auf diesen Stundenkonten können am Monatsende bis zu +/- 16 Stunden auf den Folgemonat übertragen werden; darüber hinausgehende Stunden werden mit dem Mehrarbeitszuschlag ausgezahlt, während ein überschießender Minussaldo im Folgemonat nachzuarbeiten ist.

In diesem Zusammenhang soll noch einmal betont werden, wie wichtig in jeder Art flexiblem Arbeitszeitsystem eine klare Abgrenzung zwischen Plusstunden und - zuschlagspflichtigen - Überstunden ist.

Beispiel:

Nach einer insofern vorbildlichen Regelung eines süddeutschen Automobilzulieferers wird zunächst jegliche geleistete Arbeitszeit dem (elektronisch geführten) individuellen Zeitkonto gutgeschrieben. Wird der Zeitkontenführung innerhalb einer bestimmten Frist ein vom Vorgesetzten unterschriebener entsprechender Beleg übersandt, so wird die über die Sollarbeitszeit hinaus (auf Anordnung) geleistete Arbeitszeit als Überstunde ausbezahlt.

Solche und ähnliche "Quasi-Gleitzeit-Regelungen" sind praktisch in jedem Durchfahrbetrieb realisierbar. Wenn dies der Aufbau des Arbeitsgebietes erlaubt, können sie oder kann eine starre Schichtregelung aber auch mit *echten* Gleitzeit-Phasen kombiniert werden.

Beispiel:

Das in Bild 4 vorgestellte Arbeitszeitmodell wurde für den Handwerkerbereich eines Chemiebetriebs entwickelt, wo zuvor zwischen Schichtgängern und Tagschichtlern getrennt worden war. Nach diesem Konzept sollen zukünftig mehr Handwerker Schicht gehen, diese dafür aber auch regelmäßig in den Genuß von Tagschichtphasen in Gleitzeit kommen.

Im Bild ist ein entsprechender 6-Wochen-Zyklus dargestellt mit drei Wochen herkömmlichem 3-Schicht-Betrieb und drei Wochen normaler Tages-Gleitzeit - einschließlich einer starren kurzen Samstag-Frühschicht in der zweiten Gleitzeit-Woche, die in der Folgewoche sofort wieder durch einen freien Tag ausgeglichen wird.

2.4 Resümee

Schichtarbeit und flexible Arbeitszeitgestaltung schließen sich, wie gezeigt werden konnte, entgegen dem ersten Anschein keineswegs aus. Allerdings ist eine Gleitzeit im herkömmlichen Sinne häufig nicht möglich, weil bei der Schichtsystemen immanenten Mehrfachnutzung von Arbeitsplätzen zusätzliche Abstimmungsbedarfe auftreten, die einer individualisierten Handhabung der Arbeitszeiten im Wege stehen.

Diesbezüglich gibt es in neueren Gleitzeitsystemen vielfach jedoch insofern eine Parallele, als beispielsweise auch Mitarbeiter/innen in Verwaltungsfunktionen zunehmend dazu verpflichtet werden, ihren Bereich zu bestimmten Zeiten garantiert ansprechbar zu halten. Dadurch kommt dann auch hier ein über die persönliche Kernzeit hinausgehender Abstimmungszwang hinsichtlich der individuellen Arbeitszeiten zustande; auch dies ist im übrigen letztlich eine Folge der durch Arbeitszeitverkürzungen aktualisierten Thematik der Entkopplung von Betriebszeit und Arbeitszeit.

So weit voneinander entfernt müssen Normalschicht- und Mehrschicht-Gleitzeit also nicht liegen. Und wenn sich im Mehrschichtbetrieb tatsächlich nur eine spürbar niedrigere Tagesflexibilität realisieren läßt, wird dies zuweilen dadurch kompensiert, daß dafür die Zeitausgleichsdimension - also die Handhabung von Zeitkonten und freien Tagen - großzügiger geregelt wird.

> *Beispiel:*
>
> In vor kurzem abgeschlossenen Arbeitszeit-Betriebsvereinbarungen eines großen Automobilzulieferers ist entsprechend vorgegangen worden:
>
> Während der Zeitübertrag auf den Folgemonat für bis zu 2-schichtig beschäftigte Mitarbeiter/innen auf +20/-10 Stunden begrenzt ist, gilt für die 3-Schicht-Mitarbeiter eine Übertragungsgrenze von +/- 40 Stunden.
>
> Und während die Mitglieder der erstgenannten Gruppe pro Quartal aus dem angesparten Zeitguthaben bis zu drei freie Tage erhalten können, wobei höchstens zwei Tage unmittelbar zusammenhängend gewährt werden und lediglich ein Tag pro Jahr mit dem Jahresurlaub gekoppelt werden kann, kann die Freizeit im 3-Schicht-Bereich bis zu einer Woche geblockt und können bis zu drei Tage im Jahr mit Urlaub gekoppelt werden.

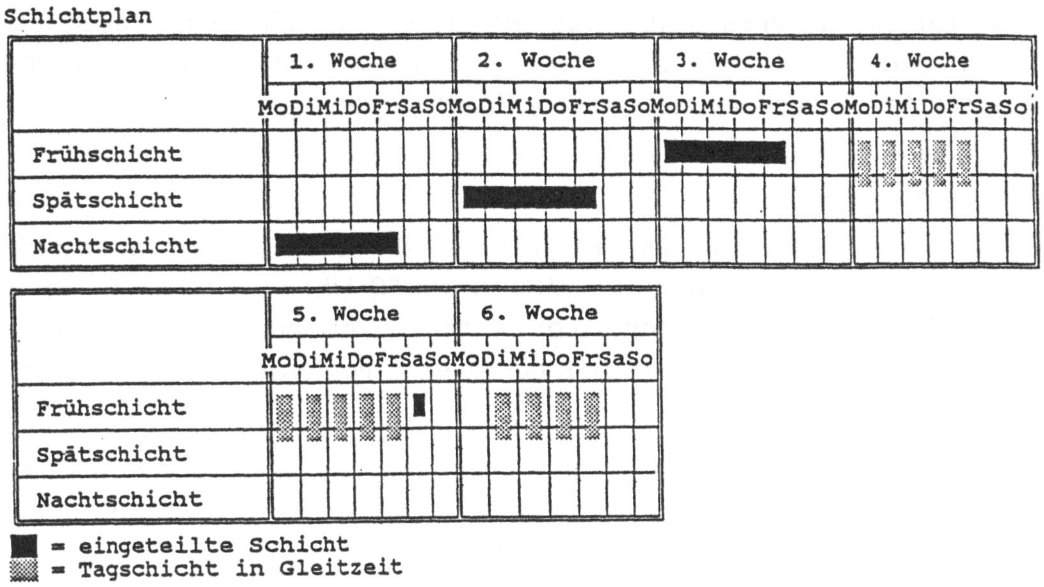

Bild 4: Ein kombiniertes Schicht- und Gleitzeitsystem

3 Individualisierte Schichtsysteme

Neben der flexibleren Gestaltung von Schichtanfang und -ende dürfte in Zukunft auch der Individualisierung von Schichtplänen wachsende Bedeutung zukommen; im übrigen auch im Rahmen von Mehrschicht-Gleitzeitsystemen, wo beispielsweise der Schichtentausch (als rudimentäre Form der Schichtplan-Individualisierung) nützlich sein kann, um "freie Tage auf Zeitkonto" nach Wunsch der Mitarbeiter auch dann zu ermöglichen, wenn zum entsprechenden Zeitpunkt einmal nicht ausreichend betriebliches Reservepersonal zur Verfügung stehen sollte.

Der Schichtentausch spielt heute nur im Vollkontibetrieb eine zudem recht untergeordnete Rolle; in den herkömmlichen 2- und 3-Schichtsystemen ist er aufgrund der gesetzlichen Ruhezeitenvorschriften - zwischen zwei Schichten müssen mindestens 11 Stunden frei sein - praktisch nur ganzwochenweise möglich. Mit weiterer Arbeitszeitverkürzung werden jedoch viele dieser Schichtsysteme durch Mehrfachbesetzungssysteme mit schichtplanmäßig freien Tagen auch unter der Woche ersetzt werden, womit automatisch auch die Schichttauschoptionen zunehmen.

Darüber hinaus sollte jedoch verstärkt auch über "6-Stunden-Systeme" nachgedacht werden, wie sie in den letzten Jahren in der Bundesrepublik vor allem in der mittelständischen Textilindustrie im teilkontinuierlichen Durchfahrbetrieb eingeführt worden sind. Dabei erfolgen die Schichtwechsel meist um 6, 12, 18 und 24 Uhr. Vorfindbar sind aber auch sowohl andere Schichtwechselzeitpunkte als auch unterschiedliche Schichtlängen.

Beispiel:

In einem mittelständischen Textilbetrieb wird im Durchfahrbetrieb montags bis freitags um 6, 13, 18 und 23 Uhr gewechselt, um den Mitarbeitern die Einnahme von Mittag- und Abendessen im Familienkreis und eine Rückkehr aus der Abendschicht vor Mitternacht zu ermöglichen.

In diesem Fall werden darüber hinaus am Wochenende drei 8-Stunden-Schichten gefahren, um im 4-Wochen-Zyklus ein komplett freies Wochenende realisieren zu können (Bild 5).

Schichtplan

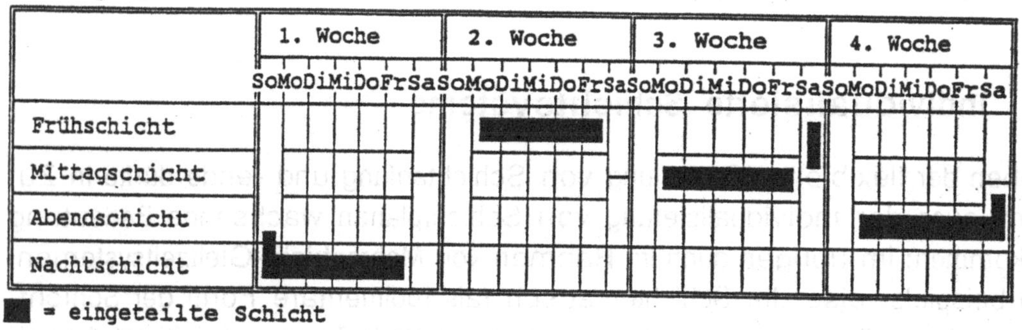

■ = eingeteilte Schicht

* Schichtzeiten Montag - Freitag:
  Frühschicht 6 - 13 Uhr (7 Stunden)
  Mittagschicht 13 - 18 Uhr (5 Stunden)
  Abendschicht 18 - 23 Uhr (5 Stunden)
  Nachtschicht 23 - 6 Uhr (7 Stunden)

* Schichtzeiten Samstag/Sonntag:
  Samstag-Frühschicht 6 - 14 Uhr (8 Stunden)
  Samstag-Spätschicht 14 - 22 Uhr (8 Stunden)
  Sonntag-Nachtschicht 22 - 6 Uhr (8 Stunden)

* Eingeteilte Wochenarbeitszeit:
  1. Schichtplanwoche 43 Stunden
  2. Schichtplanwoche 35 Stunden
  3. Schichtplanwoche 33 Stunden
  4. Schichtplanwoche 33 Stunden
  144 Stunden : 4 =
  durchschnittlich 36 Wochenstunden

Bild 5: 6-Stunden-System aus der Textilindustrie

6-Stunden-Systeme können im übrigen auch anstelle herkömmlicher 2-Schicht-Systeme eingeführt werden (bei gleichzeitiger Betriebszeiterweiterung); dabei entfällt dann gegenüber der Durchfahr-Variante einfach die Nachtschicht (Bild 6).

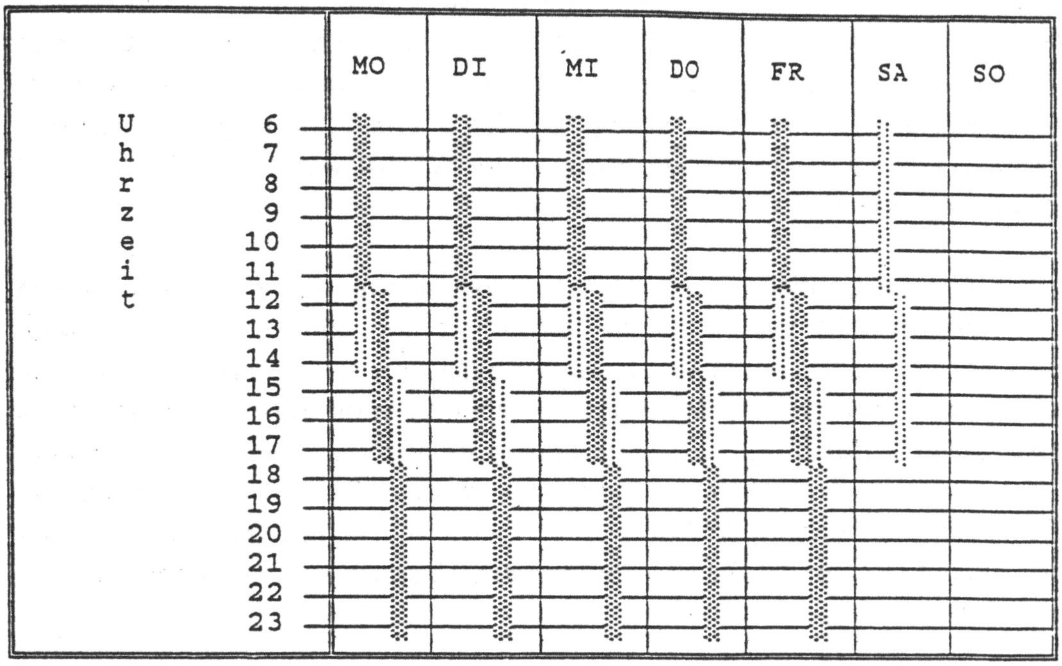

= fest eingeteilte Schichten:

1. Woche	Frühschicht	MO - FR	5.30 - 11.30 Uhr
2. Woche	Mittagschicht	MO - FR	11.30 - 17.30 Uhr
3. Woche	Abendschicht	MO - FR	17.30 - 23.30 Uhr

= zusätzlich einteilbare Arbeitszeit:

* SA-Früh- und -Mittagschicht (verpflichtend bei 4 Wochen Ankündigungsfrist)
* Vertretung (verpflichtend bei 4 Tagen Ankündigungsfrist)

Bild 6: Ein theoretisches 3 x 6-Stunden-System

Der *Hauptvorteil* von 6-Stunden-Systemen besteht in ihrer gegenüber 8-Stunden-Systemen deutlich höheren Flexibilität. Will beispielsweise ein in der Abendschicht eingeteilter Mitarbeiter genau diesen Abend freihaben (etwa für das regelmäßige Fußballtraining), tauscht er einfach für diesen Tag mit dem Arbeitsplatz-Kollegen aus der Mittag- oder - falls vorhanden - mit demjenigen aus der Nachtschicht und kehrt am folgenden Tag wieder in seine Stamm-

Mannschaft zurück; und zwar bei Einhaltung der oben angeführten gesetzlichen Ruhezeitenvorschrift.

Darüber hinaus können die Mitarbeiter bei 6-Stunden-Schichten ihre genauen Kommt- und Gehtzeiten in sehr viel weiteren Grenzen bedarfsgerecht variieren als bei 8-Stunden-Schichten - bis zum Extrem selbstorganisierter Freischichten [3] dadurch, daß man sich für jeweils drei Stunden von den Arbeitsplatz-Kollegen aus der vorausgehenden und der nachfolgenden Schicht vertreten läßt, die so (ausnahmsweise einmal) auf eine Arbeitszeit von 9 Stunden kommen.

Diese herausragenden Eigenschaften sollten solche Schichtsysteme selbst für diejenigen Mitarbeiter/innen interessant machen, die kurzen Schichtdauern aufgrund der gegenüber 8-Stunden-Systemen vermehrten Anzahl von Arbeitstagen bei gleichzeitig steigendem Anteil arbeitsgebundener Zeiten (insbesondere der Wege- und Rüstzeiten) grundsätzlich ablehnend gegenüberstehen. Ich bin jedenfalls sicher, daß die von Willi Haller vorhergesagte "Epoche der 6-Stunden-Schicht" viel schneller anbrechen wird, als man angesichts der bekannten Stabilität einmal eingeführter Schichtsysteme vermuten sollte.

Eine gewisse Individualisierung der Schichtpläne ist jedoch auch schon in 8-Stunden-Systemen im Zusammenhang mit der Umsetzung von Arbeitszeitverkürzungen in Freischichten möglich. Hierfür bieten sich die sogenannten "Zeitfenster-Systeme" an. Grundlage dieser Systeme ist eine planmäßige personelle Überbesetzung im Verhältnis von eingeteilter zu vertraglicher Arbeitszeit.

> *Beispiel:*
>
> In den herkömmlichen starren 2- und 3-Schichtsystemen werden 5 x 8 = 40 Wochenstunden eingeteilt. Beträgt die vertragliche Arbeitszeit 35 Stunden, ist im Verhältnis 8:7 überzubesetzen. Pro jeweils 7 Arbeitsplätze wird also ein/e zusätzliche/r Mitarbeiter/in benötigt.

Der Besetzungsplan wird dann pro x Arbeitsplätze um ein sogenanntes "Zeitfenster" ergänzt, in das via Absprache innerhalb der "Arbeitsplatzgruppe" immer der/die Mitarbeiter/in eingetragen wird, der/die an diesem Tag frei hat. Diese Absprachen sollten stets über einen längeren Zeitraum im voraus erfol-

3 Dies ist im 3 x 6-Stunden-Betrieb nur in der Nachmittagsschicht möglich.

gen, um die gleichmäßige Ausfüllung der Zeitfenster ebenso sicherzustellen wie eine gerechte Verteilung insbesondere der "guten" Freizeittage (etwa der Freitage).

Das Zeitfenster-Konzept stellt eine Kombination von (starrem) Schichtplan und (flexiblem) Dienstplan dar und ist damit besonders geeignet, persönlichen Interessen der Mitarbeiter/innen gerecht zu werden - etwa daran, immer am gleichen Tag unter der Woche frei zu haben, um in einem Verein aktiv sein zu können. Allerdings dürfen, damit der persönliche Bezug gewahrt bleibt, die Arbeitsplatzgruppen nicht zu groß sein. Das in Bild 7 vorgestellte 8:7-Zeitfenster-System auf Frei*wochen*basis liegt diesbezüglich sicherlich schon an der oberen Grenze.

Besetzungsplan - Beispiel

	1.	2.	3.	4.	5.	6.	7.	8. Woche
Arbeitsplatz 1	A	A	H	A	A	A	A	A
Arbeitsplatz 2	B	B	B	H	B	B	B	B
Arbeitsplatz 3	H	C	C	C	C	C	C	C
Arbeitsplatz 4	D	D	D	D	D	D	D	H
Arbeitsplatz 5	E	E	E	E	H	E	E	E
Arbeitsplatz 6	F	H	F	F	F	F	F	F
Arbeitsplatz 7	G	G	G	G	G	H	G	G
Zeitfenster	C	F	A	B	E	G	H	D

A - H Mitarbeiter/innen; H als Springer/in eingesetzt

Der/Die auf "Zeitfenster" eingeteilte Mitarbeiter/in hat frei. Die Besetzung der Zeitfenster wird unter den Mitarbeiter/inne/n langfristig abgesprochen. - Anstelle der Wochen- kann auch die Tagesbasis gewählt werden

Bild 7: 8:7-Zeitfenster-System mit individuellen Freiwochen

4 Ausblick

Flexiblen *und* individualisierten Schichtsystemen gehört die Zukunft. Wer rechtzeitig Schritte in diese Richtung unternimmt, dürfte schon bald in den

Genuß eines spürbaren Konkurrenzvorteils auf dem schwierigen Arbeitsmarkt für qualifizierte Schichtmitarbeiter/innen kommen.

Bedarfsgerechte Arbeitszeiten in der Produktion

M. Hofmann

Dipl.-Kfm. M. Hofmann, Abteilung Arbeitszeit- und Personaleinsatzstrukturen der BMW AG, München

Inhalt

1 Arbeitszeitgestaltung in der Produktion

Die Bedeutung des Arbeits- und Betriebszeitmanagements hat in den vergangenen Jahren ständig zugenommen. Zum einen haben sich betriebliche Bedarfe geändert, wie beispielsweise ungleichmäßig verteilte, an saisonale Schwankungen angepaßte Betriebszeiten oder bessere Auslastung kapitalintensiver Anlagen durch längere Lauf- und Nutzungszeiten. Zum anderen wandeln sich die Bedürfnisse der Mitarbeiter, die beispielsweise höhere Freiheitsgrade bei der Gestaltung der eigenen Arbeitszeit oder bessere Abstimmung von Freizeit und Arbeitszeit wünschen.

Die Gestaltung von Arbeits- und Betriebszeiten unterliegt neben betrieblichen Einflußgrößen zahlreichen Rahmenbedingungen, die sich aus dem politischen, volkswirtschaftlichen und soziologischen Umfeld ergeben.

1.1 Rahmenbedingungen

Die zunehmende internationale Konkurrenz zwingt zu wettbewerbsfähigen Produktionsbedingungen und zum effizienten Einsatz der verfügbaren Mittel. Der internationale Vergleich zeigt allerdings, daß sich in der Bundesrepublik Deutschland auf der einen Seite die niedrigen Arbeitsstunden pro Jahr und die niedrigen Betriebsnutzungszeiten (Bild 1) und auf der anderen Seite das hohe Arbeitskostenniveau (Bild 2) verschärfend auf die Konkurrenzsituation auswirken.

Die Prognose der Neuzugänge an Facharbeitern verdeutlicht, daß mittel- bis langfristig mit einem Rückgang von Neuzugängen gerechnet werden muß. Die Altersstruktur der Wohnbevölkerung in der Bundesrepublik Deutschland insgesamt führt dazu, daß sich das Potential an Arbeitskräften verringert. Damit wird sich in Zukunft die Konkurrenz der Unternehmen am Arbeitsmarkt, vor allem im Kampf um junge hochqualifizierte Arbeitskräfte verschärfen.

Die Verkürzung der Wochenarbeitszeit in der Metallindustrie auf gegenwärtig 37 Stunden ging einher mit einer gleichzeitigen Verlängerung des Jahresurlaubs der Mitarbeiter, der mittlerweile etwa 30 Tage umfaßt. Die Freizeitgewinne der Mitarbeiter sind also beträchtlich (Bild 3).

In der Metallindustrie wurde 1984 erstmals ein Manteltarifvertrag abgeschlossen, der für die Unternehmen im Hinblick auf die Arbeitszeitgestaltung einige

Umwälzungen mit sich brachte[1]. Dieser Tarifvertrag ermöglichte eine ungleichmäßige Verteilung der Arbeitszeit innerhalb eines vorgegebenen Zeitraums, wodurch beispielsweise Anpassungen der Arbeitszeit an Schwankungen des Arbeitsanfalles möglich wurden. Außerdem war tariflich die Möglichkeit gegeben, nicht mehr wie bisher, die wöchentliche Arbeitszeit für alle Mitarbeiter einheitlich festzulegen, sondern Differenzierungen der Wochenarbeitszeit einzelner Mitarbeiter oder Mitarbeitergruppen vorzunehmen.

Neben diesen äußeren Rahmenbedingungen ist die Arbeitszeitgestaltung bei BMW im Gesamtzusammenhang mit der Unternehmensentwicklung zu berücksichtigen. BMW als Hersteller qualitativ und technologisch hochwertiger Personenwagen und Motorräder produziert an sieben verschiedenen Standorten. Für die Gestaltung der Arbeitszeit sind daher, je nach Region, unterschiedliche Tarifverträge maßgeblich.

Die Produktion hat sich in den vergangenen Jahren stetig erhöht. 1990 wurden erneut über 500.000 Personenwagen produziert. Der Produktionsverlauf unterliegt dabei saisonalen Schwankungen im Jahresablauf.

Vor dem Hintergrund dieser Rahmenbedingungen vollzieht sich die betriebliche Gestaltung der Arbeits- und Betriebszeiten, die mehrschichtige Zielsetzungen verfolgt.

1.2 Zielsetzungen

Der Arbeits- und Betriebszeitgestaltung liegt bei BMW eine vieldimensionale Zielsetzung zugrunde (Bild 4). Grundsätzlich müssen Arbeitszeitregelungen und -modelle die optimale Versorgung des Marktes mit Produkten, Ersatzteilen, Informationen usw. gewährleisten. Dabei müssen die Arbeitszeitmodelle eine angemessene Flexibilität einräumen, um beispielsweise auf kurzfristige unvorhersehbare Schwankungen reagieren zu können.

Weitere Ziele bilden die Senkung der Kapitalkosten und die Minimierung der Lagerfertigung durch eine möglichst optimale Anpassung der Arbeitszeit an einen saisonalen Verlauf der Produktion. Darüber hinaus sollen durch Vermeidung zuschlagspflichtiger Mehrarbeit die Personalkosten begrenzt werden.

1 Vgl. Bellgardt, P., Flexible Arbeitszeitsysteme, Heidelberg 1987, S. 55ff.

Arbeitszeitregelungen und -modelle sollen innovativ und attraktiv ausgestaltet werden, so daß sie das Image und die Position von BMW für die Mitarbeiter und am Arbeitsmarkt positiv beeinflussen.

Über diese grundsätzlichen Zielsetzungen der Arbeitszeitgestaltung hinaus sind im Einzelfall bei spezifischen, arbeitszeitbezogenen Problemstellungen festgelegte Detailziele zu beachten.

1.3 Grundsätze

Bei BMW ist eine Vielzahl von innovativen und bedarfsgerechten Arbeitszeitmodellen realisiert. Vor allem das Arbeitszeitmodell im Werk Regensburg, auf das unten ausführlich eingegangen wird, hat große Bedeutung erlangt. Daneben wird natürlich in den Produktionsbereichen nach wie vor in herkömmlichen Zweischichtmodellen gearbeitet.

Eine Flexibilisierung und Anpassung des Arbeitszeitvolumens an den Arbeitsanfall wird außerdem durch Freischichtenmodelle erreicht, bei denen Differenzen zwischen tatsächlich geleisteter und regelmäßiger wöchentlicher Arbeitszeit durch individuelle und kollektive Freischichten bzw. freie Tage ausgeglichen werden.

Für etwa 13.000 Mitarbeiter, überwiegend in Verwaltungs- und Dienstleistungsbereichen, gilt ein klassisches Gleitzeitmodell.

In Teilzeit, also mit einer regelmäßigen wöchentlichen Arbeitszeit von weniger als 37 Stunden, arbeiten gegenwärtig etwa 2,1 % der Mitarbeiter.

Auf zwei konkrete Beispiele der bedarfsgerechten Gestaltung der Arbeitszeit wird im folgenden anhand der Arbeitszeitdifferenzierung und der Mehrfachbesetzung von Arbeitsplätzen näher eingegangen.

2 Differenzierung der Arbeitszeit

Bis 1995 ist schrittweise die Einführung der 35-Stunden-Woche vorgesehen (Bild 5). Dadurch verstärkt sich der Trend, daß sich der Faktor "Arbeitszeit" für die Unternehmen zu einem "Standort-Handicap" entwickelt. Außerdem muß befürchtet werden, daß sich die Arbeitszeitschere in der EG weiter vergrößert. Diesem Nachteil kann nur dann wirksam begegnet werden, wenn die Möglichkeiten der Arbeitszeitflexibilisierung wesentlich ausgebaut werden. Es ist deshalb neben anderen Maßnahmen unerläßlich, die individuelle Arbeitszeit der Mitarbeiter so zu differenzieren, daß einerseits ein ständig knapper werdendes qualifiziertes Arbeitskräftepotential effektiver eingesetzt werden kann und andererseits Beschäftigungseffekte durch kürzere Arbeitzeiten bei weniger qualifizierten Arbeitskräften entstehen.

2.1 Tarifliche Regelungen

Der Tarifvertrag der Metallindustrie von 1984 ermöglichte erstmals die Differenzierung der Arbeitszeit vollzeitbeschäftigter Mitarbeiter innerhalb festgelegter Ober- und Untergrenzen (Bild 6). Damit war es möglich, die Arbeitszeit der Mitarbeiter nicht mehr einheitlich vorzugeben, sondern auf betrieblicher Ebene konnte die Arbeitszeit für einzelne Mitarbeiter und Mitarbeitergruppen unterschiedlich festgelegt werden. Es mußte allerdings im Durchschnitt der Arbeitszeiten der Mitarbeiter die tarifliche Arbeitszeit eingehalten werden. Auch in den folgenden Tarifverträgen wurde dieses Prinzip der Differenzierung beibehalten.[2]

Mit dem Tarifvertrag vom 15. Mai 1990 wurde diese Regelung aufgehoben und durch ein neues Prinzip ersetzt: Nicht mehr die Durchschnittsbetrachtung war maßgeblich für die Differenzierung der Arbeitszeit, sondern eine Quotenregelung wurde eingeführt, nach der im Tarifgebiet Bayern 13 % der Mitarbeiter bis zu 40 Wochenstunden, bei entsprechendem Ausgleich durch Bezahlung oder Freizeit, arbeiten können.

2.2 Ausgestaltung der Differenzierung

Die Ausgestaltung der Arbeitszeitdifferenzierung unterscheidet bei BMW zwischen Mitarbeitern in produktionsgebundenen und nicht produktionsgebundenen Bereichen (Bild 7). In den produktionsgebundenen Bereichen wird die tatsächliche wöchentliche Arbeitszeit von etwa 40 Stunden aufrechterhalten. Differenzen, die sich dann aufgrund von kürzeren regelmäßigen wöchentlichen Arbeitszeiten der Mitarbeiter ergeben, werden durch Freischichten ausgeglichen. Bei den Mitarbeitern in nicht produktionsgebundenen Bereichen wird teilweise die tägliche Arbeitszeit verkürzt, so daß insgesamt die tatsächliche und die tarifliche Arbeitszeit ständig übereinstimmen. Teilweise wird jedoch gleichzeitig mit einer täglichen Arbeitszeitverkürzung eine Freischichtenregelung kombiniert, so daß sich durch beide Maßnahmen ein Ausgleich von tatsächlicher und tariflicher Arbeitszeit der Mitarbeiter ergibt. Darüber hinaus

2 Vgl. Ackermann, K.-F. und Hofmann, M., Systematische Arbeitszeitgestaltung, Köln 1988, S. 95-97

wird in nicht produktionsgebundenen Bereichen eine Kombination von Differenzierung und Gleitzeit praktiziert.

Nach dem alten Tarifvertrag, der die Durchschnittsbetrachtung vorsah, wurde die detaillierte Umsetzung der Differenzierung wie folgt durchgeführt:

- Dem Betriebsrat namentlich genannte Mitarbeiter - vorwiegend Spezialisten in den Entwicklungsbereichen - arbeiteten mit einer wöchentlichen Arbeitszeit von 39 Stunden.
- Mitarbeiter über 55 Jahre arbeiteten mit einer wöchentlichen Arbeitszeit von 36,5 Stunden. Diese Arbeitszeit wurde im Vorgriff auf die zukünftige untere Differenzierungsgrenze bereits ab 1. April 1988 festgelegt.
- Für Mitarbeiter im Arbeitszeitmodell Regensburg galt im Rahmen der tariflichen Durchschnittsbetrachtung ebenfalls eine wöchentliche Arbeitszeit von 36,5 Stunden, obgleich die effektive Wochenarbeitszeit hier 36 Stunden bzw. ab. 1. Juni 1990 35,5 Stunden beträgt.

Mit dem neuen Tarifabschluß vom Frühjahr 1990 wurde die Möglichkeit geschaffen, daß bis zu 13% der Mitarbeiter (im Tarifgebiet Bayern) bis zu 40 Stunden pro Woche arbeiten können. Diese neue Regelung wirkt sich lediglich auf die Bestimmungen im Rahmen der Differenzierungsspanne (36,5 - 39 Stunden/Woche) aus, alle anderen Differenzierungsmaßnahmen bleiben bestehen.

Die Umsetzung dieser Neuregelung erfolgt bei BMW, indem in Absprache zwischen Fachbereich und Personalwesen denjenigen Mitarbeitern Arbeitsverträge mit einer wöchentlichen Arbeitszeit von 40 Stunden angeboten werden, die mindestens eines der folgenden Kriterien erfüllen:

- Tarifmitarbeiter, die bisher eine wöchentliche Arbeitszeit von 39 Stunden haben
- Meister und Obermeister bzw. Fertigungsgruppenleiter
- Angestellte der oberen Tarifgruppen
- Gewerbliche Arbeitnehmer der obersten Tarifgruppe
- Tarifmitarbeiter mit hohem Überstundenanteil pro Monat
- Besonders qualifizierte Tarifmitarbeiter

- Tarifmitarbeiter, die an kapitalintensiven Arbeitsplätzen arbeiten (z.B. CAD-Arbeitsplätze)
- Tarifmitarbeiter aus homogenen organisatorischen Einheiten (z.B. Entwicklung, Informationsverarbeitung, Instandhaltung).

Unter der Voraussetzung, daß die volle Quote ausgeschöpft werden kann, können statt bisher etwa 1.400 Mitarbeiter mit 39 Wochenstunden insgesamt ca. 6.800 Tarifmitarbeiter mit bis zu 40 Stunden/Woche arbeiten. Diese Kapazität kann trotz weiterer Arbeitszeitverkürzungen in den Jahren 1993 und 1995 konstant gehalten werden. Die Kapazitätssicherung gerade bei knappen bzw. am Arbeitsmarkt nicht verfügbaren Qualifikationen ist für BMW von tragender Bedeutung.

Im September 1990 wurde die neue Differenzierungsregelung bei BMW umgesetzt. Den entsprechenden Mitarbeitern wurden Arbeitsverträge auf 40-Stunden-Basis angeboten. Es zeigte sich, daß nur sehr wenige Mitarbeiter die Alternative mit Freizeitausgleich wählten.

2.3 Bewertung der Arbeitszeitdifferenzierung

Der Vorteil der Differenzierung liegt einerseits in der Aufrechterhaltung eines möglichst hohen Arbeitszeitvolumens für hochqualifizierte Mitarbeiter oder Spezialisten, die am Arbeitsmarkt kaum verfügbar sind.

Der Nachteil, der oftmals im Zusammenhang mit der Differenzierung angesprochen wird, daß durch die unterschiedlichen Arbeitszeiten eine Zwei- oder Mehrklassenbelegschaft errichtet würde, kann bei BMW nicht bestätigt werden. Eine Unruhe oder Unzufriedenheit der Belegschaft kann nicht festgestellt werden. Dies hängt sicherlich auch damit zusammen, daß die Differenzierung infolge der Aufrechterhaltung der tatsächlichen Arbeitszeiten nicht unmittelbar spürbar wird.

3 Mehrfachbesetzung von Arbeitsplätzen

Mehrfachbesetzungssysteme zählen zu den besonders innovativen Arbeitszeitmodellen. Ein typisches Mehrfachbesetzungssystem ist das Arbeitszeitmodell im Werk Regensburg, das, ausgehend von seinem ursprünglich einschichtigen Aufbau (Bild 8), mittlerweile weiterentwickelt wurde.

3.1 Prinzip des Mehrfachbesetzungssystems

Mehrfachbesetzungssysteme zeichnen sich dadurch aus, daß mehrere Mitarbeiter rollierend einen oder mehrere Arbeitsplätze besetzen. Die Zahl der Arbeitsplätze ist also geringer als die Zahl der daran abwechselnd beschäftigten Mitarbeiter. Mehrfachbesetzungssysteme ermöglichen daher eine von den jeweiligen Arbeitszeiten nahezu unabhängige Gestaltung der Betriebszeiten.[3]

3.2 Ausgestaltung des Arbeitszeitmodells im Werk Regensburg

Das Werk Regensburg ist ein neues Werk der BMW AG. Es wurde 1986 in Betrieb genommen. Bereits bei den ersten konkreten personalpolitischen Planungsüberlegungen, die bereits Anfang 1983 stattfanden, hatten Fragen der Arbeitszeitgestaltung aufgrund einer Investitionssumme von 1,5 MRD. DM große Bedeutung.

Der Lösungsansatz des Mehrfachbesetzungssystems beruht auf der Kompensation der mit einer Verkürzung der Arbeitszeit verbundenen Verschlechterung der Kosten- und Wettbewerbssituation durch eine Verlängerung der Betriebszeit. Dieser Grundgedanke entspricht der Idee einer Entkoppelung von Arbeits- und Betriebszeit.

Das Mehrfachbesetzungssystem umfaßt eine Betriebszeit von Montag bis Freitag mit jeweils zwei Schichten und samstags mit einer Schicht à neun Stunden Arbeitszeit (Bild 9). Eine Betriebszeit von neun Stunden pro Schicht konnte durch den 15-minütigen Pausendurchlauf der Brotzeitpause erreicht werden. Dies ergibt insgesamt eine Betriebszeit von wöchentlich 99 Stunden (Zweischichtbetrieb).

Laut Schichtplan hat der Mitarbeiter eine 4-/4-/3-Tage-Woche mit einer durchschnittlichen Wochenarbeitszeit von 33 Stunden. Um auf 35,5 Stunden/Woche zu kommen, muß jeder Mitarbeiter im Jahr 11 sogenannte Ausgleichsschichten leisten.

Für die Mitarbeiter der Frühschicht beginnt die tägliche Schicht um 5.00 Uhr, Schichtende ist um 14.30 Uhr. Die Spätschicht beginnt um 14.30 Uhr und endet um 24.00 Uhr. Von der sich daraus ergebenden Anwesenheitszeit von 9 Stunden und 30 Minuten ist die unbezahlte Mittagspause von 30 Minuten abzuziehen. Dies führt dann zu einer Brutto-Arbeitszeit von genau 9 Stunden.

---

3 Vgl. Hoff, A. und Weidinger, M., Die Organisation arbeitszeitunabhängiger Betriebszeiten, in: BdA, Gruppe 3.1, S. 21ff., Loseblatt-Zeitschrift, Freiburg i. Br., 1987 ff.

3.3 Erfahrungen

Das Mehrfachbesetzungssystem im Werk Regensburg wurde in seiner einschichtigen Form bereits 1986 in Betrieb genommen. Auf den zweischichtigen Betrieb wurde das Modell im Juni 1990 umgestellt. Die Erfahrungen, die seither mit diesem Mehrfachbesetzungssystem gemacht wurden, lassen sich in folgenden Vorteilen für Unternehmen, Mitarbeiter und Arbeitsmarkt zusammenfassen:

- Die Kapazitätsauslastung kann bei unveränderter Anlagenausstattung um 33% erhöht werden. Da somit keine zusätzlichen Investitionen notwendig sind, bleiben die Fixkosten unverändert, sie verteilen sich allerdings auf 33% mehr Einheiten. Es wird ersichtlich, daß sich dadurch der Fixkostenanteil je Einheit deutlich verringert.
- Die Mitarbeiter der drei Schichtgruppen arbeiten lediglich an drei oder vier, teilweise, wenn Ausgleichsschichten geleistet werden, an fünf Tagen in der Woche. Sie haben eine regelmäßige Wochenarbeitszeit von durchschnittlich 35,5 Stunden.
- Das Mehrfachbesetzungssystem ermöglichte 2.000 zusätzliche Neueinstellungen.
- Das Modell ist durch den kurzen dreiwöchigen Schichtrhythmus für die Mitarbeiter und die Vorgesetzten sehr übersichtlich. Zudem ist es für die Lohn- und Gehaltsabrechnung einfach zu handhaben.
- Jeder Mitarbeiter hat alle drei Wochen einen zusammenhängenden Freizeitblock von fünf freien Tagen.

Die Mitarbeiter, die im Mehrfachbesetzungssystem arbeiten, werden trotz ihrer tatsächlichen regelmäßigen Wochenarbeitszeit von 35,5 Stunden auf der Basis von 37 Stunden bezahlt. Diese höhere Entlohnung wird als "Preis für die Bereitschaft zur Samstagsarbeit" aus den durch die höhere Kapazitätsauslastung erzielten Ergebnisvorteilen bezahlt.

Die Belegschaft steht dem Arbeitszeitmodell überwiegend positiv gegenüber. Diese positive Einstellung spiegelt sich auch in den vergleichsweise niedrigen Fehlzeiten der Mitarbeiter wider.

4 Arbeitszeitgestaltung in den 90er Jahren bei der BMW AG

Die Herausforderungen für die Arbeitszeitgestaltung werden weiterhin zunehmen, wenn man die Entwicklungen in Osteuropa, den europäischen Binnenmarkt, die Laufzeit der Tarifverträge bis 1989, aber auch die Entwicklungen der Konkurrenz, beispielsweise die Aktivitäten der japanischen Automobilindustrie, betrachtet.

Die wesentlichen Felder der Arbeitszeitgestaltung werden sich auf neue Gleitzeitmodelle, Saisonalisierung der Arbeitszeit, Arbeitszeitdifferenzierung, Teilzeitarbeit und spezielle individuelle Arbeitszeitmodelle erstrecken (Bild 10).

Im Rahmen eines BMW-Szenarios entwickelte Überlegungen zeigen die für die Arbeitszeitgestaltung der Zukunft relevanten Vorstellungen:

- Die Ausdehnung der wöchentlichen Betriebszeit bei gleichzeitig ungleichmäßiger Verteilung der Arbeitszeit innerhalb von sechs Monaten erscheint in drei Werken notwendig zu werden.
- Die Arbeitszeitdifferenzierung soll, soweit tariflich möglich und personal- bzw. betriebswirtschaftlich sinnvoll, weiterentwickelt werden.
- Teilzeitarbeitsmodelle sollen vermehrt angeboten werden. Langfristig erscheint bei BMW eine Teilzeitquote von 5 % aller Mitarbeiter erreichbar.

Folgende generelle Trends, die auch zukünftig veränderte Rahmenbedingungen berücksichtigen, lassen sich thesenartig festhalten:

- Zur Abstimmung persönlicher Bedürfnisse und betrieblicher Erfordernisse steigt die Bedeutung individueller statt kollektiver Arbeitszeitmodelle. Die Gestaltung solcher Modelle muß das Gesamtsystem Unternehmung, insbesondere den Werk- und Produktionsverbund, berücksichtigen.
- Voraussetzung für die Gestaltung zukünftiger Arbeitszeitmodelle ist die Entkoppelung von Arbeits- und Betriebszeit.
- Die Bedeutung der gleitenden Arbeitszeit nimmt auch in Produktionsbereichen und produktionsnahen Bereichen weiterhin zu.

- Die optimale Anpassung an Produktions- und Arbeitsanfallschwankungen macht langfristige Ausgleichszeiträume mit der Tendenz zu Jahresarbeitszeitmodellen notwendig.
- Im Hinblick auf die Attraktivität von Arbeitsplätzen sowie Personalmarketing und -beschaffung wird die Bedeutung innovativer Arbeitszeitmodelle zunehmen.
- Für eigenverantwortlich arbeitende Mitarbeiter müssen Arbeitszeitmodelle geschaffen werden, die hohe Entscheidungsspielräume bieten und die auf dem Prinzip der Delegation beruhen.
- Neue politische und wirtschaftliche Entwicklungen erfordern eine hohe arbeitsorganisatorische Beweglichkeit, Reaktionsfähigkeit und Flexibilität. Auch zukünftige Arbeitszeitregelungen und -modelle müssen diesen Entwicklungen Rechnung tragen.

5 Zusammenfassung

Die betriebliche Arbeitszeitgestaltung befaßt sich mit der Planung und Umsetzung bedarfsgerechter Arbeits- und Betriebszeitmodelle. Dabei sind verschiedene Rahmenbedingungen, wie die internationale Konkurrenzsituation, die demographische Entwicklung und die Entwicklung der tariflichen Wochenarbeitszeiten, zu berücksichtigen.

Die Gestaltung von Arbeitszeitmodellen verfolgt unterschiedliche, mehrdimensionale Zielsetzungen. Neben den unternehmensbezogenen Zielen, wie optimale Auslastung der Kapazitäten oder Anpassung der Arbeitszeit an saisonal schwankende Verläufe des Arbeitsanfalls, werden Mitarbeiterinteressen einbezogen.

Die Arbeitszeitdifferenzierung, im Manteltarifvertrag der Metallindustrie 1984 erstmals tariflich geregelt, ermöglicht die Festlegung unterschiedlicher regelmäßiger Wochenarbeitszeiten für einzelne Mitarbeitergruppen auf betrieblicher Ebene. Die damalige Umsetzung der Differenzierung erfolgte bei BMW, indem die Wochenarbeitszeit von Spezialisten auf 39 Stunden und die von älteren Mitarbeitern und von Mitarbeitern, für die das Regensburger Arbeitszeitmodell gilt, auf 36,5 Stunden festgelegt wurde.

Der neue Tarifabschluß vom Frühjahr 1990 sieht eine Quotenregelung vor, nach der in Bayern 13 % der Mitarbeiter eine Wochenarbeitszeit von 40 Stunden erhalten können. Diese Neuregelung wurde bei BMW unter Berücksichtigung unterschiedlicher Mitarbeitergruppen, im Sinne eines Orientierungsrahmens, umgesetzt. Beispielsweise sollten Mitarbeiter mit einer bisherigen Wochenarbeitszeit von 39 Stunden und besonders qualifizierte Mitarbeiter unter die 13 %-Quote fallen.

Der Vorteil der Arbeitszeitdifferenzierung liegt im wesentlichen in der Aufrechterhaltung eines hohen Arbeitszeitvolumens hoch qualifizierter Spezialisten. Die Kapazitätssicherung am Arbeitsmarkt nicht verfügbarer Qualifikationen ist von besonderer Bedeutung.

Zu den besonders innovativen Arbeitszeitmodellen zählen Mehrfachbesetzungssysteme. Ein typisches Beispiel hierfür ist das ursprünglich einschichtig praktizierte Arbeitszeitmodell im Werk Regensburg. Dieses Modell umfaßt inzwischen auf zweischichtiger Basis eine Betriebszeit von 99 Stunden pro Woche, wobei die Samstagsfrühschicht regelmäßig einbezogen wird. Der Mitarbeiter, der in einer 4-/4-/3-Tage-Woche arbeitet, hat dabei eine wöchentliche Arbeitszeit von durchschnittliche 35,5 Stunden.

Das Mehrfachbesetzungssystem im Werk Regensburg bietet mehrere Vorteile, zu denen vor allem die hohe Kapazitätsauslastung, die kurze Arbeitswoche für den Mitarbeiter und der übersichtliche Schichtrhythmus zu zählen sind.

Auch zukünftig werden die Herausforderungen an die Arbeitszeitgestaltung zunehmen. Diese werden beispielsweise aus dem europäischen Binnenmarkt oder den Entwicklungen in Osteuropa resultieren. Neue Trends zeichnen sich für die betriebliche Arbeitszeitgestaltung ab, die zu unternehmens- und mitarbeiterorientierten innovativen Arbeits- und Betriebszeitmodellen führen.

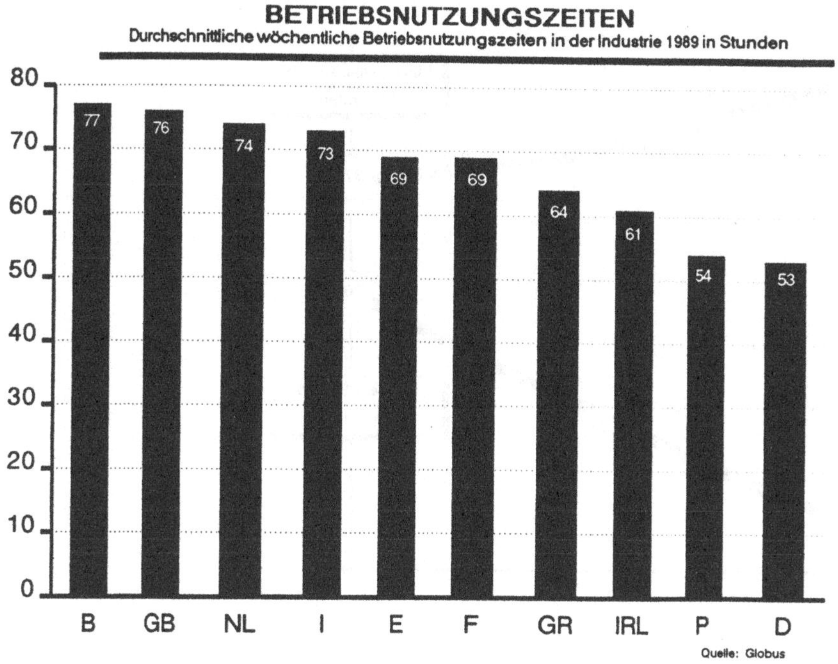

Bild 1: Betriebsnutzungszeiten

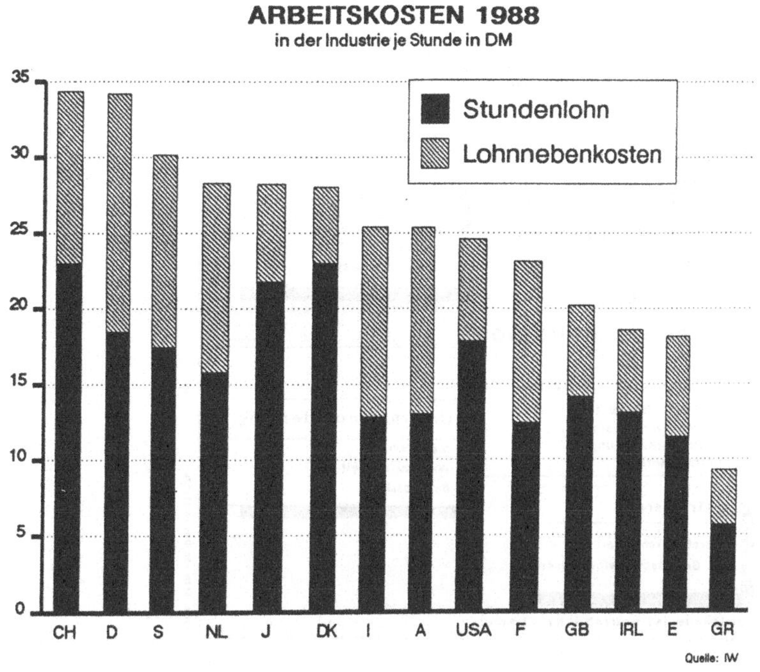

Bild 2: Arbeitskosten 1988

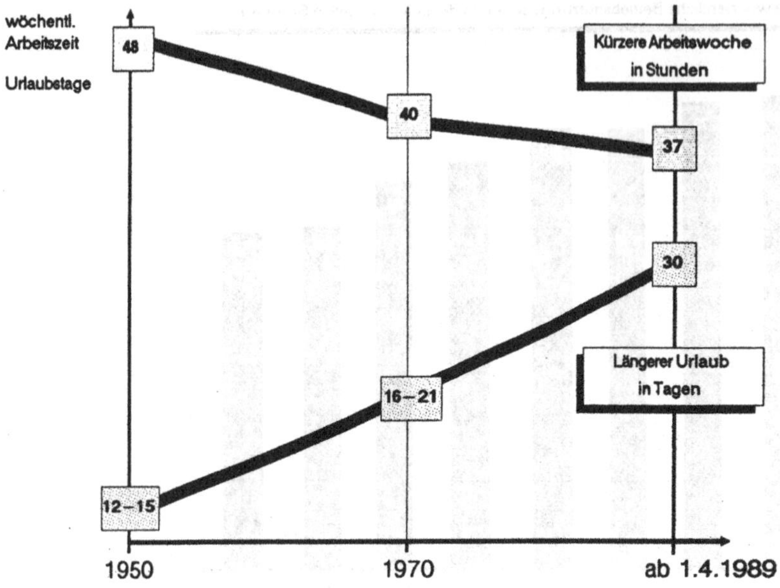

Bild 3: Freizeitgewinne der Arbeitnehmer in der Metallindustrie

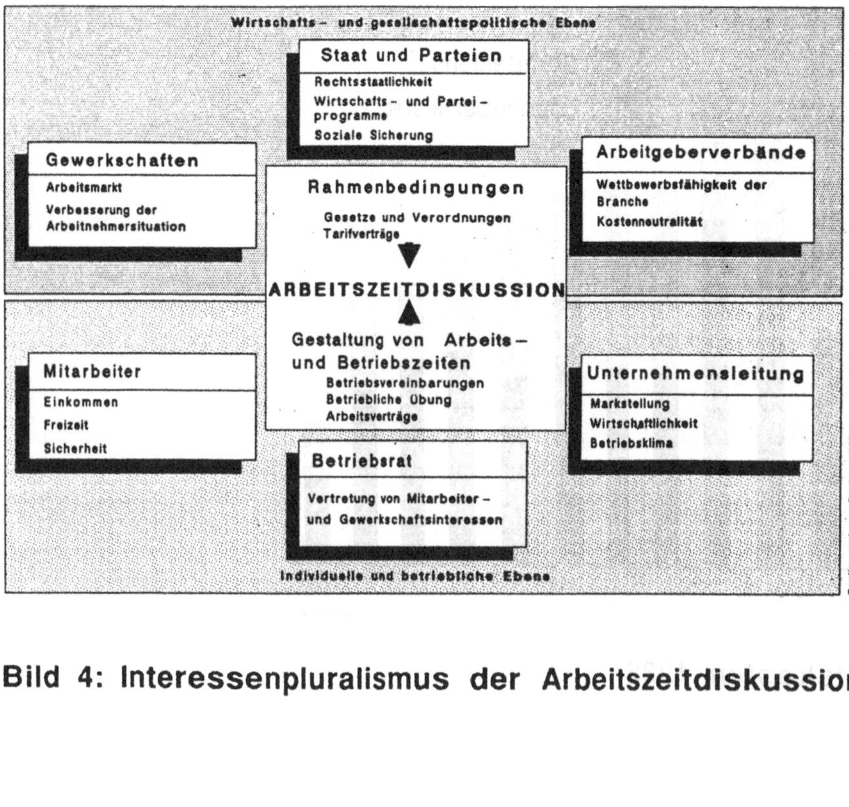

Quelle: nach van Deelen (1987)

Bild 4: Interessenpluralismus der Arbeitszeitdiskussion

Verkürzung der tariflichen wöchentlichen Arbeitszeit*

ab 1.4.1993 36 Stunden
ab 1.10.1995 35 Stunden

* evtl. abweichende Regelung kann jeweils 3 Monate vor den Terminen von den Tarifvertragsparteien verhandelt werden.

Differenzierung der Arbeitszeit

IRWAZ = 40 Stunden für max. 13 % der Mitarbeiter

(auf freiwilliger Basis)

Status quo

Variierung/ungleichmäßige Verteilung der Arbeitszeit
Ausgleichszeitraum (6 Monate)
Samstagsarbeit
Mehrarbeit

Bild 5: Ergebnisse der Tarifverhandlungen in der Metallindustrie im Frühjahr 1990

Inkrafttreten	tarifl. Wochen-AZ*	Differenzierung	Verteilung
bis 31.3.1985	40 Std. einheitlich	null, weil einheitlich für alle	i.d.R. gleichmäßig in bes. Fällen ungleichmäßig mit einem Ausgleichszeitraum von 2 Wochen (AZO)
ab 1.4.1985	38,5 Std. im Betriebsdurchschnitt	Untergrenze: 37,0 Std. Obergrenze: 40,0 Std. Spanne: 3,0 Std.	Gleichmäßig oder ungleichmäßig mit einem Ausgleichszeit-raum von 2 Monaten
ab 1.4.1988	37,5 Std. im Betriebsdurchschnitt	Untergrenze: 37,0 Std. Obergrenze: 39,5 Std. Spanne: 2,5 Std.	Gleichmäßig oder ungleichmäßig mit einem Ausgleichszeitraum von 6 Monaten
ab 1.4.1989	37,0 Std. im Betriebsdurchschnitt	Untergrenze: 36,5 Std. Obergrrenze: 39,0 Std. Spanne: 2,5 Std.	wie ab 1.4.1988
ab 1.4.1990	**37,0 Std.**	**40,0 Std. für 13% der Belegschaft (Quotenregelung)**	**wie ab 1.4.1988**

* : für Vollzeitarbeitskräfte

Bild 6: Tarifliche Arbeitszeitbestimmungen in der Metallindustrie

Wochenarbeitszeit	Anzahl * Personen	Umsetzung	
		produktionsgebunden	nicht produktionsgebunden
39 Std.	1.381	3,2 FS**/ Jahr	– 7 Min. / Tag
37 Std.	40.338	14,4 FS / Jahr	– 18 Min. / Tag sowie 6,3 FS / Jahr oder Gleitzeit
36,5 Std.	1.494	17,1 FS / Jahr	– 18 Min. / Tag sowie 9,1 FS / Jahr oder Gleitzeit
36,5 Std.	2.790	Arbeitszeitregelung Werk 6	

* Stand: März 1990
** FS = Freischicht

Bild 7: Differenzierung der Arbeitszeit

MEHRFACHBESETZUNGSSYSTEM
Schichteinteilung / Einschichtbetrieb

	Mo	Di	Mi	Do	Fr	Sa	So	Mo	Di	Mi	Do	Fr	Sa	So	Mo	Di	Mi	Do	Fr	Sa	So
Arbeits-platz 1	A	A	C	C	C	C		C	C	B	B	B	B		B	B	A	A	A	A	
Arbeits-platz 2	B	B	B	B	A	A		A	A	A	A	C	C		C	C	C	C	B	B	

Arbeitstag Freier Tag

Die individuellen Schichtpläne der Arbeitnehmer A, B und C:

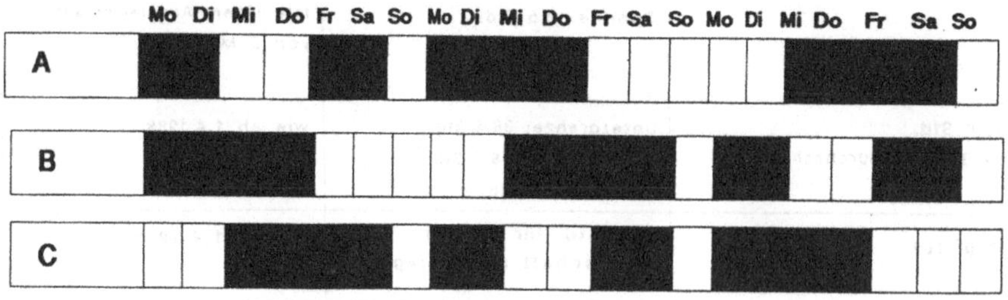

Bild 8: Mehrfachbesetzungssystem

	Mo	Di	Mi	Do	Fr	Sa	So	Mo	Di	Mi	Do	Fr	Sa	So	Mo	Di	Mi	Do	Fr	Sa	So
Frühschicht	A	A	A	A	B	B		B	B	B	B	C	C		C	C	C	C	A	A	
Spätschicht	B	B	C	C	C			C	C	A	A	A			A	A	B	B	B		
	1. Woche							2. Woche							3. Woche						

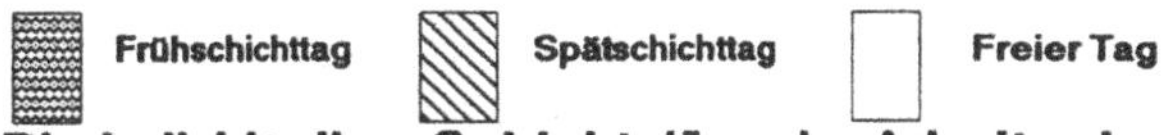

Die individuellen Schichtpläne der Arbeitnehmer A, B und C:

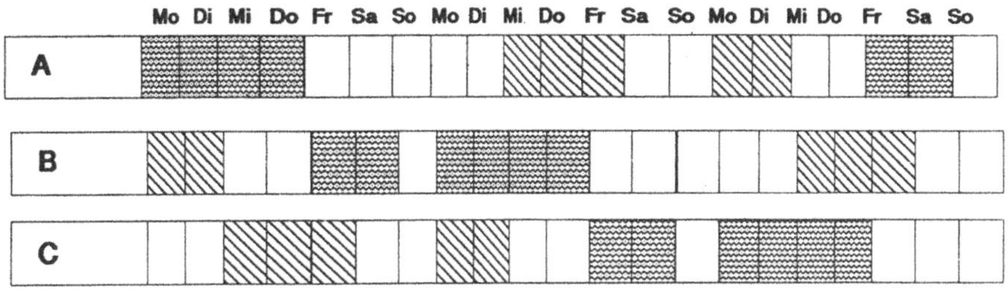

Anm.: zusätzlich 1 individuelle Ausgleichsschicht alle 4 Wochen pro Mitarbeiter (11 pro Jahr)
(Einarbeitung der entfallenen Samstagsspätschicht an einem der schichtfreien Tage)

Bild 9: Schichteinteilung/Zweischichtbetrieb

Wesentliche Felder der Arbeitszeitgestaltung

- Neue Gleitzeit
- "Saisonalisierung" der Arbeitszeit
- Überlegungen zur Arbeitszeitdifferenzierung
- Teilzeit
- Spezielle, individuelle Modelle
- Potential zur Effizienzsteigerung in der Arbeitszeitgestaltung

Bild 10: Schwerpunkte der Arbeitszeitgestaltung der '90er Jahre

Bedeutung und Wirkung der Arbeitszeitgestaltung und -organisation in einem logistischen Konzept

U. Pütz

Dr. rer. nat. Dipl.-Phys. U. Pütz, Fertigungsvorbereitung, Vacuumschmelze GmbH, Hanau

1 Einleitung

Der Zwang zur Sicherung der Wettbewerbsfähigkeit eigener Produkte verlangt neben Optimierung der Produkte, der Fertigungsverfahren und des Beschaffungswesens ein integriertes Konzept der Produktionslogistik und zwar neben der Abstimmung von Informations- und Materialflußsystemen sowie von organisatorischen Abläufen auch die gezielte Planung von Einsatzfaktoren. Diese sind neben Material, Kapital und Betriebsmitteln auch die menschliche Arbeit.

In diesem Vortrag werden Bedeutung und Wirkungen der Arbeitszeitgestaltung im Rahmen des logistischen Konzepts an einem Beispiel dargestellt.

Die SNI AG stellt im Werk für Geräte Poing Hochleistungsdrucker und Magnetbandspeichergeräte her. Alle Produkte werden auf dem Weltmarkt vertrieben und nehmen dort eine führende Stellung ein. Die Wettbewerber stammen im wesentlichen aus dem nordamerikanischen oder asiatischen Raum.

2 Logistisches Konzept

Neben der Montage der Geräte werden in Poing sowohl mechanische Teile hergestellt als auch elektronische Baugruppen montiert. Zur Steigerung der Flexibilität gegenüber Kundenwünschen, zur Minimierung von Durchlaufzeiten und damit der Bestände an Halb- und Fertigerzeugnissen wurde ein Werk mit ca. 32.000 m^2 Produktionsfläche neu errichtet. Wege zur Erreichung oben genannter Ziele sind:

- die Automatisierung des innerbetrieblichen Materialflusses
- ein angepaßtes, flexibles Fertigungskonzept
- ein integriertes, durchgängiges Informations- und Steuerungssystem.

Mit Hilfe dieses Konzeptes wird es möglich, den Materialfluß durchgängig vom Lieferanten durch die Produktion bis zur Ablieferung an den Kunden zu steuern und zu kontrollieren.

Notwendige Voraussetzung zur Automatisierung des Materialflusses ist die Einführung von Standardbehältern für Material, welche zum Transport, zur Pufferung und zur Bereitstellung von Material am Arbeitsplatz dienen.

Daher wurden 4 Behältertypen (A-, B-, C-, D-Behälter) definiert, die neben Europaletten und Gitterboxen für Großteile eingesetzt werden (Bild 1).

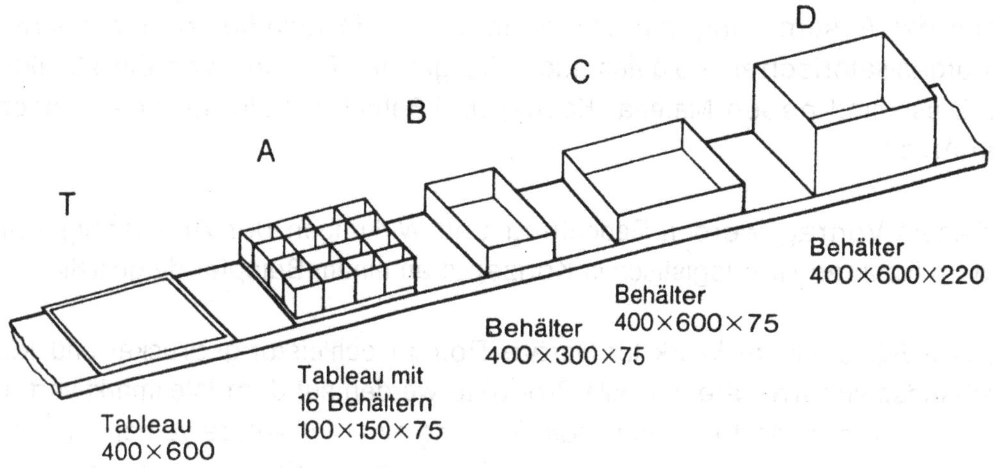

Bild 1: Behälterspektrum (Prinzipbild)

Die Behälter sind typenrein, d.h. nur mit Teilen gleicher Art gefüllt; die Anzahl der darin befindlichen Teile wird aus dem Bedarf beim Verbraucher in der Montage teilespezifisch einmalig festgelegt. Der interne Lieferant Vorfertigung bzw. Elektronikfertigung muß seine Ware in vorgegebener Stückzahl im ebenfalls vorgegebenen Behälter liefern. Gleiches wird in Zukunft auch für externe Lieferanten angestrebt. Bis dahin wird in einer Wareneingangszone umgepackt.

Die Pufferung des Materials erfolgt in sogenannten Materialbereitstellsystemen (MBS), die anstelle eines zentralen Lagers in der Nähe der Verbraucher liegen (Bild 2).

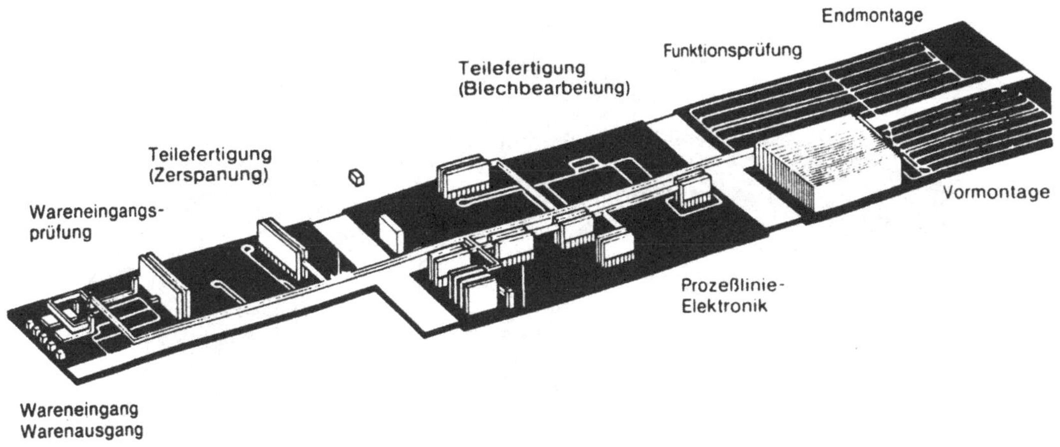

Bild 2: Übersicht über Produktion und Materialfluß

Montage

Am Arbeitsplatz in der Montage werden häufig benötigte Teile im 2-Behälterprinzip als sogenannte Ziehteile bereitgestellt. Das heißt, der Werker hat von jeder Teileart 2 Behälter im Zugriff. Wenn der erste leer geworden ist, steht ein zweiter gefüllt zur Verfügung. Eine notwendige Leermeldung über Bar-Code führt zur Nachlieferung neuen Materials aus dem MBS im Ziehprinzip. Weniger häufig benötigte Teile, insbesondere Variantenteile, werden kommissioniert an den Arbeitsplatz geliefert (Bild 3).

Die automatische Bereitstellung des Materials erfolgt in sogenannten Montagecontainern. Ziehteile haben darin einen fest definierten Platz, für zu kommissionierende Teile sind frei belegbare Variantencontainer vorgesehen.

Zur Nachbelieferung des Materials werden die Montagecontainer per Fahrerlosem Transportsystem (FTS) am Arbeitsplatz abgeholt, zum MBS befördert, dort mit dem angeforderten Material automatisch neu befüllt und zurücktransportiert.

Bild 3: Versorgungsprinzip der Montageinseln

In der Vorzone des MBS werden die Montagecontainer an die Regalsysteme angedockt, sodaß sie im Zugriffsbereich der Regalbediengeräte liegen und befüllt werden können. Die automatische Zusammenstellung der kleinen A-Behälter erfolgt über mobile Kommissioniersysteme, die auf dem Regalbediengerät angeordnet sind.

Die Weiterlieferung vormontierter Baugruppen an die Endmontagelinie erfolgt ebenfalls per FTS. Die Bereitstellung in der Endmontage erfolgt in Durchlaufregalen (Bild 4).

Vorfertigung

Für die Vorfertigung wurden, abgestimmt auf das Logistikkonzept der Montage, flexible Fertigungssysteme und -zellen errichtet (Bild 5).

Zur Flexibilisierung wird in einer Fertigungszelle die Komplettbearbeitung eines Teiles angestrebt und so die Anzahl der Werkstattwechsel bzw. die Durchlaufzeit minimiert.

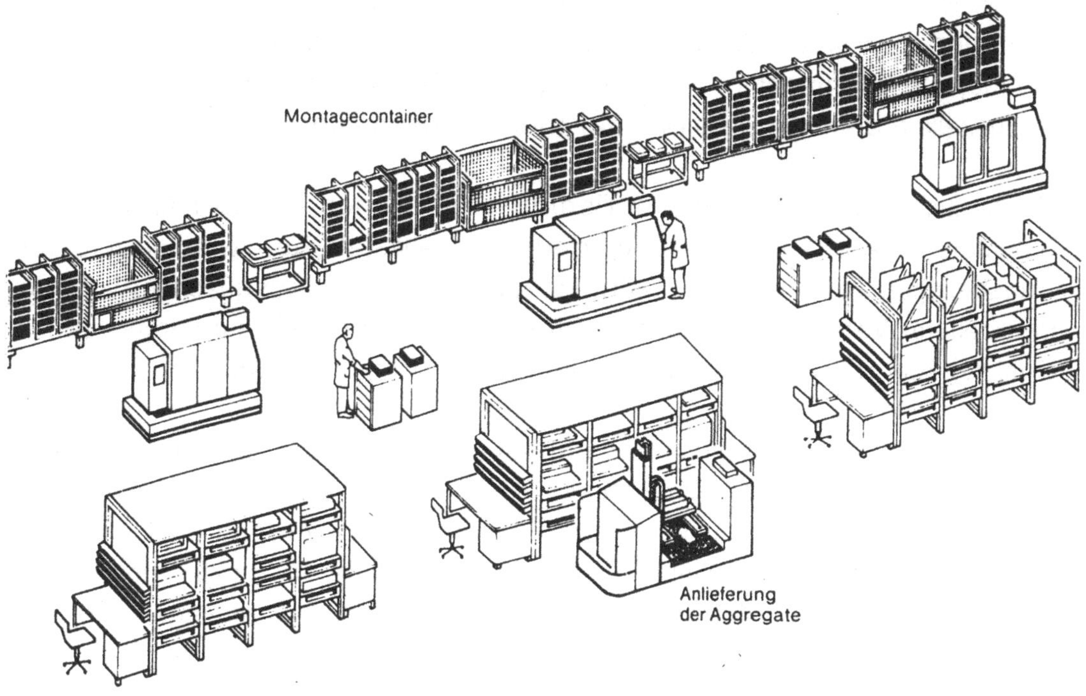

Bild 4: Strukturierung der Endmontage

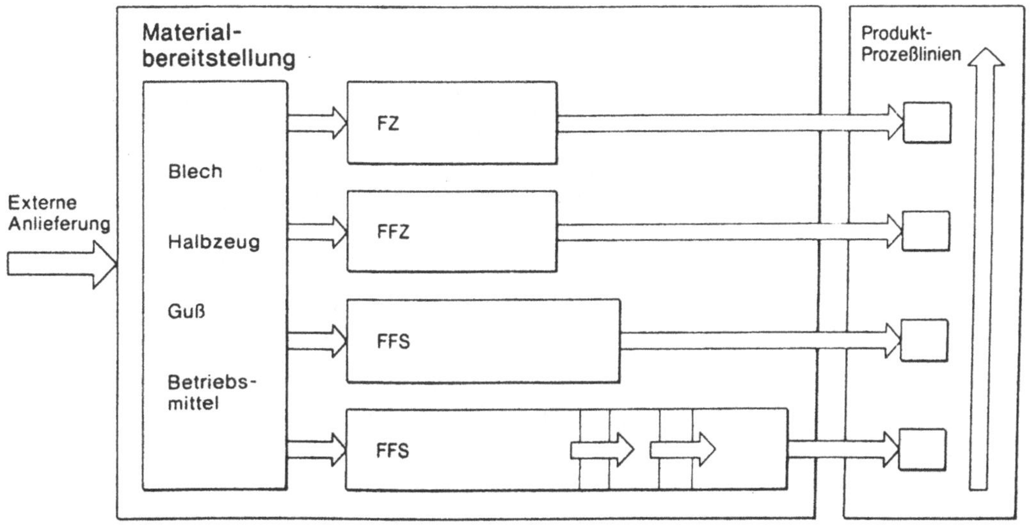

Bild 5: Strategie der Vorfertigung

Typische Arbeitsfolgen in einer Fertigungszelle sind z.B. - Fräsen - Graten - Waschen - Prüfen. Aus diesem Grund sind der NC-Maschine (z.B. Fräsmaschine) als Leitmaschine weitere Betriebsmittel zugeordnet. In einer Fertigungszelle arbeiten jeweils ein oder mehrere Mitarbeiter.

Konsequenterweise besitzt eine Fertigungszelle einen direkten Anschluß an ein Materialbereitstellsystem. An den Übergabestationen wird derzeit auftragsbezogen Rohmaterial, zukünftig auch Werkzeug, ausgeschleust. Fertig bearbeitete Werkstücke werden mit festgelegter Stückzahl im vorgegebenen Behälter über das MBS für die Montage bereitgestellt (Bild 6).

Am Beispiel eines Flexiblen Fertigungssystems läßt sich sowohl das Prinzip der Komplettbearbeitung als auch die Anbindung an den Materialfluß erkennen. Neben vier Bearbeitungszentren sind auch Waschmaschine und Entgratsystem integriert. Am Auf-/Abspannplatz ist eine Meßzelle zugeordnet. Rohmaterial wird unmittelbar am System aus dem MBS ausgelagert; die dort ebenfalls rückgelagerten Fertigteile werden über das Fahrerlose Transportsystem direkt an die Montage geliefert (Bild 7).

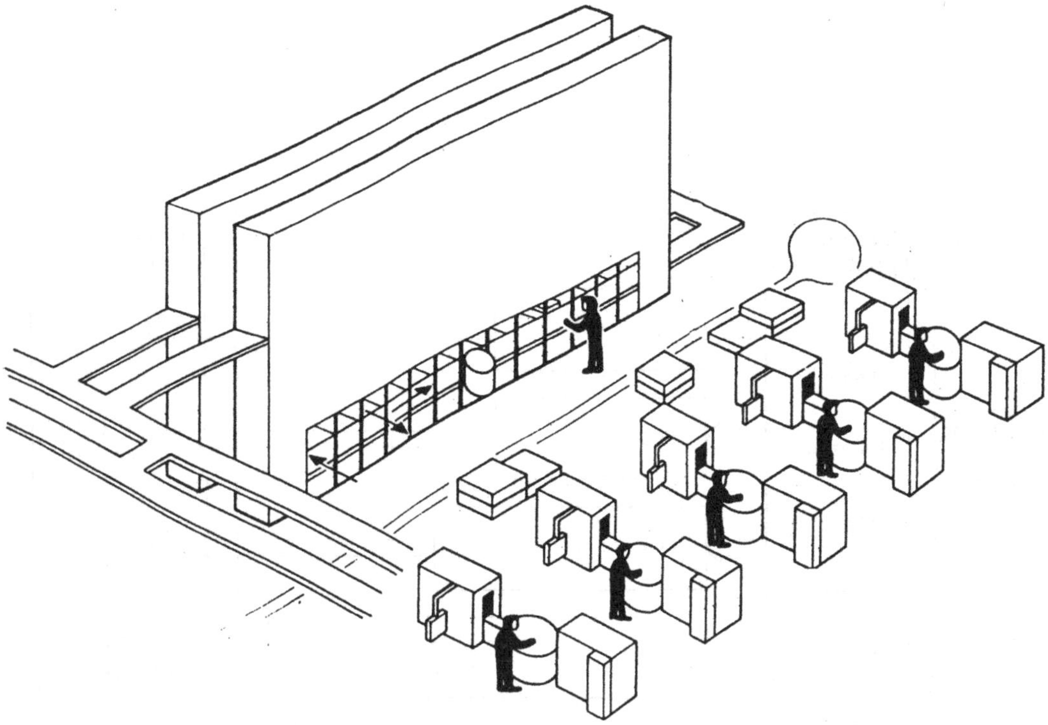

Bild 6: Materialfluß in der Vorfertigung

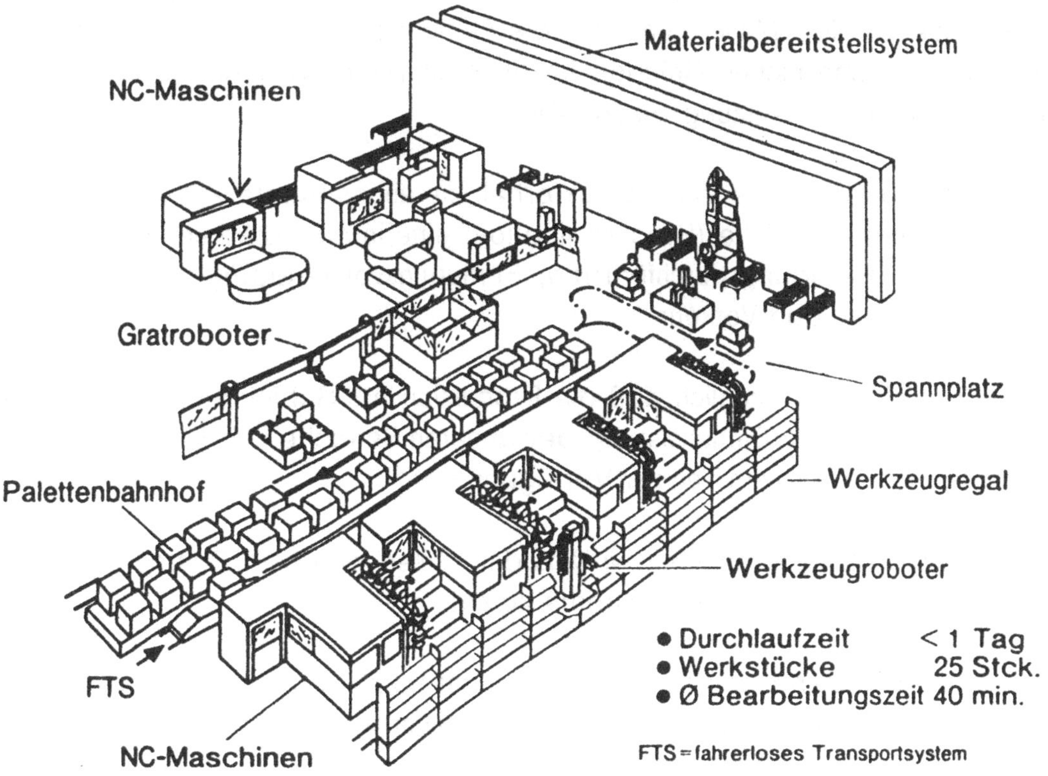

Bild 7: Flexibles Fertigungssystem für Bohren und Fräsen (Großteile)

3 Auswirkungen auf die Betriebsorganisation

Die Durchgängigkeit des automatisierten Materialflusses ermöglicht über das zugehörige Informationssystem die direkte Beeinflussung der Durchlaufzeiten und Bestände. So ist es möglich, unter Berücksichtigung der Bestände im MBS, der Unterwegsbestände sowie der Bestände am Arbeitsplatz die Auftragsvorgabe für die Vorfertigung und Elektronikfertigung wesentlich kurzfristiger zu starten und insbesondere für sogenannte Prozeßlinienteile die Ware unter minimaler Liegezeit und Ausnutzung der automatischen Transportsysteme direkt an den jeweiligen Montageplatz zu liefern.

Dies bleibt jedoch nicht ohne organisatorische Konsequenzen. Zunächst muß einmal die optimale Verfügbarkeit des Materialflußsystems sichergestellt werden. Für Anlagen, Rechner und Software ist ein geeignetes Wartungskonzept zu erstellen sowie ein 3-Schicht-Betrieb zu organisieren.

Speziell für die Vorfertigung ist außerdem eine hohe Verfügbarkeit der Betriebsmittel wie NC-Maschinen, Flexible Fertigungssysteme u.a. sicherzustellen. Aus wirtschaftlichen Gründen ist an kapitalintensiven Arbeitsplätzen außerdem eine hohe Nutzung anzustreben.

Durch die zunehmende Vernetzung erhält die abgestimmte Arbeitsweise der verschiedenen Bereiche (Synchronisation) eine immer stärkere Bedeutung. Dies umfaßt Fertigungsdurchführung, Fertigungsvorbereitung, Wartung, DV-Abteilung, Lager und Verkehr.

So ist es nicht mehr möglich, daß die Produktion in 3 Schichten pro Tag arbeitet, andererseits die Dienstleistung der anderen Bereiche nur für einen eingeschränkten Zeitraum am Tag zur Verfügung steht.

Die Flexibilität der Arbeitszeit wird zudem einen weiteren Beitrag zur Wirtschaftlichkeit des Produktionssystems liefern.

Ein Grund liegt darin, daß die Verkürzung der Durchlaufzeit eine zunehmende Unstetigkeit in der Belastung der Betriebsmittel bringt (Bild 8)

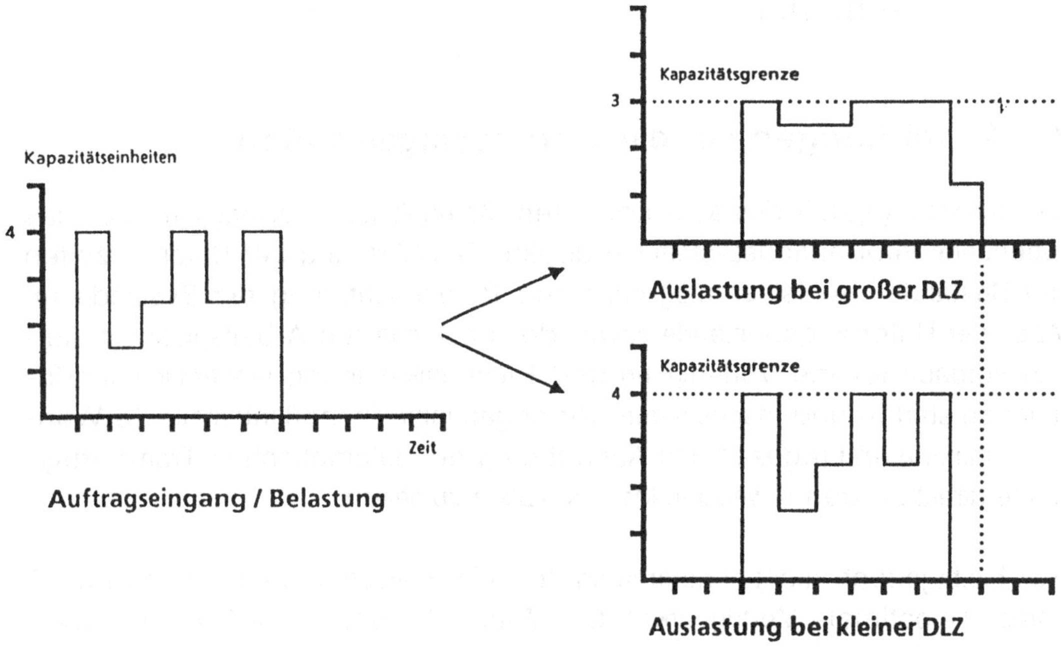

Bild 8: Logistisches Konzept / Belastung und Durchlaufzeit

Während früher eine Verstetigung der Auslastung durch geeignete Terminverschiebung und damit verbundener DLZ-Erhöhung möglich war, ist dieses Mittel bei minimaler DLZ nicht mehr anwendbar. Vielmehr zählt jetzt hohe Verfügbarkeit, Reaktionsschnelligkeit und Fertigung "Just-In-Time".

Die Konsequenzen für Maschinen und Anlagen wurden bereits genannt, für den Mitarbeiter bedeutet dies jedoch, daß seine Arbeitsleistung nicht mehr stetig abverlangt wird. Um mit dem gleichen Investment die notwendige größere Maschinenkapazität bereitzustellen, ist außerdem die Ausweitung der Betriebsnutzungszeit notwendig.

4 Konsequenzen für die Arbeitszeitgestaltung

Ein Arbeitszeitmodell in dem dargestellten logistischen Konzept sollte von folgenden Voraussetzungen ausgehen:

- Die Mitarbeiterkapazität ist genauso fein zu planen wie Betriebsmittel-, Wartungs-, Transport- und DV-Kapazität.
- Kapitalintensive Systeme wie NC-Maschinen, Flexible Fertigungssysteme, automatisierte Materialflußsysteme arbeiten nur rentabel, wenn sie möglichst lange genutzt werden.
- Die Verkürzung der Durchlaufzeiten führt vermehrt zu unstetiger Auslastung der Fertigung und verlangt nach einer Ausdehnung der Betriebszeiten.

Vor diesen Forderungen findet die Auseinandersetzung zwischen Arbeitgeber und Mitarbeiter mit durchaus unterschiedlichen Interessen statt.

Die Grenzen der Arbeitszeitgestaltung liegen heute in

- allgemeinpolitischen, tarifpolitischen und betriebspolitischen Gründen,
- sozialen Gründen und
- ergonomischen Gründen.

5 Erfahrungen mit einem neuen Arbeitszeitmodell

Im Werk für Geräte wurde in der Vorfertigung bereits 1985 ein erstes Arbeitszeitmodell mit ausgedehnter Betriebszeit vereinbart. Nach weiteren Entwicklungsschritten beinhaltet es heute sowohl eine ausgedehnte Betriebszeit als auch eine gewisse Flexibilität.

Anlaß, über die Flexibilität der Arbeitszeit nachzudenken, war die Tarifrunde 1984, in der das erste Mal eine durchschnittliche Wochenarbeitszeit unter 40 Sunden festgeschrieben wurde ("Leber-Kompromiß").

Wirtschaftliche Überlegungen erforderten damals eine Ausdehnung der Betriebszeiten an den kapitalintensiven Arbeitsplätzen der Vorfertigung. Insgesamt vier Mitarbeitergruppen arbeiten versetzt im 3-Schicht-Betrieb (Bild 9) .

Die Arbeitszeit wird im Schichtplan wie folgt geregelt:

- Frühschicht: montags 6.00 h bis samstags 14.00 h (6 Schichten/Woche)
- Spätschicht: montags 14.00 h bis freitags 22.00 h (5 Schichten/Woche)
- Nachtschicht: sonntags 22.00 h bis samstags 6.00 h (6 Schichten/Woche)

Auf diese Weise ergibt sich eine Betriebszeit von 136 Stunden/Woche. Die Mitarbeiter arbeiten jedoch nur durchschnittlich 37 Stunden/Woche und zwar 48 Stunden/Woche in Früh- und Nachtschicht, 40 Stunden/Woche in der Spätschicht. Zusätzlich erhält jeder Mitarbeiter jede 4. Woche eine Freiwoche. Dies ergibt im 4-Wochendurchschnitt eine wöchentliche Arbeitszeit von 34 Stunden. Um auf den geforderten Wert von 37 Stunden/Woche zu gelangen, muß daher jeder Mitarbeiter innerhalb von acht Wochen in den beiden arbeitsfreien Wochen drei Zusatzschichten (Z-Schichten) leisten. Diese werden zwischen Betriebsleitung und Mitarbeiter frei vereinbart, wobei ein Vorzugszeitraum festgelegt ist. Für die Terminplanung von Werk und Mitarbeiter wurde ein Werkskalender erstellt, der neben der Schichteinteilung auch wichtige Termine wie z.B. Schulferien enthält (Bild 10).

MA-Gruppe	1. Woche							2. Woche							3. Woche							4. Woche						
	so	mo	di	mi	do	fr	sa	so	mo	di	mi	do	fr	sa	so	mo	di	mi	do	fr	sa	so	mo	di	mi	do	fr	sa
A									S	S	S	S	S			F	F	F	F	F	F			Z	Z			
B		S	S	S	S	S			F	F	F	F	F	F		Z												
C		F	F	F	F	F	F					Z											S	S	S	S	S	
D		Z	Z													S	S	S	S	S			F	F	F	F	F	F

BETRIEBSNUTZUNGSZEIT: 17 SCHICHTEN / WOCHE JE 8 STUNDEN = 136 STUNDEN / WOCHE

ARBEITSZEIT DES MITARBEITERS: 136 STUNDEN IN 4 WOCHEN + 3 ZUSATZSCHICHTEN IN 8 WOCHEN
= 37 STUNDEN / WOCHE IM 8-WOCHEN-DURCHSCHNITT

Bild 9: Flexi-Modell / Schichtplan

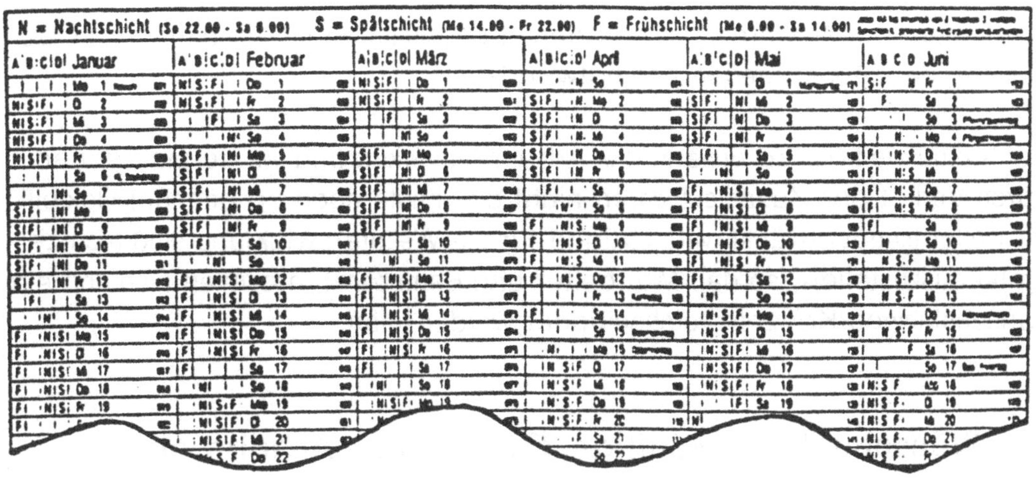

Bild 10: Schichtkalender

Zur Flexi-Gruppe gehören bis zu 100 Facharbeiter der NC-Maschinen, Fertigungszellen, Flexiblen Fertigungssysteme sowie Schweißerei und Lackiererei.

Die Mitarbeiter der Flexi-Gruppe können entsprechend den betrieblichen Erfordernissen zwischen gleichartigen Maschinen umgesetzt werden. Die Vereinbarung der Zusatzschichten erfolgt zwischen Mitarbeiter und Betriebsleitung individuell.

Die Vorteile eines solchen Arbeitszeitmodells liegen auf der Hand. So wird die Betriebsnutzungszeit gegenüber einem konventionellen 3-Schicht-Modell um 13 % ausgedehnt, was einerseits zur Senkung des Maschinenstundensatzes beiträgt, andererseits die Durchlaufzeitverkürzung absichert. An den vorhandenen Maschinen können ca. 100 Mitarbeiter beschäftigt werden im Gegensatz zu vorher rund 75.

Die Möglichkeit, bei Personalausfall durch Urlaub und Krankheit Zusatzschichten mit den übrigen Mitarbeitern zu vereinbaren, erhöht die Flexibilität des Betriebes.

Andererseits stellen sich nun einige neue Organisationsfragen. So sind bisher weder Wartungsdienst noch das Werkstattführungspersonal mit in die Flexi-Gruppe einbezogen. In naher Zukunft, wenn das automatische Materialflußsystem auch die Vorfertigung komplett einbezieht, ist auch für das Betreiberpersonal eine Anpassung der Arbeitszeit zu prüfen. Die Vergangenheit hat gezeigt, daß ein Bereitschaftsdienst der dienstleistenden Bereiche nicht ausreicht.

Die Pflege und Weiterentwicklung des Arbeitszeitmodells ist daher unter Beachtung des Systemgedankens notwendig.

Auch eine weitere zu erwartende Arbeitszeitverkürzung ist zu planen, damit durch Verlust der Zusatzschichten nicht die (heute noch zu geringe) Flexibilität weiter eingeschränkt wird. Gründe für die Weiterentwicklung sind rechtzeitig herauszustellen, so daß Mitarbeiter und Betriebsrat informiert sind und ein konsensfähiges Konzept verabschiedet werden kann.

6 Wünsche für zukünftige Formen der Arbeitszeit

Aus den bisherigen Erfahrungen mit dem Arbeitszeitmodell ergibt sich, daß der flexible Mitarbeitereinsatz neben der ausgedehnten Betriebszeit wesentlicher Bestandteil eines erfolgreichen Modells ist. Außerdem ist die Berücksichtigung des Gesamtsystems, das heißt, neben der Fertigung auch der dienstleistenden Bereiche eine Notwendigkeit.

Aus diesen Gründen bietet sich für die Zukunft eine Strukturierung der Zeitelemente eines Arbeitszeitmodells in drei Blöcke an:

- Kernarbeitszeit (fest vereinbart im Schichtmodell)
- Freizeit (fest vereinbart)
- gemeinsamer Zeitpool, aus dem ein bestimmter vertraglich vereinbarter Anteil als Arbeitszeit zu leisten ist und über dessen Verfügung sich Betrieb und Mitarbeiter einigen müssen (analog den Zusatzschichten) (Bild 11).

I	Arbeitszeit	Lage und Dauer im Schichtplan fest vereinbart
II	Arbeitszeit / Freizeit	variabel, x % als Arbeitszeit nach Absprache, planbar für Mitarbeiter
III	Freizeit	fest vereinbart

Bild 11: Zeitelemente eines Arbeitszeitmodells

7 Zusammenfassung

Faßt man die Aussagen der vorausstehenden Ausführungen zusammen, so ergibt sich, daß aus dem logistischen Konzept eines Werkes mit hochautomatisiertem Materialfluß Forderungen bezüglich Flexibilität der Lieferanten, hier der Vorfertigung, entstehen. Diese Flexibilität wird durch ein angepaßtes Fertigungskonzept erreicht und erfordert ein geeignetes Arbeitszeitmodell. Trotz grundsätzlich positiver Erfahrungen bleibt jedoch die Pflege und Weiterentwicklung unter Beachtung der Anforderungen des Gesamtsystems notwendig.

Zur Flexi-Gruppe gehören bis zu 100 Facharbeiter der NC-Maschinen, Fertigungszellen, Flexiblen Fertigungssysteme sowie Schweißerei und Lackiererei.

Die Mitarbeiter der Flexi-Gruppe können entsprechend den betrieblichen Erfordernissen zwischen gleichartigen Maschinen umgesetzt werden. Die Vereinbarung der Zusatzschichten erfolgt zwischen Mitarbeiter und Betriebsleitung individuell.

Die Vorteile eines solchen Arbeitszeitmodells liegen auf der Hand. So wird die Betriebsnutzungszeit gegenüber einem konventionellen 3-Schicht-Modell um 13 % ausgedehnt, was einerseits zur Senkung des Maschinenstundensatzes beiträgt, andererseits die Durchlaufzeitverkürzung absichert. An den vorhandenen Maschinen können ca. 100 Mitarbeiter beschäftigt werden im Gegensatz zu vorher rund 75.

Die Möglichkeit, bei Personalausfall durch Urlaub und Krankheit Zusatzschichten mit den übrigen Mitarbeitern zu vereinbaren, erhöht die Flexibilität des Betriebes.

Andererseits stellen sich nun einige neue Organisationsfragen. So sind bisher weder Wartungsdienst noch das Werkstattführungspersonal mit in die Flexi-Gruppe einbezogen. In naher Zukunft, wenn das automatische Materialflußsystem auch die Vorfertigung komplett einbezieht, ist auch für das Betreiberpersonal eine Anpassung der Arbeitszeit zu prüfen. Die Vergangenheit hat gezeigt, daß ein Bereitschaftsdienst der dienstleistenden Bereiche nicht ausreicht.

Die Pflege und Weiterentwicklung des Arbeitszeitmodells ist daher unter Beachtung des Systemgedankens notwendig.

Auch eine weitere zu erwartende Arbeitszeitverkürzung ist zu planen, damit durch Verlust der Zusatzschichten nicht die (heute noch zu geringe) Flexibilität weiter eingeschränkt wird. Gründe für die Weiterentwicklung sind rechtzeitig herauszustellen, so daß Mitarbeiter und Betriebsrat informiert sind und ein konsensfähiges Konzept verabschiedet werden kann.

Arbeitszeitgestaltung im Werkzeugmaschinenbau: Problemlösung durch Modellvielfalt?

B. Mez

Dr. B. Mez ist Leiter der Logistik der Trumpf GmbH + Co. Maschinenfabrik, Stuttgart

1 Problemstellung

Bei eingehender Auseinandersetzung mit dem Thema Arbeitszeit lassen sich in diesem Jahrhundert drei Phasen unterscheiden.

a) *Humanisierungsphase*

Zu den unstreitigen Segnungen der industriellen Revolution gehört es, daß der durch die Mechanisierung hervorgerufene Produktivitätsgewinn eine Reduzierung der Arbeitsbelastung auf ein der menschlichen Gesundheit zuträglicheres Maß ermöglichte. Damit stand auch eine Verkürzung der Arbeitszeit in Verbindung. Die neuen technologischen Errungenschaften mußten aber damals wie heute möglichst gut ausgenutzt werden. Deshalb traten neben die für die Mitarbeiter der Betriebe einheitlich geregelte Normalarbeitszeit Zwei- und Dreischichtmodelle.

b) *Prosperierungsphase*

Das Wirtschaftswunder ermöglichte in der Bundesrepublik wie in anderen Industrienationen eine weitere Verkürzung der Wochenarbeitszeit und die Einführung der Fünf-Tage-Woche. Gewerkschaftlicher Slogan im damaligen Arbeitskampf war "Samstags gehört Vati mir". Dies deutete daraufhin, daß die Familien auch zu ihrem Recht kommen sollten. Es ließ ebenso eine Veränderung der Vaterrolle erahnen. Frauen beanspruchten fortan in zunehmendem Maße, einem Beruf nachgehen zu können. Es wurden Teilzeitarbeitsplätze geschaffen, die in der Regel halbtags, mitunter in einer sogenannten Hausfrauenschicht besetzt waren. Außerdem wurden angesichts eines wachsenden Verkehrsaufkommens Gleitzeitregelungen entwickelt, die auf eine Entzerrung der Rush-hours zielten.

c) *Flexibilisierungsphase*

Zu Beginn der 80er Jahre entstand zunehmender Druck durch eine angespannte Lage auf dem Arbeitsmarkt. Die Arbeitslosigkeit hatte ein lange nicht gekanntes Ausmaß angenommen. Die Gewerkschaften sahen und sehen heute noch Rationalisierungsaktivitäten in den Unternehmen als Hauptursache für diese Entwicklung. Mit der Forderung nach Einführung der 35-Stunden-Woche bei vollem Lohnausgleich zog die IG Metall in die Tarifrunde 1984. Diese Forderung sollte zunächst mit einem verstärkten Angebot von Teilzeitarbeit - in diesem Arbeitsmarktsegment gab es die relativ stärkste Nachfrage - abgefangen werden. Job-Sharing, Sabbatical, Altersteilzeit - solche Arbeitszeitmodelle waren in aller Munde. Bekanntlich wurde trotzdem eine Arbeitszeitverkürzung und damit der Einstieg in die 35-Stunden-Woche vereinbart, allerdings mit anderen Möglichkeiten die Betriebszeit an schwankenden Arbeitsanfall anzupassen. Seither spricht man von flexibler Arbeitszeit und meint damit Variierung und Differenzierung.

Bei der Anzahl von Veröffentlichungen zum Thema Arbeitszeit ist ebenso wie bei der Vielfalt der vorgestellten Arbeitszeitmodelle ein exponentielles Wachstum festzustellen. Daran hatten die "neuen" Gestaltungsparameter Variierung (Veränderung der Arbeitszeit des Mitarbeiters im Zeitablauf) und Differenzierung (einzelvertragliche Vereinbarung unterschiedlicher Arbeitszeiten innerhalb der Belegschaft) maßgeblichen Anteil. Um den Praktikern innerhalb der Modellvielfalt eine Gestaltungshilfe zu geben, veröffentlichte der VMI Baden-Württemberg einen Leitfaden, der unter dem Kürzel SYMPAZ firmiert.[1]

Bei derart vielfältigen Gestaltungsmöglichkeiten drängt sich unweigerlich die Frage auf, wie man im Einzelfall entscheiden kann, ob ein Arbeitszeitmodell sinnvoll ist. Aus betriebswirtschaftlicher Sicht spricht man in diesem Zusammenhang von der Effizienz einer Arbeitszeitregelung. Im Rahmen dieses Beitrags wird anhand von Beispielen diskutiert, ob die bei TRUMPF vorhandene Modellvielfalt effizient ist und welche Schlüsse Entscheidungsträger anderer Unternehmen gegebenenfalls daraus ziehen können. Bild 1 zeigt, daß derartige Effizienzaussagen für künftige Zielbildungs- und Strategiefindungsprozesse von Interesse sind.

Zum Problemhintergrund: TRUMPF ist ein weltweit tätiges Unternehmen, das CNC-Blechbearbeitungszentren und deren Peripherie anbietet. Die TRUMPF-Gruppe beschäftigt 2900 Menschen und erzielt knapp 60 Prozent ihres Umsatzes von 710 Millionen DM auf Exportmärkten.

---

1 SYMPAZ steht für Systematische Methode zur Planung der Arbeitszeitgestaltung, vgl. Ackermann/Hofmann (1988). Bereits 1983 wurde mit dem SAMASY-Konzept eine Art Vorgänger entwickelt. Zur Gegenüberstellung vgl. Hofmann (1990) und Mez (1990).

2 Fall 1: Rollierende Schicht

Beim ersten Fallbeispiel handelt es sich im ein bei TRUMPF im Zuge der Metalltarifrunde 1984 eingeführtes Schichtmodell. Zwei- bzw. Dreischichtarbeit war zwar schon vorher praktiziert worden, die neuen Regelungen brachten aber bedeutende Modifikationen mit sich.

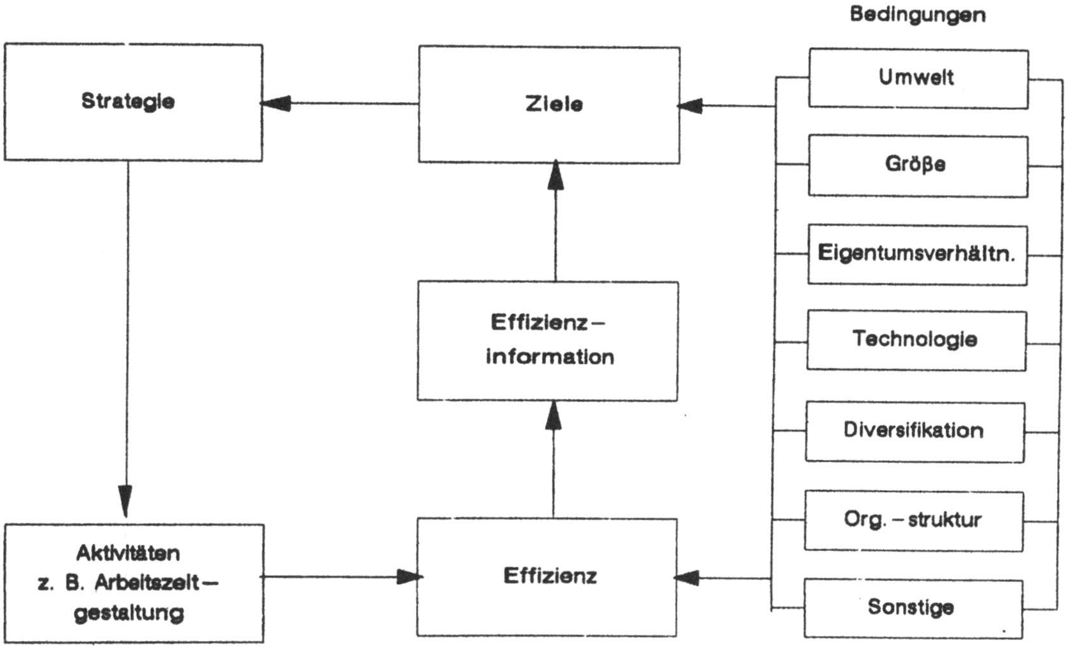

Bild 1: Effizienz von Arbeitszeitregelungen

a) *Anforderungen*

Das hier vorgestellte Zweischichtmodell wird in der mechanischen Fertigung eingesetzt. In diesem Bereich gibt es keine saisonalen Schwankungen. Der Arbeitsanfall ist stabil und lediglich von konjunkturellen Einflüssen, die sich auf die Maschinennachfrage auswirken, geprägt. Wesentliche Kriterien für die Arbeitszeitgestaltung sind:

- Durch eine anhaltend positive Unternehmensentwicklung ist steigender Arbeitsanfall zu bewältigen.
- Die mechanische Fertigung von Maschinenteilen ist kapitalintensiv, deshalb ist eine möglichst große Betriebsnutzungszeit anzustreben.

c) *Beurteilung*

Das geschilderte Arbeitszeitmodell ist eine individuelle Lösung, bei der insbesondere die Belange der Mitarbeiterin berücksichtigt wurden. Solche Lösungen wird man dort realisieren, wo die Anwesenheit eines Mitarbeiters nicht täglich erforderlich ist. Die Vorteile für den Mitarbeiter liegen auf der Hand, für das Unternehmen geht es hier in erster Linie darum, Nachteile, die mit Demotivation oder einem unerwünschten Ausscheiden des Mitarbeiters verbunden wären, zu vermeiden.

4 Fall 3: Versetzte Arbeitszeit

Der dritte Fall beschäftigt sich wiederum mit der Dienstleistungsfunktion Logistik, aber aus anderer Perspektive. In der Logistik sind bei TRUMPF die Beschaffungs-, Produktions- und Vertriebslogistik zusammengefaßt. Von einem eigenen Standort, der vom Hauptwerk 10 km entfernt ist, werden mechanische Fertigung, Blechfertigung und die Gruppen- bzw. Endmontagen zweier Werke mit Teilen sowie Kunden mit Ersatzteilen versorgt.

a) *Anforderungen*

Aus der Aufgabenstellung einer typischen Dienstleistungsfunktion ergeben sich die Anforderungen an die Arbeitszeitgestaltung in der Logistik:

- Für die Ersatzteilversorgung der Kunden spielt die Ansprechzeit der Logistikfunktion eine wesentliche Rolle.
- Schwankungen im Arbeitsanfall müssen ausgeglichen werden, ohne daß die Auftragsbearbeitung in Rückstand gerät.
- Bei eiligen Aufträgen kommt es auf eine kurze Durchlaufzeit an.

Unsere Kunden investieren oft Beträge in Millionenhöhe in TRUMPF-Maschinen und -Systeme. Diese werden in den meisten Fällen mehrschichtig genutzt. Die durch einen Maschinenstillstand verlorene Produktion kann deshalb oft kaum aufgeholt werden, so daß wirtschaftliche Nachteile entstehen. Insofern ist der Service und damit auch die Versorgung mit Ersatzteilen von großer Bedeutung. Je kürzer die Zeit, die zwischen der Bestellung durch den Kunden oder einen Servicetechniker vor Ort und der Auslieferung der Ware liegt, desto besser.

Schwankungen im Arbeitsanfall entstehen zufällig, durch momentane Häufung oder Abschwächung des Volumens im Wareneingang oder bei Ersatzteilaufträgen und Bestellungen von Tochterunternehmen und Vertriebsstützpunkten. Einigermaßen abschätzbar sind die Auswirkungen von Urlaubszeiten oder vor und nach bestimmten Feiertagen sowie regelmäßige tägliche Schwankungen. Diese hängen damit zusammen, daß der Großteil dringlicher Ersatzteilbestellungen nachmittags zu bearbeiten ist, wodurch eine erhöhte Kapazität erforderlich wird.

Der Versand über Schnellspeditionen ist, soll er kostenmäßig im Rahmen bleiben, an bestimmte Abholzeiten gebunden, sofern die Sendung am nächsten Tag beim Kunden eintreffen soll. Bei Aufträgen, die am späten Nachmittag eingehen, kommt es deshalb auf eine kurze Durchlaufzeit an, sonst muß eine kostspielige Sonderfahrt arrangiert werden.

Neben diesen betrieblichen Belangen sind selbstverständlich die Interessen der Mitarbeiter zu berücksichtigen. Ist dies nicht der Fall, so muß man mit höheren Fehlzeiten, unerwünschter Fluktuation und mangelnder Motivation rechnen. Das heißt, Arbeitsorganisation und Arbeitszeitregelung müssen so aufeinander abgestimmt werden, daß sie der Mitarbeiter nicht nur akzeptiert, sondern möglichst attraktiv findet. Andernfalls ist es gerade in der Logistik nicht möglich, den Personalbedarf mit qualifizierten und motivierten Mitarbeitern zu decken.[2]

b) *Gestaltung*

Bereits im ehemaligen Teilelager im Hauptwerk wurde versetzte Arbeitszeit für einige gewerbliche Mitarbeiter eingeführt, die seither auf freiwilliger Basis an dieser Regelung teilnehmen. Im wöchentlichen Wechsel wird in normaler bzw. versetzter Arbeitszeit gearbeitet. Da auch hier die Gleitzeitregelungen gelten, ist die Bandbreite während der Normalarbeitszeit 6.30 - 17.30 Uhr (Kernzeit 7.45 - 14.45 Uhr), während der versetzten Arbeitszeit 12.30 - 21.30 Uhr (keine Kernzeit vereinbart). Ansonsten gelten die im gesamten Unternehmen üblichen Gleitzeitmöglichkeiten.

---

2 Burger/Spießhofer (1989) stellten bei einer empirischen Studie eine nicht zu unterschätzende Bedeutung der Arbeitszeit bei der Personalwerbung fest.

b) *Gestaltung*

Bei der Gestaltung des Schichtmodells mußten eine Reihe von Zusatzforderungen erfüllt werden. Es mußte für die Mitarbeiter überschaubar sein. Freischichten sollten zusammenhängend sein und in Verbindung mit einem Wochenende stehen.

Die eingeführte Regelung sah folgendermaßen aus: Die Frühschicht beginnt um 5.00 Uhr und endet um 14.00 Uhr, die Spätschicht geht von 14.00 bis 23.00 Uhr. Der Mitarbeiter arbeitet sieben Wochen à 42,5 Stunden und hat dann eine Woche Freischicht. In der Freischichtwoche ist sein Arbeitsplatz durch einen Springer besetzt, der innerhalb seiner Springergruppe den entsprechenden Wochenturnus durchläuft (vgl. Bild 2). Die Mitarbeiter nehmen an der Gleitzeitregelung teil, die sich im Vergleich zu allen anderen TRUMPF-Mitarbeitern nur dadurch unterscheidet, daß statt einem ganzen und zwei halben Tagen zur zwei halbe Tage Gleitzeit beansprucht werden kann.

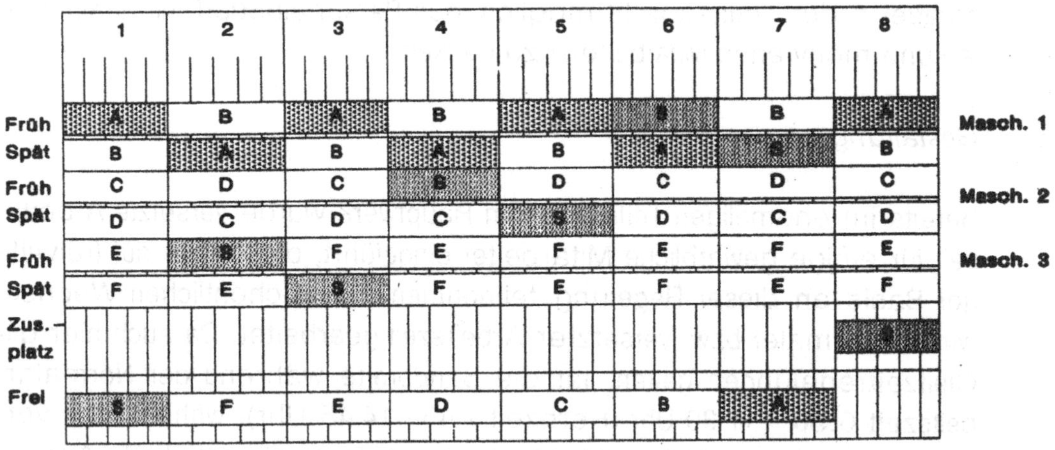

Bild 2: Rollierendes Zweischichtmodell

c) *Beurteilung*

Bedingt durch die zwischenzeitlich veränderten tariflichen Rahmenbedingungen, mußte das Schichtmodell zwar zwischenzeitlich modifiziert werden, es ist aber vom Grundkonzept noch im Einsatz und hat sich bewährt. Bei Einführung sah man den Vorteil insbesondere in einer Erhöhung der Betriebsnutzungszeit trotz Reduzierung der tariflichen Wochenarbeitszeit. Eine gewisse Schwierigkeit besteht sicherlich darin, jeweils qualifizierte Springer sowie die erforderlichen Zusatzarbeitsplätze verfügbar zu haben. Trotzdem wurde die Behandlung der Springer als Gruppe vor ebenfalls möglichen Modellen ohne Zusatzarbeitsplätze bevorzugt, bei denen jeder Springer einen anderen Schichtplan gehabt hätte.

3 Fall 2: Teilzeitarbeit

Das zweite Fallbeispiel ist im Vergleich zum ersten völlig anders gelagert. Ging es in der mechanischen Fertigung um ca. 300 Mitarbeiter in zwei Werken, deren Arbeitszeitregelung aufgrund veränderter Tariflandschaft modifiziert wurde, so handelt es sich jetzt um einen Einzelfall.

a) *Anforderungen*

Im Zuge der Verlagerung der Logistik an einen anderen Standort mußten ca. 40 Mitarbeiter versetzt werden. Eine Teilzeitmitarbeiterin aus der Lagerbuchhaltung war mit der Versetzung nicht einverstanden, weil die tägliche Wegezeit in keinem Verhältnis zur Arbeitszeit stehe. Die Mitarbeiterin war an fünf Tagen pro Woche halbtags beschäftigt. Dieses Problem hätte man sicherlich auch mit der Brechstange, sprich Änderungskündigung, lösen können. Dies hätte sich aber zweifellos negativ auf die Motivation der Mitarbeiterin, eventuell auch auf andere Mitarbeiter ausgewirkt.

b) *Gestaltung*

Da die Tätigkeit der Mitarbeiterin keine bestimmte tägliche Ansprechzeit erfordert, wurde ein Teilzeitverhältnis im selben Umfang, was die Zahl der Arbeitsstunden je Woche angeht, für drei Tage pro Woche vereinbart. Schwankungen im Arbeitsanfall können durch andere Mitarbeiter und die Gleitzeitregelung ausgeglichen werden. Wie seither gibt es die Möglichkeit, Überstunden zu leisten. Geschah dies im Halbtagsmodell an den Nachmittagen, so wird jetzt bei Bedarf ein zusätzlicher Arbeitstag vereinbart.

c) *Beurteilung*

Ursprünglich aus der Situation eingeführt, daß die räumliche Enge des Teilelagers den erforderlichen Materialumschlag nicht mehr zuließ - zusätzlich eingestellte Mitarbeiter führten nur noch zu größeren gegenseitigen Behinderungen - kann die versetzte Arbeitszeit heute eine Ansprechzeit von 6.30 - 21.30 Uhr sicherstellen. Die Mitarbeiter arbeiten sehr gern in diesem Modell, weil es bei der arbeitsphysiologisch sicherlich unbedenklichen Lage der Arbeitszeit, die normalen sozialen Kontakte in Privatbereich und Kollegenkreis zuläßt. Außerdem wird das relativ störungsfreie und produktive Arbeiten in den Stunden ab 17.30 Uhr geschätzt. Hinzukommt, daß während der Tageszeit mit dem höchsten Arbeitsanfall (14.00 - 17.00 Uhr) eine verstärkte Mannschaft aus Normal- und versetzter Arbeitszeit zur Verfügung steht. Aufträge, die nicht mehr rechtzeitig zu den üblichen Abholzeitpunkten bereitstehen, können notfalls immer noch per Sonderfahrt das Haus verlassen.

Bei der Deckung des Personalbedarfs erwies sich die versetzte Arbeitszeit bisher gelegentlich als regelrechter Anreiz, z.B. bei Bewerbern aus dem Speditionsbereich. Zumindest mußte bisher noch nie auf einen Wunschkandidaten verzichtet werden.

5 Fazit

Stellt sich die Frage, ob es tatsächlich empfehlenswert ist, mit einer Modellvielfalt auf die Anforderungen hinsichtlich der Arbeitszeitgestaltung zu reagieren. Aus den geschilderten Beispielen, lassen sich meines Erachtens eine Reihe von Schlüssen ableiten, die uns der Beantwortung dieser Frage näher bringen.

a) *Situative, modulare Arbeitszeitgestaltung*

Die aus den vielen bei TRUMPF praktizierten Arbeitszeitvarianten herausgegriffenen Beispiele wurden nicht zufällig gewählt. Sie stehen für die wesentlichen situativen Determinanten der Arbeitszeitgestaltung:

- Technologie
- Mitabeiter
- Kunden.

Im ersten Fallbeispiel ging der Hauptimpuls von der in der mechanischen Fertigung eingesetzten, kapitalintensiven Technologie aus, die wirtschaftlich genutzt werden muß. Der zweite Fall stellte auf die individuellen Interessen einer Mitarbeiterin ab, während es mit der versetzten Arbeitszeit um die Befriedigung von Kundenbedürfnissen - auch interner "Kunden" - ging.

Man kann aus den Beispielen erkennen, daß es jeweils herausragende Einflußfaktoren auf die Arbeitszeitgestaltung gibt. Außerdem zeigt sich, daß mehrere Arbeitszeitmodule harmonieren müssen. Die Gleitzeit paßt bei TRUMPF nicht nur zur Teilzeitarbeit, sondern auch zur Schichtarbeit. Würde die modulare Gestaltung noch weiterentwickelt werden, ließe sich die Zahl der verschiedenen Arbeitszeitmodelle sicherlich reduzieren.

b) *Angemessene Analyse*

Gemeinsam ist allen Fallbeispielen, daß außer den Hauptdeterminanten stets eine Vielzahl von weiteren Anforderungen zu berücksichtigen sind, die hier gar nicht dargestellt wurden. Die betriebswirtschaftliche Beurteilung ist deshalb kein leichtes Unterfangen. Ebenso wie sich die Arbeitszeitgestaltung an der jeweiligen Situation orientieren muß, hat sich die Qualität einer Aussage zur angestrebten oder beobachteten betriebswirtschaftlichen Effizienz am Gewicht einer Regelung zu messen: eine auf eine einzelnen Mitarbeiter gerichtete Maßnahme ist mit einer anderen Qualität zu untermauern als das rollierende Zweischichtmodell für die mechanische Fertigung. Trotzdem darf auch bei kleineren Projekten nicht das Ganze aus den Augen verloren werden.[3]

c) *Arbeitszeitcontrolling*

Die Fallbeispiele zeigen auch, daß Arbeitszeitregelungen regelmäßig überprüft werden müssen. Die Dynamik der Unternehmensumwelt führt zu ständigen Situationsveränderungen, die sich vielfach auf die Arbeitszeitgestaltung auswirken. Insofern sind die einer Regelung zugrundeliegenden Prämissen oft nach einiger Zeit hinfällig, das Arbeitszeitmodell wird aber unverändert weiterpraktiziert.

---

3 Ackermann/Mez (1983) haben einen modular konzipierten Leitfaden zur Arbeitszeitanalyse vorgelegt, bei dem durch eine Zusammenstellung verschiedener Analysebausteine der Detaillierungsgrad variiert werden kann. Fallbeispiele hierzu vgl. Ackermann/Mez (1986).

Durch Gestaltung auf verschiedenen Ebenen besteht die Gefahr des Wildwuchses, der nicht mehr zu übergeordneten, strategischen Überlegungen paßt. Dem muß selbstverständlich Einhalt geboten werden.

Empfehlenswert wäre aus meiner Sicht ein regelmäßiges "Zero Base Planning"[4] der Arbeitszeitgestaltung, bei dem gefragt wird, welche Regelungen man wählen würde, falls man das Unternehmen nochmals "auf der grünen Wiese" errichten könnte.

6 Zusammenfassung

Der Beitrag befaßt sich mit der Frage, ob es aus betriebswirtschaftlicher Sicht sinnvoll ist, in einem Unternehmen mit einer Vielzahl unterschiedlicher Arbeitszeitmodelle den gebotenen Gestaltungsspielraum auszuschöpfen. Die bisherigen Erfahrungen der Firma TRUMPF, die anhand von Beispielen mit Schichtarbeit, Teilzeit- und Gleitzeitarbeit sowie versetzter Arbeitszeit beleuchtet werden, legen ein auf die jeweilige Situation konzentriertes Vorgehen nahe. Falls ein modulares System von Arbeitszeitregelungen entsteht, ist Modellvielfalt tatsächlich eine effiziente Problemlösung.

Literatur

Ackermann, K.-F.; Hofmann, M.: Systematische Arbeitszeitgestaltung, Köln 1988

Ackermann, K.-F.; Mez, B.: Standardisiertes Analysemodell für Arbeitszeitsysteme SAMASY, Forschungsbericht "Personalmanagement und Unternehmensführung" Nr. 7, Stuttgart 1983

Ackermann, K.-F.; Mez, B.: Anwendungsbeispiele SAMASY: Nutzwertanalyse Teilzeitarbeit/Vollzeitarbeit, Forschungsbericht "Personalmanagement und Unternehmensführung" Nr. 9, Stuttgart 1986

Burger, T.; Spießhofer, U.: Relevanz der Arbeitszeitflexibilisierung für die Personalwerbung, in: Stehle, H.; Rössle, W.; Leuz, N.: Jahrbuch für Betriebswirte

4 Analog zum Zero Base Budgeting, vgl. Horváth (1979), S.461

Hofmann, M.: Arbeits- und Betriebszeitmanagement mit SYMPAZ, in: Ackermann, K.-F.; Hofmann, M. (Hrsg.): Innovatives Arbeitszeit- und Betriebszeitmanagement, Frankfurt/M. 1990

Horváth, P.: Controlling, München 1979

Mez, B.: Beurteilung von Arbeitszeitregelungen mit SAMASY, in: Ackermann, K.-F.; Hofmann, M. (Hrsg.): Innovatives Arbeitszeit- und Betriebszeitmanagement, Frankfurt/M. 1990

GPSR Compliance

The European Union's (EU) General Product Safety Regulation (GPSR) is a set of rules that requires consumer products to be safe and our obligations to ensure this.

If you have any concerns about our products, you can contact us on ProductSafety@springernature.com

In case Publisher is established outside the EU, the EU authorized representative is:

Springer Nature Customer Service Center GmbH
Europaplatz 3
69115 Heidelberg, Germany

Batch number: 10874900

Printed by Printforce, the Netherlands